公路工程施工与计量

◆ 李柏林　主编
◆ 李冠平　主审

人民交通出版社
China Communications Press

内 容 提 要

本书作为高等职业技术教育公路工程造价专业教材，从公路施工前期工作、路基、路面、桥梁、涵洞、隧道、交通安全设施、绿化及环境保护等方面，系统地介绍了公路工程结构设计原理与技术指标，施工方法与计量规则等内容。

本书既可作为交通土建专业教材，也可供公路工程造价师培训、土建工程专业技术人员参考使用。

图书在版编目(CIP)数据

公路工程施工与计量/李柏林主编. —北京：人民交通出版社，2009.9

ISBN 978-7-114-07931-3

Ⅰ.公…　Ⅱ.李…　Ⅲ.①道路工程—工程施工—高等学校：技术学校—教材②道路测量—高等学校：技术学校—教材　Ⅳ.U415.1　U412.24

中国版本图书馆 CIP 数据核字(2009)第 137302 号

书　　名：公路工程施工与计量
著 作 者：李柏林
责任编辑：赵瑞琴
出版发行：人民交通出版社
地　　址：(100011)北京市朝阳区安定门外外馆斜街 3 号
网　　址：http://www.ccpress.com.cn
销售电话：(010)59757973
总 经 销：人民交通出版社发行部
经　　销：各地新华书店
印　　刷：北京盈盛恒通印刷有限公司
开　　本：787×1092　1/16
印　　张：15.75
字　　数：393 千
版　　次：2009 年 9 月　第 1 版
印　　次：2015 年 6 月　第 4 次印刷
书　　号：ISBN 978-7-114-07931-3
定　　价：28.00 元

前　　言

本书是依据公路工程造价专业工作任务与职业能力要求，着眼于学生的终身学习与可持续性发展，按“工程结构设计重原理，施工技术重工艺，工程计量重规则”的理念和公路工程技术规范章节顺序编写的。

《公路工程施工与计量》是公路工程造价专业的一门主干课程，编写中以实用、够用为原则，力求内容新颖，表达简明。书中引用了最新部颁技术标准和规范，介绍了近20年来公路工程建造的新技术、新工艺、新材料、新设备。编写时注意做到重点难点突出，不作理论上深究，采用图与文字、表与文字相结合的方式，清晰地描述公路工程各部位实物结构，使工程技术与计量互为补充，形象生动，一目了然。

全书共七章。第一章公路施工前期工作与计量，主要内容包括公路施工前期准备工作内容与计量规则；第二章路基工程施工与计量，主要包括路基技术指标，路基土石方、排水、防护和特殊路基工程施工方法及其计量规则；第三章路面工程施工与计量，主要包括路面技术指标，路面基层、垫层、面层和排水工程施工方法及其计量规则；第四章桥梁涵洞工程施工与计量，主要包括桥梁、涵洞技术指标，桥梁下部、上部和涵洞工程施工方法及其计量规则；第五章隧道工程施工与计量，主要包括隧道技术指标，隧道工程结构和附属工程施工方法及其计量规则；第六章交通安全设施工程与计量，主要包括护栏、交通标志、标线、隔离栅、防眩设施、轮廓标、通信和电力管道与预埋基础工程施工方法及其计量规则；第七章绿化及环境保护工程施工与计量，主要包括种植草、乔木、灌木，声屏障，环境保护工程施工与计量。

本书由湖南交通职业技术学院李柏林主编，湖南省交通厅交通建设工程造价管理站李冠平主审。在书稿编写过程中，湖南路桥集团杨何，湖南交通职业技术学院唐杰军、程秋、李利君、曾丹、蒋丰伟等老师参加了编审工作。

由于编者水平有限，时间仓促，书中疏漏之处在所难免，敬请读者批评指正。

编　　者

2009年6月于长沙

前　言

目　　录

第一章　公路工程施工前期工作与计量

施工是将施工图纸付诸实现的过程。公路工程施工具有工程规模庞大，参与建设的专业队伍多，建设工期长、投资额大等特点，在施工前期针对公路工程的具体实际情况，认真进行公路施工前期工作准备，是有效地组织工程施工和全面控制工程质量、进度和投资的基础。

本章主要介绍公路工程施工管理相关知识、施工前期工作、临时工程与设施、承包人驻地建设和工程量清单计量规则等内容。

第一节　施工管理相关概念

一、工程名词术语

公路工程管理所用的工程名词术语及其定义应符合《道路工程术语标准》（GBJ 124—88）、《公路工程技术标准》（JTG B01—2003）和《公路工程名词术语》（JTJ 002—87）等标准文件规定。规范中使用的下列名词含义为：

（1）日历日。日历上所示的每一天。

（2）工作日。除了双休日与法定假日以外的每个日历日。

（3）监理人。根据合同文件及监理服务合同的要求，在施工准备阶段、施工阶段及缺陷责任期阶段，对工程质量、费用、进度、材料与设备的采购和合同事宜进行监督和管理的人员。

（4）工作或作业。指根据合同条款规定或根据合同合理地推及的，为工程（包括永久工程和临时工程）施工与维护所需要的劳务（包括管理）、材料、施工设备和其他物品的提供。

（5）图纸。指包含在合同中的工程图纸，以及由发包人按合同提供的任何补充和修改的图纸，包括配套的说明。

（6）施工工艺图。要求承包人提供并提交经监理人批准的施工工艺图表、施工工艺转化图、应力图表、装配图、安装图、结构骨架图或其他补充图纸或类似资料。

（7）变更令。监理人按照合同条款第51条的规定所发出的指令。

二、工程缩写词

1. 国家标准、协会标准与行业标准

我国有关标准及缩写，见表1-1。

标准及缩写　　表1-1

标　准	缩　写	标　准	缩　写
中华人民共和国国家标准	GB、GB/T、GBJ	中华人民共和国化工行业标准	HG、HG/T，HGJ
中国工程建设标准化协会标准	CECS、SHC	中华人民共和国水利行业标准	SL、SL/T

续上表

标准	缩写	标准	缩写
中华人民共和国建筑行业标准	JG、JG/T、JGJ、JGJ/T、CJ、CJ/T、CJJ、CJJ/T	中华人民共和国冶金工业行业标准	YB、YB/T、YBJ
中华人民共和国交通行业标准	JT、JT/T、JTJ、JTJ/T、JTG	中华人民共和国建材工业行业标准	JCJ
中华人民共和国铁路行业标准	TB、TB/T、TBJ	中华人民共和国信息产业行业标准	YD、YD/T、YDJ
中华人民共和国电力行业标准	DL、DL/T		

2. 计量单位

常用的计量支付单位及缩写符号，见表1-2。

计量支付单位及缩写符号

表1-2

计量单位	缩写符号	计量单位	缩写符号	计量单位	缩写符号
米（延米）	m	千克	kg	兆帕（斯卡）	MPa
毫米	mm	吨	t	摄氏度	℃
微米	μm	牛（顿）	N	天	d
平方米	m²	千牛（顿）	kN	小时	h
平方毫米	mm²	帕（斯卡）	Pa	分	min
立方米	m³	千帕（斯卡）	kPa	秒	s

三、工程管理规定

1. 标准与规范的采用

在工程实施中所采用的材料设备与工艺，应符合公路工程规范及其引用的其他标准与规范的相应要求。所引用的标准或规范如果有修改或新颁，应由发包人决定是否用新标准或新规范，承包人应在监理人的监督下按发包人的决定执行。采用新标准、新规范所增加的费用由发包人承担。

对于工程所采用的标准或规范的任何部分，当承包人认为改用其他标准或规范，能够保证工程达到更高质量要求时，承包人应在42d前报经监理人审批后，方可采用，否则，承包人应严格执行原设计采用的规范。但这种批准，应不免除承包人根据合同规定所应承担的任何责任。

当适用于工程的几种标准与规范出现意义不明或不一致时，应由监理人作出解释和校正，并就此向承包人发出指令。除非本规范另有规定，在引用的标准或规范发生分歧时，应按以下顺序优先考虑：①公路工程标准施工招标文件—技术规范；②中华人民共和国国家标准；③有关部门的标准与规范。

2. 图纸的使用

发包人提供的图纸中的工程数量表内数值，仅供施工作业时参考，并不代表支付项目，因此不能作为计量与支付的依据。承包人施工时应核对图中标注的构造物尺寸和高程。发现错误时，应立即和监理人联系，按照监理人批准的尺寸及高程实施。

合同授予后，监理人（发包人）可提供进一步的详细图纸或补充图纸，供完成施工工艺图参考。但这并不免除承包人完成施工工艺图和对施工质量负责的任何义务。承包人应向监理人提出图纸使用计划，以保证施工进度不被延误。

3. 工程变更

施工过程中出现下列情况时，可以进行工程项目的增减、结构形式的局部更改、结构物位置的变动等工程变更。

(1)发包人认为有必要提出的工程变更。

(2)施工中发现设计图纸有错误、遗漏者。

(3)施工中发现地质条件与设计图纸不符,工程不变更就不能保证其质量者。

(4)施工中环境条件发生变化,不变更不能发挥工程效能者(如涵洞位置、高程等)。

4. 税金和保险

承包人应根据中华人民共和国税法的规定和地方政府的规定缴纳有关税费。

在施工期及缺陷责任期内,承包人应按照合同条款要求办理保险,包括工程一切险和第三方责任保险;为其履行合同所雇用的全部人员缴纳工伤保险费,在整个施工期间为其现场机构雇用的全部人员投保人身意外伤害险并为其施工设备办理保险,其费用由承包人负担。

5. 工程支付项的范围

承包人应得到并接受按合同规定的报酬,作为实施各工程项目(不论是临时的或永久性的)与缺陷修复中需提供的一切劳务(包括劳务的管理)、材料、施工机械及其他事务的充分支付。

除非另有规定,工程量清单中各支付细目所报的单价或总额,都应认为是该支付项目全部作业的全部报酬。包括所有劳务、材料和设备的提供、运输、安装和维修、临时工程的修建、维护与拆除、责任和义务等费用,均应认为已计入工程量清单标价的各工程项目中。

工程量清单未列入的项目,其费用应认为已包括在相关的工程项目的单价和费率中,不再另行支付。

第二节　公路工程施工前期工作

一、施工前应提供的资料

1. 提交开工报审表

(1)开工报审表。承包人应按合同进度计划,向监理人提交工程开工报审表,经监理人审批后执行。开工报审表应详细说明合同进度计划正常施工所需的施工道路、临时设施、材料设备、施工人员等施工组织措施的落实情况以及工程的进度安排。

(2)分部工程开工报审表。承包人在分部工程开工前 14d 向监理人提交分部工程开工报审表单,若承包人的开工准备、工作计划和质量控制方法是可接受的且已经获得批准,则经监理人书面同意,分部工程才能开工。

(3)中间开工报审表。长时间因故停工或休假(7d 以上)重新施工前,或重大安全、质量事故处理完后,承包人应向监理人提交中间开工报审表。

2. 提交工程报告单

承包人应按合同条款规定向监理人提供有关不同项目和内容的工程报告单供审批。报告单的主要项目为:各种测量、试验、材料检验、各类工程(分工序)检验、工程计量、工程进度、工程事故等报告单;或监理人指定需要提供的其他报告单。

3. 制定施工方案与施工组织计划

按合同条款规定,承包人在签订合同协议后的 28d 内,应编制详细的施工进度计划和施工方案说明报送监理人。监理人应在 14d 内批复或提出修改意见,否则该进度计划视为已经得到批准。经监理人批准的施工进度计划称为合同进度计划,是控制合同工程进度的依据。承包人还应根据合同进度计划,编制更为详细的分阶段或分项进度,报监理人审批。

合同进度计划的编制应采用关键线路法网络图和主要横道图两种形式分别编绘,并应包括每月预计完成的工作量和形象进度。所提交的关键线路网络图、主要工作横道线图中的一切主要活动应与工程量清单中的项目一致。关键线路和与里程桩的相关联系必须清楚地标明。年度、月度的任务(工程量和价值)、资源需求及累计进度必须标注清楚。提交计划时,应将制订依据、逻辑说明、资金流量、资源提供柱状图表以及使用的输入数据的副本等一并提交。

施工方案说明包括形象进度图(柱状图表)和资金流量表,如出现以下几种情况时,应予以修改。即:

①承包人改变了方案的逻辑线路或改变了其建议的施工程序。

②施工期无任何理由产生延误。

③实际工程进度与计划进度严重不符以及监理人认为有必要修改时。

编制施工方案柱状图表、资金流量表以及提供软件所发生的一切费用应由承包人负担,即应被认为是包括在合同单价之内,不另行计量与支付。

二、施工恢复测量、设计与放样

承包人应检查工程原测设的所有永久性标桩,并将遗失的标桩在接管工地 14d 之内通知监理人,然后根据监理人提供的工程测设资料和测量标志,在 28d 之内将复测结果提交监理人。上述测量标志经检查批准后,承包人应自费进行施工测量设计和补充测量,并在监理人批准后,在工地正确放样。

经过复测,对持有异议的原地面高程,承包人应向监理人提交一份列出有误的高程和相应的修正高程表。在监理人确定正确高程之前,对有争议的高程的原有地面不得扰动。

承包人应根据批准的格式向监理人提供全部的测量标记资料,所有测量标记应涂上油漆,其颜色要取得监理人同意,易于辨别。所有标桩保护和迁移的费用均由承包人承担,因施工而引起的标桩变动所发生的费用发包人将不予以支付。

承包人应按照上述测量标志资料自费完成全部恢复定线、施工测量设计和施工放样。承包人应对施工测量、设计和施工放样工作的质量负责到底。

三、提供施工工艺图

承包人应根据发包人提供的图纸进行定线测量并编绘施工工艺图,以适应工程管理需要,并将施工工艺图的一般要求,作为合同图纸部分的补充,送监理人审查批准。

承包人应在相关工程开工前不少于 28d,将工程的施工工艺图报监理人审批,以保证按时施工。施工工艺图应符合 A3 的标准尺寸。每张图和计算表都应标有项目编号、名称及其他注解。承包人至少应向监理人提交 3 套图纸,其中一套用于修改或加必要的注解后,退还承包人。

四、施工方法与质量控制措施

当监理人提出要求后,承包人应在 7d 内提供工程各部分的书面施工方法和说明及有关特殊工程施工工艺图。

1. 制定施工方法

承包人开工前,必须按《公路工程质量检验评定标准》(JTG F80/1—2004)的规定,并结合工程特点进行分项、分部和单位工程划分，经发包人和监理人批准执行；通过组织试验路、试验工程、总结施工工艺与方法，指导规模生产。

2. 质量控制措施

承包人应按规定随时将对材料及工程质量的检验与试验报告报送监理人审查，还应采用质量动态管理方法，随时将检测结果、取样地点、试验项目、试验方法、试验员姓名、试验结果以及合格与否的评定意见输入计算机，建立工程质量数据库，并将各项试验结果逐日绘制成工程质量指标管理图，同时随施工的进展分阶段绘制施工质量直方图和正态分布曲线，送监理人审查。

分项工程施工实行现场标示牌管理，标示牌上注明分项工程作业内容、简要工艺和质量要求、施工及质量负责人姓名等。

五、施工材料的组织与准备

开工前必须准备好足够开工使用的质量合格的施工材料。

1. 施工材料质量要求

用于永久性工程的材料（含半成品、成品），均应按规定进行抽检、试验，都必须是符合规范规定的合格材料，并经监理人批准。承包人在材料的订购或自采加工之前，应取得监理人的同意，必要时应附有材料的样品及其材质和使用的有关说明。

没有监理人的批准，不得采用任何替代材料。监理人对料源送检材料质量的认可并不意味着这一料源的所有材料都合格，监理人有权拒绝使用此料源不合格的材料。任何作业凡使用了未经监理人批准的材料，不论该工程正在进行或已完成，均应由承包人自费拆除并重建。

2. 材料搬运与贮存要求

（1）各类材料的搬运方式，均应保证其质量不受损坏、环境不受污染。集料的车辆运送应防止运送途中集料漏失和离析。

（2）材料堆存以前，承包人应清理、整平、硬化、围砌全部堆存场地。

（3）材料采用分类堆放的贮存方式，石灰、粉煤灰等粉质材料应有遮盖。应保证其质量的完好并适应工程进度的要求，同时应不污染环境，又便于检查。

（4）除非监理人准许，材料不应贮存于公路用地范围内。

第三节　临时工程与设施

一、临时工程与设施的一般要求

临时工程与设施应包括为实施永久性工程所必需的各项相关的临时性工作，主要有：临时道路、桥涵的修建与维护；临时电力、电讯线路的架设与维护；临时供水、排污系统的建设与维护以及其他相关的临时设施等。承包人应按不同的类型和需要，遵守当地运输管理、公安、供电、电信、供水、环保等有关部门的要求和规定，对临时工程与设施进行设计和施工。

在临时工程开工前至少21d，承包人应将其设计与说明书以及监理人认为需要的详细图纸报监理人审批。监理人应在收到承包人报送的临时工程和设计图纸后的7d内完成审批并通知承包人，这种批准是对于该项临时工程与设施开工的书面同意。

各项临时开工之前，承包人还应取得当地有关管理部门及其他当事人的同意，并取得书面协议。监理人将据此作为审批开工的条件。

除非另有协议，当永久性工程完工后，承包人应移去、拆除和处理好全部临时工程与设施，并将临时工程所占用的区域进行清理或恢复原貌后，报监理人检查验收。

二、临时设施

1. 供电设施

承包人应对工程的实施与维修所需全部电力（包括提供监理人驻地的用电）的供应与分配做出配置，在发包人的协助下负责就建立临时电力系统同当地政府和电力部门联系并取得批准。承包人应负担此项修建、安装和维修的费用，并向供电管理部门缴纳有关费用。此外，承包人应根据工程需要配备发电机组，作为后备电源，以保证电网停电时能继续进行施工。承包人应负责安装、连接、操作、维修、燃料供应等，直至交工证书签发之日止。

工程交工时，承包人应将所安装的发电与配电系统（监理人驻地除外）全部拆除，但在交工前双方另有协议者除外。

2. 电信设备

承包人应在发包人协助下负责就建立临时电信系统同当地政府和电信部门联系，并取得批准。承包人应负担此项修建、连接、安装和维修费用，并给有关管理部门缴纳有关电信费用。

工程交工时，承包人应拆除临时电信的所有设施，但在交工前双方另有协议者除外。

3. 供水

承包人在实施和维修本工程期间，应负责提供、安装和保养全部施工和生活用水（包括监理人驻地的用水）设施，并保证施工用水要求和按国家规定的生活饮用水标准持续不断地供水。

工程交工时，承包人应将临时供水系统全部拆除（监理人驻地除外），但在交工前双方另有协议者除外。

4. 污水与垃圾处理

承包人应负责安装、维修和管理临时排污系统，用以排放全部施工和生活污水和废水。排污系统的设置说明及图纸应报监理人批准，同时还应获得当地政府的水利部门和环境保护部门的认可。其设置必须符合环境保护要求，并且不妨碍当地排水和灌溉作业。

承包人应提供工地污水处理与清洁工作所需的全部设备和劳力，收集和处理所有工作区域的垃圾，直到工程交工为止。

工程交工时，承包人应将其排污设施全部拆除（监理人驻地除外），但在交工前双方另有协议者除外。

三、临时道路与桥涵

在工程施工与现有的道路、桥涵发生冲突和干扰之处，承包人应于工程施工之前完成改道施工或修建临时道路。临时道路应满足现有交通量的要求，路面宽度应不小于现有道路的宽度，且应加铺沥青面层。

如果承包人利用现有的乡村道路作为临时道路，应将该乡村道路进行修整、加宽、加固及设置必要的交通标志，并经监理人验收合格后方可通行。工程施工期间，承包人应配备人员对临时道路进行养护，以保证临时道路和结构物的正常通行。

工程结束时，除监理人另有批准外，应将临时道路和结构物做一次全面维修保养，恢复原有的交通标志。凡因施工需要而临时增加的设施均应拆除，并应经监理人检验合格。

四、临时占地

临时占地范围包括承包人驻地的办公、食堂、宿舍、道路和机械设备停放场、材料堆放场、弃土场、预制场、拌和场、仓库、进场临时道路、临时便道、便桥等,承包人应按合同条款规定制定临时工程用地计划表,报监理人转报发包人。临时占地的面积和使用期应满足工程需要。

临时占地退还前,承包人应自费恢复到临时用地使用前的状况。否则,将由发包人委托第三方对其恢复,所发生的费用将从应付给承包人的任何款项内扣除。

第四节　承包人驻地建设

一、一般要求

承包人应于开工前建立施工与管理所需的驻地,包括办公室、住房、医疗卫生、车间、工作场地、仓库与贮料场及消防设施。驻地建设的管理与维护,应满足科学管理、文明施工的要求。

驻地由承包人自行选址,建设的总平面布置包括防护、围墙、临时便道和安全、防火安排,应经监理人事先批准。矮寨悬索桥承包人驻地布置如图 1-1 所示。

图 1-1　矮寨悬索桥承包人驻地布置

工程交工之后,承包人应自费将驻地恢复原貌,并经监理人验收合格。但交工时双方另有协议者除外。

二、办公室、住房及生活区

承包人应按施工组织设计合理布置生产、生活设施,在其中心驻地区域内,建造现场办公室和供所有人员的住房和生活区;配置与工程规模相适应的现场办公设备(包括微机联网所需的机型及软件)、测量仪器、试验仪器设备和交通工具;绿化、美化生产、生活营地;消防、安全设施应齐全到位,并处理好临时雨水、污水排放,以防止污染环境。

三、工地试验室

在合同实施期间,承包人应在其驻地建立工地试验室,并在大桥、隧道工地或独立工点建立工地试验室或流动试验室,负责材料检验与工程质量的控制试验。试验用检测设备应经相应的计量部门或检测机构检定合格,并须在使用中定期进行校正。试验室用房和试验仪器、设备及一切供应等均由承包人负责自费提供。

工地试验室应能承担各项与工程质量控制有关的检测、试验，还应承担对拟采用的材料进行标准试验及混合料配合比试验等有关的试验。承包人应在签订合同后14d内向监理人提交工地试验室必须配备的合格试验人员，设备、仪器、物品清单及试验室平面布置图，报监理人审查批准。

工程交工后，承包人应将工地试验室与流动试验室的所有设施、设备、器材及其他物资等移走。

四、医疗卫生与消防设施

1. 工地医疗

承包人应负责为工地人员提供必要的医疗和急救服务，为工地聘请有行医资格的、在卫生保健与急救方面具有丰富经验的医务人员，配备的医疗设施（包括房间、器械、药品、急救车辆等），并应取得当地医疗卫生管理部门的批准。

承包人应就有关供水、环境卫生、垃圾与污水处理以及工人健康等方面的有关问题，取得并遵从有关医疗卫生防疫和管理部门的意见。

2. 消防设施

工程施工期间，承包人应按当地消防管理部门的有关规定，配置消防器材和消防用水，并设专人负责对工地人员进行防火知识教育。施工驻地用电及使用的电气设备必须符合防火要求。施工材料的存放场地和使用应符合防火要求。

五、其他建设

1. 车间与工作场地

承包人应建设专用车间，以对工程使用的所有施工机械进行养护、检修或改进以及工程材料（如钢筋、钢板等）的再加工，车间必须配备相适应的加工设备，并便于工人操作和施工机械停放，保证出入通道畅通。

2. 仓库、贮料场及拌和场

仓库区的规模和组成应能为贮存材料、燃料、备件及其他物件提供足够的面积，所贮存的材料及备件数量能保证工程的需求。仓库、贮料场及拌和场应保持整洁，地面应硬化，不同材料应设标志分别堆放，灰粉状材料应遮盖、并应防止有害物质污染和混杂于其他物质之中。

工程交工时，承包人驻地中的一切建筑物及其固定设备和附件均属承包人财产，承包人应全部拆迁。

第五节　工程量清单总则计量规则

一、总则计量规则说明

(1)本章总则包括：保险费、工程管理、临时工程与设施、承包人驻地建设费用等内容。

(2)保险费分为工程一切险和第三方责任险。

①工程一切险是为永久工程、临时工程和设备及已运至施工工地用于永久工程的材料和设备所投的保险。

②第三方责任险是对因实施合同工程而造成的财产(本工程除外)的损失和损害或人员(发包人和承包人雇员除外)的死亡或伤残所负责任进行的保险。

③保险费率按议定保险合同费率办理。

(3)工程管理包括竣工文件、施工环保费、安全生产费和工程管理软件费。

①竣工文件是承包人对承建工程,在竣工后按交通部发布的《公路工程竣工验收办法》的要求,编制竣工图表、资料所需的费用。

②施工环保费是承包人在施工过程中采取预防和消除环境污染措施所需的费用。

③安全生产费是指承包人用于施工安全防护用具及设施的采购和更新、安全施工措施的落实、安全生产条件的改善所需费用。

④工程管理软件费用包括系统操作人员的培训、劳务和计算机配置、维护、备份管理及网络构筑等一切与此相关的费用。由发包人估定,以暂估价的形式按总额计入工程总价内。

(4)临时工程与设施包括临时道路、临时用地和临时供电设施、电信设施。

①临时道路(包括便道、便桥、便涵、码头)是承包人为实施与完成工程建设所必须修建的设施,包括工程竣工后的拆除与恢复。

②临时用地是承包人为完成工程建设,临时占用土地的租用费,工程完工后承包人应自费负责恢复到原来的状况,不另行计量。

③临时供电设施,电信设施是承包人为完成工程建设所需要的临时电力、电信设施的架设与拆除的费用,不包括使用费。

(5)承包人的驻地建设是指承包人为工程建设必须临时修建的承包人住房、办公房、加工车间、仓库、试验室和必要的供水、卫生、消防设施所需的费用,其中包括拆除与恢复到原来的自然状况的费用。

二、工程量清单总则计量规则

第100章总则工程量清单计量规则见表1-3所列。

第100章总则工程量清单计量规则

表1-3

细目号	细目名称	特　征	计量单位	工　程　内　容	工程量计量规则
第100章	总则				
101	保险费				
101-1	保险费				
-a	建筑工程一切险	工程一切险	总额	按招标文件规定内容	以工程量清单第100章(扣除工程一切险和第三方责任险)至第900章的合计金额为基数,乘上招标文件规定的保险费率计算总额
-b	第三方责任险	第三方责任险			按招标文件规定的投保金额,乘上保险费率计算总额
102	工程管理				
102-1	竣工文件	(1)规定; (2)文件资料; (3)图表	总额	(1)原始记录;(2)施工记录;(3)竣工图表;(4)变更设计文件;(5)施工文件;(6)工程结算资料;(7)进度照片;(8)录像等资料	按规定以总额计算

续上表

细目号	细目名称	特征	计量单位	工程内容	工程量计量规则
102-2	施工环保费	(1)施工期; (2)环保措施	总额	(1)施工场地硬化;(2)控制扬尘;(3)降低噪声;(4)施工水土保持;(5)施工供水、合理排污等一切与施工环保有关的设施及作业	按规定以总额计算
102-3	安全生产费	(1)施工期; (2)安全保护措施	总额	(1)一般的安全防护措施;(2)灭火器具配置;(3)危险与放射物品保护;(4)专职安全人员配置;(5)有关设备的维护;(6)安全标志的设置	以工程量清单第100章(不含安保费本身)至第900章的合计金额为基数,乘上不少于1%计算总额
102-4	工程管理软件	(1)施工期; (2)安装运行	总额	(1)系统操作人员的培训、劳务; (2)计算机配置、维护、备份管理; (3)网络构筑等一切相关费用	按业主估定,以暂估价的形式按总额计算
103	临时工程与设施				
103-1	临时道路修建、养护与拆除(包括原道路的养护费、交通维护费)	(1)类型; (2)性质; (3)规格; (4)时间	总额	(1)为工程建设过程中必须修建的临时道路、桥涵、码头及与此相关的安全设施的修建养护; (2)原有道路的养护、交通维护; (3)拆除清理	按规定以总额计算
103-2	临时工程用地	(1)类型; (2)性质; (3)时间	亩	(1)承包人办公和生活用地;(2)仓库与料场用地;(3)预制场、拌和场用地;(4)借土场用地;(5)弃土场用地;(6)工地试验室用地;(7)临时道路、桥梁用地;(8)临时堆料场、机械设备停放场等用地	按设计标准的临时用地图以亩计算
103-3	临时供电设施	(1)规格; (2)性质; (3)时间	总额	设备的安装、维护、维修与拆除	按规定以总额计算
-a	设施架设、拆除	(1)规格; (2)性质; (3)时间	总额	设备的修建、安装与拆除	按规定以总额计算
-b	设施维修	(1)规格; (2)性质; (3)时间	总额	(1)设备的维护、维修;(2)保证设备运行的其他工作	按规定以总额计算
103-4	电信设施提供、维修与拆除	(1)规格; (2)性质; (3)时间	总额	(1)电话、传真、网络等设施的安装;(2)维修与拆除	按规定以总额计算
103-5	供水与排污设施	(1)规格; (2)性质; (3)时间	总额	(1)供水系统(包括监理用水)的设置、保养和拆除;(2)安装、维修、管理和拆除临时排污系统;(3)收集和处理工作区域的垃圾;(4)提供污水处理和清洁工作的设备和劳力	按规定以总额计算
104	承包人驻地建立				

续上表

细目号	细目名称	特 征	计量单位	工 程 内 容	工程量计量规则
104-1	承包人驻地建立	(1)规格; (2)性质; (3)时间	总额	(1)承包人办公室、住房及生活区修建;(2)车间与工作场地、仓库修建;(3)工地试验室修建;(4)供水与排污设施、医疗卫生与消防设施安装;(5)拌和场、预制场修建;(6)维护与拆除	按规定以总额计算
104-2	拌和场建立	(1)规格; (2)性质; (3)时间	总额		
104-3	为监理工程师提供的办公设施、生活设施、交通工具、中心试验室设施及维修保养、试验服务等		总额		

第二章　路基工程施工与计量

路基工程是公路的重要组成部分，主要包括路基体、排水设施、防护工程、特殊路基4大部分。路基既是公路的主体，又是路面的基础，其设计与施工的质量，直接关系到公路的正常使用和交通安全畅通。路基是路面的基础，必须具有足够的强度、稳定性和耐久性；还应设置完善的排水设施和防护工程，采取有效的措施防治病害和进行特殊路基处理。

本章主要介绍公路路基技术指标、结构原理、施工工艺和工程量清单计量规则等内容。

第一节　路基组成分类

一、路基组成

公路路基是由路基体、排水设施、防护工程和特殊路基4个部分组成。

1. 路基体

路基体是由路堑边坡线、上路床顶面、路堤边坡线与地面线所围面积构成其外形。一般路基横断面如图2-1所示。

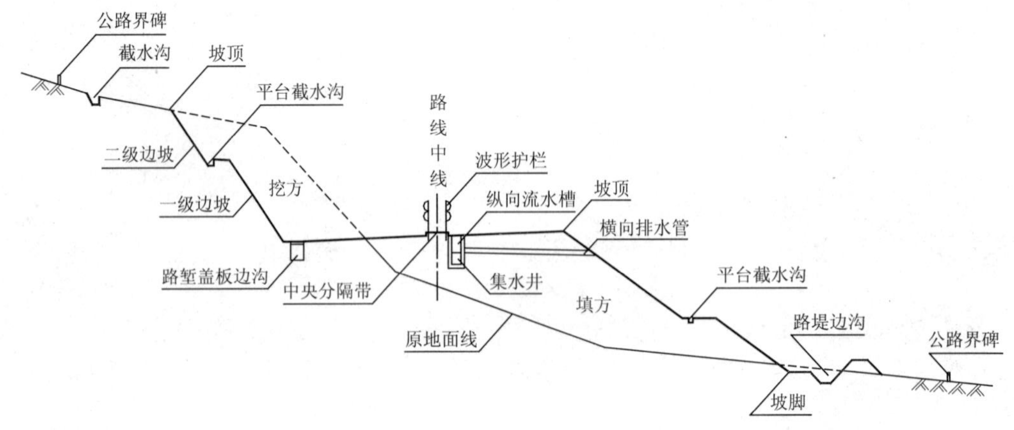

图2-1　一般路基横断面

路基体特性数据有路基宽度、路堑边坡坡率、路堤边坡坡率、路基中心高程、路堑边坡高度、路堤边坡高度等。路基边坡坡率是指边坡高度H与边坡宽度b之比，常用$1:n$表示边坡坡率，如图2-2所示。

2. 排水设施

如图2-3所示，排水设施由地表排水、地下排水和引排水设施3大部分组成。

(1)地表排水设施主要有路堑和路堤边沟、截水沟、急流槽、排水沟等，由排水沟排出，接农田排灌系统或河流。

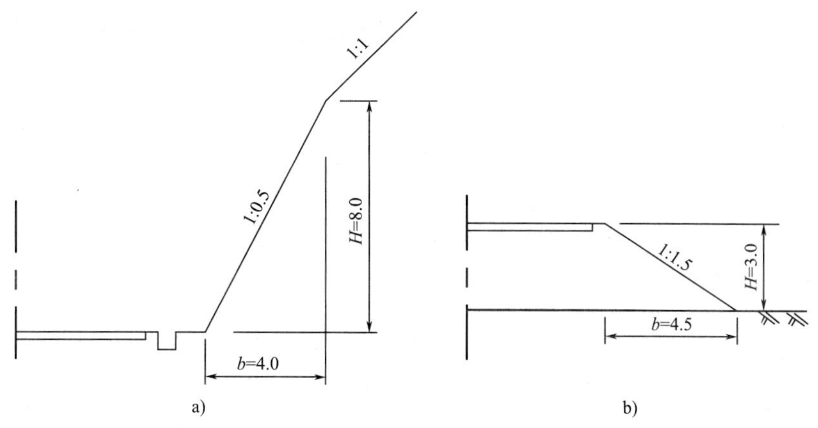

图 2-2　填挖边坡坡率(尺寸单位:m)

a)路堑挖方坡率;b)路堤填方坡率

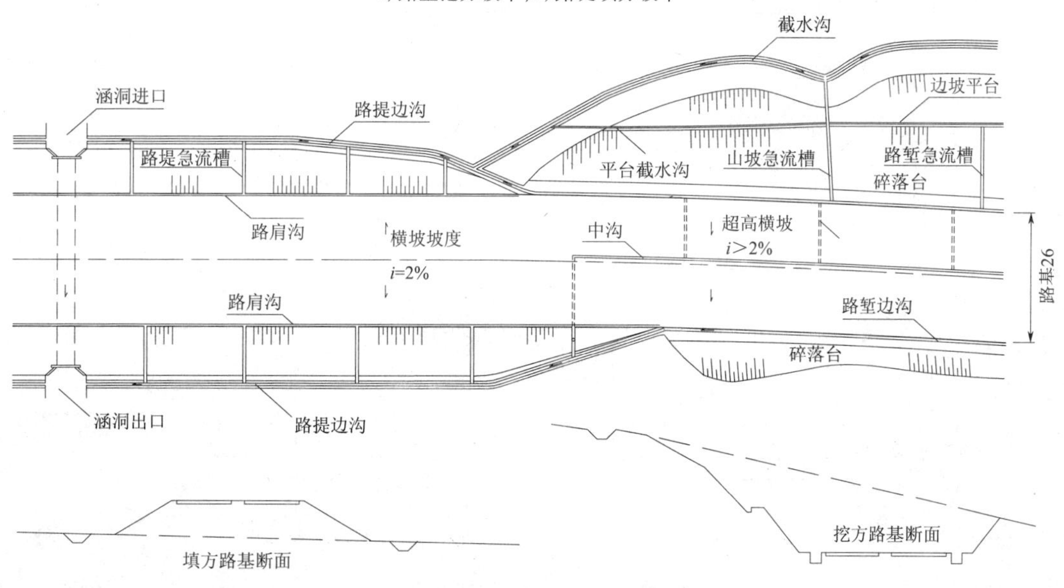

图 2-3　公路排水设施(尺寸单位:m)

(2)地下排水设施主要有盲沟、渗沟、暗管等,将泉水、含水层地下水引排至地表排水设施排出路基范围,以保证路基体的稳定性。

(3)引排水设施是将被路基隔断的溪径和路基范围的汇水引排至河渠水系的涵洞、水沟等构造物。

公路路基排水应采取"防、排、疏"相结合,遵循总体规划、合理布局、少占农田、保护环境的原则,形成完善的公路排水系统。

3. 防护工程

路基防护分为坡面防护、加固防护、支挡防护和冲刷防护 4 大类型。

路基防护应采取工程防护和植物防护相结合的措施,并与自然景观相协调。深挖、高填路基边坡路段,必须查明工程地质情况,对存在稳定性隐患的边坡,采取加固、防护措施。沿河路段必须查明河流特性及演变规律,做好防止冲刷路基的防护措施。

4. 特殊路基

特殊路基是指位于不良地形、不良地质条件、恶劣环境下的路基,包括高路堤、深路堑路基。特殊路基必须针对其各种不良因素进行技术改良处治，确保特殊路段的路基强度和稳定性。

二、路基分类

1. 按路基标准横断面形式分类

路基按标准横断面形式分为整体式、分离式、二级公路标准横断面、三级和四级公路标准横断面路基4类，如图2-4所示。

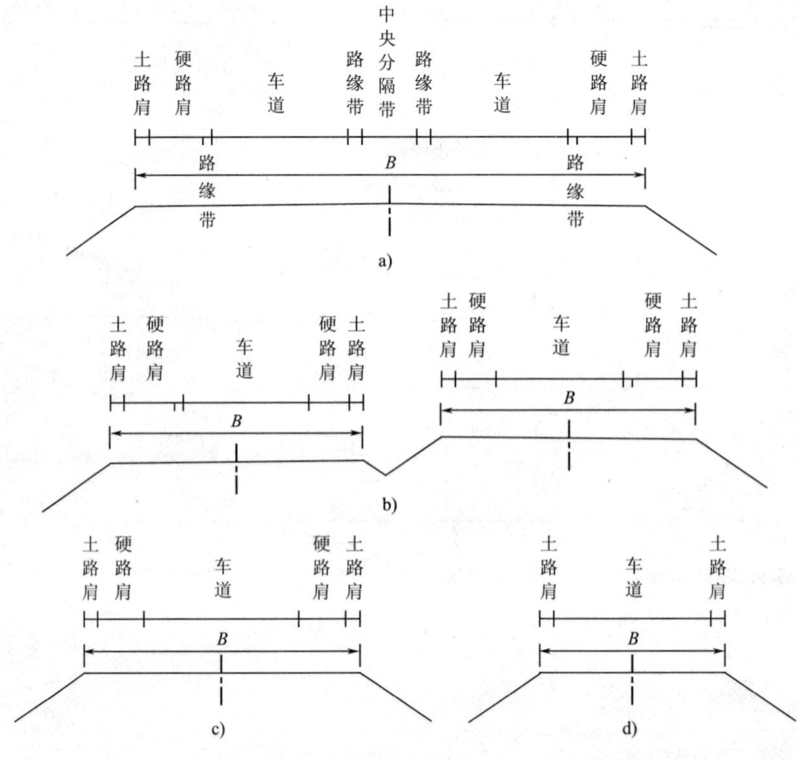

图2-4　路基标准横断面形式

a)高速或一级公路整体式；b)高速或一级公路分离式；c)二级公路双车道；d)三级和四级公路双车道

高速或一级公路又划分有四车道、六车道和八车道标准横断面，二级和三级公路只划分双车道标准横断面，四级公路划分单车道和双车道标准横断面。

2. 按路基填挖分类

路基按填挖横断面分为填方路堤、半填半挖路基和挖方路堑3种形式，如图2-5所示。

3. 按路基填筑材料分类

路基按填筑材料分为填石路堤、土石混填路堤和填土路堤3类。路堤填料中石料含量等于或大于70%时，应按填石路堤施工；石料含量小于70%且大于30%时，按土石混填路堤施工；石料含量小于30%时，按填土路堤施工。

4. 按防护工程类形式分类

如图2-6所示，按设置防护工程类型情况分挡土墙路堤、护肩路堤、矮墙路堤、沿河路堤和一般路堤等。当填筑高度小于路基临界高度或小于1.0m时，称为低路堤；填筑高度大于路基临界高度，不超过6m时，称为一般路堤；超过6m时，称为高路堤。

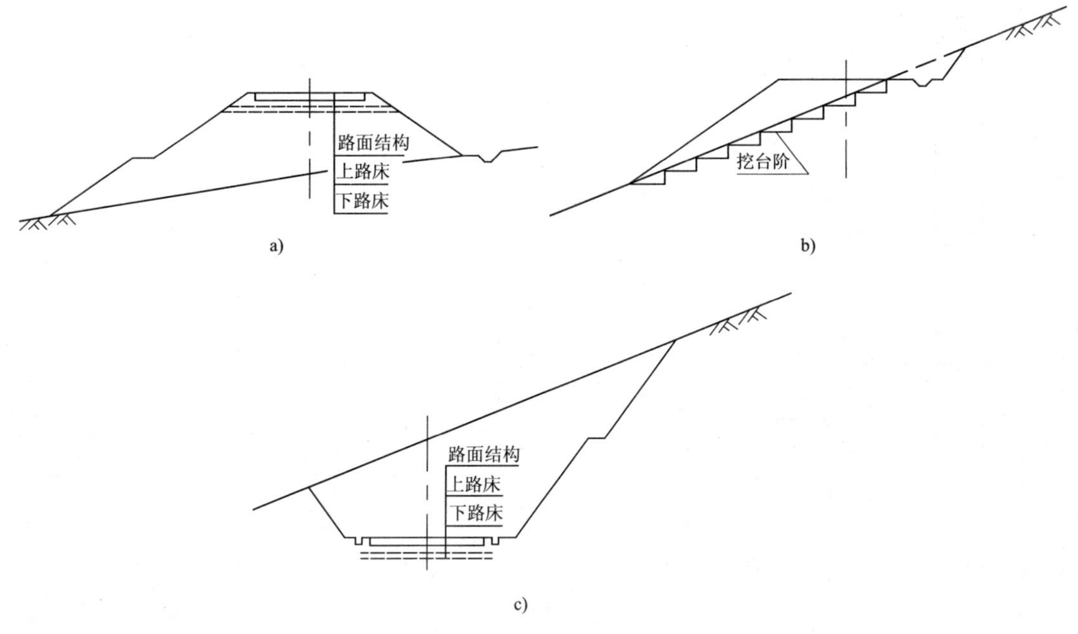

图 2-5 一般路基横断面

a)填方路堤；b)半挖半填；c)挖方路堑

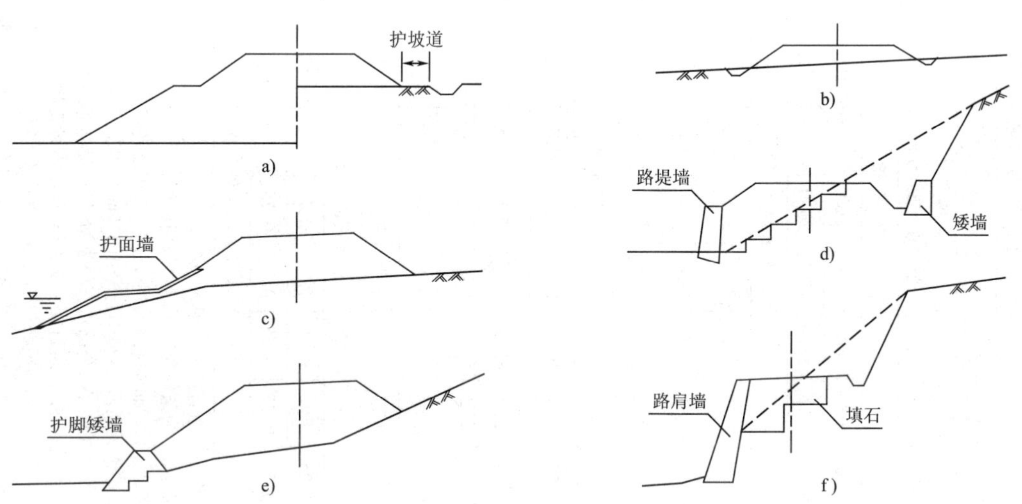

图 2-6 填方路基示意图

a)一般路堤；b)矮路堤；c)浸水路堤；d)挡墙路堤；e)护脚路堤；f)护肩路堤

第二节 路基技术指标

公路路基设计与施工必须遵守《公路工程技术标准》(JTG B01—2003)技术指标要求，公路路线技术指标汇总见表 2-1 所列。

一、路基宽度

各等级公路路基宽度为两侧土路肩边缘范围。高速或一级公路如加设加(减)速车道、二

公路路线技术指标

表 2-1

公路等级		干线公路(建筑限界净高 5.0m)															支线公路(净高 4.5m)			
		高速公路								一级公路					二级公路		三级公路		四级公路	
交通量		八车道 60 000~100 000 辆		六车道 45 000~80 000 辆			四车道 25 000~55 000 辆			六车道 25 000~55 000 辆		四车道 15 000~30 000 辆			二车道 5 000~15 000 辆		二车道 2 000~6 000 辆		二车道 2 000 辆	单车道 400 辆
交通量预测年限		20 年													15 年				10 年	
设计速度(km/h)		120	100	120	100	80	120	100	80	100	80	100	80	60	80	60	40	30	20	20
路基宽度(m)	一般值	45.0	44.0	34.5	33.5	32.0	28.0	26.0	24.5	33.5	32.0	26.0	24.5	23.0	12.0	10.0	8.5	7.5	6.5	4.5
	最小值	42.0	41.0	—	—	—	26.0	24.5	21.5	—	—	24.5	21.5	20.0	10.0	8.5	—	—	—	—
车道宽度(m)		3.75	3.75	3.75	3.75	3.75	3.75	3.75	3.75	3.75	3.75	3.75	3.75	3.5	3.75	3.5	3.5	3.25	3.0	3.5
中央分隔带宽度(m)	一般值	3.0	2.0	3.0	2.0	2.0	3.0	2.0	2.0	2.0	2.0	2.0	2.0	2.0	—	—	—	—	—	—
	最小值	2.0	2.0	2.0	2.0	1.0	2.0	2.0	1.0	2.0	1.0	2.0	1.0	1.0	—	—	—	—	—	—
左侧路缘带宽度(m)	一般值	0.75	0.75	0.75	0.75	0.5	0.75	0.75	0.5	0.75	0.5	0.75	0.5	0.5	—	—	—	—	—	—
	最小值	0.75	0.5	0.75	0.5	0.5	0.75	0.5	0.5	0.5	0.5	0.5	0.5	0.5	—	—	—	—	—	—
右侧硬路肩宽度(m)	一般值	3.0 或 3.5	3.0	3.0 或 3.5	3.0	2.5	3.0 或 3.5	3.0	2.5	3.0	2.5	3.0	2.5	2.5	1.5	0.75	—	—	—	—
	最小值	3.0	2.5	3.0	2.5	1.5	3.0	2.5	1.5	2.5	1.5	2.5	1.5	1.5	0.75	0.25	—	—	—	—
土路肩宽度(m)	一般值	0.75	0.75	0.75	0.75	0.75	0.75	0.75	0.75	0.75	0.75	0.75	0.75	0.5	0.75	0.75	0.75	0.5	0.25	0.5
	最小值	0.75	0.75	0.75	0.75	0.75	0.75	0.75	0.75	0.75	0.75	0.75	0.75	0.5	0.5	0.5				
路基横断面		整体式或分离式													整体式					
分离式左侧硬路肩宽度(m)		1.25	1.0	1.25	1.0	0.75	1.25	1.0	0.75	1.0	0.75	1.0	0.75	0.75	—	—	—	—	—	—
分离式左侧土路肩宽度(m)		0.75	0.75	0.75	0.75	0.75	0.75	0.75	0.75	0.75	0.75	0.75	0.75	0.50	—	—	—	—	—	—
公路用地范围(m)		排(截)水沟边缘以外 1.0~3.0m													1.0~2.0m		不小于 1.0m			

注:①高速为八车道,当设置左侧硬路肩时,内侧车道宽度可采用 3.5m;

②"一般值"为正常情况下的采用值,"最小值"为条件受限制时可采用的值;

③设计速度为 120km/h 四车道高整公路,采用 3.5m 的右侧硬路肩;六、八车道高速公路,采用 3.0m 的右侧硬路肩;

④八车道高速路基宽度"一般值"为设置左侧硬路肩、内侧车道采用 3.5m 时的宽度;八车道高速路基宽度"最小值"为不设置左侧硬路肩、内侧车道采用 3.75m 时的宽度;

⑤高速、一级公路的互通式立体交叉、服务区、停车区、公路汽车停靠站、管理设施等出入口,需设置加(减)速车道;

⑥高速、一级、二级公路的连续上坡路段,当通行能力、运行安全受到影响时,需设置爬坡车道,其宽度为 3.5m;

⑦四级公路采用 4.5m 路基时应设置错车道,设置错车道路段的路基宽度应不小于 6.5m;

⑧二级公路因交通量组成等需设置慢车道的路段,设计速度为 80km/h 时,其路基宽度可采用 15.0m;设计速度为 60km/h 时可采用 12.0m。

级公路、三级公路、四级公路的圆曲线半径小于或等于 250m 时，双车道公路路基和路面应设置加宽；二级公路以及设计速度为 40km/h 的三级公路有集装箱半挂车通行时，应采用第 3 类加宽值；不经常通行集装箱半挂车时，可采用第 2 类加宽值。四级公路和设计速度为 30km/h 的三级公路可采用第 1 类加宽值。双车道路面加宽值见表 2-2 所列。

双车道路面加宽值(单位:m)　　表 2-2

加宽类别	圆曲线半径 / 加宽值 / 汽车轴距加前悬	250 ~200	<200 ~150	<150 ~100	<100 ~70	<70 ~50	<50 ~30	<30 ~25	<25 ~20	<20 ~15
1	5	0.4	0.6	0.8	1.0	1.2	1.4	1.8	2.2	2.5
2	8	0.6	0.7	0.9	1.2	1.5	2.0	—	—	—
3	5.2 +8.8	0.8	1.0	1.5	2.0	2.5	—	—	—	—

注:①单车道公路路基加宽值应为表中规定值的一半；
②圆曲线上的路面加宽应设置在圆曲线内侧。

二级公路如加设爬坡车道，四级公路如加设错车道时，应另计爬坡车道、紧急停车带等部分的宽度。

二、路基高度

1. 路基设计高程

公路路基设计高程指路肩边缘高程；在设置超高、加宽地段，则为设置超高、加宽前的路肩边缘高程。设有中央分隔带的高速公路、一级公路，其路基设计高程为中央分隔带的外侧边缘高程，如图 2-7 所示。

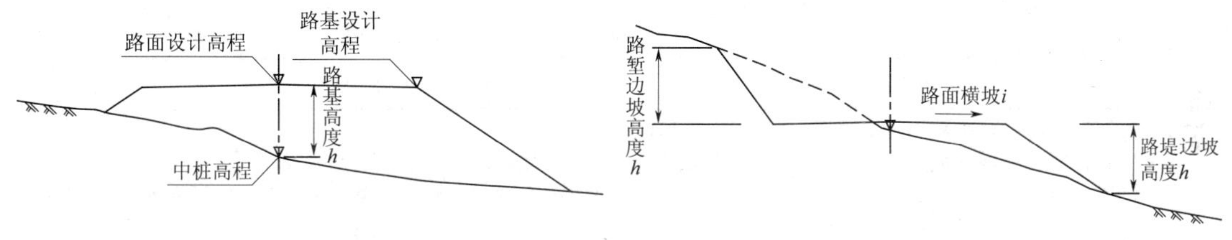

图 2-7　路基设计高程

2. 路基最小高度

根据对路基稳定性和强度要求，路基高度应使路肩边缘高出路基两侧地面积水高度，保证路基处于干燥或中湿状态，不受地面水、地下水、毛细水和冰冻作用的影响，则应结合路基临界高度(在不利季节、当路基处于某种干湿状态时，路基顶面距地下水位或地面长期积水位的最小高度)和公路沿线具体的排水及防护措施，确定路基的最小高度。在只考虑排除降水的情况下的路基最小填土高度一般取砂质土 0.3 ~0.5m、黏质土 0.4 ~0.7m、粉质土 0.5 ~0.8m。

3. 路基经济高度

路基应尽可能与沿线自然环境相协调，减少对生态环境的影响，避免选用高路堤和深路堑的设计方案。当路基中心填土高度为高填(例如超过 20m)或中心挖方深度为深挖(例如超过 30m)时，宜结合路线选择如桥梁、隧道等构造物形式或分离式路基进行方案比较，确定路基经济高度。

4. 路基安全高度

路基高度必须满足“路基设计洪水频率的计算水位 + 波浪高度 + 壅水高度 +0.5m”的要

求。路基设计洪水频率要求见表 2-3 所列。

路基设计洪水频率　　表 2-3

公路等级	高速公路	一级公路	二级公路	三级公路	四级公路
设计洪水频率	1/100	1/100	1/50	1/25	按具体情况确定

三、路基填筑要求

1. 压实度

压实度为筑路材料压实后的干密度与标准最大干密度之比，用百分率表示，路基压实度越大，路基强度越高。路基填筑或开挖的顶面(路面结构层底面)以下 80cm 范围内的路基部分称为路床。路床又分为上路床和下路床：上路床指 0 ~ 30cm 范围内的路基部分；下路床指 30 ~ 80cm 范围内的路基部分。路基填筑顶面以下 80 ~ 150cm 范围称上路堤；大于 150cm 范围称下路堤。公路路基不同深度的强度要求是不同的，距路面结构层底面越远，对路基压实度要求相应减小。《公路路基设计规范》(JTG—2004)规定的压实度要求见表 2-4 所列。

土质路基压实度标准　　表 2-4

填挖类别		路床顶面以下深度(m)	路基压实度(%)		
			高速、一级公路	二级公路	三级、四级公路
填方路基	上路床	0 ~ 0.30	≥96	≥95	≥94
	下路床	0.3 ~ 0.80	≥96	≥95	≥94
	上路堤	0.80 ~ 1.5	≥94	≥94	≥93
	下路堤	>1.5	≥93	≥92	≥90
零填及挖方路基		0 ~ 0.30	≥96	≥95	≥94
		0.3 ~ 0.80	≥96	≥95	—

注：①表列压实度以《公路土工试验规程》重型击实实验法为准；
②三、四级公路铺筑水泥混凝土路面或沥青混凝土路面时，其压实度应采用二级公路的规定值；
③路堤采用特殊填料或处于特殊气候地区时，压实度标准根据试验路在保证路基强度要求的前提下可适当降低；
④特别干旱地区的路基压实度标准可降低 2% ~ 3%。

2. 填方边坡

填方路基边坡坡率对于路基整体稳定起着重要作用，路基边坡形式和坡率是根据填料的物理力学性质、边坡高度和工程地质条件确定。边坡高度超过 20m 称为高路堤，其边坡坡率需作路堤稳定性分析后确定。

(1)填土路堤

当土质良好，填土路堤边坡高度≤20m 时其边坡坡率按表2-5所列值取用。填土边坡高度过大时，应在边坡中部每隔 8 ~ 10m 设置边坡平台一道，平台宽度 1 ~ 3m。设置平台排水沟的平台应做成向内倾斜 2% ~5% 的排水坡度；不设平台排水沟的平台应做成向外倾斜2% ~5% 的排水坡度。

路堤边坡坡率　　表 2-5

填料种类	上部高度($H \leqslant 8$m)	下部高度($H \leqslant 12$m)
细粒土	1:1.5	1:1.75
粗粒土	1:1.5	1:1.75
巨粒土	1:1.3	1:1.5

(2)填石路堤

对于利用易风化及软质的开山岩石填筑路堤，其边坡坡率按土质路堤边坡坡率取值。

填石路堤可采用与土质路堤相同的断面形式，其填石路堤边坡坡率可按表 2-6 所列取值。填石路堤高度≤6m 时，边坡面码砌顶宽不小于 1m；高度 6 ~ 12m 时，码砌顶宽不小于 1.5m；高度在 12m 以上，码砌顶宽不小于 2m。填石边坡高度过大时，应在每隔 10 ~ 12m 的边坡中部设置边坡平台，平台宽度 1 ~ 3m。填石路堤的边坡平台不设平台排水沟，平台应做成向外倾斜 2% ~5% 的排水坡度。

砌石路堤是选用不易风化、大于 30cm 的片、块石砌筑，其内侧填石。砌石顶宽不小于 0.8m，路堤基底面应向内倾斜，砌石路堤高度不宜大于 15m。砌石内外坡率不应大于表 2-7 所列的规定值。

填石路堤边坡坡率　　表 2-6

填料种类	边坡高度 H(m)	坡率
小于 25cm 石料	<6	1:1.25 ~ 1:1.33
小于 25cm 石料	6 ~ 20	1:1.5

砌石路基边坡坡率　　表 2-7

砌石高度(m)	内侧坡率	外侧坡率
≤5	1:0.3	1:0.5
≤10	1:0.5	1:0.67
≤15	1:0.6	1:0.75

3. 路堤填筑材料

填方路基应优先选用天然级配较好的砾类土、砂类土等粗粒土作为填料。细粒土料要求液限≤50%、塑限≤26。淤泥、冻土、有机土、含草皮土、生活垃圾、树根和具有腐朽物质和有机质含量大于 5% 的土不得使用。路基填料最小强度与最大粒径要求，见表 2-8 所列。

路基填料最小强度(CBR)与填料最大粒径　　表 2-8

填料应用部位（路床顶面以下深度）(m)		填料最小强度(CBR)(%)			填料最大粒径(mm)
		高速、一级公路	二级公路	三、四级公路	
零填及挖方路基	0 ~ 0.30	8	6	5	100
	0.30 ~ 0.80	5	4	3	100
填方路基	上路床 0 ~ 0.30	8	6	5	100
	下路床 0.30 ~ 0.80	5	4	3	100
	上路堤 0.80 ~ 1.50	4	3	3	150
	下路堤 >1.50	3	2	2	150

注：①表列强度按《公路土工试验规程》规定的浸水 96h 的 CBR 试验方法确定；
②三、四级公路铺筑沥青混凝土和水泥混凝土路面时，应采用二级公路的规定；
③表中上、下路堤填料最大粒径 150mm 的规定不适用于填石路堤和土石路堤

当路基填料的 CBR 值达不到表列要求时，可掺石灰或其他稳定材料处理。

四、路基开挖要求

公路路基开挖按开挖土石方的难易程度将挖方分 6 级，与 16 级土石分类对照见表 2-9 所列。不同地质条件下边坡的稳定性不同，应区别对待。

土石分级对照　　表 2-9

土石方 6 级分类	松土	普土	硬土	软石	次坚石	坚石
土石方 16 级分类	Ⅰ ~ Ⅱ	Ⅲ	Ⅳ	Ⅴ ~ Ⅵ	Ⅶ ~ Ⅸ	Ⅹ ~ ⅩⅥ

1. 土质路堑边坡

在一般情况下，挖方路基水文地质及工程地质条件较简单，砂类土、细粒土的挖方边坡高度不超过 20m，粗粒土挖方边坡高度不超过 20 ~ 30m。在调查路线附近已建工程的人工边坡及自然边坡稳定状况基础上，通过工程地质类比法分析后，可参照表 2-10 所列值确定边坡坡率。黄土、红黏土、高液限土、膨胀土等特殊土质的挖方边坡，应按特殊路基处理。

土质路堑边坡坡率表 表 2-10

土的类别		边坡坡率
黏土、粉质黏土、塑性指数大于 3 的粉土		1:1
中密以上的中砂、粗砂、砾砂		1:1.5
卵石土、碎石土、圆砾土、角砾土	胶结和密实	1:0.75
	中密	1:1

2. 岩石路堑边坡

岩石路堑边坡稳定的影响因素有岩石性质、岩体结构、水的作用、风化作用、地震、地应力、地形地貌及人为因素等。在一般情况下，石质挖方路段水文地质及工程地质条件较简单，路堑边坡高度不超过 30m，石质挖方边坡坡率可参照表 2-11 所列确定。

岩石挖方边坡坡率 表 2-11

岩体种类	风化程度	边坡高度(m)	
		$H<15$	$15\leq H<30$
Ⅰ类	未风化、微风化	1:0.1 ~ 1:0.3	1:0.1 ~ 1:0.3
	弱风化	1:0.1 ~ 1:0.3	1:0.1 ~ 1:0.5
Ⅱ类	未风化、微风化	1:0.1 ~ 1:0.3	1:0.3 ~ 1:0.5
	弱风化	1:0.3 ~ 1:0.5	1:0.5 ~ 1:0.75
Ⅲ类	未风化、微风化	1:0.3 ~ 1:0.5	—
	弱风化	1:0.5 ~ 1:0.75	—
Ⅳ类	弱风化	1:0.5 ~ 1:1.0	—
	强风化	1:0.75 ~ 1:1.0	—

注：Ⅳ类强风化包括各类风化程度的极软岩。

挖方边坡高度超过 30m 时为深路堑，必然要大量开挖山体，容易引发崩塌、滑坡等危害和隐患。规范要求深路堑需要做特殊设计，并对边坡要求采取有效的防护措施。深路堑设计的原则为：

①首先应选择深路堑方案与隧道设计方案进行技术经济比较。

②应进行路线方案优化设计，避让不稳定山体或降低挖方边坡高度。

③当路线必须通过时，应判别山体本身是否稳定，是否有滑坡或倾向路基的岩层，沿线附近是否有古滑坡和考虑地层的天然安息角。

3. 碎落台及边坡平台

当边坡较高时，可根据不同的土质、岩石性质和稳定要求开挖成折线式或台阶式边坡。在路基边沟外侧设置碎落台，宽度不宜小于 1m；边坡高度每升高 6 ~ 10m 设置一道边坡平台，平台顶宽不小于 2m，坚硬岩石地段边坡可不设边坡平台。

第三节　路基土石方施工

路基体填筑和开挖统称路基土石方施工，施工内容主要有原地基表层处理、路基开挖、路基填筑和路基修整等几个方面。路基土石方施工内容如图 2-8 所示。

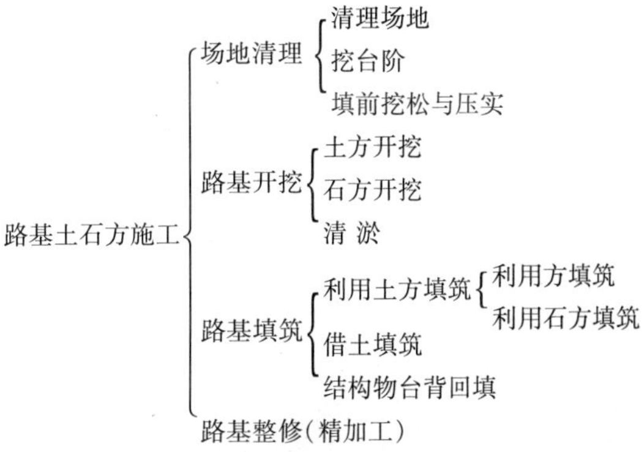

- 路基土石方施工
  - 场地清理
    - 清理场地
    - 挖台阶
    - 填前挖松与压实
  - 路基开挖
    - 土方开挖
    - 石方开挖
    - 清 淤
  - 路基填筑
    - 利用土方填筑
      - 利用方填筑
      - 利用石方填筑
    - 借土填筑
    - 结构物台背回填
  - 路基整修（精加工）

图 2-8　公路路基体施工内容

一、场地清理

1. 清理场地

(1)砍树挖根

路基用地范围内的树木、灌木丛等均应砍伐或移植，并将树根全部挖除，将坑穴填土夯实。砍伐的树木应堆放在路基用地之外，并妥善处理。

(2)表土清理

路基用地范围内的垃圾、有机物残渣及取土坑原地面表层（100～300mm）腐质土、草皮、农作物的根系和表土应以清除，并将种植表土集中储藏在监理人指定地点以备将来做种植用土。二级及二级以上公路路堤或填方高度小于 1m 的公路路堤，应将路基基底范围内的树根全部挖除并将坑穴填平夯实；填方高度大于 1m 的二级以下公路路堤，可保留树根，但树根不能露出地面。应将路基用地范围内的坑穴填平夯实。取土坑范围内的树根应全部挖除。

地基为耕地、土质松散、水稻田、湖塘、软土、高液限土等时，应按图纸要求进行处理。并作为特殊路基工程数量计列。

(3)填前压实

当路基原地基强度、稳定性不足时，在进行路基表土清理后，于填筑之前进行压实工作。其高速、一级、二级公路的基底压实度不应小于 90%，三级、四级公路的基底压实度不应小于 85%。

2. 挖除与挖掘

路基用地范围内的旧桥梁、旧涵洞、旧路面和其他障碍物等应予以拆除，并应将所有拆除后的坑穴回填并压实。

二、挖方路基施工

挖方路基又称路堑，是指路基设计高程小于地面高程，经开挖施工形成的路基。由于路堑开挖后破坏了地层的平衡状态，其边坡的稳定性主要取决于地质与水文条件，以及边坡深度和边坡坡度。根据开挖深度和地质情况确定路基边坡，常见的开挖断面形式有直线形边坡、折线形边坡、挡土墙和台阶形几种。

直线形边坡断面适用于边坡为均质的岩土，且路基开挖不深的路段；折线形边坡断面适用于上部分边坡为土质覆盖层，下部分边坡为岩石的路段；挡土墙（或矮墙、护面墙）断面适用于当路基挖方为软弱土质、易风化岩层时，需要采取挡土墙或护面墙等支挡措施，以确保坡面稳定；台阶形断面适用于边坡由多层土质组成且边坡较高的路段。边坡平台设为 2%～4% 向内侧倾斜的排水坡度，平台宽度不小于 2m，平台排水沟可做成斜口形或矩形断面。

挖方路基施工主要是土石方开挖,工程内容包括路堑、边沟、截水沟土石方开挖。

1. *土方开挖*

路堑的开挖方式应根据路堑的深度和纵向长度,及地形、地质、土方调配情况和开挖机械设备等因素确定。如图2-9所示,土方开挖方式分为:①从一端或两端全断面逐渐向前开挖的横挖法;②纵向全宽分层向前开挖的纵挖法;③沿路堑纵向挖掘一条通道再向两侧开挖至全断面的通道掘进法等。

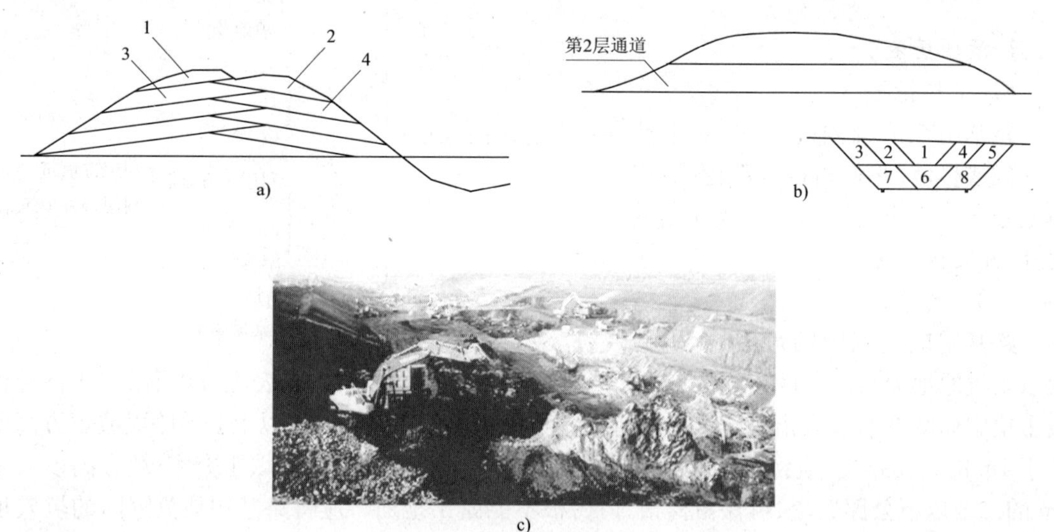

图2-9 土方开挖方式

a)纵向层挖法;b)通道掘进开挖法;c)开挖现场

(1)施工要求

土方开挖应按图纸要求自上而下的进行,不得乱挖或超挖。无论工程量多大,土层多深,均严禁用爆破法施工或掏洞取土。

在开挖中如发现土层性质有变化,应及时修改施工方案及挖方边坡。开挖至边坡线前,应预留一定宽度,以保证刷坡过程中设计边坡线外的土层不受扰动。土方地段的路床顶面高程,应考虑因压实而产生的下沉量,其值由试验确定。开挖至零填、路堑路床部分后,应尽快进行路床施工;不能及时进行,宜在设计路床顶高程以上预留至少300mm厚的保护层。

挖方路基施工遇到地下水时,应采取排导措施,将水引入路基排水系统,不得随意堵塞泉眼。路床土含水率高或为含水层时,应采取设置渗沟、换填、改良土质、土工织物等处理措施。

(2)土方机械作业方式

土方作业机械常用的有推土机、铲运机、挖掘机和装载机等。推土机作业包括切土、运土、卸土、折反、空回等过程,作业方式有下坡推土、拉槽推土、接力推土等;铲运机作业包括铲装土、运输、铺填、整平、预压等过程,作业方式有下坡铲土、推土机顶推助铲等;挖掘机作业包括挖装、行进、卸土等过程,作业方式有侧向开挖、正向开挖等,同时挖掘机有整修边坡的功效;装载机作业兼推土机和挖掘机的功能,作业方式有铲掘、推运、整平、装载、牵引等。平地机作业包括运土、铲土卸土等过程,是一种用刮刀刮土的连续作业的施工机械。

2. *石方开挖*

石方是用不小于165kW(220匹马力)推土机单齿松土器无法松动,须用爆破或用钢楔大锤或用气钻开挖的路基体,或体积大于或等于1m^{3}的孤石。

(1)施工要求

爆破是石方路堑施工最有效的方法。爆破材料主要为炸药、雷管、导火索、钢钎。爆破方法常采用钢钎炮、葫芦(药壶)炮、猫洞炮等。爆破施工应严格按《爆破安全规程》(GB 6722—2003)和国家关于爆破施工相关规定。

为发挥各种爆破方法特点,一般应充分利用地形和地质条件,有计划有步骤拟定爆破方案。石方开挖应重视挖方边坡的稳定,一般宜采用中小型及松动爆破方案,严禁过量爆破;对于风化严重,节理发育或岩层产状对边坡不利的石方开炸,宜用小排炮、毫秒爆破。爆破方案可参考表 2-12 所列条件选择。

爆破方案选择　　表 2-12

编号	中心挖深(m)	爆破地段长(m)	自然坡度(°)	断面石方量(m^3)	爆破类型	备　注
1	3 ~ 5	100	30 ~ 50	3 000	小炮群	软石
2	6 ~ 9	200	50 ~ 70	7 000	抛坍爆破炮群	坚石
3	12	40	10	4 000	多面临空地形	次坚石节理不发达

由于爆破引起的松动岩石必须清除。深挖石方路基施工,应逐级开挖,逐级按图纸要求进行防护,并应根据地形特征设置边坡控制点,随时对边坡稳定性进行监测。石方路堑的路床顶面高程,应符合图纸要求,高出部分应辅以人工凿平,超挖部分应由承包人自费回填压实,严禁用细粒土找平。

路堑石方开炸后,通常采用推土机配合清渣,配挖掘机辅助施工,装载机装车,自卸汽车外运。

(2)爆破方法

①钢钎炮。指孔径在 25 ~ 75mm,孔深在 5.0m 以下,炮眼中炸药装成长条形,并用泥土堵塞的一种爆破方法。

②葫芦炮。将炮眼底部扩大成葫芦形,将炸药基本集中于炮眼底部的扩大部分,它是一种提高爆破效果的施工方法。

③猫洞炮。采用潜孔钻机在岩体底部开凿一直径为 0.2 ~ 0.5m,深度在 0.5m 左右的洞穴,将药包直接放在洞穴内进行爆破的方法。猫洞炮主要用于坚硬土松动或在坚石、次坚石爆破中配合钢钎炮、药壶炮爆破。

④毫秒爆破(微差爆破)。将相邻药包或药包群的爆破时间以毫秒间隔,按一定顺序起爆的一种方法;延时间隔可为几毫秒到几十毫秒,由于前后相邻段药包爆炸时间间隔很短,可使各药包爆炸造成的能量相互发生影响,而产生一系列良好的爆破效果。

⑤深孔松动爆破。其布孔有垂直、倾斜和水平 3 种方式,孔径在 100 ~ 150mm 左右,深度在 5.0m 以上,是一种机械化程度程较高的爆破方法。钻孔采用凿岩机或穿孔机,爆破方式多采用深孔多排微差爆破方法,一次松动爆破可达 1 万 m^3 的效果。

⑥光面爆破。指在开挖限界的周边,适当排列一定间距的炮孔,在有侧向临空面的情况下,用控制抵抗线、药量、装药结构和起爆程序等方法进行爆破,使之形成一个平整而不遭到明显破坏的爆破面。

⑦预裂爆破。在没有侧向临空面和最小抵抗线的情况下,沿设计开挖的边坡线,按一定间距钻一排小孔距的炮孔。孔内装入少量炸药。在开挖区主爆破炮孔起爆前,将这些炮位首先起爆,爆坡后沿孔轴方向从上到下形成具有一定宽度的贯穿裂缝,把开挖区与保留区的岩体分

开。当开挖区爆破时，预裂缝起着保护边坡或减少破坏的作用。

⑧大爆破。采用导洞和药室装药，用药量在 1 000kg 以上的爆破。公路石方开挖一般不宜采用，只有当路线穿过孤独山丘，开挖深度不大于 6.0m，且根据岩石产状和风化程度，确认开炸后边坡稳定，方可采用大爆破方案。

3. 取土坑与弃土堆

(1)取土坑

选择取土坑需要综合考虑环境和天然地形，应有纵、横坡度，以利于自然排水。一般情况取土坑是在原地面横坡不大于 1∶10 的平坦地区，取土深度 1.0m 或稍大些，长度和宽度依据借土数量和用地规划而定。取土后坑底纵坡不小于 0.3%，横坡一般做成向外倾斜 2% ~3% 的单向坡。取土坑和还塘工程相结合，取土深度可大些。在洪水淹没地区的路堤(如河滩路堤或桥头引道)的两侧，一般不宜设置取土坑。

(2)弃土堆

路基弃土堆设计应与当地农田建设和自然环境相结合，不能设置在水源附近，不能侵占耕地；弃土堆应堆置整齐、稳定，排水畅通，避免对土堆周围的建筑物、排水及其他任何设施产生干扰或损坏，避免对环境造成污染。

一般选择原地面横坡缓于 1∶5 的路旁低地就近位置堆弃。弃土堆形状应规则，其边坡不应陡于 1∶1.5，顶部设置(向路基外)倾斜不小于 2% 的横坡，高度不宜超过 3m。路堑旁的弃土堆，其内侧坡脚与路堑坡顶之间的距离 $d \geqslant 3$m(干燥坚硬土)或 $d \geqslant H+5$m(潮湿软弱土)。

如图 2-10 所示，为排除路堑坡顶与弃土堆边坡之间的地面水，可在路堑坡顶 1m 以外设置三角形土台，土台高度不超过 0.6m，顶面做成 3% 向外倾斜的横坡，并在土台与弃土堆之间设梯形排水沟，其深度与底宽均为 0.3m，沟的纵坡不小于 0.5%，沟内的水通过弃土堆预留缺口排出。山坡陡于 1∶5 的石质路堑，可不设三角形土台和水沟。

在积雪、积砂的地区，弃土堆的布置应有利于防止雪、砂的沉积，一般设在迎风一侧。当路堑深度大于 1.5m 时，弃土堆距路堑坡顶至少 20m。弃土应按设计要求进行压实，用种植土覆盖后种植绿化植物，尽量使其与周围天然生态融合。

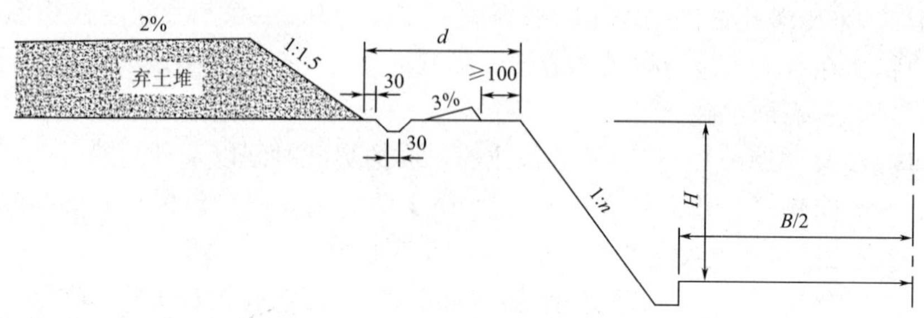

图 2-10　路堑坡顶弃土堆(尺寸单位：cm)

三、填方路基施工

1. 填土路堤

填土路堤必须按路面平行线分层控制填土高程；填方作业应分层平行摊铺；保证路基压实度。每层填料铺设的宽度应于两侧超出路堤的设计宽度 300mm，以保证修整路基边坡后的路堤边缘有足够的压实度。性质相同的填料，应水平分层、分段填筑，分层压实。同一水平层路基的全宽应采用同一种填料，不得混合填筑。每种填料压实后的连续厚度不宜小于500mm。填筑路床顶最后一层时，压实后的厚度应不小于100mm。

路堤填筑应从最低处分层填筑，逐层压实。每填一层，需经压实符合要求后，再往上填一层。当地面自然纵坡大于12%或横坡陡于1:5时，应将原地面挖成台阶，台阶宽度应满足摊铺和压实设备操作的需要，且不得小于2m。台阶顶一般做成向内并大于4%的内倾斜坡。砂类土上则不挖台阶，但应将原地面以下200～300mm的表土翻松。如图2-11所示。

图2-11　公路路基体填筑施工现场照片

路堤填土高度小于800mm（不包括路面厚度）时，对于原地表清理与挖除之后的土质基底，应将表面翻松深300mm，然后整平压实。并宜在填挖交界处路床范围内铺设土工格栅等予以处理。当挖方区为坚硬岩石时，宜采用填石路堤。

土石方压实需要根据各类压实机械具有的有效压实深度来确定路基分层摊铺的厚度，不宜超过400mm；夯击式压路机每层松铺厚度可达500mm。适宜各种填方路基的碾压机械可参照《公路路基施工技术规范》（JTG F10—2006）相关规定执行。

分层厚度需要在施工现场通过试验来确定。较多的试验表明土的性质不同，其干密度（或称干容重）ρ_d 和天然含水率 ω_0 就有不同。土的干密度计算公式：

$$\rho_d = \frac{\gamma}{1+\omega}$$

式中：γ——测试土的容重（g/m^3）；

ω——测试土的含水率。

填土压实只有在土体含水率处最佳状态时，合适的填土厚度和压实功能才能得到最好的压实效果。实际操作中的最佳含水率控制是在含水率小于最佳含水率时，可以洒水增湿；在含水率过大时，可用晾晒或掺拌石灰的处治办法。

路基填筑机械化施工操作程序为：挖掘机取土→大型自卸车装土→推土机推土→平地机整平→压路机压实。机械作业应根据地形、路基横断面形状和土方调配图等，合理确定机械运行路线。一般取土运距在1000m范围内，可用铲运机运送，辅以推土机翻送、平整、清除障碍和助推施工；超过1000m时，可用松土机械翻松，用挖掘机或装载机配合自卸车运输，用平地机平整填土，配洒水车和压路机碾压。当卸装范围内有一定高度，汽车等运输方式受到地形和其他条件限制时，可采用卷扬机牵引、空中索道运输。路堤填筑机械化施工作业队主要机械设备配备见表2-13所列。

路堤施工主要机械配备　　表2-13

机械种类	数量	说　明	机械种类	数量	说　明
挖掘机(1.5m^3)	2台		平地机(16G)	2台	
自卸车(15～20t)	10辆	运距在5km以内	羊角碾、振动压路机(18t)	1台	
推土机(GH—140)	2台		振动压路机	2台	

2. 填石路堤

在开挖石方比例较大的情况下,利用开挖石方填筑路堤,可以降低工程造价,节约用地和保护生态环境。填石路堤施工工序为:施工准备→运料→推料→摊铺→超粒破碎→补充细料人工找平→碾压→质量检查→对不合格路段返工处理→下一层施工。

(1)边坡码砌

在倾填石料前,需进行边坡码砌。选择粒径大于300mm石块,码砌石块间承力接触面应稍微向内倾斜,石块尽量紧贴、密实、无明显空洞和松动现象。

(2)运料与摊铺

应选择均匀、未风化、无裂纹的硬质石料,粒径不大于500mm,并不宜超过层厚的2/3,不均匀系数宜为15～20;路床范围内粒径要求参见表2-8所列。运料采用挖掘机配合自卸汽车运输,装料时尽量使填料混合均匀,避免大粒径石料过于集中。并按水平分层,先低后高,先两侧后中间卸料。填石路堤的堆料和摊铺同时进行,直接堆放在摊铺粗平的表面上,由大功率推土机向前摊铺,松铺厚度控制在60cm以内。在推土机摊铺初步完成后,对超粒径的石块进行人工破碎,使之满足规范要求。

对于大料径的石块,需进行人工摆平,大面朝下,在同一位置大粒径石块不能重叠,石块间保持一定空隙。对细料明显偏少的段落,应在摊铺初平的石料表面,铺洒一层碎石或石屑,有利于碾压成型,用量约占大粒料的15%～20%。

(3)碾压

填石路堤粒料之间没有黏结力,主要是靠大吨位振动压路机碾压,使其填料之间相互嵌锁、紧密咬合,从而达到足够大的摩阻力以抵抗路基变形。施工中一般选用18t振动压路机进行碾压,速度为2.0～4.0km/h,先静压一遍,然后振压6～8遍,最后再静压一遍。碾压顺序由两则开始向中间碾压,然后再由中间向两侧碾压,且每次要求错轮1/3轮宽。对于有明显空洞、孔隙的地方应补充细料,再行碾压,如仍有松动石块,可用合适粒径的小石块嵌填,并用手锤敲紧。

填石路基压实质量一般通过实地压实试验与压实质量检测同时控制,实地压实试验采用重型振动压路机或冲击式压路机进行压实,若压实层顶面稳定,不再下沉(无轮迹)时,即可判定为密实状态,这时记录压实功率、碾压速度、碾压遍数、分层厚度等数据,作为施工路段压实的依据。填石压实应严格控制石块的粒径、掌握分层填筑等,应留足路堤自然沉降时间,以尽可能降低工后沉降量。

3. 土石混填路堤

土石路堤不得采用直接倾填方法,均应采取分层填筑、分层压实方法。每层松铺厚度,应视压实机械类型规格,通过试验路段确定,但一般不宜超过400mm。压实后透水性差异较大的土石混合料应分层或分段填筑;纵向一般宜整幅填筑,不宜分幅填筑。当土石混合料的岩性或土石混合料比例相差过大时,也应分层或分段填筑,否则应将含硬质石块的混合料铺于填筑层的下面，且石块不得过分集中或重叠，于表面铺软质混合料，再进行整理碾压。

填料由土石混合材料变化为其他材料时，土石混合材料最后一层的压实度应小于300mm，该层填筑最大粒径宜小于150mm，压实后该表面应无孔洞。

天然土混合料所含石料强度大于20MPa时，石块最大粒径不得超过压实层厚度的2/3。当所含石料为软质岩时，石料最大粒径不得超过压实层厚度。当土石混合料中，石料含量超过70%时，应先铺填大块石料，大面向下，放置平稳，再铺小块石料、石渣或石屑嵌缝找平，然后碾压整型。当石料含量小于70%时，土石可混合铺填。

4. 结构物台背回填

如图2-12所示，结构物（包括桥涵台背、锥坡、挡土墙墙背等）的回填是指结构物完成后，用符合要求的材料分层填筑结构物与路基之间的遗留部分。

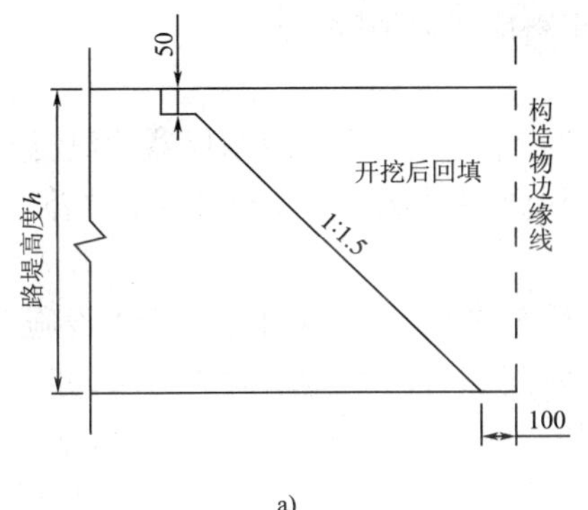

a)

b)

图2-12　台背回填（尺寸单位：cm）

a）开挖回填法；b）预留回填法

宜选择砂性土、砂砾土、砂砾、碎石、粉煤灰等渗水性好、抗压强度高、易压实、能防止冻害的材料用作台背回填，非透水性材料不得直接用于回填。基坑回填必须在隐蔽工程验收合格，结构物达到设计回填强度后进行，板桩式挡土墙墙身强度应达到设计强度的75%以上方可开始回填。

填料应从台背两侧均衡填筑，避免对构筑物形成楔形压力。为防止路基与结构物台背间有差异沉降，在高速、一级、二级公路路堤与桥台、横向构造物连接处应设置过渡段，其压实度应≥96%。

采用12～15t三轮压路碾压时，每层压实厚度不超过150mm；用18～20t三轮压路机碾压时，每层压实厚度宜为100～200mm。为了保证填料的压实质量，在比较宽阔的部位尽量使用大型压实机械，只有在临近构造物的边缘50mm内，才采用小型振动压实机械进行压实，其压实厚度不应超过150mm。

四、路基修整

路基整修指在路基工程陆续完毕，所有排水构造物已经完成并在回填之后进行的路基工程修整，俗称“精加工”。主要包括路堤和路堑边坡的修整，路线线形、纵坡、边坡、边沟和路基断面与设计图纸的符合性的有关作业。本工作内容均不作计量与支付，其所涉及的费用应包括在其相关的工程细目的单价或费率之中。

路基修整首先应恢复路线中桩，按设计图纸要求检查路基的中线位置、宽度、纵坡、横坡、边坡及相应的高程等，然后根据检查结果进行修整。

1. 边坡修整

深路堑边坡整修应按设计要求的坡度，自上而下进行刷坡，不得在边坡上以土贴补。当填土不足或边坡受雨水冲刷形成小冲沟时，应将原边坡挖成台阶，分层填补，仔细夯实。如填补的厚度很小（100～200mm），而又是非边坡加固地段时，可用种草整修的方法以种植土来填补。填土路基两侧超填的宽度应按图纸要求进行切除，如遇边坡缺土时，必须挖成台阶，分层填补夯实。

2. 路基顶面修整

土质路基顶面表层的修整，补填的土层压实厚度应不小于100mm，压实后表面应平整，不得松散、起皮。石质路基表面应用石屑嵌缝紧密、平整、不得有坑槽和松石。修整的路基表层厚150mm以内，松散的或半埋的尺寸大于100mm的石块，应从路基表面层移走，并按规定填平压实。路基整修完毕后，堆于路基范围内的废弃土料应予以清除。

3. 排水设施修整

边沟的整修应挂线进行。对各种水沟的纵坡（包括取土坑纵坡）应用仪器检测，修整到符合图纸及规范要求。各种水沟的纵坡，应按图纸及规范要求办理，不得随意用土填补。

4. 路基维护

路基工程完工后路面未施工前及公路工程初验后至终验前，应保证路基排水设施完好，及时清除排水设施中淤积物、杂草等；对中途停工较长时间和暂时不做路面的路基，亦应做好排水设施，复工前应对路基各分项工程予以修整。路基工程完成后，每当大雨、连日暴雨或积雪融化后，应控制施工机械车辆在土质路基上通行；若不可避免时，应将碾压的坑槽中的积水及时排干，整平坑槽，对修复部分重新压实。

第四节　排水设施工程施工

公路排水设施分地表排水、地下排水和引排水设施等。引排水设施列入第四章学习，路基地表与地下排水具体分类如图2-13所示。

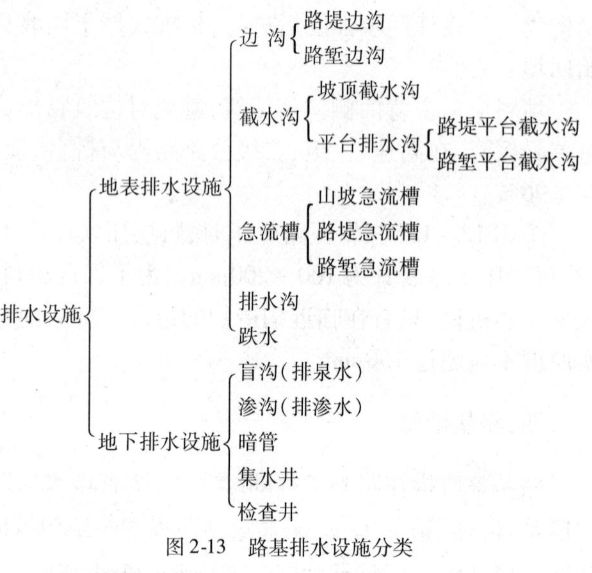

图2-13　路基排水设施分类

一、地表排水设施

1. 边沟

边沟形式如图2-14所示。边沟是为汇集和排除路面、路肩及边坡的流水，在路基两侧设置的纵向水沟。路堑边沟设于路基挖方地段路肩边缘，路堤边沟设于路基填方地段坡脚的护坡道边缘。高速公路、一级公路边沟的深度及宽度不应小于0.6m，其他等级公路不应小于0.4m。当排水量大时，应根据流量大小加大边沟横断面尺寸。

边沟应与路线纵坡一致，并不宜小于0.3%。在特殊情况下，边沟纵坡可容许采用0.1%，此时边沟出口间距应适当减短。土质地段的边沟纵坡大于3%时，应采取加固措施。平曲线处边沟施工时，沟底纵坡应与曲线前后沟底纵坡平顺衔接，不允许曲线内侧有积水或外溢现象发生。曲线外侧边沟应适当加深，其增加值等于超高值；但曲线在坡顶时可不加深边沟。

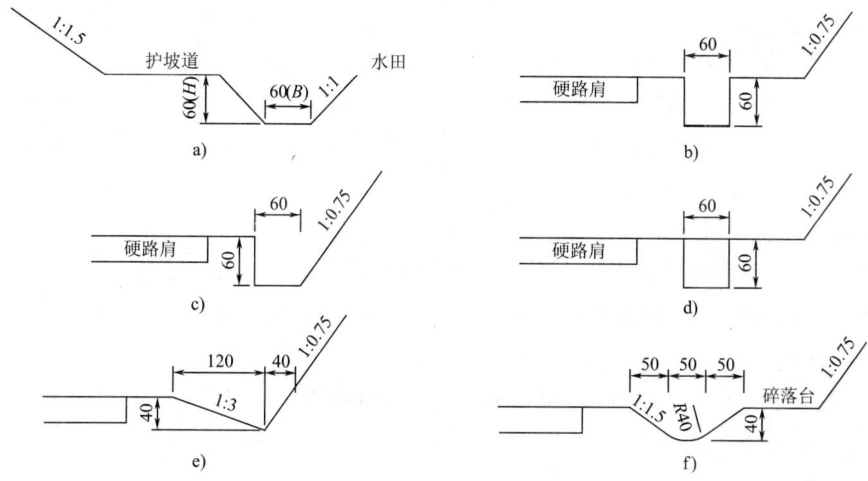

图 2-14　边沟形式（尺寸单位：cm）

a）梯形沟；b）矩形沟；c）斜口式；d）盖板矩形；e）三角形沟；f）碟形沟

梯形边沟内侧坡向率一般为 1∶1 ~1∶1.5；矩形边沟采用浆砌片石防护；设计土质边沟时，可采用三角形横断面，其内侧边坡宜采用 1∶2 ~1∶3，外侧边坡坡率与挖方边坡坡率相同。土质边沟的另一种形式是碟形横断面，内、外侧向坡率一般为 1∶1 ~1∶1.5，沟底面水平，内外侧坡面与沟底面用圆弧连接，半径一般采用 40cm。

高速公路、一级公路土质边沟应全部采用浆砌片石、浆砌卵石、水泥混凝土或预制块防护。一般公路土质边沟纵坡超过 2% 应采用浆砌片石、浆砌卵石防护，石质水沟不铺砌或砌筑路肩边缘一侧。边沟出口间距不宜超过 500m，多雨地区不宜超过 300m，三角形边沟长度不宜超过 200m。边沟水排出应顺畅引入路基以外的沟谷。

2. 截水沟

路堑或路堤边坡上方流入路界的地表径流量大时，应设置拦截地表径流的截水沟，防止水流冲刷和侵蚀挖方边坡和路堤边坡，如图 2-15 所示。

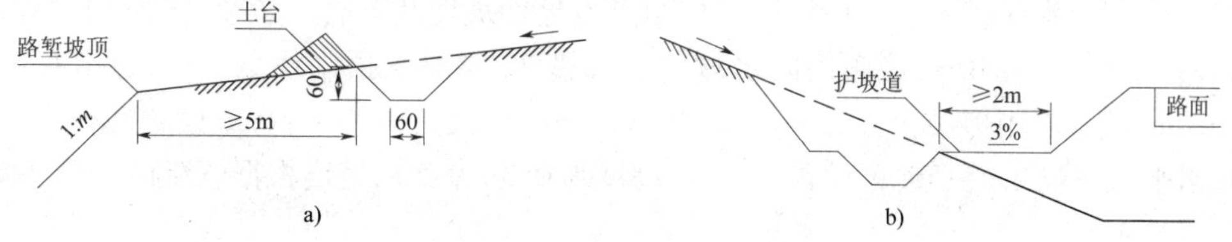

图 2-15　截水沟（尺寸单位：cm）

a）路堑沟；b）路堤沟

在坡面汇流长度大的山坡上，应设置一道以上大致与路基平行的截水沟；在坡体稳定性较差或有可能形成滑坡的路段，截水沟应设置在滑坡体周界外的一定距离处。截水沟应根据地形、地质条件、汇水面积等进行设计。路堑截水沟应设置在坡顶 5m 以外，对黄土地区不应小于 10m，并应进行防渗加固。截水沟挖出的土，可在路堑与截水沟之间修成土台并进行夯实，台顶应筑成 2% 倾向截水沟的横坡。路基上方有弃土堆时，截水沟应离开弃土堆坡脚 1 ~5m。

山坡上路堤的截水沟离开路堤坡脚至少2m,并用挖截水沟的土填在路堤与截水沟之间,修筑向沟倾斜坡度为2%的护坡道或土台,使路堤内侧地面水流入截水沟排出。

采用梯形断面坡率一般为1:1.0~1:1.5;沟底宽度和沟的深度不宜小于0.5m。地质或土质条件差,有可能产生渗漏或变形时,应采取相应的防护措施。

一般情况下,截水沟沟底纵坡不宜小于0.3%。截水沟长度以200~500m为宜,超过500m时,可在中间适宜位置处增设泄水口,由急流槽或急流管分流引排。在多雨地区,视实际情况可设一道或多道截水沟。

3. 排水沟

排水沟起连接各种排水设施的作用,将水引排到附近自然水道,形成完善的排水系统。排水沟的线形要求平顺,尽可能采用直线形,转弯处宜做成弧形;出水口,应按图纸要求设置跌水和急流槽将水流引出路基或引入排水系统。

排水沟断面形式应结合地形、地质条件、汇水流量确定,一般情况下采用梯形断面形式,沟底纵坡不宜小于0.3%,与其他排水设施的连接应顺畅。易受水流冲刷的排水沟应视实际情况采取防护、加固措施。

4. 跌水和急流槽

当水流落差较大,呈瀑布跌落到沟槽形式称为跌水。水流坡度较陡,但不离开槽底的流水沟槽称为急流槽。跌水和急流槽必须采用浆砌圬工结构,跌水的台阶高度可根据地形、地质等条件决定。片石砌缝应不大于40mm,砂浆饱满,槽底表面粗糙。

(1)跌水

跌水的槽身横断面一般采用矩形。多级台阶高度一般不大于0.5~0.6m;单级跌水墙的高度以1m左右为宜;消力坎的高度为0.5m左右,顶宽不宜小于0.4m,坎底应设泄水孔。消力槛与跌水墙的距离为5m左右,消力池台面应设2%~3%的外倾纵坡。

(2)急流槽

急流槽分为山坡急流槽、路堤急流槽、路堑急流槽。山坡急流槽如图2-16所示。

急流槽横断面形式多为矩形,槽底应做成粗糙面,厚度为0.2~0.4m;边墙顶面宽度为浆砌片石0.2~0.4m,混凝土为0.1~0.3m。急流槽的进水口应予以防护加固,出水口应防止冲刷,可设置消力坎等消能设施。

急流槽的纵坡不宜陡于1:1.5,同时应与天然地面坡度相配合。急流槽过长时应分段修筑,每段长度宜为5~10m,接头用防水材料填塞密实;混凝土预制块急流槽,分节长度宜为2.5~5.0m,接头采用榫接。为防止急流槽滑动,基底可设置防滑平台,或设置凸榫嵌入基底中。防滑平台每隔2.5~5m可设置一个,其高度为0.3~0.5m,宽度根据急流槽的坡度而定。

5. 蒸发池

在少雨干燥地区,为汇集边沟、急流槽的水任其蒸发,可在公路两侧每隔一定的距离修建蒸发池。蒸发池设置如图2-17所示。

蒸发池边缘到路基边沟外缘的距离,应以保证路基的稳定和安全为原则,并不应小于5m,湿陷性黄土地区不得小于湿陷半径。池中设计水位应低于排水沟的沟底。一般情况下每个池的容量不宜超过200~300m^3,蓄水深度不应大于1.5~2.0m,正方形蒸发池的边长约为15m。蒸发池四周应进行围护;应根据具体情况采取适当的防护加固措施。蒸发池的设置不应使附近地面盐渍化或沼泽化。

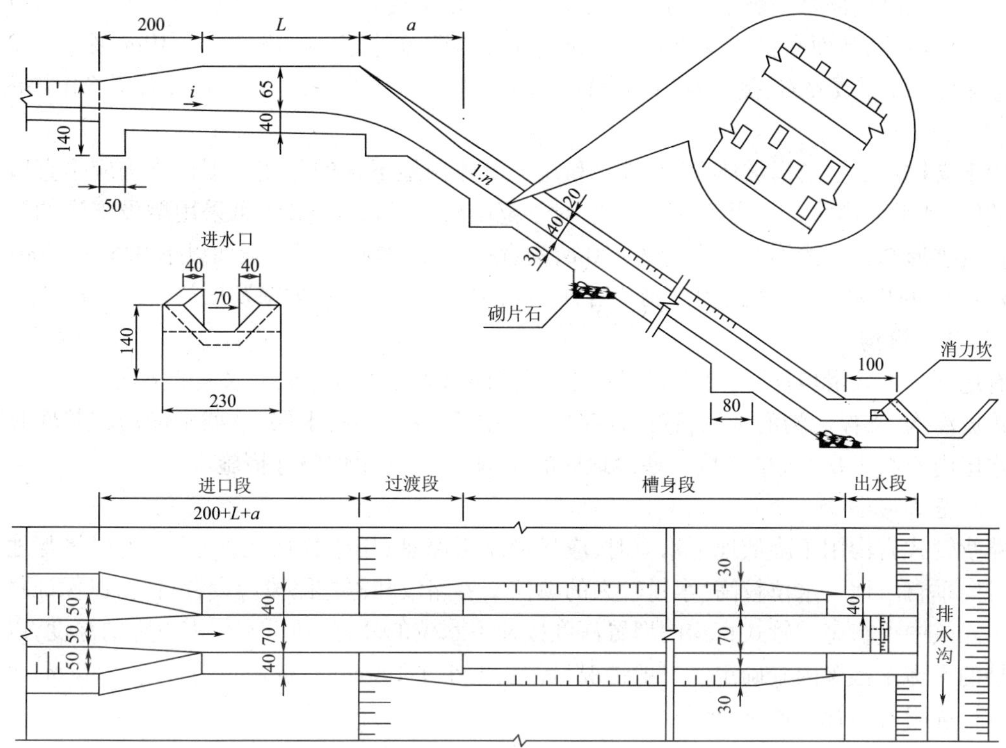

图 2-16 山坡急流槽(尺寸单位:cm)

二、地下排水设施

路基地下排水设施包括盲沟(管)、渗沟、渗水隧洞、渗井、仰斜式排水孔、检查疏通井等。应根据工程地质和水文地质条件选择地下排水设施的类型、位置及尺寸,并与地表排水设施相协调。

1. 暗沟

暗沟设置如图 2-18 所示。在涌泉处设置暗沟或暗管将其引排至路堤坡脚边沟内。

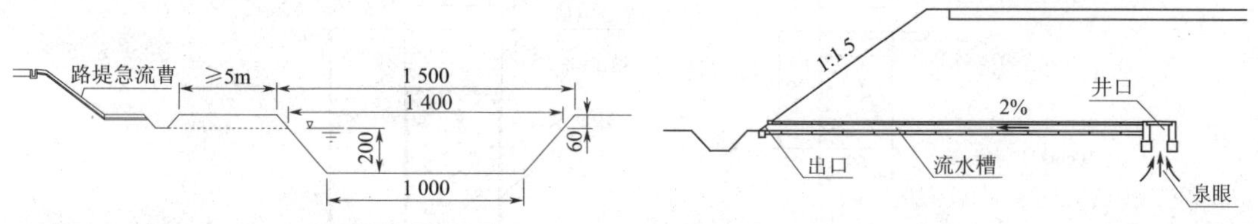

图 2-17 蒸发池(尺寸单位:cm)

图 2-18 暗沟

暗沟一般采用矩形横断面,用浆砌片石或水泥混凝土预制块砌筑,沟顶设置盖板,填土厚度不应小于50cm。暗沟的纵坡应宜大于0.5%,出水口应高出地表路堤边沟常水位0.2m。寒冷地区的盲沟,应作防冻保温处理或将暗沟设在冻结深度以下,坡度宜大于5%。沿沟槽底每隔10~15m或在软硬岩层分界处应设置沉降缝和伸缩缝。

2. 防滑坡渗沟

为将地下透(含)水层中的水拦截或降低地下水位,保证路基或路堑边坡稳定,而采用透水材料填筑的沟称之为渗沟。防滑坡渗沟分为边沟渗沟、支撑渗沟及截水渗沟3种。

(1)边坡渗沟

当滑坡前缘的路基边坡上有地下水分布或坡面潮湿时，应设置边坡渗沟。边坡渗沟应垂直嵌入边坡坡体，平面布置可设计成垂直的或分支的渗沟网，主沟间距为6~10m，深度1.5~2m，沟内填充砂砾或碎石，侧壁及顶部设置反滤层，基础采用浆砌片石砌筑，并置于稳定层内。

(2)支撑渗沟

用于支撑不稳定的滑坡体，兼有排除和疏干滑体内地下水的作用。支撑渗沟应垂直嵌入边坡坡体，其平面形状宜采用条带形布置；对于范围较大的潮湿坡体，可采用增设支沟的分岔形布置或拱形布置。渗沟深度宜为2~10m，沟宽2~4m，沟底应置于滑面以下0.5~1.0m，并设2%~4%的排水纵坡，渗沟内堆砌片石，底部用浆砌片石砌筑，侧壁及顶部设置反滤层。

(3)截水渗沟

有地下水进入滑坡体时，可设置截水渗沟，平面布置宜垂直于地下水流的方向。

边坡渗沟、支撑渗沟的基底，宜设置在含水层以下较坚实的土层上；截水渗沟的基底宜埋入隔水层内不小于0.5m的深度。寒冷地区的渗沟出口，应采取防冻措施。

3.路基盲沟

路堑管式盲沟用于降低地下水位时，应尽量靠近路基；用于拦截地下水时，应尽量与地下水流方向垂直。地下水位较高、水量较大的填挖交界路段和深挖路段应设置盲沟，以保证路基处于干燥或中湿状态。管式盲沟的埋置深度按地下水位的高程、地下水位需下降的深度，以及含水层的渗透系数等因素确定。一般情况盲沟长度小于150m时，选用盲沟管内径16cm，大于150m时，选用盲沟管内径20cm。

(1)管式盲沟结构

设置在路堑边沟的下方，其宽度不宜小于0.6m，各部位尺寸根据埋设深度及排水需要等情况确定，如图2-19所示。

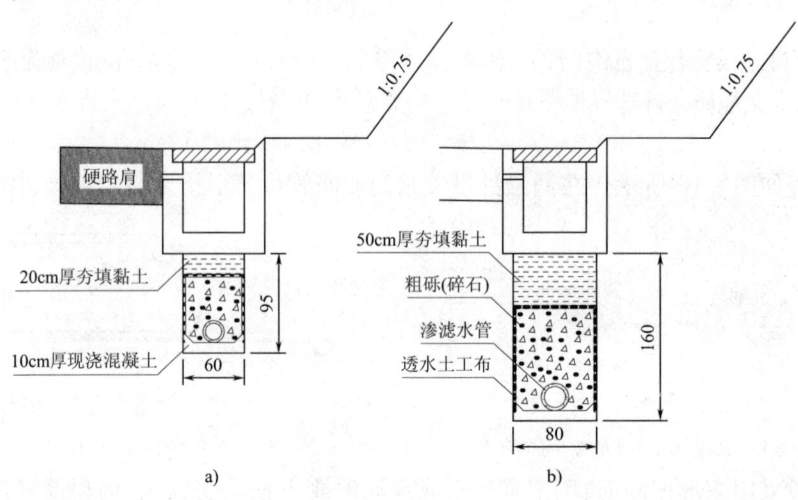

图2-19 路堑管式盲沟(尺寸单位:cm)

a)60cm×95cm断面;b)80cm×160cm断面

由于盲沟深埋在地下容易被淤塞，盲沟应尽可能采用较大的纵坡坡度，其最小纵坡坡度一般不宜小于1%；并在出水口段加大纵坡坡度，以加大流速，减少淤积。出水口应作妥善处理，高出地表水沟槽常水位的0.2m以上。

(2)横向排水管

为避免淤塞，地下盲沟长度受到限制，一般每间隔100~300m处，设置横向排水管出水口,通过横向排水管将地下水引出地面,排入低洼地处水道。横向排水管一般采用 PVC 塑料管,其布置安装基本与路面超高横向排水管相同。

(3)盲沟检查井

检查渗滤水管流通情况,疏通渗滤水管道及能够进行人工掏出沉淀物。盲沟检查井在直线段设置的最大间距不得超过 150m;检查井直径不宜小于 1m,井壁应设渗水孔和反滤层。井内渗滤水管的位置应高出井底 0.3 ~0.4m,检查井应设置上下人行梯、井口顶部应高出地面 0.3 ~0.5m,并设铸铁板遮盖。

(4)渗滤水管结构

采用带槽孔的塑料管或水泥混凝土管。管径由设计渗流量确定。渗沟长度≤150m 时的最小内径为 15cm 或 20cm。带孔水泥混凝土圆管的最小直径不宜小于 20cm,带孔塑料渗水管的直径宜为 15cm,带有钢圈、滤布和加强合成纤维组成的加劲软式透水管直径为 8 ~30cm。管壁上渗水孔的孔径为 1.5 ~2cm,管壁采用渗水土工织物包裹形成反滤层。管壁上渗水孔间距:纵向布置间距为 7.5cm,呈梅花形布置。

第五节　路基防护工程施工

一、防护工程类型

防护工程是保护公路路基稳定的人工构造物。防护工程分类如图 2-20 所示。

路基防护工程按防护作用分坡面防护、加固防护、冲刷防护和支挡防护;按防护位置可分为路堑坡面防护和路堤坡面防护,也可称路基上边坡和下边坡防护;按支挡防护按位置可分路堑挡土墙、路堤挡土墙(即路堤墙、路肩墙)以及矮墙。按防护结构分护坡、护面墙和挡土墙 3 种形式;按工程材料分植物防护、砌石防护和混凝土防护;按施工方法分人工砌筑片块石、浇筑混凝土、预制块护坡,以及人工抹面、捶面,机械喷射混凝土、喷播植草等。

二、坡面防护

1. 植物护坡

植物防护就是利用植被对边坡的覆盖和植物根系对边坡的加固作用,保护路基边坡免受大气降水与地表径流的冲刷。详见第七章内容所述。

2. 骨架护坡

如图 2-21 所示,骨架护坡分人字形、方格形、拱形等多种形式。其设计应与周围景观相协调,土质和全风化岩石边坡坡率选取缓于 1:0.75,坡面受雨水冲刷严重或潮湿时,坡率应缓于 1:1。通常采用骨架防护与种草防护结合,骨架防护兼有截水沟功能,冲刷仅限于框格内小范围。

一般骨架嵌入坡面深度为 30 ~50cm。骨架材料有浆砌片石、现浇混凝土、混凝土预制块等。骨架砌筑应彼此镶紧,接缝要错开,缝隙间用小石块填满塞紧。在软土地基的砌体工程应在预压沉降期后才可开始砌筑。

(1)人字形骨架

骨架间距为 4 ~8m,采用槽型断面,宽度 50 ~100cm,沟宽 20 ~50cm,沟深 10 ~20cm,当采用截水沟型骨架时,人字形骨架宜为 L 形断面,拦水带应高出坡面 5 ~10cm。

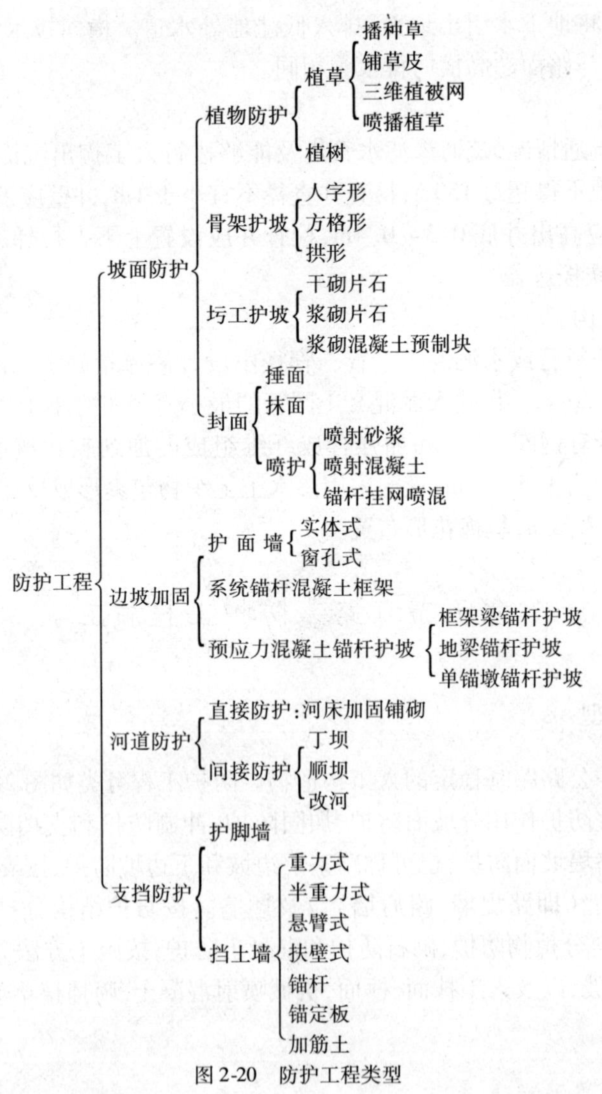

图 2-20 防护工程类型

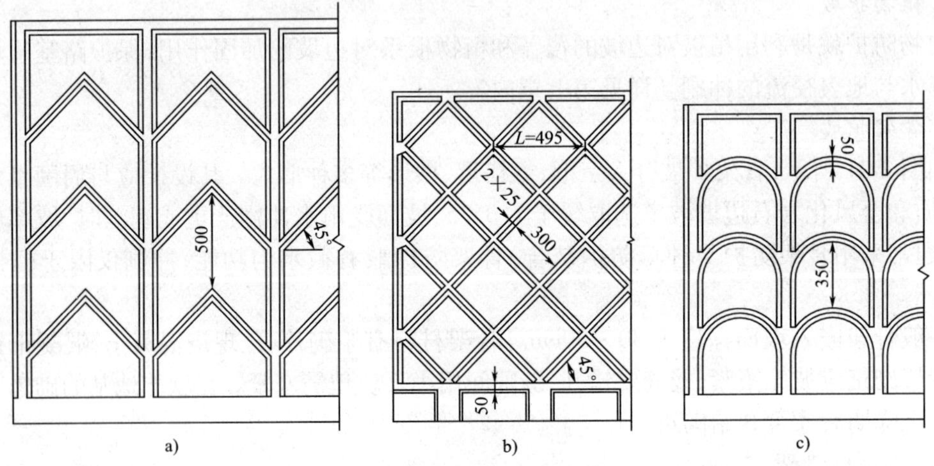

图 2-21 骨架植物护坡(尺寸单位:cm)

a)人字形;b)方格形;c)拱形

(2)方格形(菱形)骨架

骨架间距1~4m,骨架宽度30~50cm,与边坡水平线成45°角。当采用截水沟型骨架时,骨架宜为L形断面,拦水带应高出坡面5~10cm。

(3)拱形骨架

骨架间距2~6m,骨架宽度为30~50cm,圆拱半径1~3m。当采用截水沟型骨架时,主骨架宜采用槽型断面,宽度30~80cm,沟宽20~50cm,沟深5~10cm。拱圈用水泥混凝土预制块镶边成L形,镶边部分应高出坡面5~10cm。

3. 圬工护坡

护面墙分实体、窗孔等形式。为保证护面墙稳定性,墙体较高时应分级修建,一般单级高度为6~10m。护面墙一般采用浆砌片、块石铺砌,在缺乏石料的地区,也可以采用现浇混凝土或预制混凝土结构。护面墙厚度参考值见表2-14所列。

护面墙厚度参考 表2-14

护面墙高度 H(m)	路堑边坡	护面墙厚度(m)	
		顶宽 b	底宽 d
$H\leqslant2$	1:0.5	0.4	0.4
$2<H\leqslant6$	>1:0.5	0.4	$0.4+H/10$
$6<H\leqslant10$	1:0.5~1:0.75	0.4	$0.4+H/20$
$10<H\leqslant15$	1:0.75~1:1	0.6	$0.6+H/20$

(1)实体式护面墙

实体式护面墙应在两级护面墙之间须要设置≥1m宽的平台;每级墙背隔4~6m高度设置一个耳墙,耳墙宽0.5~1.0m。实体护面墙如图2-22所示。

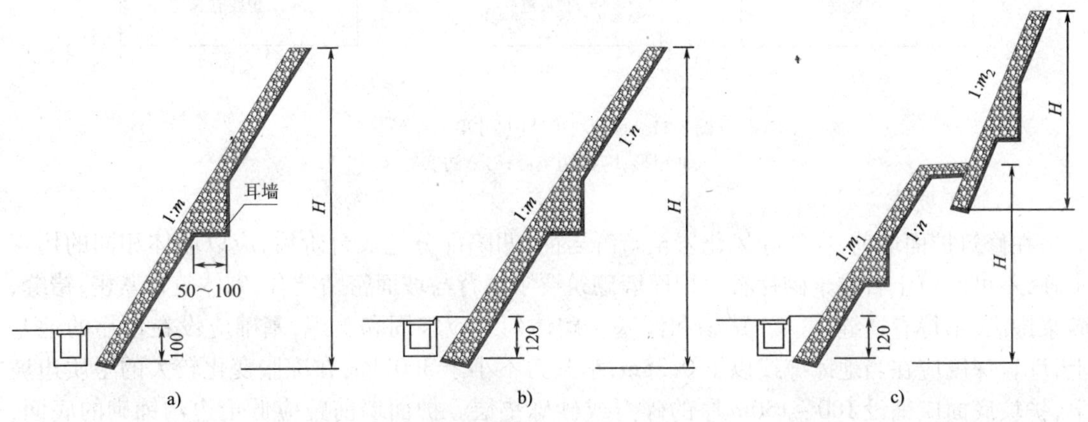

图2-22 实体式护面墙(尺寸单位:cm)

a)等厚;b)不等厚;c)两级护面

(2)窗孔式护面墙

窗孔式护面墙防护的边坡不陡于1:0.75。墙孔通常高度为2.5~3.5m,宽度2~3m。墙孔内可采用植物、圬工或捶面防护,其他要求同实体式护面墙。如图2-23所示。

(3)混凝土预制块护面墙

混凝土预制块护坡适用于坡率缓于1:0.75的土质边坡和全风化、强风化的岩石路堑边坡,并视需要砌筑片石或混凝土边框,特别是石料缺乏地区的路基边坡防护。

图 2-23　窗孔式护面墙

预制块的混凝土强度不应低于 C15,在严寒地区不应低于 C20,厚度不应小于 6cm,板块边长宜采用 0.2 ~ 0.6m,当边长大于 0.6m 时,应配置构造钢筋。六边形水泥混凝土空心块内可填充种植土,喷播植草,如图 2-24 所示。

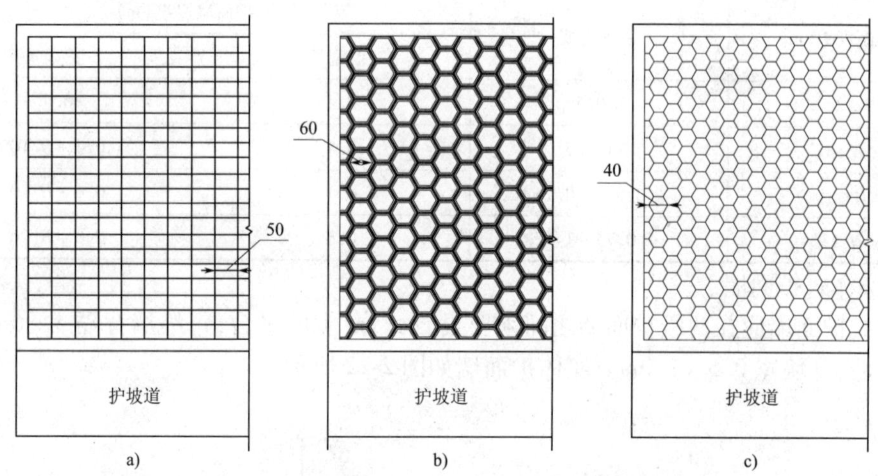

图 2-24　预制块护坡(尺寸单位:cm)

a) 矩形;b) 六边空心;c) 六边实心

(4)施工要求

在修筑护面墙前,应清除风化岩至新鲜岩面,凹陷部分挖成台阶后,应以墙体相同的圬工砌补,不可回填土石或干砌片石。护面墙砌筑要求墙背与坡面密贴结合,砌体咬口紧密,错缝,砂浆饱满,不得有通缝、叠砌、贴砌和浮塞。砌体勾缝应牢固和美观;基础应设在可靠的地基上,埋置深度应在当地冰冻线以下 0.25m,承载力不小于 300kPa;在冻胀变化较大的土质边坡上,护坡底面应铺设 100 ~ 150m 厚的碎石或砂砾垫层。护面墙前趾应低于边沟铺砌的底面,其基础修筑在不同岩层时,应在其相邻处设置沉降缝,沿纵向每隔 10 ~ 15m 设置伸缩缝,缝宽均为 2cm,应用沥青麻絮填塞。墙体坡面上每隔 2 ~ 3m 交错设置孔径 10cm 的圆形泄水孔;在墙体背面泄水孔位置,采用碎石和砂砾作反滤层。

4. 捶面、封面护坡

为防止易风化的路堑岩质(如泥质砂岩、泥质板、页岩、泥灰、千枚岩等)坡面继续风化,在边坡上加铺一层耐风化隔离大气影响的表层称之为封面。其形式包括捶面、抹面、喷浆等防护。封面方法要求其本身必须是稳定的,坡面是未经严重风化的,并处于干燥状态。

(1)捶面防护

捶面的强度较高，可抵抗较强的雨水冲刷，适用于坡度缓于 1∶0.5，易受冲刷的土质边坡或易风化剥落的岩石边坡，使用期约 10～15 年。大面积捶面时，每隔 5～10m 应设伸缩缝。捶面厚度不宜小于 10cm，较抹面厚度大，一般采用等厚截面。为便于捶打成型，常用的除石灰、水泥、土三种混合外，还有石灰、炉渣、黏土拌和的三合土，以及再加上适量砂粒的四合土。

(2)封面防护

①抹面。厚度一般为 3～7cm，分 2 至 3 层抹刷，其使用可达 8～10 年。抹面材料可采用石灰、炉渣灰浆，石灰、炉渣三合土，水泥、石灰砂浆，水泥砂浆等。抹面厚度不宜小于 3cm。

②喷护。分为喷射砂浆防护和喷射混凝土防护。喷射砂浆防护适用在边坡率缓于1∶0.5，易风化但未经严重风化的岩石边坡上采用，其厚度不宜小于 5cm，砂浆强度不应低于 M10，喷护坡面应设置泄水孔和伸缩缝。喷射混凝土防护喷射混凝土防护厚度不宜小于 8cm，混凝土强度不低于 C15，喷护坡面应设置泄水孔和伸缩缝。

③锚杆挂网喷护。分为锚杆挂网喷浆防护和锚杆挂网喷混防护，具有较高的强度和较好的抗裂性能，并能承受少量的破碎体所产生的侧压力，可提高整个边坡的稳定性。

锚杆应嵌入稳固基岩内，锚固深度根据岩体性质确定。钢筋网采用直径 4～10mm 的圆钢筋编织，网格 100mm 左右，用钢筋锚钉固定摊铺于坡面上。喷射护砂浆的强度不应低于 M10，厚度宜 5～7cm。喷射水泥混凝土的强度不低于 C15，厚度宜 10～15cm，应添加速凝剂以促使尽快凝固。

三、加固防护

1. 系统锚杆混凝土框架护坡

系统锚杆一般设计全黏结型锚杆，锚杆长度为 4～10m，间距为 1.5～4m。锚杆宜采用螺纹钢筋，直径 14～32mm，设计抗拔力不低于 75kN，锚杆钢筋保护层厚度不应小于 2cm；多用于边坡高度较大，坡体中无不良结构面、风化破碎的岩石路堑边坡。如图 2-25 所示。

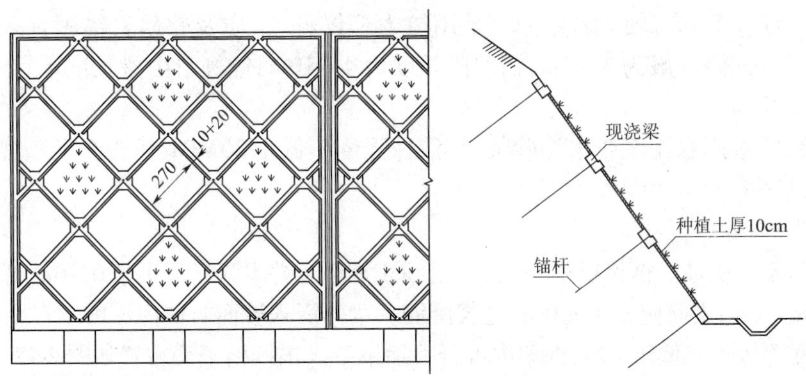

图 2-25　系统锚杆混凝土框架防护（尺寸单位：cm）

注浆材料宜选用 M20 水泥浆或水泥砂浆，注浆压力不低于 0.2MPa。框架采用钢筋混凝土，其强度不低于 C25，宽度为 40～60cm，厚度为 40～60cm。框架内可为喷播植草等形式。

2. 预应力锚杆护坡

预应力锚杆护坡，通过预应力锚杆深入坡体内部预先主动对边坡松散岩层施加正压力，起到挤密锁固作用；同时，对锚杆孔高压注浆，浆液填充裂隙和孔隙，又可提高破碎岩体的强度和整体性。预应力锚杆护坡常用结构形式见表 2-15 所列。

坡面结构常用类型及适用条件 表 2-15

结构形式	适用条件	备注
格子(框架)梁护坡	风化较严重、地下水丰富、软质岩、土质边坡	多雨地区,梁宜作成截流沟式
地梁护坡	软硬岩体相间、土质边坡	地质较差地段
单锚墩护坡	硬质岩、块状或整体性好的岩体	

(1)锚杆

预应力锚杆构造由锚固段、自由段和锚头构成。锚头由垫墩、钢垫板和锚具组成。其构造如图 2-26 所示。

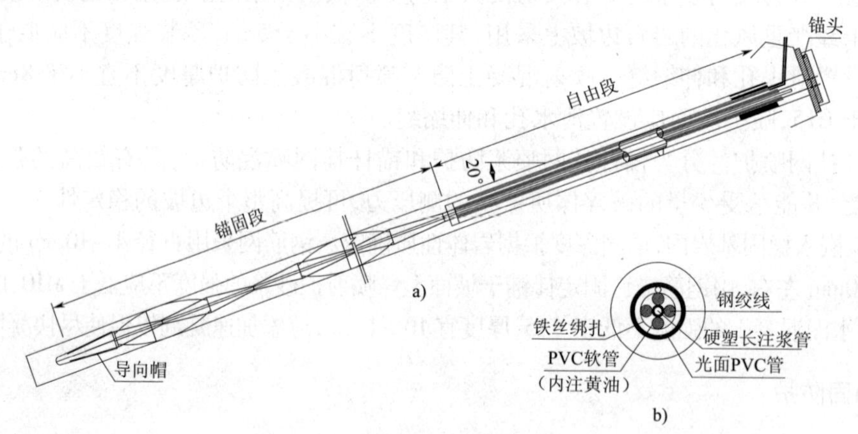

图 2-26 预应力锚杆构造

a)结构;b)自由段断面

预应力筋可根据锚固工程性质、锚固部位、工程规模选择高强度低松弛的钢绞线、精扎螺纹钢筋(直径宜为 16 ~ 32mm)或普通预应力钢筋;有条件时,宜优先采用无黏结钢绞线。其保护层厚度不应小于 2cm。硬质岩锚固宜采用拉力型锚杆,土质及软质岩锚固宜采用分散型锚杆。预应力锚杆间距一般为 3 ~ 6m,锚固段长度为 4 ~ 10m,锚杆自由段长度不宜小于 5m。钻孔直径 100 ~ 150mm。

注浆材料宜选用水泥浆或水泥砂浆,其设计强度不低于 30MPa,压力分散型锚杆锚固段注浆体抗压强度不宜低于 40MPa。

(2)锚梁

①锚杆框架梁护坡。框架梁锚固截面一般采用矩形,梁体宽度不小于 0.30m,单元尺寸不宜小于 3m × 3m。梁内主筋应分单元配置通长配筋。梁体嵌入坡面岩体内深度不宜小于 0.20m;水泥混凝土强度等级不宜低于 C20,框架内可分喷播植草。锚杆格子梁布置如图 2-27 所示。

②地梁锚杆(锚索)护坡。锚索地梁坡面布置如图 2-28 所示。

锚索地梁适用于浅层稳定性好,深层易失稳的高陡岩土边坡。预应力锚杆锚固坡体,地梁将墩头和将锚杆群连成一个整体。地梁之间喷播草防护或采用浆砌片石盖面。

地梁的施工顺序:开挖平整坡面→地梁放样→铺设模板→预应力锚索孔位置处理→浇筑地梁混凝土→钻锚索孔(待地梁强度达到要求)→安放锚索→锚孔注浆→锚索张拉(待压浆体强度达到设计)。在地梁之间可采用浆砌片石、液压喷播或厚层基材喷播植草。

③单锚墩锚杆护坡。对于浅层稳定,深层易失稳的高陡岩土边坡,采用单锚墩锚杆护坡较为经济。单锚墩设计应根据锚力大小,满足岩体承载要求,并配置适量的构造钢筋。锚头的水

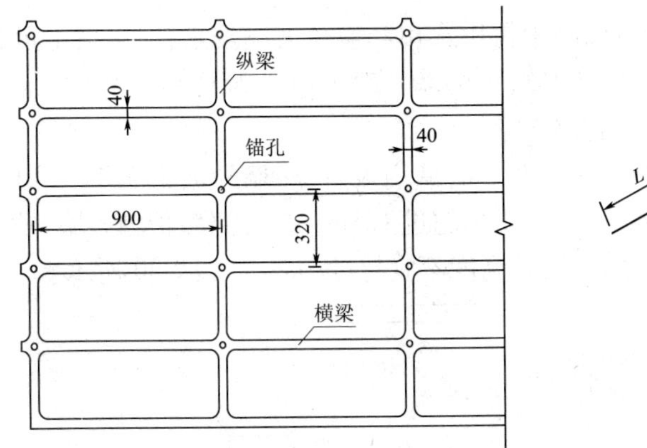

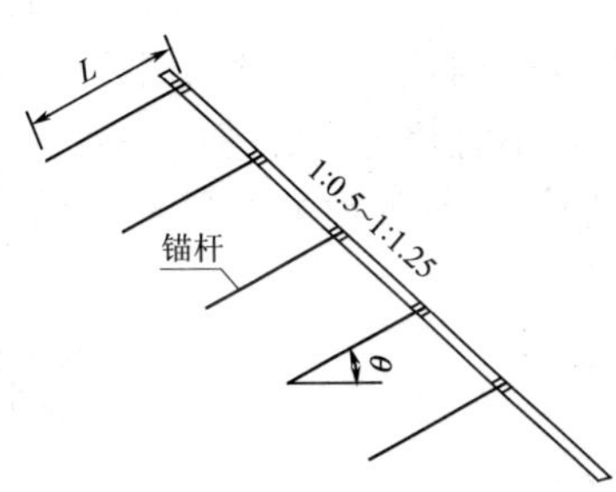

图 2-27　锚杆格子梁(尺寸单位:cm)

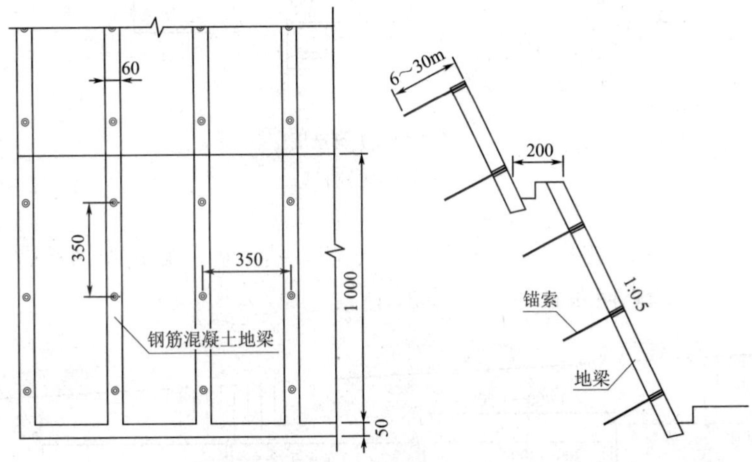

图 2-28　锚索地梁(尺寸单位:cm)

泥混凝土强度等级不得低于 C20。单锚墩锚杆坡面布置如图 2-29 所示。

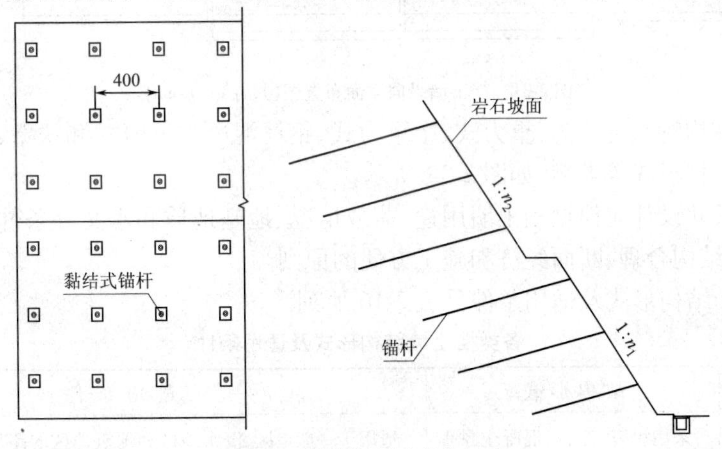

图 2-29　单锚墩(尺寸单位:cm)

四、支挡防护

支挡防护分护脚墙、挡土墙、抗滑桩、高压旋喷桩等构造物。

1. 护脚墙

填方路堤路段坡脚设置护脚墙可以减少占用水田和避免坡脚浸水；在山坡上的挖方路基坡脚有沿斜坡下滑的趋势，也可设置护脚墙；护脚墙一般采用浆砌或干砌片石，断面为梯形。软土地区或冰冻严重地段不宜设置护脚墙。

填方路堤护脚矮墙，一般顶宽为0.5～0.8m，墙内坡直立，墙外坡为5∶1～2∶1。矮墙高度，一般公路不宜超过2m，高速公路、一级公路不超过1.5m。挖方路堑护脚矮墙，顶面不小于1m，墙内坡直立，墙外坡为1∶0.5～1∶0.75，其高度不宜超过3m。如图2-30所示。

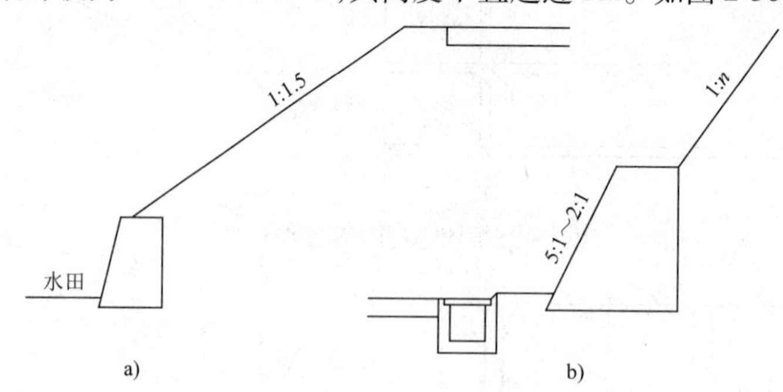

图2-30　护脚矮墙

a）路堤；b）路堑

2. 挡土墙

挡土墙按位置分路堑、路肩、路堤和浸水挡土墙。挡土墙一般构造由墙背、墙面、墙底、墙踵和墙趾组成。挡土墙纵向布置如图2-31所示。

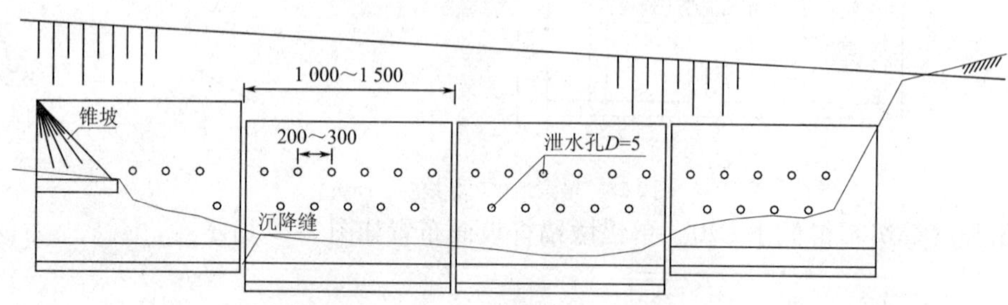

图2-31　挡土墙纵向立面布置图（尺寸单位：cm）

挡土墙按结构特点可分为：重力式、半重力式、钢筋混凝土悬臂式和扶壁式、锚杆式、锚定板式、加筋土式、桩板式等类型，如图2-32所示。

墙身断面尺寸设计应根据挡土墙用途、荷载情况、地基地质和水文等条件，满足稳定性和强度要求，符合结构合理、断面经济和施工方便的原则。

各类挡土墙结构形式及适用条件见表2-16所列。

各类挡土墙结构形式及适用条件　　表2-16

挡土墙类型	结构形式	适用条件
重力式挡土墙	采用块石、片石、混凝土预制块砌筑，或片石混凝土、混凝土进行整体浇筑	适用于一般地区、浸水地区和地震地区的路肩、路堤和路堑等支挡工程。干砌墙高度不宜超过6m，浆砌墙高度不宜超过12m。高速公路、一级公路不采用干砌挡土墙
半重力式挡土墙	采用混凝土或少筋混凝土浇筑	不宜采用重力式挡土墙的地下水位较高或较软弱的地基上，墙高不宜超过8m，则宜采用钢筋混凝土半重力式挡土墙

续上表

挡土墙类型	结构形式	适用条件
悬臂式挡土墙	采用钢筋混凝土浇筑	宜在石料缺乏、地基承载力较低的填方路段采用,墙高不宜超过5m
扶壁式挡土墙	采用整体钢筋混凝土浇筑	宜在石料缺乏、地基承载力较低的填方路段采用,墙高不宜超过15m
锚杆挡土墙	采用钢筋混凝土柱、板与锚杠组合结构。挡土墙可采用单级或多级墙体	宜用于墙高较大的岩质路堑地段,可用作抗滑挡土墙,可采用肋柱式或板壁式单级墙或多级墙,每级墙高不宜大于8m,多级墙的上、下级墙体之间应设置宽度不小于2m的平台
锚定板挡土墙	采用钢筋混凝土柱、板与钢拉杆与填料组合结构。挡土墙可采用单级或多级墙体	宜使用在缺少石料地区的路肩墙或路堤式挡土墙,但不应建筑于滑坡、坍塌、软土及膨胀土地区。可采用肋柱式或板壁式,墙高不宜超过10m。肋柱式锚定板挡土墙可采用单级墙或双级墙,每级墙高不宜大于6m,上、下级墙体之间应设置宽度不小于2m的平台,上下两级墙的肋柱宜交错布置
加筋土挡土墙	为加筋体结构,而板采用钢筋混凝土板;面板形状可采用十字形、矩形等。拉筋材料宜采用钢筋混凝土板条、钢带、复合土工带或土工格栅等	用于一般地区的路肩式挡土墙、路堤式挡土墙,但不应修建在滑坡、水流冲刷、崩塌等不良地质地段。高速公路、一级公路墙高不宜大于12m,二级及二级以下公路不宜大于20m。当采用多级墙时,每级墙高不宜大于10m,上、下级墙体之间应设置宽度不小于2m的平台

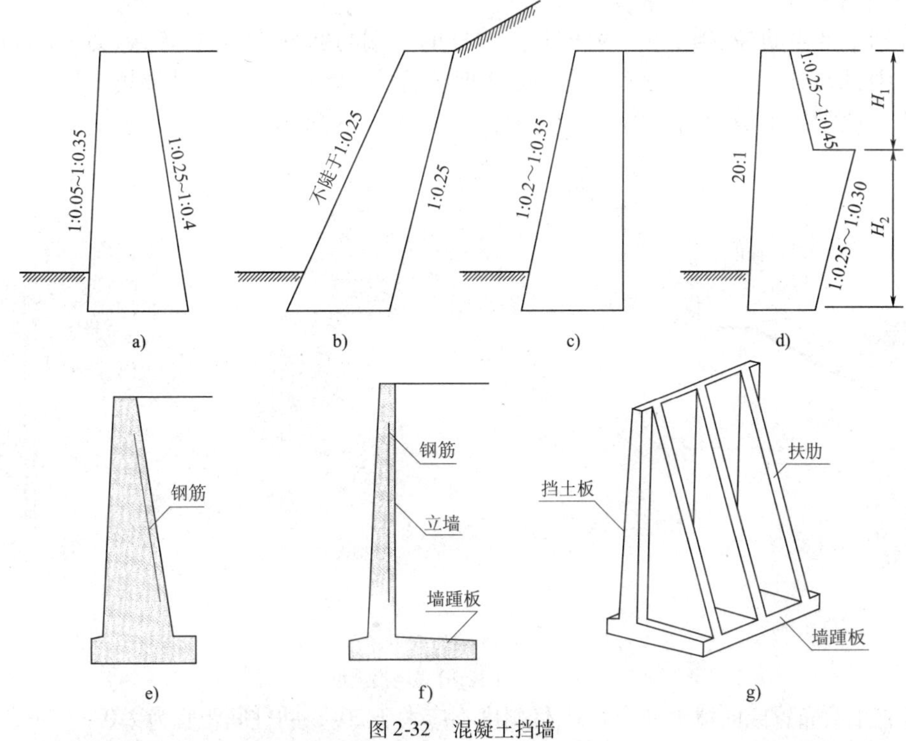

图2-32　混凝土挡墙

a)俯斜式;b)仰斜式;c)垂直式;d)衡重式;e)半重力式挡土墙;f)悬臂式挡土墙;g)扶壁式挡土墙

挡土墙设计应合理布置排水构造物;分段设置伸缩缝、沉降缝;墙背填料宜采用渗水性强的砂性土、砂砾、碎(砾)石、粉煤灰等材料,严禁采用淤泥、腐殖土、膨胀土等填料;在季节性冻土地区,不应采用冻胀性材料做填料。

(1)重力式挡土墙

重力式挡土墙依靠自身重力抵抗土压力,其形式是根据墙背的倾斜角度分类:俯斜式、仰斜式、垂直式、衡重式,其墙背和墙面的坡率变化范围如图2-32a)、b)、c)、d)所示。

现浇混凝土墙身,墙顶宽度不应小于0.4m;砌石圬工墙身,墙顶宽度不应小于0.5m。挡土墙墙后应尽量采用渗水材料填筑，墙体预埋泄水管应在常水位0.3m以上，以利迅速排出积水。挡土墙应分段砌筑，每隔10～15m设置伸缩缝，在地形、地质及高度变化较大处应设置沉降缝。

(2)半重力式挡土墙

半重力式挡土墙类似于重力式挡土墙，一般采用素混凝土结构，或在墙背、墙趾处设置少量钢筋，以减薄墙身，节省圬工数量。板底的前趾扩展长度不宜大于1.5m。如图2-32e)所示。

(3)悬臂式挡土墙

悬臂式挡土墙的墙身由立墙和墙踵前趾板两部分组成。顶部立墙最小厚度应为0.15～0.25m。立墙坡率一般采用50:1～20:1；墙踵前趾板厚度不宜小于0.3m，底面一般做成水平的，具体尺寸应通过计算确定。悬臂式挡土墙如图2-32f)所示。

(4)扶壁式挡土墙

扶壁式挡土墙由挡土板、扶肋和墙踵前趾板三部分组成，其混凝土强度等级不应低于C20；主筋配置直径不宜小于12mm。扶壁式挡土墙分段长度不宜超过20m。每一分段宜设三个或三个以上的扶肋，间距通常在墙高的1/3～1/2范围，扶肋的厚度为扶肋净距的1/8～1/6，但不小于30cm。当墙高大于6m时，宜采用扶壁式挡土墙，如图2-32g)所示。

(5)锚杆挡土墙

锚杆挡土墙由肋柱、挡土板、锚杆组成，锚杆的一端与肋柱、挡土板连接，另一端锚固在稳定的地层中，依靠锚杆与地层之间的锚固力(即抗拔力)承受土压力，维持挡土墙的平衡。锚杆挡土墙分预制挡土板和现浇挡土板两种形式，如图2-33所示。

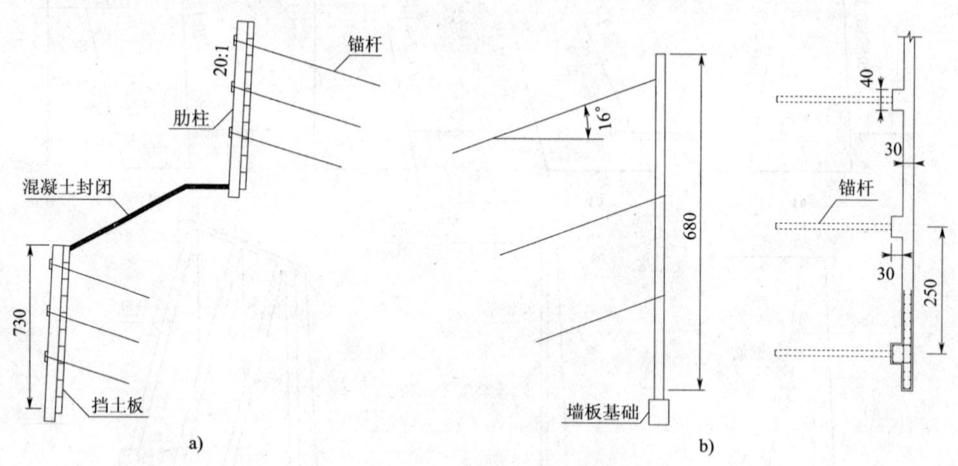

图2-33 锚杆挡土墙(尺寸单位:cm)

a)预制挡土板；b)现浇挡土板

肋柱宜垂直布置或向填土一侧仰斜，仰斜度不应大于20:1，肋柱间距宜为2.0～3.0m。挡土板宜采用等厚度板，板厚不得小于0.3m，预制板应预留锚杆的孔道。肋柱和挡土板采用的混凝土强度等级不应低于C20，肋柱受力方向的前后侧面内应配置通长受力钢筋，直径不应小于12mm。

每级肋柱上的锚杆层数，可设计为双层或多层。锚杆可按弯矩相等或支点反力相等的原则布置，并向下倾斜，与水平面的夹角控制在15°～20°之间，锚杆层间距不小于2.0m。多级肋柱式锚杆挡土墙的平台，宜用厚度不小于0.15m的C15混凝土封闭，并设置向墙外倾斜2%的横坡率。

(6)锚定板挡土墙

锚定板挡土墙由肋柱、挡土板、拉杆、锚定板和墙背填料组成。多级肋柱式锚定板挡土墙的平台，宜用厚度不小于0.15m的C15混凝土封闭，并设置向墙外倾斜的2%的横坡度。如图

2-34a)所示。

肋柱间距宜为1.5～2.5m,应采用垂直或向填土侧后仰布置,仰斜度宜为20∶1。预制的肋柱须预留圆形或椭圆形的拉杆孔道,直径应稍大于拉杆直径。肋柱分段拼装时,肋柱接头宜用榫接。肋柱可采用矩形、T形或工字形断面,顺墙方向的肋柱宽度不应小于0.35m,肋柱厚度不宜小于0.3m。每级立柱高度一般采用3～5m。立柱受力方向的前后侧面内应配置通长受力钢筋,钢筋直径不应小于12mm。肋柱条形基础的混凝土强度等级不应低于C15,挡土墙帽石混凝土强度等级不应低于C20。

每根拉杆可采用单根或双根,并宜采用螺纹钢筋,直径宜为22～32mm。拉杆的前端用螺母、钢垫板与肋柱连接;拉杆的后端用螺母、钢垫板与锚定板连接,拉杆与肋柱及拉杆与锚定板接触处,必须做好防锈处理,并用沥青砂浆和沥青麻絮塞缝。当填料下沉稳定后,应将孔道空隙及外露钢构件用水泥砂浆填塞或包裹。最上一排拉杆至填料顶面的距离不得小于1m。当锚定板埋置深度不足时,可采用向下倾斜的拉杆,其水平倾角β取10°～15°。拉杆长度应满足挡土墙整体滑动稳定性的要求,且最下一层拉杆在主动土压力计算破裂面之后的长度,不得小于锚定板高度的3.5倍;最上一层拉杆长度不应小于5m。

锚定板可采用钢筋混凝土板,立柱式锚定板面积不应小于0.5m^2,无立柱式锚定板面积不应小于0.2m^2。锚定板需双向配筋。

填料夯实度除符合路基压实度的规定外,墙顶以下1.2m高度内的填料压实度不应小于95%。填料应采用砂类土、砾石类土、碎石类土,也可采用符合规定的细粒土。拉杆及锚定板埋设时,应在填土夯填至拉杆高程以上20cm后再挖槽就位,锚定板前方超挖部分应用混凝土或灰土回填夯实。

(7)加筋土挡土墙

如图2-34b)所示,加筋土挡土墙主要由筋带、面板、填土、基础、帽石等结构组成。平面布置通常可采用直线、折线和曲线,相邻墙面间的内夹角不宜小于70°。加筋土挡土墙的基底不宜设置纵坡,但可做成水平且与地形结合的台阶形。加筋土挡土墙高度大于12m时,墙高的中部宜设宽度不小于1.0m的错台,错台部位设置不小于20%的排水横坡,并采用混凝土板防护。

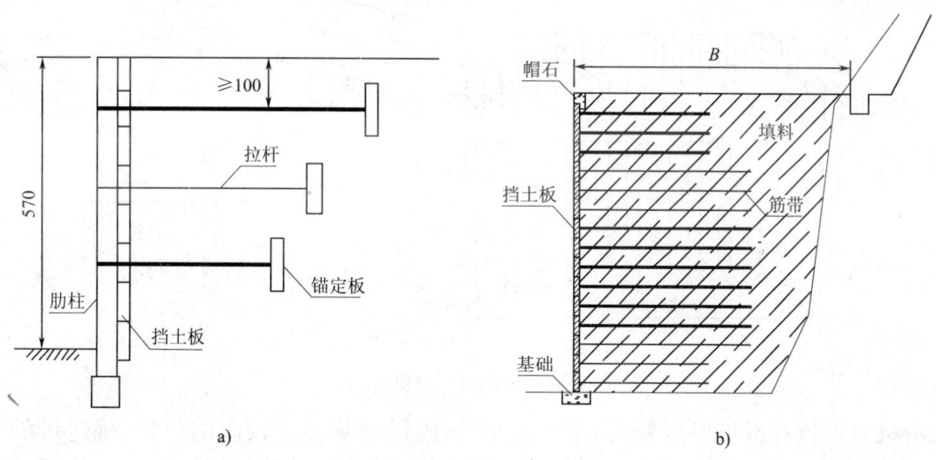

图2-34　锚定板与加筋挡土墙(尺寸单位:cm)

a)锚定板挡土墙;b)加筋土挡土墙

目前应用的有钢带、钢筋混凝土板带、钢塑复合土工带(CAT带)和玻璃纤维复合土工带、土工格栅和土工网格及复合土工带等。筋带应有抗拉性能强,不易脆断,蠕变量小,与填料之间的摩擦系数大并具有良好的柔性、耐久等性能。国内一般采用钢筋混凝土带和聚丙烯土工带。钢筋混凝土筋带设计的每节长度不宜大于3.0m,应满足强度要求和摩擦稳定的要求,混凝土强度等级不应低于C25,钢筋直径不小于8mm。

墙高大于3.0m时,筋带最小长度宜大于0.8倍墙高,但不小于5m。同一段挡土墙的筋带长度不宜多于3种,相邻不等长筋带长度差不宜小于1.0m;底部筋带长度不应小于3m,同时不小于加筋体高度的0.4倍。

面板常采用混凝土或钢筋混凝土预制件,截面常采用槽形、L形以及矩形等,混凝土强度等级不宜低于C20,厚度不小于8cm。加筋挡土墙的顶端面板上应根据线路纵坡,采用现浇混凝土、浆砌混凝土预制块或浆砌条石等到做压顶帽石。

填料是加筋土挡土墙的主体材料,要求选择易压实、与加筋材料有足够的摩擦力,除了应该符合土工标准外还应该符合化学标准。筋带顶面填土时,严禁沿拉筋方向推土和施工车辆直接碾压筋带。碾压前筋带顶面的填土厚度不应小于0.2m。

基础分为面板下的条形基础和加筋体基础,条形基础的作用主要是便于安砌墙面板,起支撑和定位作用。加筋体下部如没有石砌圬工、混凝土、或地基为基岩时,应设宽不小于0.40m,厚不小于0.20m的混凝土基础。基础埋置深度不应小于0.60m;斜坡上的加筋体应设宽度不小于1m的护脚,加筋体面板基础埋置深度从护脚顶面算起。当加筋土挡土墙采用分级错台及加筋体采用细粒填料时,上级墙的条形基础下应设置宽不小于1.0m,厚度不小于0.50m的砂砾或灰土垫层。通常加筋土挡土墙要设计沉降缝,并应做好其附近的排水设计。

3. 抗滑桩

抗滑桩是稳定滑坡的有效措施,特别是山区公路,各种桩间挡土结构与桩组成复合支挡,效果比较明显。抗滑桩桩长宜小于35m。对于滑坡带埋深大于25m的滑坡,应充分论证抗滑桩阻滑的可行性,抗滑桩布置宜以单排布置为主。抗滑桩布置如图2-35所示。

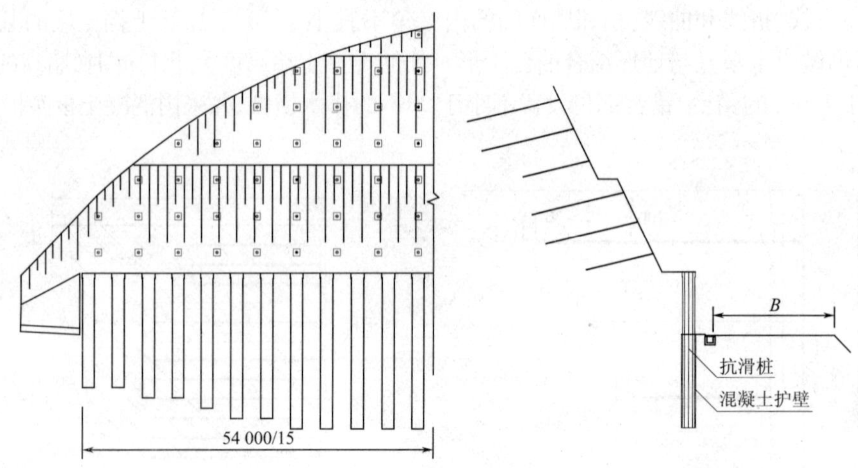

图2-35　抗滑桩(尺寸单位:cm)

抗滑桩宜设置在滑坡厚度较薄、推力较小、锚固段地基强度较高的位置,确定桩的平面布置、桩间距、桩长和截面尺寸时,应综合考虑,以达到经济合理,并与周围景观相协调。抗滑桩截面形状宜采用矩形,截面尺寸和桩间距应根据滑坡推力大小容许强度等因素确定。桩最小边宽度不应小于1.25m。在主滑方向不确定的情况下,可采用圆形截面。桩身混凝土的强度等级不应低于C20。当地下水有侵蚀性时,水泥应按有关规定选用。

五、河道防护

河道防护按其作用分为直接防护和间接防护两大类。直接防护包括河床加固铺砌和锥坡铺砌等;间接防护包括顺坝、丁坝、调水坝等。

1. 直接防护

直接防护是指在河底、锥坡面或坡脚处加铺护面墙、混凝土板或浆砌块片石等砌筑工程,以此减轻或避免水流对土基的直接冲刷。砌石及混凝土护坡适用于允许流速 2 ~ 8m/s 的路堤。浆砌片石的厚度,应按流速及波浪的大小等因素确定,并不小于 0. 35m,并应设 0. 1 ~ 0. 15m厚的碎石和砂砾垫层。冲刷防护的基础应埋置在冲刷线以下 0. 5 ~ 1m。

2. 间接防护

间接防护指沿河路堤修筑调治构造物、改移河道、疏浚河道和种植防水林带等,将危害路基的较大水流引向指定位置,以减少水流对路基的直接冲刷。

修筑丁坝、顺坝、护岸在路基工程中属于调治构造物。设置丁坝和顺坝应合理规划导流线和选择导流水位。导流线应适用河道演变发展规律。

(1)丁坝

丁坝指坝根与河岸(或河滩路堤)相连、坝身倾向于水流的堤坝。丁坝适用于宽浅变迁性河段,用以排流或减低流速。丁坝长度是根据防护长度、丁坝与水流方向的交角、河段地形、水文条件及河床地质情况等确定。其横断面形式和尺寸应根据材料种类、河流的水文特性等确定,坝顶宽度根据稳定计算确定。如图 2-36 所示。

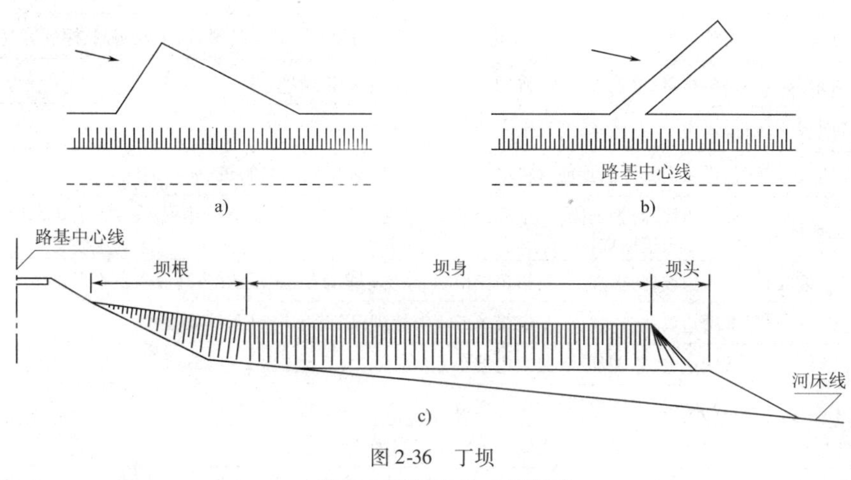

图 2-36 丁坝

a)矶头式;b)导流式;c)横断面

用于路基防护的丁坝宜采用漫水坝或潜坝,丁坝与水流方向的交角应小于或等于 90°为宜。当设置群坝时,坝间距离不应大于前坝长度。

(2)顺坝

坝根与河岸相连,坝身留有缺口,坝身与水流大致平行的堤坝。顺坝的布置必须制定一个合理的导治线,坝根位置宜设在主流转向点的上方。坝顶宽度应根据稳定性计算确定,坝根应嵌入稳定河岸内不小于 3m。漫溢式顺坝,应在坝后设置格坝。

(3)改河

改河工程限于局部段落,如裁弯取直、挖滩改道、清除孤石等。新河道断面可参照原河床状态,河面宽度与原河道的稳定河宽应大致相等。

3. 施工要求

顺坝、丁坝及河岸防护的布置，应严格按图纸规定进行放样；所有石砌工程，必须在基面或坡面夯实平整后，方可砌筑；基础应按图纸要求的深度嵌入基槽。凡坡脚与混凝土或砌石基础相接时，应将相接的基面打毛并坐以砂浆。在土基上浆砌片石时，第一层可不坐浆，选用较大石块砌于下层。自第二层起，必须坐浆，且砌缝互相咬接，砂浆饱满。砌体外露面应选用较大平整石块经修整后互相咬接砌筑，于砌筑完成后进行勾缝。

第六节　特殊地区路基处理

一、特殊地区路基类型

特殊地区路基包括软土地区路基、滑坡地段路基、岩溶地区路基、膨胀土地区路基、黄土地区路基、盐渍土地区路基、沙漠地区路基、季节性冻土地区路基和河塘湖海地区路基等内容。特殊地区路基处理措施分不良地基和特殊环境地基两大类型。其中特殊地基类型及处理措施见表2-17所列。

特殊地基类型及处理措施　　表2-17

序号	特殊地基	处理措施
1	滑坡地段	排水、减载与反压措施、抗滑支挡工程
2	崩塌地段	坡面清除或放缓边坡、工程防护，设置拦石墙、落石槽，采取明洞、棚洞等遮挡构造物
3	岩堆地段	清除堆积物或放缓边坡、工程防护，设置拦石墙、落石槽、抗滑桩，采取明洞、棚洞等遮挡构造物
4	泥石流地区	桥梁跨越，设置排导沟、渡槽、导流坝、拦挡坝、格栅坝
5	岩溶地区	排水沟、片石填塞，混凝土支挡、盖板，桥梁跨越
6	软土地区	铺设垫层，轻质、加筋材料填筑，反压护道，排水固结，粒料桩、加固土桩
7	红黏土地区	放缓边坡，防护加固，路堑超挖换填，路堤基底设垫层、反滤层；压缩系数大于$0.5MPa^{-1}$的红黏土不得用于填筑路堤
8	高液限土地区	放缓边坡，防护加固，路堑超挖换填、路堤基底设垫层、反滤层；高液限土不得直接用于填筑路堤
9	膨胀土地区	放缓边坡，防护加固，基底换填或掺灰处理；膨胀土不得用于填筑路堤
10	黄土地区	放缓边坡，防护加固，路堑边坡小平台2～2.5m、大平台2～2.5m
11	盐渍土地区	设隔断层，基底换填，加设护坡道
12	多年冻土地区	基底换填，放缓边坡，采用土工合成材料加筋结构
13	风沙地区	低路堤，边坡坡率宜缓于1:3，路侧防沙工程
14	雪害地段	水平台阶、稳雪栅栏、防雪林、土丘及楔、导雪堤、防雪走廊，防雪栅、导风板、防雪堤
15	涎流冰地段	提高路堤，桥涵跨越，设聚冰沟、挡冰堤
16	采空区	开挖回填，充填，跨越，注浆
17	滨海地段	横断面宜采用斜坡式，坡面防护
18	水库地区	横断面宜采用台阶式，坡面防护

二、软土地基处理

软土地基处理包括挖除换填、抛石挤淤、设置垫层、超载预压、袋装砂井、塑料排水板、粉喷桩、碎石桩、水泥粉煤灰碎石桩（CFG桩）、砂桩、强夯、铺设土工织物等一系列施工方法。

1. 换填法

换填法是指将挖方路床顶面以下或填方地基的不适用土，全部或部分挖除，分层置换为强度较高的砂砾、碎石、卵石、片石等渗水性材料或黏性土，并压实到要求的密实度的处理方法。各类垫层及换填厚度参见表2-18所列。

各类地基垫层及换填参考厚度　　表2-18

地基类型	填　　方		挖　　方	备　　注
	垫层	挖除换填		
软土	0.5m	—	—	
红黏土	0.3~0.5m	—	0.8m	
高液限土	0.3~0.5m	—	0.8m	
膨胀土	—	0.3~0.6m	0.8m	对强膨胀土换填1~1.5m
盐渍土	—	—	—	加高路基、换填、隔断层
多年冻土	—	—	—	加高路基

(1)挖淤泥换填砂垫层或砂砾垫层

在路堤两侧坡脚线位置围堰，然后排水，再从中线向两旁开挖3~5m宽的清淤槽。在清淤槽内填砂砾并高出槽深0.3m，用轻型压路机稳压为度，再将围堰与填砂之间的淤泥及时清出，碾压基底，换填砂砾。换填体两侧设置干砌片石及土工布反滤层，并在砂砾层面以上铺设土工布或土工格栅后填土。处理方法如图2-37所示。

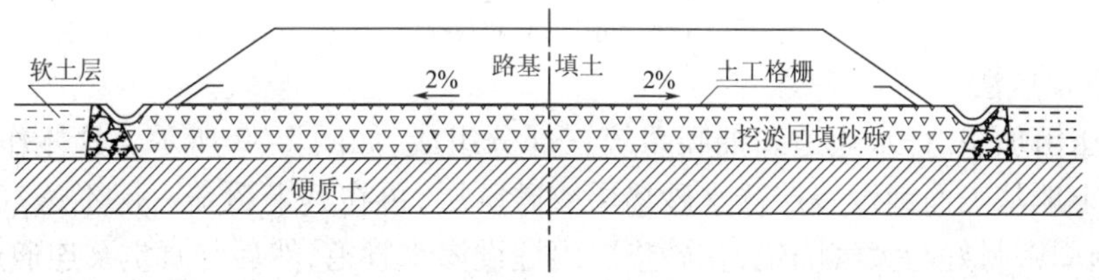

图2-37　挖淤换填砂砾处理软基

在清理的基底上分层铺筑符合要求的砂或砂砾垫层，分层松铺厚度不得超过200mm，并逐层压实至规定的压实度。砂砾垫层应宽出路基边脚0.5~1.0m，且无明显的粗细料分离现象。两侧端以片石护砌，以免砂料流失。

(2)抛石挤淤

抛石挤淤是借助填筑材料的自重或利用其他外力，使软弱层被强制挤出而进行的换填处理。根据工程实践，挤淤适用于置换处的地下水位高、水库的水不易抽干、表面无硬壳、软土液性指数大、厚度薄的大面积塑状淤泥地基。

抛石挤淤施工工艺有压载挤淤法、振动挤淤法、强夯挤淤法、爆破挤淤法、卸载挤淤法等。

当软土地层平坦时，抛石挤淤施工方法是从路堤中心成等腰三角形向前抛填，渐次向两侧对称地抛填至全宽，使泥沼和软土挤出。当软土层横坡度陡于1∶10时应自高侧向低侧抛投，并在低侧部多抛填，使低侧边部约有2m的平台顶面，待片石抛出软土面或抛出水面后，应用较小石块填塞垫平，用重型压路机压实。沉降后再抛填片石碾压，反复此工序直至夯压达到标准要求。抛填石料应采用较大直径的片石，一般不宜小于30cm。

(3)灰土垫层

当软弱土层的厚度在1~3m范围时，可用灰土垫层来提高地基承载力，通常灰土为石灰土或二灰土(石灰粉煤灰)。施工前必须对下卧地基进行检验，清除软弱土后用素土或石灰土填平夯实；施工时应将灰土拌和均匀，控制含水率，以达到灰土最佳含水率；灰土松铺厚度应不大于 300mm，分层压实厚度应不大于 200mm。施工后 3d 不得受水浸泡。

2. 预压和超载预压

预压和超载预压是利用荷载预压的作用，对饱和的软黏土进行排水、预压、卸载等处理的物理加固方法。预压地基是利用路堤荷载对软土地基（原状土）施加应力，经过一定时间的预压，利用土层固有或人工排水通道，使孔隙水排出，以实现土的预先固结，减少公路地基后期沉降和提高地基承载力。预压地基的方法又称预固结法，分为堆载预压和真空预压法。

（1）堆载预压法

如果进行预压的路堤荷载超过设计的路基荷载（包括路堤与路面结构）时称为超载预压，预压荷载等于路基荷载称为等载预压，预压荷载小于路基荷载称为欠载预压。为了达到理想的效果，一般采用超载预压法或等载预压法。堆载预压如图 2-38 所示。

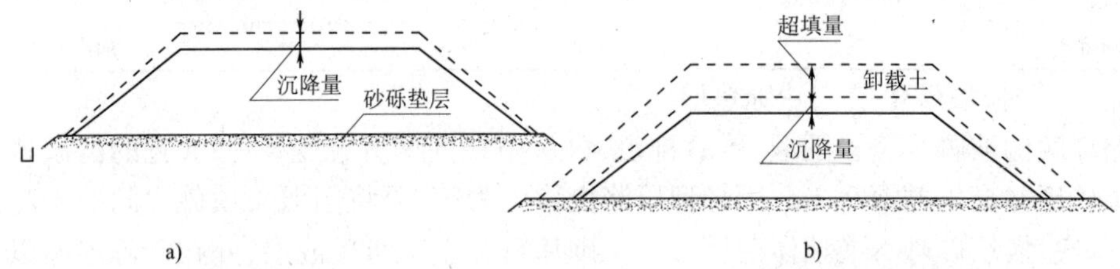

图 2-38 堆载预压

a）等载预压；b）超载预压

（2）真空预压法

真空预压由加载、排水通道和抽吸系统三部分组成，如图 2-39 所示。具体作法是首先在需加固的软土地基表面铺设一层透水砂垫层或砂砾层，再在其上覆盖一层不透气的塑料薄膜或橡胶布，四周密封好与大气隔绝，在砂垫层内埋设渗水管道，然后与真空泵连通进行抽气，使透水材料保持较高真空度，在土的孔隙水中产生负压力，将土中孔隙水和空气逐渐排出，从而使土体固结。真空预压法不能降低地下水位，只适用于一般软土地基，不宜用于有大量地下水或地质条件比较复杂的情况。

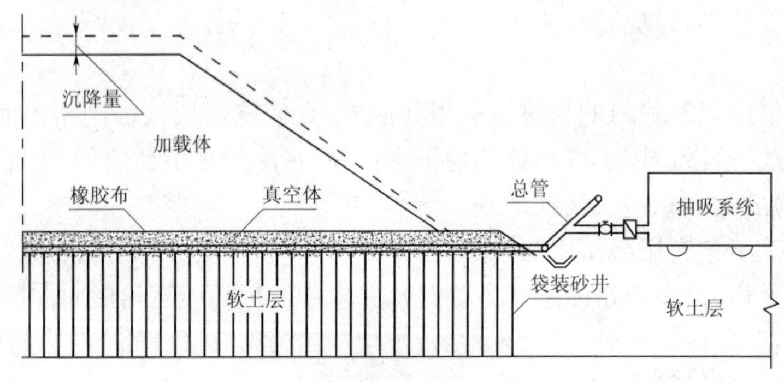

图 2-39 真空预压法

3. 复合地基法

复合地基是采用钻孔填充挤压或搅拌，使桩土共同作用加密固结软弱地基的处理方法。

（1）砂桩

砂桩又可称为挤实砂桩法。是采用振动或冲击荷载，在软弱地基中成孔后，再将砂挤压入土中，形成大直径的密实柱体。砂桩用在松散砂土、粉土地基中可以提高地基的强度，用在软弱黏土中有置换作用和排水作用。

(2)石灰桩

石灰桩是在打桩机成孔的过程中，沉管有对土体的挤密作用；桩孔中放入柱体生石灰后，使桩身周围的土脱水，产生的物理和化学反应，桩身与土形成硬壳层，共同组成变形模量较大的桩体，部分软土被挤密和置换形成复合地基，从而提高了地基的承载力，减少沉降量。石灰桩桩径 30 ~ 50cm，深度 5 ~ 8m，呈正三角形或正方形布置。

(3)碎石桩

如图 2-40 所示，碎石桩是指用振动、冲击等方法在软弱地基中成孔后，再将碎石挤入土中形成大直径碎石密实桩体。桩径 40 ~ 100cm，桩距 150 ~ 250cm，呈矩形、正方形、正三角形布置。

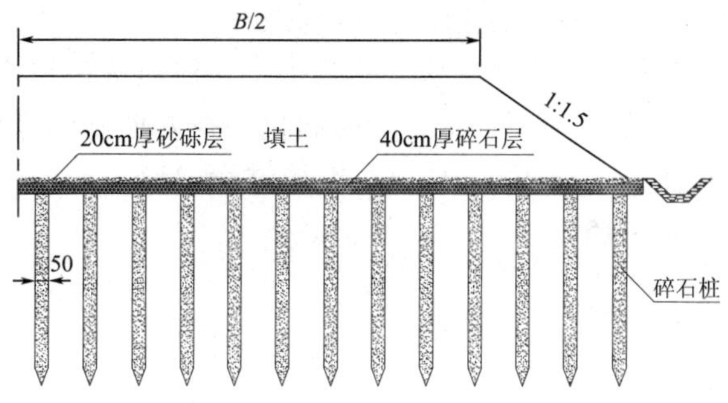

图 2-40 碎石桩(尺寸单位：cm)

(4)水泥粉煤灰碎石桩

水泥粉煤灰碎石桩(Cement Flyash Gravel Pile)是一种新型桩体，简称 CFG 桩。桩身的材料是在素混凝土桩的基础上发展而来，主要由碎石、石屑、粉煤灰掺适量水泥和水拌和而成，具有良好的和易性。碎石是该桩体的粗集料，石屑是填充碎石孔隙，改善集料级配的次骨架材料。粉煤灰具有细集料和提高强度作用。CFG 桩是在碎石桩的基础上发展起来的，属于复合地基刚性桩。桩径一般为 30 ~ 40cm，桩距一般为 3 ~ 6 倍桩径。

(5)高压旋喷桩

高压旋喷注浆方法是通过在软弱土层中形成水泥固结体与桩间土一起形成复合地基，从而提高地基的承载力，减少地基的沉降变形，达到地基加固的目的。高压旋喷施工一般采用工程钻机钻至预定深度后，再用高压泥浆泵，通过安装在钻杆机端的特殊喷嘴，在钻杆缓慢上升的同时向桩孔周围土体喷射注浆，在高压喷射流的冲击力、离心力等作用下破坏了桩孔附近的土体结构，强制土与水泥浆(或化学浆液)搅拌混合，在地基中固结成圆柱桩。高压旋喷注浆主要用于加固地基，也可以组成闭合的帷幕，用于截阻地下水流或治理流砂。

桩距为 2 ~ 3 倍桩径，呈矩形、正方形、正三角形布置，旋喷固结体直径(桩径)见表 2-19 所列。

高压旋喷桩径 表 2-19

类　型	桩　径(cm)	复喷一次	
		增加桩径%	桩径(cm)
黏性土	60	35%	80
砂性土	50	50%	75

(6)搅拌桩

搅拌桩又称加固土桩,可分为湿法和干法两种。搅拌桩施工方法利用固化剂和软土之间所产生的物理和化学反应,使软土固结成整体性、水稳性好,增强了桩间土的强度;该方法具有施工期短、无噪声、不排污、不影响相邻建筑物等优点。一般为桩径 50cm,桩距 100 ~ 150cm,呈正方形、正三角形布置。

①深层搅拌桩(湿法)。采用水泥或水泥浆作为固结剂,通过特制深层搅拌机械、中心管输浆方法,在地基中将软土与固结剂强制拌和,制成能够满足要求的固结体。该方法搅拌均匀,易于复拌,但加固体硬化时间长;缺点是当原地基天然含水量过高时,桩间多余的孔隙水需较长时间才能排除。水泥或水泥浆中可添加少量的减水剂(木质素)、速凝剂等。

②粉喷搅拌桩(干法)。采用水泥、石灰粉等材料作为固化剂,通过粉喷机,将固化剂与地基土在原位拌和,制成能够满足要求的固结体。该方法搅拌均匀性欠佳,难于全程复拌,但水泥硬化时间短,且在一定程度上降低了桩间土的含水率。粉喷桩最适用于淤泥、淤泥质土、粉土和含水率较高的黏性土。由于粉喷桩是将干的固化剂拌入地基的,所以当软基中的含水率低于 30% 时,为了保证粉体的充分固化,必须在搅拌过程中加入适当水分。固化剂掺入量通常为被搅拌土体重量的 7% ~15% 。

三、特殊地区路基施工

1. 河、塘、湖、海地区路基施工

河、塘、湖、海地区路基施工,应事先详细查清洪水影响、路基基底、山坡地质、水文条件等情况,制定路基施工实施方案。在施工组织中应充分考虑以下要求:

(1)取土

在此类地区填筑高速公路和一级公路路基时,宜设置集中取土场集中取土,常水位以下路堤应选用矿渣、块石、砾石等水稳定性良好的材料填筑,其粒径不宜大于 300mm。路堤跨越洪水淹没地段,其两旁不应设置取土坑。特殊情况下的三、四级公路,如需设置取土坑,应留有宽度不小于 4m 的护坡道,并在路堤下游 20m 以外设置。

(2)填筑

受水位涨落影响的部分,应选用水稳性好的材料填筑。在施工两侧水位差较大的河滩路堤时,为防止管涌现象,应按图纸要求采取放缓路基下游一侧边坡、设滤水趾和反滤层等措施。若渗流通过基底,则应在基底设隔渗墙或隔渗层。根据水流对路基破坏作用的性质、程度进行防护和加固。山区沿河路基施工及水库路堤的施工应符合图纸要求及《公路路基施工技术规范》(JTG F10—2006)第 6.18 节 ~ 第 6.20 节的有关规定。

2. 滑坡地段路基处理

滑坡与地质水文和地形条件相关,在此类地段施工,应首先详细调查地形、地质和水文条件,结合图纸要求,制定应对滑坡或边坡危害的安全预案及处理方法,并在施工过程中进行监测。在施工组织中应充分考虑以下要求:

①滑坡整治宜在旱季施工,整治前应先做好临时排水系统。对于地表水应予拦截引离;滑坡体上的地表水要防渗;对于地下水应采取排水措施。

②施工时应采取技术措施封闭滑坡体上的裂隙;在滑坡边缘一定距离外的稳定地层上,修筑一条或数条环形防渗截水沟,采取措施截断流向坡体的地表水、地下水及临时用水。滑坡体未处理前严禁在滑坡体增加荷载和在滑坡体前缘减载。如采用削减载方案整治,应自上而下

进行，严禁超挖或乱挖，严禁爆破减载。抗滑支挡工程施工应符合图纸要求及《公路路基施工技术规范》（JTG F10—2006）第6.13节相关规定。滑坡整治完成后，应及时恢复植被。在降雨前后及降雨过程中，应加强对施工现场的检查。

3. 岩溶地区路基施工

施工前应结合图纸详细核查岩溶分布、地形、地表水、地下水活动规律及设计处治方案的可行性和完整性，无论采取何种方法处理，在施工中均不应堵塞岩溶水的出路。

在路堑边坡上的干溶洞，应清除洞内沉积物并用干砌或浆砌片石堵塞；路基上方的溶泉或涌水，应按图纸先做好排水涵（管）进行疏导排水工作；路基或挡墙基底的干溶洞，应铲除溶洞石笋，整平基底，直接用砂砾石、碎石、干（浆）砌片石等回填。对溶洞顶板太薄或者顶板较破碎，应清除覆土，炸开顶板，分层回填碎石、土石混合物等，回填时应遵循上细下粗的原则，当回填接近地面500mm时，应逐层夯实至地面。采用桥涵跨越通过时，桥涵基础必须置于有足够承载能力的稳定地基上。

路基基底下有溶泉或涌水，应采取排导措施保证路基不受侵害；流量大的暗洞及消水洞，用桥涵跨越时，应确保基础稳定。

4. 膨胀土地区路基施工

膨胀土具有明显的吸水膨胀和失水收缩的高塑性能。在膨胀土地区路基施工前，应先修筑长度不小于200m全幅路基宽度的试验段，以确定膨胀土路堤施工中的石灰掺量、松铺厚度、最佳含水率、碾压机具以及全部施工工艺。

膨胀土地区路基施工，应避开雨季作业，加强现场排水，基底和已经填筑的路基不得被水浸泡。一般应分段施工，各道工序应紧密衔接，连续完成。路堤或路堑两侧边坡的防护封闭工程必须及时完成，防止雨水直接侵蚀。

强膨胀土不得作为路堤填料；中等膨胀土经处理后可作为填料，用于二级及二级以上公路路堤填料时，改性处理后胀缩总率应不大于0.7%。二级及二级以上公路路堤基底处理应符合以下规定：当路堤填高不足1m时，必须挖去地表300~600mm的膨胀土，换填非膨胀土，并按规定压实；当地表潮湿时，必须挖去湿软土层，换填碎砾石土、砂砾或坚硬岩石碎渣，或将土翻开掺石灰稳定并按规定压实，一般换填深度可控制在1.2m左右；膨胀土地区的路堑施工，路床应超挖300~600mm，并应立即用非膨胀土或改性土回填，并按规定压实。

膨胀土路基填筑松铺厚度不得大于300mm，土块粒径应小于37.5mm。路基完成后，当年不能铺筑路面时，应按设计要求做封层，其厚度应不小于200mm，横坡不小于2%。

用改性的膨胀土填筑时，应加强土的粉碎和注意与石灰拌和的均匀性。压实机具应选用重型压路机或振动压路机。碾压时，直线段由两边向中央，超高段由内侧向外侧碾压。考虑到膨胀土路堤的沉降，路堤两侧应各加宽300~500mm。

5. 黄土地区路基施工

黄土地区路基施工应符合《公路路基施工技术规范》（JTG F10—2006）第6.6节的要求。

湿陷性黄土遇水软化陷落，用作路基施工材料，关键是排水与防水。湿陷性黄土路基应采用拦截、排除地表水等措施，防止地表水下渗；地下排水构造物和地面排水沟渠必须采取防渗措施。对具有强湿陷性或较高的压缩性应按图纸要求进行处理。

黄土路堤应分层填筑，分层压实，大于100m的块料必须打碎，并应在最佳含水量范围时碾压密实。路基范围内的回填及碾压的压实度均应符合土方路基压实度标准。黄土路堤施工时，应按图纸做好填挖界面的处理；边坡应刷顺，整平拍实，并应及时予以防护，防止路表水冲刷。

黄土陷穴地区的路基施工,应将挖方边坡顶以外50m范围内和路堤坡脚以外20m范围内的黄土陷穴进行处理。对串环状陷穴应彻底进行处理。

6. 盐渍土地区路基施工

盐渍土路基的处理宜在干旱季节施工。施工前应对该地区地表土层1m内的土质的含盐性质及含盐量进行控制检测,盐渍土的容许含盐量应符合《公路路基施工技术规范》(JTG F10—2006)的规定,如不符合规定或路堤高度小于规定要求时,应挖除基底土换填透水性较好的土。

地表为过盐渍土的细粒土、有盐结皮和松散土层时,应将其铲除,铲除的深度应通过试验确定。地表过盐渍土层过厚时,如铲除一部分,则应设置封闭隔断层,隔断层宜设置在路床顶以下800mm处;若存在盐胀现象,隔断层应设在产生盐胀的深度以下。

盐渍土路堤施工应首先做好排水系统,不应使路基及其附近有积水;施工应从基底处理开始,分层填筑、分层碾压,连续施工,在设置隔断层的地段,宜一次做到隔断层的顶部;每层松铺厚度不大于200mm,砂类土松铺厚度不宜大于300mm,碾压含水率不宜大于最佳含水率1个百分点。无论是填筑黏性土或换填渗水性土其压实度均应符合土方路基压实度标准。盐渍土路基下排水管导、沟渠必须采取防渗措施;不宜采用渗沟;施工中要做好防水处理,雨天不得施工。

7. 风积沙及沙漠地区路基施工

风积沙及沙漠地区路基施工应按图纸要求及《公路路基施工技术规范》(JTG F10—2006)第6.8节相关规定执行。地表清理时,不得随意破坏路线两侧植被和地表硬壳,注意保护沙漠环境。

填筑路堤的风积沙填料应不含有机质、黏土块、杂草和其他有害物质。路基施工应遵循边施工边防护的原则,土方施工、防护工程、防沙工程应配套完成。

路堤填筑宜采用水平分层填筑方式,按照横断面全宽推筑。路基的填、挖应完成一段,防护一段,确保路基的强度和稳定;挖方深度大于2m的路基两侧及半填半挖路段两侧路基宜加宽1~2m。流动沙漠路基边坡按图纸要求整平坡度,并进行固沙处理。防沙工程应按图纸要求及《公路路基施工技术规范》(JTG F10—2006)第6.8.8条的相关规定实施。流动性沙漠地区,应采用高效并且具有一定防风沙性能的施工机械,宜采用振动压实机械进行碾压。

取土坑应按图纸要求布设合理,减少对植被和原地貌的大面积破坏;取料结束后应整平,恢复原有植被。弃土应根据地形情况,弃于背风侧低洼处,并大致整平。

8. 季节性冻土地区路基施工

冻胀路基施工,应根据图纸要求和现场调查、核对情况,合理选择施工方法,采取合理有效的抗冻措施。

(1)材料要求

路床填料宜优先选择矿渣、炉渣、粉煤灰、砂、砂砾石及碎石等抗冻稳定性较好的材料。若路床或上路堤采用粉土、黏土填筑时,应按图纸要求对填料进行稳定处理。填料的改善或处理应根据路基抗冻胀性能要求,结合填料性质经试验确定。

(2)施工要求

施工前应按图纸要求完成截水沟,填筑拦水埂,填平坡顶的冲沟、水坑;施工中,应采取措施阻止边界外的水流入路基中;应保持排水沟通畅,将水迅速排出路基之外。

挖方段路基应分层开挖,一般宜从外侧向内侧挖掘,最后一层应从内向外挖掘。石质挖方、零填路段不宜超挖。超挖或清除软层后的凸凹面，严禁用挖方料和未经稳定处理的混合料回填；岩面凸出部分应凿除，超挖的坑槽及岩石凹面可用贫水泥混凝土浇筑，混凝土最小厚度应大于80mm。

全冻路堤及非全冻路堤在冻深范围内的填筑施工应符合图纸要求及《公路路基施工技术规范》（JTG F10—2006）第6.9.7条及第6.9.8条的规定。

第七节 路基工程计量规则

一、路基工程计量规则说明

1.路基工程内容

路基的工程内容主要包括：场地清理、挖方、填方、零星工程、特殊地区路基处理、排水工程、防护与加固工程。

2.有关问题的说明

（1）路基石方的界定。在公路路基土石挖方中用不小于112.5kW推土机单齿松土器无法松动，须用爆破、钢楔大锤或用气钻方法开挖的，以及体积大于或等于$1m^3$的孤石为石方，余为土方。其土石分类应以设计为依据由监理人批准确定。

（2）土石方体积用平均断面积法计算。但与四棱体公式计算方式计算结果比较，如果误差超过5%时，采用四棱体公式计算。

（3）路基挖方以批准的路基设计图纸所示界限为限，均以开挖天然密实体积计量。其中包括边沟、排水沟、截水沟、改河、改渠、改路的开挖。

（4）挖方作业应保持边坡稳定，应做到开挖与防护同步施工，如因施工方法不当，排水不良或开挖后未按设计及时进行防护而造成的塌方，则塌方的清除和回填由承包人负责。

（5）路基填料中石料含量等于或大于70%时，按填石路堤计量；小于70%时，按填土路堤计量。

（6）路基填方以批准的路基设计图纸所示界限为限，按压实后路床顶面设计高程计算。应扣除跨径大于5m的通道、涵洞空间体积，跨径大于5m的桥则按桥长的空间体积扣除。为保证压实度两侧加宽超填的增加体积，零填零挖的翻松压实，均不另行计量。

（7）借土填方按压实体积计量，包括借土挖方、装运和填筑。借土场或取土坑中非适用材料的挖除、弃运及场地清理、地貌恢复、施工便道便桥的修建与养护、临时排水与防护作为借土填方的附属工程，不另行计量。

（8）桥涵台背回填只计按设计图纸或工程师指示进行的桥涵台背特殊处理数量。但在路基土石方填筑计量中应扣除涵洞、通道台背及桥梁桥长范围外台背特殊处理的数量。

（9）填方按压实的体积以立方米计量，包括挖台阶、摊平、压实、整形，其开挖作业在挖方中计量。

（10）本章项目未明确指出的工程内容主要有：养护、场地清理、脚手架的搭拆、模板的安装、拆除及场地运输等均包含在相应的工程项目中，不另行计量。

（11）排水、防护、支挡工程的钢筋、锚杆、锚索除锈制作安装运输及锚具、锚垫板、注浆管、封锚、护套、支架等，包括在相应的工程项目中，不另行计量。

二、路基工程计量规则

工程量清单计量规则见表2-20所列。

工程量清单计量规则　表 2-20

细目号	细目名称	特　征	单位	工 程 内 容	工程量计量规则
200 章	路 基				
202	场地清理				
202－1	清理与掘除				
－a	清理现场	(1)表土; (2)深度	m^2	(1)清除路基范围内所有垃圾;(2)清除草皮或农作物的根系与表土(10～30cm 厚);(3)清除灌木、竹林、树木(胸径小于100mm)和石头;(4)废料运输及堆放;(5)坑穴填平夯实	按设计图示,以投影平面面积计算
－b	砍伐树木、挖除树根	胸径	棵	(1)砍树、截锯、挖根; (2)运输堆放; (3)场地清理	按设计图示,以胸径(离地面 1.3m 处的直径)大于 100mm 的树木,以累计棵数计算
202－2	挖除旧路面				
－a	水泥混凝土路面	(1)厚度; (2)结构类型	m^3	(1)挖除、坑穴回填、压实; (2)装卸、运输、堆放	按设计图示,以体积计算
－b	沥青混凝土路面				
－c	碎(砾)石路面				
202－3	拆除结构物				
－a	钢筋混凝土结构	形状	m^3	(1)拆除、坑穴回填、压实; (2)装卸、运输、堆放	按设计图示,以体积计算
－b	混凝土结构				
－c	砖、石及其他砌体结构				
203	挖方				
203－1	路基挖方				
－a	挖土方	(1)土壤类别; (2)运距	m^3	(1)施工防、排水;(2)开挖、装卸、运输;(3)路基顶面挖松压实;(4)整修路基和边坡	按路线中线长度乘以核定的断面面积(扣除 10～30cm 厚清表土及路面厚度)以开挖天然密实体积计算
－b	挖石方	(1)岩石类别; (2)爆破要求; (3)运距		(1)施工防、排水;(2)石方爆破、开挖、装卸、运输;(3)岩石开凿、解小、清理坡面危石;(4)路基顶面凿平或填平压实;(5)整修路基和边坡	
－c	挖除非适应材料(不含淤泥)	(1)土壤类别; (2)运距		(1)挖装;(2)运弃	
－d	挖淤泥			(1)围堰排水;(2)挖装;(3)运弃	
203－2	改河、改渠、改路挖方				
－a	挖土方	(1)土壤类别; (2)运距	m^3	(1)施工防、排水;(2)开挖、装卸、运输;(3)路基顶面挖松压实;(4)整修路基和边坡	按路线中线长度乘以核定的断面面积(扣除 10～30cm 厚清表土及路面厚度)以开挖天然密实体积计算
－b	挖石方	(1)岩石类别; (2)爆破要求; (3)运距		(1)施工防、排水;(2)石方爆破、开挖、装卸、运输;(3)岩石开凿、解小、清理坡面危石;(4)路基顶面凿平或填平压实;(5)整修路基和边坡	
－c	挖除非适应材料(不含淤泥)	(1)土壤类别; (2)运距		(1)挖装;(2)运弃	
－d	挖淤泥			(1)围堰排水;(2)挖装;(3)运弃	

续上表

细目号	细目名称	特　征	单位	工 程 内 容	工程量计量规则
203-3	借土挖方	(1)土壤类别； (2)运距	m^3	(1)施工防、排水；(2)借土场的表土清除、移运、整平、修坡；(3)土方开挖、装卸、运输	按设计图示，经监理工程师验收的取土场借土或经监理工程师批准由于变更引起增加的借土，以体积计算(不包括借土场表土及不适宜材料)
204	填方				
204-1	路基填筑 (含填前压实)				
-a	换填土	(1)土壤类别； (2)运距； (3)碾压要求	m^3	(1)表面不良土的翻挖、运弃；(2)换填好土的挖运；(3)摊平、压实等一切有关的作业	按压实体积计量
-b	填土方	(1)土壤类别； (2)碾压要求	m^3	(1)施工防、排水；(2)填前碾压、挖台阶；(3)摊平、洒水或晾晒压实；(4)整修路基和边坡	按设计图示，以设计断面压实体积计算(为保证压实度路基两侧加宽超填的土石方不予计量)
-c	填石方	碾压要求	m^3	(1)施工防、排水；(2)填前碾压、挖台阶；(3)人工码砌嵌锁、改碴；(4)摊平、洒水或晾晒压实；(5)整修路基和边坡	
-d	土石混填	(1)土石比例； (2)碾压要求	m^3	(1)施工防、排水；(2)填前碾压、挖台阶(3)人工码砌嵌锁、改碴；(4)摊平、洒水或晾晒压实；(5)整修路基和边坡	
-e	粉煤灰路堤	(1)掺配量； (2)碾压要求	m^3	(1)掺配、拌和；(2)摊平、压实；(3)洒水、养护；(4)整形	按压实体积计量
-f	吹沙填筑	(1)材料规格； (2)碾压要求	m^3	(1)施工防、排水；(2)填料、摊平、洒水和压实；(3)整修路基和边坡	按设计图示，以设计断面压实体积计算
204-4	锥坡及台前溜坡填土	(1)回填材料规格； (2)碾压要求	m^3	(1)挖运、掺配、拌和；(2)摊平、压实；(3)洒水、养护；(4)土工合成材料和防排水材料铺设；(5)整形	按设计图示，以压实体积计算
205	特殊路基处理				
205-1	软土处理				
-a	抛石挤淤	材料规格	m^3	(1)排水清淤；(2)抛填片石；(3)填塞垫平、压实	按设计图示，以体积计算
-b	砂(砂砾)垫层、碎石垫层	(1)材料规格； (2)碾压要求	m^3	(1)运料；(2)铺料、整平；(3)压实	按设计图，以压实体积计算
-c	灰土垫层	(1)材料规格； (2)配合比； (3)碾压要求		(1)拌和；(2)摊铺、整形；(3)碾压；(4)养生	
-d	预压与超载预压	(1)材料规格； (2)时间	m^3	(1)预压材料挖运；(2)布载；(3)卸载；(4)清理场地	按设计图示，以要求的预压宽度和高度以体积计量
-e	真空预压与真空超载预压	(1)材料规格； (2)时间	m^3	(1)预压材料挖运；(2)布载和卸载；(3)垫层；(4)密封沟开挖，密封膜布设；(5)筑围堰；(6)抽真空；(7)清理场地	

续上表

细目号	细目名称	特 征	单位	工 程 内 容	工程量计量规则
-f	袋装砂井	(1)材料规格； (2)桩径	m	(1)轨道铺设；(2)装砂袋；(3)定位；(4)打钢管；(5)下砂袋；(6)拔钢管；(7)桩机移位；(8)拆卸	按设计图，按不同孔径以长度计算（砂及砂袋不单独计量）
-g	塑料排水板	材料规格		(1)轨道铺设；(2)定位；(3)穿塑料排水板；(4)安桩靴；(5)打拔钢管；(6)剪断排水板；(7)桩机移位；(8)拆卸	按设计图示，按不同宽度以长度计算（不计伸入垫层内长度）
-h	加固土桩	(1)材料规格； (2)桩径； (3)喷粉（浆）量	m	(1)场地清理；(2)设备安装、移位、拆除；(3)成孔喷粉（浆）；(4)提升、二次搅拌、复打	按设计图示，按不同孔径以长度计算
-i	碎石桩	(1)材料规格； (2)桩径	m	(1)设备安装、移位、拆除；(2)试桩；(3)冲孔填料	按设计图示，按不同孔径以长度计算（砂及砂袋不单独计量）
-j	砂 桩	(1)材料规格； (2)桩径	m	(1)设备安装、移位、拆除；(2)试桩；(3)冲孔填料	按设计图示，按不同孔径以长度计算
-k	松木桩	(1)材料规格； (2)桩径	m	(1)打桩；(2)锯桩头	按设计图示，以桩打入土的长度计算
-l	CFG 桩	(1)材料规格； (2)桩径		(1)场地清理；(2)机具就位；(3)混合料配运料、拌和、灌注；(4)凿桩头	按设计图示，按不同桩径以长度计算
-m	土工布	材料规格	m^2	(1)下承面清理平整；(2)土工材料铺设；(3)搭接、缝接或黏接；(4)铆固	按设计图示尺寸，以单层净面积计算（不计入按规范要求的搭接卷边部分）
-n	土工格栅				
-o	土工格室			(1)下承面清理平整；(2)EPS 铺设；(3)连接、固定；(4)防水及护边等处理	
-p	EPS				
-q	强夯	承载力要求	m^2	(1)地表处理；(2)施工防排水；(3)强夯；(4)强夯后的相关检测作业	按设计图示，以面积计算
-r	强夯置换	(1)材料规格； (2)承载力要求	m^2	(1)地表处理；(2)施工防排水；(3)置换材料铺设；(4)强夯；(5)强夯后的相关检测作业	按设计图示，以面积计算
205-2	滑坡处理				
-a	卸载土方	(1)土质； (2)运距	m^3	(1)排水；(2)挖、装、运 、卸	按实际量测的体积计算
-b	卸载石方				
-c	抗滑桩	(1)材料规格； (2)断面尺寸； (3)强度等级	m	(1)挖运土石方；(2)通风排水；(3)支护 (4)钢筋制作安装；(5)灌注混凝土；(6)无破损检验	按设计图示，按不同桩尺寸以长度计算
-d	预应力锚索	(1)材料规格； (2)抗拉强度	kg	(1)整修边坡；(2)钻孔、清孔；(3)锚索制作安装；(4)张拉；(5)注浆；(6)锚固、封端；(7)抗拔力试验	按设计图示，以重量计算
205-3	岩溶洞回填	(1)材料规格； (2)填实	m^3	(1)排水；(2)挖装运回填；(3)夯实	按实际量测验收的填筑体积计算
205-4	膨胀土处理				
-a	厚…mm 石灰土改良	(1)石灰含量； (2)厚度； (3)压实度	m^2	(1)清除；(2)运输；(3)取料换填；(4)压实	按设计图示，按规定的厚度以换填面积计算
205-5	黄土处理				

续上表

细目号	细目名称	特　征	单位	工 程 内 容	工程量计量规则
-a	陷穴	(1)体积; (2)压实度	m^3	(1)排水;(2)开挖;(3)运输;(4)取料回填;(5)压实	按实际回填体积计算
-b	湿陷性黄土	(1)范围; (2)压实度	m^2	(1)排水;(2)开挖运输;(3)设备安装及拆除;(4)强夯等加固处理;(5)取料回填压实	按设计图示,强夯处理合格面积计算
205-6	盐渍土处理				
-a	厚…mm	(1)含盐量; (2)厚度; (3)压实度	m^2	(1)清除;(2)运输;(3)取料换填;(4)压实	按设计图示,按规定的厚度以换填面积计算
205-7	风积沙填筑	(1)填料规格; (2)运距; (3)碾压要求	m^3	(1)施工防、排水;(2)填料运输、摊平、洒水和压实;(3)整修路基和边坡	按设计图示,以设计断面压实体积计算
205-8	季节性冻土改性处理	(1)填料规格; (2)运距; (3)碾压要求	m^3	(1)施工防、排水;(2)清除软层;(3)填料挖运;(4)分层填筑和压实	按设计图示,根据不同填料规格以压实体积计量
207	路基排水				
207-1	边沟				
-a	土质边沟	断面尺寸	m	扩挖整形	按设计图示,根据不同断面以长度计算
-b	现浇混凝土边沟	(1)材料规格;(2)垫层厚度;(3)断面尺寸;(4)强度等级	m^3	(1)扩挖整形;(2)铺垫层;(3)现浇混凝土;(4)泄水管及伸缩缝设置;(5)预制安装(钢筋)混凝土盖板	按设计图示,以体积计算
-c	浆砌混凝土预制块边沟	(1)材料规格;(2)垫层厚度;(3)断面尺寸;(4)强度等级	m^3	(1)扩挖整形;(2)铺垫层;(3)预制混凝土块;(4)拌运砂浆;(5)砌筑勾缝;(6)泄水管及伸缩缝的设置;(7)抹灰压顶;(8)预制安装(钢筋)混凝土盖板	按设计图示,以体积计算
-d	浆砌片石边沟	(1)材料规格; (2)垫层厚度; (3)断面尺寸; (4)强度等级	m^3	(1)扩挖整形;(2)铺垫层;(3)拌运砂浆;(4)砌筑、勾缝、养生;(5)预制安装(钢筋)混凝土盖板	按设计图示,以体积计算
-e	浆砌块石边沟				
-f	暗埋式边沟	(1)材料规格; (2)断面尺寸; (3)强度等级	m^3	(1)挖基整形;(2)铺设垫层;(3)砌筑;(4)预制安装(钢筋)混凝土盖板;(5)铺砂砾反滤层;(6)回填	按设计图示,以体积计算
207-3	截水沟				
-a	浆砌混凝土预制块截水沟	(1)材料规格;(2)垫层厚度;(3)断面尺寸;(4)强度等级	m^3	(1)扩挖整形;(2)铺垫层;(3)预制混凝土块;(4)拌运砂浆;(5)砌筑勾缝;(6)泄水管及伸缩缝的设置;(7)抹灰压顶	按设计图示,体积计算
-b	浆砌片石截水沟				
207-4	急流槽				
-a	现浇混凝土急流槽	(1)材料规格;(2)垫层厚度;(3)断面尺寸;(4)强度等级	m^3	(1)扩挖整形;(2)铺垫层;(3)现浇混凝土;(4)泄水管及伸缩缝设置	按设计图示,长度计算
-b	浆砌片石急流槽(沟)	(1)材料规格; (2)断面尺寸; (3)强度等级		(1)挖基整形;(2)砌筑勾缝;(3)伸缩缝填塞;(4)抹灰压顶	按设计图示,以体积计算(包括消力池、消力槛、抗滑台等附属设施)

续上表

细目号	细目名称	特　征	单位	工 程 内 容	工程量计量规则
-c	PVC管急流槽	(1)材料规格； (2)断面尺寸	m	(1)挖基；(2)安装的全部工序	按设计图示，以长度计算
207-5	暗沟…mm×…mm	(1)材料规格； (2)断面尺寸； (3)强度等级	m^3	(1)挖基整形；(2)铺设垫层；(3)砌筑；(4)预制安装(钢筋)混凝土盖板；(5)铺砂砾反滤层；(6)回填	按设计图示，体积计算
207-6	涵洞上下游改沟、改渠铺砌	(1)材料规格； (2)断面尺寸； (3)强度等级		(1)挖基整形；(2)铺垫层；(3)拌运砂浆；(4)砌筑、勾缝、养生；(5)填缝及回填	按设计图示，根据不同圬工类型以体积计算
207-7	现浇混凝土坡面排水结构物	(1)材料规格； (2)断面尺寸； (3)强度等级		(1)扩挖整形；(2)铺垫层；(3)现浇混凝土；(4)泄水管及伸缩缝设置	按设计图示，以圬工体积计算
207-8	预制混凝土坡面排水结构物	(1)材料规格； (2)断面尺寸； (3)强度等级		(1)扩挖整形；(2)铺垫层；(3)预制混凝土块；(4)拌运砂浆；(5)砌筑及勾缝；(6)泄水管及伸缩缝设置	按设计图示，以圬工体积计算
208	护坡、护面墙				
208-1	坡面植物防护				
-a	播种草籽	(1)草籽种类； (2)养护期	m^2	(1)修整边坡、铺设表土；(2)播草籽；(3)养护；(4)保养达到规定成活率	按设计图示，按合同规定成活率以面积计算
-b	铺(植)草皮	(1)草皮种类； (2)铺设形式		(1)修整边坡、铺设表土；(2)铺设草皮；(3)养护；(4)保养达到规定成活率	
-c	播植(喷播)草灌	(1)草灌种类； (2)养护期		(1)修整边坡、铺设表土；(2)播植(喷播)草灌；(3)养护；(4)保养达到规定成活率	
-d	客土喷播植草	(1)草灌种类； (2)喷播厚度； (3)养护期		(1)喷播混合物准备；(2)平整坡面、喷播草灌；(3)养护；(4)保养达到规定成活率	按设计图示，按设计不同喷播种类和厚度以面积计算
-e	挂镀锌网客土喷播植草	(1)镀锌网规格； (2)喷播种类； (3)喷播厚度； (4)养护期		(1)镀锌网、种子、客土等采购、运输；(2)边坡找平、拍实；(3)挂网、喷播；(4)养护；(5)保养达到规定成活率	
-f	挂镀锌网客土喷混植草	(1)镀锌网规格； (2)混植草种类； (3)喷混厚度； (4)养护期		(1)材料采购、运输；(2)混合草籽；(3)边坡找平、拍实；(4)挂网、喷播；(5)养护；(6)保养达到规定成活率	
-g	土工格室植草	(1)格室尺寸； (2)植草种类； (3)养护期		(1)挖槽、清底、找平、混凝土浇筑；(2)格室安装、铺种植土、播草籽、拍实；(3)养护；(4)保养达到规定成活率	
-h	植生袋植草	(1)植生袋种类； (2)草种种类； (3)营养土类别		(1)找坡、拍实；(2)灌袋、摆放、拍实；(3)养护；(4)保养达到规定成活率	按设计图示，按合同规定成活率以面积计算
-i	土壤改良喷播植草	(1)改良种类； (2)草种种类		(1)挖土、耙细；(2)土、改良剂、草籽拌和；(3)喷播改良土；(4)养护；(5)保养达到规定成活率	
208-2	干砌片(块)石	(1)材料规格； (2)断面尺寸	m^3	(1)整修边坡；(2)铺筑砂砾垫层、铺设滤水层；(3)砌片石；(4)制作安装沉降缝、泄水孔	按设计图示，以体积计算

续上表

细目号	细目名称	特　征	单位	工 程 内 容	工程量计量规则
208-3	浆砌片(块)石护坡				
-a	满砌护坡	(1)材料规格; (2)断面尺寸; (3)强度等级	m^3	(1)整修边坡;(2)挖槽;(3)铺垫层、铺筑滤水层、制作安装沉降缝、伸缩缝、泄水孔;(4)砌筑、勾缝	按设计图示,以体积计算
-b	骨架护坡				
208-4	混凝土护坡				
-a	现浇混凝土护坡	(1)材料规格; (2)断面尺寸; (3)强度等级; (4)垫层厚度	m^3	(1)整修边坡;(2)浇筑;(3)铺筑砂砾垫层、铺设滤水层、制作安装沉降缝、泄水孔	按设计图示,以体积计算
-b	预制块混凝土满铺护坡			(1)整修边坡(2)预制、安装混凝土块;(3)铺筑砂砾垫层、铺设滤水层、制作安装沉降缝、泄水孔;(4)预制安装预制块	
-c	预制块混凝土骨架护坡				
208-5	护面墙				
-a	浆砌片石(块石)护面墙	(1)材料规格; (2)断面尺寸; (3)强度等级	m^3	(1)整修边坡;(2)基坑开挖、回填;(3)砌筑、勾缝、抹灰压顶;(4)铺筑垫层、铺设滤水层、制作安装沉降缝、伸缩缝、泄水孔	按设计图示,以体积计算
-b	混凝土护面墙			(1)整修边坡;(2)浇筑;(3)铺筑垫层、铺设滤水层、制作安装沉降缝、泄水孔	
208-6	封面	(1)材料规格; (2)断面尺寸; (3)强度等级	m^2	(1)坡体表面处理;(2)分层封面(3)设置伸缩缝;(4)边坡封顶;(5)排水和养生	按设计图示,以面积计算
208-7	锤面	(1)材料规格; (2)断面尺寸; (3)强度等级		(1)坡体表面处理;(2)锤面;(3)设置伸缩缝;(4)边坡封顶;(5)排水和养生	
209	挡土墙				
209-1	砌体挡土墙				
-a	浆砌片(块)石挡土墙	(1)材料规格; (2)挡墙类型; (3)断面尺寸; (4)强度等级	m^3	(1)围堰排水;(2)挖基、基底清理;(3)砌石、勾缝;(4)沉降缝填塞、铺设滤水层、制作安装泄水孔;(5)抹灰压顶;(6)墙背回填	按设计图示,以体积计算
-b	现浇混凝土挡土墙			(1)围堰排水;(2)挖基、基底清理;(3)铺垫层;(4)搭、拆脚手架;(5)钢筋、混凝土的全部工序;(6)沉降缝、伸缩缝填塞、铺筑滤水层、制作安装泄水孔(7)基坑及墙背回填	
-c	钢筋混凝土挡土墙				
210	锚杆、锚定板挡土墙				
210-1	锚杆挡土墙				
-a	混凝土立柱	(1)材料规格; (2)断面尺寸; (3)强度等级; (4)钢筋用量	m^3	(1)挖基、基底清理;(2)模板制作安装;(3)现浇混凝土或预制、安装构件;(4)墙背回填	按设计图示,以体积计算
-b	混凝土挡板				
-c	钢筋	(1)材料规格; (2)抗拉强度等级	kg	钢筋制作和安装	按设计图示,以重量计算

续上表

细目号	细目名称	特　征	单位	工 程 内 容	工程量计量规则
210-2	锚碇板挡土墙				
－a	混凝土锚定板	(1)材料规格； (2)断面尺寸； (3)强度等级	m^3	(1)挖基、基底清理；(2)模板制作安装；(3)现浇混凝土或预制、安装构件；(4)墙背回填	按设计图示，以体积计算
－b	钢筋混凝土肋柱				
－c	混凝土挡板				
－d	拉杆	(1)材料规格； (2)抗拉强度等级	kg	(1)拉杆制作安装；(2)注浆；(3)拉杆防锈处理	按设计图示，以重量计算
－e	钢筋	(1)材料规格； (2)抗拉强度等级		钢筋制作和安装	按设计图示，以重量计算
211	加筋土挡土墙				
211-1	加筋土挡土墙				
－a	钢筋混凝土带挡土墙	(1)材料规格； (2)断面尺寸； (3)加筋用量； (4)强度等级	m^3	(1)围堰排水；(2)挖基、基底清理；(3)浇筑或砌筑基础；(4)预制安装墙面板；(5)铺设加筋带；(6)沉降缝填塞、铺设滤水层、制作安装泄水孔；(7)填筑与碾压；(8)墙面封顶	按设计图示，以体积计算
－b	聚丙烯土工带挡土墙				
211-2	扶壁式、悬臂式挡土墙	(1)材料规格； (2)断面尺寸； (3)钢筋用量； (4)强度等级	m^3	(1)挖基、基底清理；(2)模板制作安装；(3)钢筋制作和安装；(4)现浇混凝土；(5)墙背回填	按设计图示，以体积计算
212	喷射混凝土和喷浆边坡防护				
212-1	挂网喷浆防护边坡				
－a	挂铁丝网喷浆防护	(1)材料规格； (2)厚度； (3)强度等级	m^2	(1)整修边坡；(2)网的制作及锚固；(3)砂浆或混凝土制备；(4)喷砂浆或混凝土；(5)养生	按设计图示，以面积计算
－b	挂土工格栅喷浆防护				
212-2	挂网锚喷混凝土防护边坡(全坡面)				
－a	挂钢筋网喷混凝土防护	(1)结构形式； (2)材料规格； (3)厚度； (4)强度等级	m^2	(1)整修边坡；(2)网的制作及锚固；(3)砂浆或混凝土制备；(4)喷砂浆或混凝土；(5)养生	按设计图示，以面积计算
－b	挂铁丝网喷混凝土防护				
－c	挂土工格栅喷混凝土防护				
－d	锚杆	(1)材料规格； (2)抗拉强度等级	kg	(1)钻孔、清孔；(2)锚杆制作安装；(3)注浆；(4)张拉；(5)抗拔力试验	按设计图示，以重量计算
212-3	坡面防护				
－b	喷射水泥砂浆防护	(1)材料规格； (2)厚度； (3)强度等级	m^2	(1)整修边坡；(2)砂浆或混凝土制备；(3)喷砂浆或混凝土；(4)养生	按设计图示，以面积计算
－c	喷射混凝土防护				
212-4	土钉支护				

续上表

细目号	细目名称	特　征	单位	工 程 内 容	工程量计量规则
－a	土钉钻孔桩	(1)桩径； (2)强度等级； (3)抗拔力试验	m	(1)整修边坡；(2)防排水；(3)土钉成孔；(4)杆体支放；(5)注浆	按设计图示，分不同桩径以长度计算
－b	土钉预制击入桩	(1)桩径； (2)强度等级； (3)抗拔力试验		(1)整修边坡；(2)防排水；(3)预制土钉桩；(4)构件运输；(5)击入土钉桩	
－c	厚…mm 喷射混凝土	(1)材料规格； (2)厚度； (3)强度等级	m^2	(1)整修边坡；(2)混凝土制备；(3)喷混凝土；(4)养生	按设计图示，以面积计算
－d	钢筋	(1)材料规格； (2)抗拉强度等级	kg	钢筋制作和安装	按设计图示，以重量计算
－e	钢筋网	(1)材料规格； (2)抗拉强度等级		(1)下成层清理；(2)钢筋网制作和安装；(3)钢筋网搭接	按设计图示，以重量计算
－f	网格梁、立柱、挡土板	(1)材料规格； (2)断面尺寸； (3)强度等级	m^3	(1)挖基、基底清理；(2)模板制作安装；(3)现浇混凝土或预制、安装构件；(4)墙背回填	按设计图示，以体积计算
－g	土工格栅	材料规格	m^2	(1)下承面清理平整；(2)土工格栅网铺设；(3)搭接、缝接或黏接；(4)铆固	按设计图示尺寸，以单层净面积计算(不计入按规范要求的搭接卷边部分)
213	预应力锚索边坡加固				
213-1	预应力锚索				
－a	长 20m 及以下预应力锚索	(1)材料规格； (2)抗拉强度	kg	(1)整修边坡；(2)钻孔、清孔；(3)锚索制作安装；(4)张拉；(5)注浆；(6)锚固 、封端；(7)抗拔力试验	按设计图示，以重量计算
－b	长 20m 以上预应力锚索				
213-2	锚杆				
－a	长 5m 及以下锚杆	(1)材料规格； (2)抗拉强度	kg	(1)整修边坡；(2)钻孔、清孔；(3)锚索制作安装；(4)张拉；(5)注浆；(6)锚固 、封端；(7)抗拔力试验	按设计图示，以重量计算
－b	长 5m 以上锚杆				
213-3	锚固板	(1)材料规格； (2)断面尺寸； (3)强度等级	m^3	(1)整修边坡；(2)钢筋制作安装；(3)现浇混凝土或预制安装构件；(4)养护	按设计图示，以体积计算
214	抗滑桩				
214-1	混凝土抗滑桩				
－a	…m×…m，C…混凝土抗滑桩	(1)材料规格； (2)断面尺寸； (3)强度等级	m	(1)挖运土石方；(2)通风排水；(3)支护；(4)灌注混凝土；(5)无破损检验	按设计图示，按不同桩尺寸以长度计算
－b	钢筋(带肋钢筋)	(1)材料规格； (2)抗拉强度等级	kg	钢筋制作和安装	按设计图示，以重量计算

续上表

细目号	细目名称	特　征	单位	工 程 内 容	工程量计量规则
214-2	桩板式抗滑挡墙				
-a	混凝土锚固桩	(1)材料规格; (2)断面尺寸; (3)强度等级; (4)钢筋用量	m^3	(1)挖基、基底清理;(2)模板制作安装;(3)钢筋制作和安装;(4)现浇混凝土或预制、安装构件;(5)墙背回填	按设计图示,以体积计算
-b	混凝土挡板				
215	河道防护				
215-1	浆砌片石河床铺砌	(1)材料规格; (2)强度等级	m^3	(1)围堰排水;(2)挖基、铺垫层;(3)砌筑(或抛石)、勾缝;(4)回填、夯实	按设计图示,以体积计算
215-2	浆砌片石顺坝				
215-3	浆砌片石丁坝				
215-4	浆砌片石调水坝				
215-5	浆砌片石锥(护)坡				
215-6	干砌片(块)石				
215-7	抛片石				

第三章　路面工程施工与计量

路面工程是路床顶面以上的各种结构层的总称，包括路面结构层、中央分隔带、土路肩及路面排水等项目。路面工程必须确保路面有足够的强度、稳定性、耐久性、平整度和抗滑性能；应设置有效的基层、垫层，采用合适的结构层处治措施和路面排水设施等；设计与施工中应注意保护环境，合理选材，推广机械化施工，确保施工质量。

本章主要介绍公路路面工程结构、施工工艺和工程量清单计量规则等内容。

第一节　路面组成与分类

一、路面组成

路面工程由路面结构、封层、透层、黏层、中央分隔带、路肩和路面排水等部分组成，如图3-1所示。

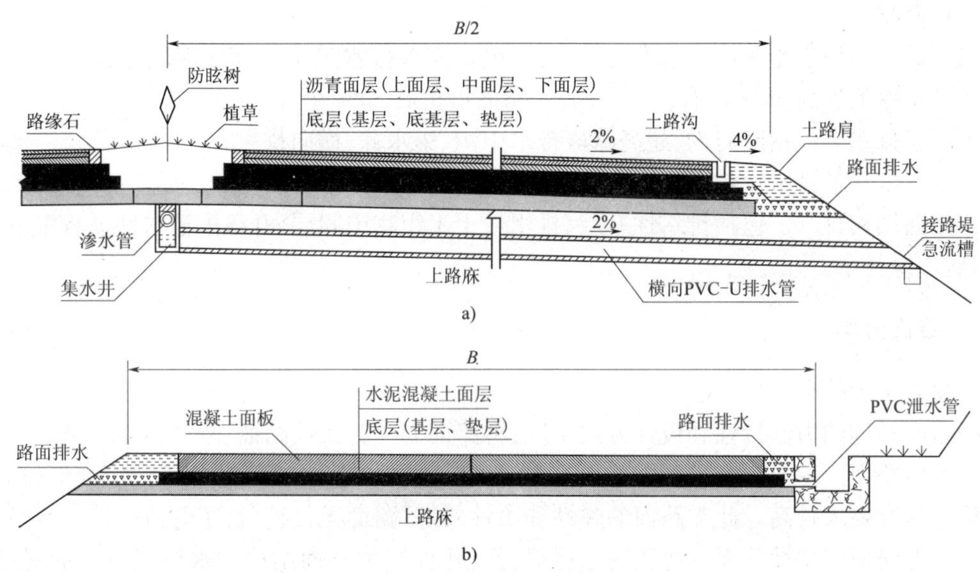

图3-1　路面工程组成

a)高速、一级公路；b)二级及以下公路

1.路面结构

行车荷载和自然因素对路面的作用和影响，随路面深度逐渐减弱，路面结构设计亦是随其层次深入，各项指标要求逐渐降低，其结构层次通常分为面层、基层、底基层和垫层。

(1)面层

面层应具有足够的结构强度、刚度和稳定性，表面耐磨、不透水，具有良好的抗滑性和平整度。目前面层主要采用沥青混合料、水泥混凝土和砂石等材料铺筑。

(2)基层

基层是支持面层的基础，起承重、传递荷载和扩散应力作用，应具有足够的强度和水温稳定性。基层主要有无机结合料稳定基层(半刚性基层)和碎石、砾石基层两大类。

(3)垫层

垫层介于基层与土基之间，一般在路基土质较差、水温稳状况不良的路段，或路面结构厚度小于最小防冻厚度要求时设置，以利路面结构扩散应力、排水和防冻胀等作用。垫层常采用砂砾、碎石或水泥(石灰、煤渣)稳定土材料铺筑。

2. 封层、透层与黏层

为使路面各结构层满足施工需要，提高路面结构的整体性和防水作用，在各结构层之间有选择地设置透层、封层、黏层等处治措施。

3. 中央分隔带

高速、一级公路为了保障高速行车安全，于双向车道中间设置中央分隔带，其设计速度120km/h时宽度为3m，其余为2m。中央分隔带下部需要设置排水设施及通信管道，外露部分需要绿化和设置防眩、防撞设施。中央分隔带开口一般以2km设置一处，开口长度一般为50m。

4. 土路肩

土路肩位于在硬路肩边缘至路肩边缘，一般用黏土填筑。土路肩范围内是安全设施和路表排水路肩沟的位置。

5. 路面排水

路面病害与地表水和地下水的侵蚀有关，设置完善排水设施的沥青混凝土路面全寿命周期要比设置差的提高30%左右，水泥混凝土路面可提高50%左右。

①路表排水。包括路肩沟、超高路段排水中沟、集水井、横向排水管。

②中央分隔带排水。包括渗沟、渗水管、集水井、横向排水管。

③路面结构排水。包括排水性基层、排水性土工织物中间层、开级配透水性沥青混凝土表层、路肩边缘排水。

二、路面分类

1. 按力学特性分

按路面结构的力学特性和设计方法不同，将路面划分为柔性路面、刚性路面两类。

①柔性路面。主要指各类沥青路面。由于面层刚度较小，在荷载作用下弯沉变形较大，对基层整体强度要求较高。此类路面的弹性和柔性较好，路面无接缝，行车舒适性好。

②刚性路面。刚性路面主要指用水泥混凝土作面层的路面结构。水泥混凝土的强度高，弹性模量大，表现出较大的刚性，荷载(由水泥混凝土板的抗弯强度承受车辆荷载)通过板体扩散传递给基层，基层上的单位压力较柔性路面小得多。

2. 按路面材料分

按面层使用材料分沥青类路面、水泥混凝土类路面和砂石类路面。

①沥青类路面。如沥青混凝土路面、沥青碎石路面、沥青贯入式路面、沥青表面处治路面等。

②水泥混凝土类路面。如普通混凝土路面，钢筋混凝土路面，连续配筋混凝土路面，预应

力混凝土路面、钢纤维混凝土路面和碾压混凝土路面等。

③砂石类路面。如泥结碎石路面、级配碎石路面、级配砾石路面、天然砂砾路面。

第二节　路面工程技术指标

一、一般规定

《公路工程技术标准》(JTG B01—2003)规定路面设计标准轴载为双轮组单轴100kN。路面结构所选材料应满足强度、稳定性和耐久性的要求。路面面层类型的选用应符合表3-1所列的规定。

路面面层类型及适用范围　表3-1

面层类型	适用范围	使用年限
水泥混凝土	高速公路、一级公路、二级公路、三级公路、四级公路	20~30
沥青混凝土	高速公路、一级公路、二级公路、三级公路、四级公路	15~20
沥青贯入、沥青碎石、沥青表面处治	三级公路、四级公路	6~10
砂石路面	四级公路	5

路面施工应符合《公路路面基层施工技术规范》(JTJ 034—2000)、《公路沥青路面施工技术规范》(JTG F40—2004)、《公路水泥混凝土路面施工技术规范》(JTG F30—2003)和《水泥混凝土路面滑模施工规范》(JTJ/T 037.1—2000)的要求。

二、水泥混凝土路面

水泥混凝土路面包括普通混凝土、钢筋混凝土、碾压混凝土和钢纤维混凝土等结构形式。水泥混凝土面层板一般采用矩形，沿公路纵向和横向应设置垂直相交的接缝，接缝设计应按《公路水泥混凝土路面设计规范》(JTG D40—2002)的规定进行。纵横接缝间距见表3-2所列。传力杆尺寸和间距见表3-3所列。拉杆尺寸和间距见表3-4所列。

纵横接缝间距　表3-2

类型		间距	备注
纵向接缝		按路面宽度在3.0~4.5m范围	碾压混凝土、钢纤维混凝土面层在全幅摊铺时，可不设纵向缩缝
横向接缝	普通混凝土	4~6m	面积不宜大于25m²，长宽比不宜超过1.3
	钢筋混凝土	6~15m	
	碾压混凝土或钢纤维混凝土	6~10m	

传力杆尺寸和间距(mm)　表3-3

面层厚度	传力杆直径	传力杆最小长度	传力杆最大间距
220	28	400	300
240	30	400	300
260	32	450	300
280	35	450	300
300	38	500	300

拉杆尺寸和间距(mm)　　表 3-4

面层厚度(mm)	到自由边或未设拉杆纵缝的距离(m)					
	3.00	3.50	3.75	4.50	6.00	7.50
200～250	14×700×900	14×700×800	14×700×700	14×700×600	14×700×500	14×700×400
260～300	16×800×900	16×800×800	16×800×700	16×800×600	16×800×500	16×800×400

注:表中数字为直径×长度×间距。

三、沥青路面

沥青路面按结构层数,分为三层、两层和单层三种类型。沥青路面层厚选择见表 3-5 所列。

沥青路面面层厚度　　表 3-5

结构类型	沥青路面面层(cm)			代表性路面
	承重层	联结层	磨耗层	
三层	6～10	4～6	3～5	沥青混凝土路面
两层	5～8	—	3～4	沥青碎石路面
单层	—	—	3	沥青表面处治路面

四、路面基层

基层应具有足够的抗冲刷能力和一定的风度,基层类型宜依照交通等级要求按表 3-6 选用。

适宜各交通等级的基层类型　　表 3-6

<table>
<tr><th>交通等级</th><th>基 层 类 型</th><th>交通等级</th><th>基 层 类 型</th></tr>
<tr><td>特重交通</td><td>贫混凝土、碾压混凝土或沥青混凝土基层</td><td rowspan="2">中等或轻交通</td><td rowspan="2">水泥稳定粒料、石灰粉煤灰稳定粒料或级配粒料基层</td></tr>
<tr><td>重交通</td><td>水泥稳定粒料或沥青稳定碎石基层</td></tr>
</table>

各类基层厚度的适宜范围见表 3-7 所列。

各类基层适宜厚度及适用范围　　表 3-7

<table>
<tr><th colspan="2">基 层 类 型</th><th>适宜厚度(cm)</th><th colspan="2">适 用 范 围</th></tr>
<tr><td rowspan="6">半刚性基层</td><td>水泥稳定碎石</td><td rowspan="2">15～25</td><td colspan="2" rowspan="2">适用于各公路等级的水泥混凝土及沥青路面基层</td></tr>
<tr><td>水泥稳定砾石</td></tr>
<tr><td>石灰稳定碎石</td><td rowspan="2">15～25</td><td colspan="2" rowspan="2">适用于二级和二级以下路面基层,潮湿地段不适用</td></tr>
<tr><td>石灰稳定砾石</td></tr>
<tr><td>石灰及粉煤灰稳定碎石</td><td rowspan="2">15～25</td><td colspan="2" rowspan="2">适用于二级和二级以下路面基层,潮湿地段不适用</td></tr>
<tr><td>石灰及粉煤灰稳定砾石</td></tr>
<tr><td rowspan="5">柔性基层</td><td>级配碎石</td><td rowspan="2">15～20</td><td colspan="2" rowspan="2">适用于二级和二级以下路面基层,级配碎石基层的碎石最大粒径应控制在 4cm 以内</td></tr>
<tr><td>级配砾石</td></tr>
<tr><td rowspan="2">沥青稳定碎石</td><td>8～10</td><td>水泥路面</td><td rowspan="2">适用于高速公路基层,特别适用于原结构上作整平层</td></tr>
<tr><td>8～15</td><td>沥青路面</td></tr>
<tr><td>沥青混凝土</td><td>4～6</td><td colspan="2">适用于高速公路基层,特别适用于原结构上作整平层</td></tr>
<tr><td rowspan="2">刚性基层</td><td>贫混凝土</td><td rowspan="2">12～20</td><td colspan="2">适用于高速、一级、二级公路</td></tr>
<tr><td>碾压混凝土</td><td colspan="2">适用于高速、一级、二级公路</td></tr>
</table>

第三节　路面垫层结构与施工

一、垫层结构类型

垫层主要起排水、隔水、防冻、防污等作用，按其结构分为排水垫层、隔离垫层、防冻胀垫层等。设置排水垫层主要起排除渗入基层和垫层中的水分，防止路基过湿而影响路面的整体强度的作用；隔离垫层主要起隔离负温度下的水分向路面结构层内渗透的作用；防冻胀垫层主要起隔离保温作用，在季节性冰冻地区路面总厚度小于最小防冻厚度要求时设置。

防冻垫层和排水垫层宜采用砂、砂砾、碎石等颗粒材料铺筑。防冻胀垫层应选用隔温性能良好的粉煤灰、炉渣及矿渣等材料铺设。半刚性垫层可采用低剂量无机结合料稳定粒料或土。

二、垫层施工

1. 材料要求

高速公路和一级公路垫层用碎石的最大粒径不应超过 37.5mm；其他公路垫层用碎石的最大粒径不应超过 53mm，按《公路工程集料试验规程》(JTG E42—2005)标准方法进行试验时，高速公路和一级公路垫层石料的压碎值不大于 30%，其他公路不大于 35%。碎石中不应有黏土块、植物等有害物质，针片状颗粒含量不应超过 20%。采用煤渣和矿渣，其材质应选择坚硬、无杂质，宜具有适当的级配，且小于 2.36mm 的颗粒含量不宜大于 20%。

采用级配砂砾或天然砂砾，应符合表 3-8 的要求。

天然砂砾垫层颗粒组成范围　　表 3-8

通过下列筛孔(mm)的质量百分率(%)						液限(%)	塑性指数
53	37.5	9.5	4.75	0.6	0.075		
100	80 ~ 100	40 ~ 100	25 ~ 85	8 ~ 45	0 ~ 15	<28	<9

2. 垫层施工工艺

垫层施工内容包括：路基验收、路基面上清扫、洒水湿润、垫层材料运输、布料、垫层材料摊铺、细集料嵌缝处理和垫层压实等。两段作业衔接处处理方法：第一段留下 5 ~ 8m 不进行碾压，第二段施工时，将前段留下未压部分与第二段一起碾压。

垫层施工工艺流程为：下承层验收合格→放样测量→划方格网→筛分碎石准备→自卸汽车运输→按方格网布料→平地机摊铺垫层→垫层压实→表观、压实度检查→交通管制、维护。

在已完成的垫层上每一作业段或不大于 $2000m^2$ 随机取样 6 次，按《公路路基路面现场测试规程》(JTG E60—2008)规定进行压实度试验(96%)，并按规定检验其他项目。

第四节　路面基层结构与施工

一、基层结构类型

路面基层按力学特性，分为刚性基层、半刚性基层和柔性基层。

路面基层按材料分类如图 3-2 所示。

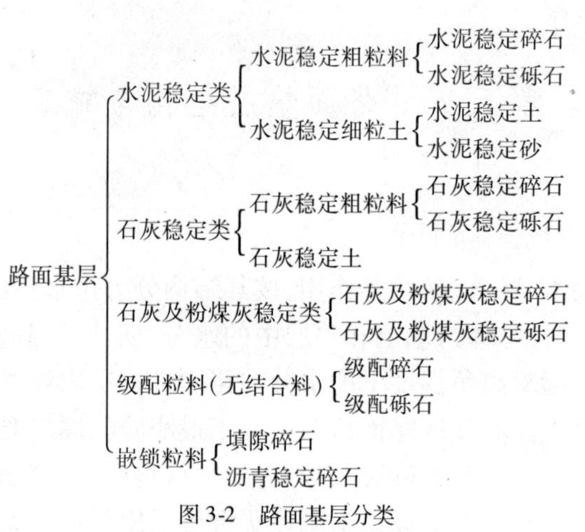

图 3-2　路面基层分类

水泥稳定类基层、底基层为无机结合料稳定类,又称半刚性基层,分为水泥稳定碎石、水泥稳定砾石等,除具有整体性好、承载力大、刚度大、水稳性好特点以外,还有因地制宜用材的经济效果,国内外都广泛运用。

基层的宽度应比面层每侧至少宽出 30cm;采用轨道式混凝土路面摊铺机施工时,应宽出 50cm,采用滑模式混凝土路面摊铺机施工时,要求宽出 65cm。硬路肩基层与路面基层结构要求相同。

基层厚度应根据荷载与交通量大小、材料力学性能和扩散应力的效果,充分发挥压实机具功能,以及有利于施工等因素确定。如基层下未设垫层,上路床为细粒土、黏土质砂或级配不良砂(承受特重或重交通时),或者为细粒土(承受中等交通时),应在基层下设置底基层。基层和底基层可采用级配粒料、水泥稳定粒料或石灰粉煤灰稳定粒料结构,各类基层适宜厚度及适用范围见表 3-7 所列,厚度一般为 20cm 左右。

二、水泥稳定类基层施工

水泥稳定类基层分为路拌法和集中厂拌法两种施工方法。

在基层施工前均应铺筑长度为 100 ~ 200m 的试验路段。其目的是验证混合料的质量和稳定性,检验机械能否满足备料、运输、摊铺、拌和与压实的要求和工作效率,以及施工组织和施工工艺的合理性和适应性;测定松铺系数;确认压实方法、压实机械类型、工序、压实系数、碾压遍数和压实厚度、最佳含水率等,作为今后施工现场控制的依据。

使用不同的摊铺机,不同混合料及不同压重振动频率,会产生不同松铺系数,在铺筑试验路时应实测确定。一般常用的 ABG 福格勒摊铺机,松铺系数在 1.15 ~ 1.35 之间,在施工中应随时检测,如图 3-3 所示。

1. 路拌法施工工艺

施工工艺流程为:下承层准备→测量放样→集料运输→按每车摊铺面积卸放→推开整平(轻压)→摊铺水泥→拌和(拌两遍后洒水)→整平→碾压成型→接头处理→养生(保湿状态 7d)。

施工机具包括专用自卸汽车、推土机、平地机、光轮压路机、振动压路机、稳定土拌和机、洒水车等。

2. 集中厂拌法施工工艺

水泥稳定类基层施工工艺流程如图 3-4 所示。

施工要点主要包括以下几个方面:

图 3-3　路面基层摊铺与松铺厚度检测

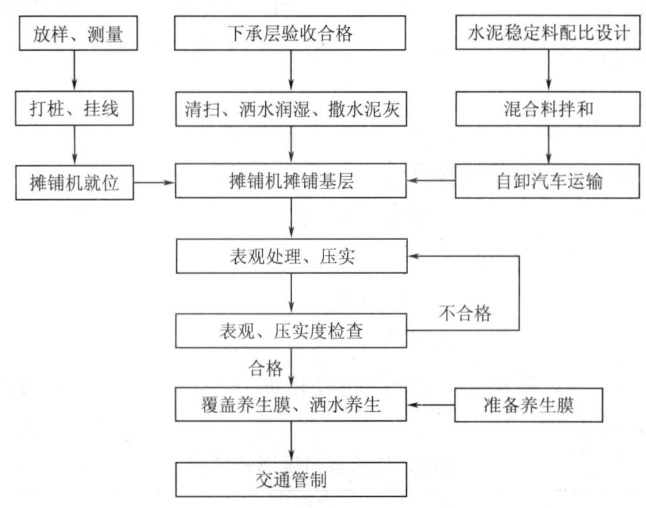

图 3-4　基层施工工艺框图

①拌和与运输。水泥稳定混合料应采用合格的拌和设备、场地和材料拌和。运输混合料车辆应根据需要配置并装载均匀，及时将混合料运至现场。当摊铺现场距拌和场较远时，混合料在运输中应加覆盖以防水分蒸发。

②摊铺和整形。混合料应采用合格的摊铺机械进行，并按指导松铺厚度均匀地摊铺在要求的宽度上。其摊铺时的含水率宜高于最佳含水率0.5%～1.0%，以补偿摊铺及碾压过程中的水分损失。混合料采用12～15t压路机碾压时，压实厚度不应超过150mm；用18～20t压路机碾压时，压实厚度不应超过200mm；每层最小压实厚度为100mm。

当分层摊铺时，宜在下层养生7d后，方可铺筑上层水泥稳定料。

③碾压。混合料的碾压程序应按试验路段确认的方法施工。严禁压路机在已完成或正在碾压的路段上掉头和紧急制动，以保证基层表面不受破坏。注意：从加水拌和到碾压终了的延迟时间不得超过水泥初凝时间。

④接缝处理。施工接缝分为横向和纵向接缝，当因故中断时间超过2h，应设置横向接缝。横向接缝处理分为先期做齐接缝和后期切割铲除两种方式。

先期做齐主要是要求将接缝位置碾压密实和将接口做成垂直中线的铅垂面。后期切割指将已经摊铺的端部接缝切割整齐，铲除未压实部分。基层摊铺应避免纵向接缝，高速公路和一级公路的基层摊铺，宜采用两台摊铺机前后相隔约5～10m同步向前摊铺混合料，并一起进行碾压。

⑤养生。碾压完成后应立即进行养生。养生时间不应少于 7d。养生方法可采用洒水，覆盖土工布、麻袋、砂后洒水或洒透油或封层等。养生期应封闭交通，不能封闭时应将车速限制在 30km/h 以下，禁止重型车辆通行。

基层主要施工机具包括：基层混合料拌和站、自卸汽车、装载机、推土机、平地机、摊铺机、光轮压路机、振动压路机、洒水车等。

第五节　封层、透层和黏层结构与施工

一、封层结构与施工

封层是为封闭表面空隙、防止水分渗入，而在沥青面层或基层上铺设有一定厚度的沥青混合料薄层；铺筑在面层表面的称为上封层，铺筑在基层表面的称为下封层。

1. 上封层

上封层类型分乳化沥青稀浆封层、微表处、改性沥青集料封层、薄层磨耗层等。

上封层及下封层适用的沥青材料宜按《公路沥青路面施工技术规范》(JTG F40—2004)选用。沥青的标号应根据当地气候情况确定。石屑或粗砂的应干净、坚硬、干燥、无风化、无杂质或其他有害物质，并有适当的级配。

微表处是用适当级配的石屑或砂、填料(水泥、石灰、粉煤灰、石粉等)与聚合物改性乳化沥青、外掺剂和水，按一定比例拌和而成的流动状态的沥青混合料，均匀地摊铺在路面上形成的沥青封层。稀浆封层类似微表处，采用普通乳化沥青或改性乳化沥青作结合料。微表处与稀浆封层适宜厚度见表 3-9 所列。

微表处与稀浆封层适宜厚度　　表 3-9

类　型	微 表 处		稀 浆 封 层		
	MS-2 型	MS-3 型	ES-1 型	ES-2 型	ES-3 型
厚度(cm)	0.4~0.7	0.8~1	0.25~0.3	0.4~0.7	0.8~1

2. 下封层

下封层的厚度不宜小于 0.6cm，要求完全密水，宜采用层铺法表面处治或稀浆封层法施工。层铺法表面处治通常采用单层式，集料用量宜为 5~8m^3/1000m^2，沥青用量采用中高限。稀浆封层材料，可选用乳化沥青或改性沥青作结合料。

下封层一般应比路面宽 50cm，沥青用量为 0.9~1.0kg/m^2。为确保面层与基层牢固结合，油渗透得更深些，隔水性更好，一般透层油与封层沥青分别使用不同稠度指标分两次洒布，即先洒透层油，后洒封层沥青，随后撒布石屑。封层施工必须是在基层做好后，间隔一定时间，尽量让基层干燥后再做封层，成型后再做面层。如行车少，封层不易成型，宜选择中午高温时用载重汽车或轮胎压路机碾压使其成型。在铺筑基层不能及时铺筑沥青面层而需通行车辆时，宜在喷洒透层油后再铺筑下封层。

二、透层、黏层结构与施工

1. 透层

透层是为使封层与基层有良好的结合和封闭基层表面空隙而喷洒透层油；喷洒透层油宜

采用液体沥青、乳化沥青、煤沥青等。透层的沥青标号应根据基层的种类、当地气候等条件确定。宜采用慢裂的洒布型乳化沥青,也可采用中、慢凝液体石油沥青或煤沥青。透层油使用之前应按照《公路工程沥青及沥青混合料试验规程》(JTJ 052—2000)的方法进行试验,且满足规范的要求。

透层喷洒后渗透入基层的深度要求:无机结合料稳定集料基层不宜小于0.5cm;无结合料基层不宜小于1cm。透层油用量见表3-10所列。

透层油材料适宜用量(L/m²) 表3-10

用　途	液体沥青		乳化沥青		煤沥青	
	规格	用量	规格	用量	规格	用量
无结合料基层	AL(M)-1、2或3 AL(S)-1、2或3	1.0~2.3	PC-2 PA-2	1.0~2.0	T-1 T-2	1.0~1.5
半刚性基层	AL(M)-1或2 AL(S)-1或2	0.6~1.5	PC-2 PA-2	0.7~1.5	T-1 T-2	0.7~1.0

注:表中用量是指包括稀释剂和水分等在内液体、乳化沥青的总量。乳化沥青中的残留物含量以50%为基准。

2. 黏层

黏层是为使面层与基层或面层之间良好结合,而喷洒的黏油层。

黏层的沥青材料宜采用快裂或中裂的洒布型乳化沥青,也可采用快、中凝液体石油沥青或煤沥青,黏层沥青材料使用之前应按照《公路工程沥青及沥青混合料试验规程》(JTJ 052—2000)的方法进行试验,且满足规范的要求。黏层沥青的规格和质量,应符合《公路沥青路面施工技术规范》(JTG F40—2004)。

在双层或三层热拌沥青混凝土路面在铺筑上层前、旧路面上加铺上层沥青混合料前、水泥混凝土路面上和桥面铺装等情况应喷洒黏层油。

黏层油品种和用量应根据下卧层的类型试洒确定,并符合表3-11所列的要求。当黏层油上铺筑薄层大空隙排水路面时,黏层油的用量宜增加到0.6~1.0L/m²。在沥青层之间兼作封层而喷洒的黏层油,宜采用改性沥青或改性乳化沥青,其用量宜不少于1.0L/m²。

黏层材料适宜用量(L/m²) 表3-11

下卧层类型	液体沥青		乳化沥青	
	规　格	用　量	规　格	用　量
新建沥青层或旧沥青路面	AL(R)-3~AL(R)-6 AL(M)-3~AL(M)-6	0.3~0.5	PC-3 PA-3	0.3~0.6
水泥混凝土	AL(M)-3~AL(M)-6 AL(S)-3~AL(S)-6	0.2~0.4	PC-3 PA-3	0.3~0.5

注:表中用量是指包括稀释剂和水分等在内液体、乳化沥青的总量。乳化沥青中的残留物含量以50%为基准。AL(R)-快凝液体石油沥青;PC-喷洒阳离子乳化沥青。

3. 透层与黏层洒布施工

透层施工工艺如图3-5所示。

透层施工现场如图3-6所示。

沥青洒布施工要求为:准备浇沥青的工作面应整洁而无尘;施工气温不应低于10℃,风速适度,浓雾或下雨时不应施工。液体石油沥青和乳化沥青可在常温度洒布,如气温较低,稠度较大的沥青材料可适当加热。透层及黏层沥青应采用沥青洒布车均匀洒布,在沥青洒布机喷不到的地方可采用手工洒布机,沥青喷洒超量和漏洒或少洒的地方应予纠正。

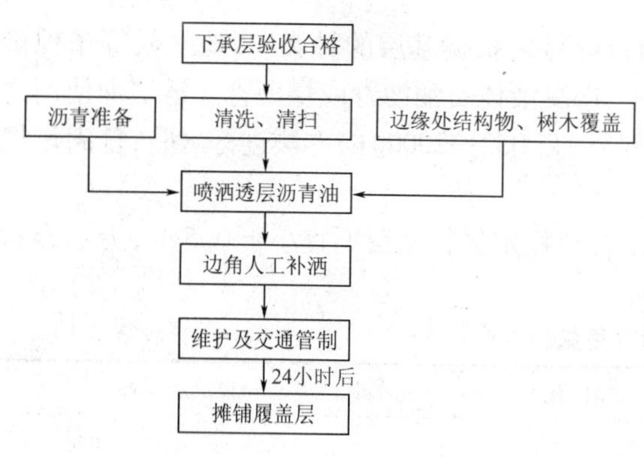

图3-5　透层施工工艺框图

图3-6　透层施工现场

透层与黏层沥青洒布应按《公路路基路面现场测试规程》(JTG E60—2008)中有关规定和方法检测洒布用量,每次检测不少于3处。洒布要求及质量控制应按图纸要求及《公路沥青路面施工技术规范》(JTG F40—2004)的相关规定执行。

黏层沥青应在铺筑覆盖层前24h以内洒布或涂刷。除运送沥青外,任何车辆均不得在完成的黏层上通行。

养生期间不应在已经洒好透层沥青的路面上开放交通。特殊情况需要开放交通,应铺撒吸附材料,覆盖尚未完全吸收的沥青。吸附材料应洁净无石粉。

第六节　水泥混凝土路面结构与施工

水泥混凝土路面是刚性路面结构。水泥混凝土路面板刚度较大,具有强度高、承载力大、稳定性好,使用寿命长的优点,并具有就地取材和日常养护费用少等特点,适用于做各等级公路路面。

一、水泥混凝土面层类型

常用水泥混凝土面层种类、特性和适用范围见表3-12所列。

混凝土面层类型及特性　　表3-12

面层类型	特性描述	适用范围
普通混凝土	在接缝区和局部范围配置钢筋,也称素混凝土路面	各级公路
钢筋混凝土	配置纵、横向钢筋或钢筋网	路面加强、桥面铺装
连续配筋混凝土	配置纵向连续钢筋和横向钢筋,横向不设缩缝	高速公路
钢纤维混凝土	在混凝土面层中掺入钢纤维的水泥混凝土路面	高程受限制路段、收费站、混凝土加铺层和桥面铺装
碾压混凝土	采用振动碾压成型的水泥混凝土	二级及以下公路、服务区
水泥混凝土预制块	面层由水泥混凝土预制块铺砌成的路面	服务区、二级及以下公路、桥头引道沉降未稳定段
复合式	沥青上面层与连续配筋混凝土下面层组合	特重交通的高速公路
	沥青上面层与横缝设传力杆的普通混凝土下面层组合	

二、水泥混凝土路面结构

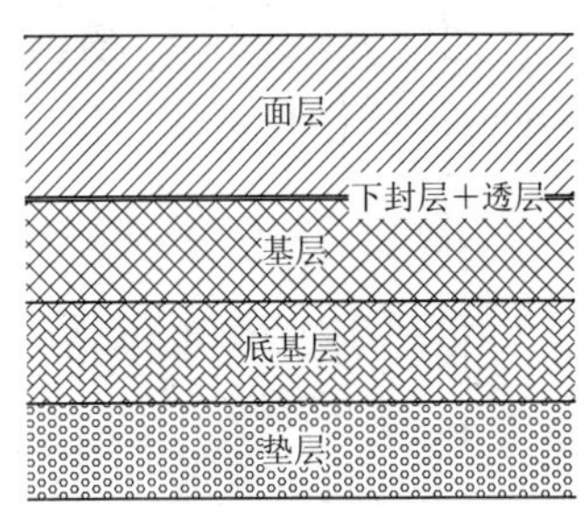

图 3-7　水泥混凝土路面结构

水泥混凝土路面结构一般由垫层、底基层、基层和面层组成，如图 3-7 所示。路面结构中对面层的要求最高，面层应具有足够的强度、耐久性，表面抗滑、耐磨、平整。

1. 路面表面构造

路面表面构造通常应采用刻纹、压槽、拉槽或拉毛等方法制作，以满足行车对路面摩阻力要求。构造深度在使用初期应满足表 3-13 的要求。

各级公路水泥混凝土面层的表面构造深度要求（mm）　　表 3-13

公路等级	高速公路、一级公路	二、三、四级公路
一般路段	0.7～1.1	0.5～0.9
特殊路段	0.8～1.2	0.6～1.0

注：①特殊路段——对于高速公路和一级公路系指立交、平交或变速车道等处，对于其他等级公路系指急弯、陡坡、交叉口或集镇附近；

②年降雨量 600mm 以下的地区，表列数值可适当降低。

2. 水泥混凝土面层参考厚度

普通混凝土、钢筋混凝土、碾压混凝土或连续配筋混凝土面层所需厚度参照表 3-14 确定。

水泥混凝土面层厚度的参考范围　　表 3-14

交通等级	特重				重			
公路等级	高速公路	一级公路		二级公路	高速公路	一级公路		二级公路
变异水平等级	低	中	低	中	低	中	低	中
面层厚度（mm）	≥260	≥250	≥240		270～240	260～230	250～220	
交通等级	中等					轻		
公路等级	二级公路		三、四级公路		三、四级公路	三、四级公路		
变异水平等级	高	中	高		中	高	中	
面层厚度（mm）	240～210	230～200			220～200	≤230	≤220	

采用钢纤维混凝土面层的厚度按钢纤维掺量定，钢纤维体积率为 0.6%～1.0% 时，其厚度为普通混凝土面层厚度的 0.65～0.75 倍。特重或重交通时，其最小厚度为 160mm；中等或轻交通时，其最小厚度为 140mm；复合式路面沥青上面层的厚度一般为 25～80mm。

3. 水泥混凝土面层接缝

水泥混凝土面层施工形成的接缝有施工缝，按设计要求设置的接缝分缩缝和胀缝。接缝的处理直接影响水泥混凝土面层的施工质量。

（1）缩缝

缩缝是为克服水泥混凝土形成不规则收缩裂缝，按规定位置切割分块（促进断裂）所成的切缝。横向缩缝宜等间距布置，一般采用 5m 板长。特重和重交通公路、收费广场以及邻近胀缝或自由端部的 3 条缩缝，应采用设传力杆假缝形式，传力杆钢筋间距 30cm，其他情况可采用不设传力杆的假缝形式。横向缩缝采用平缝形式，上部应锯切槽口，深度为面层厚度的 1/5～

1/4，宽度为 3 ~ 8mm，槽内填塞填缝料。高速公路的横向缩缝槽口宜增设深 20mm、宽 6 ~ 10mm 的浅槽口。横向缩缝构造如图 3-8 所示。

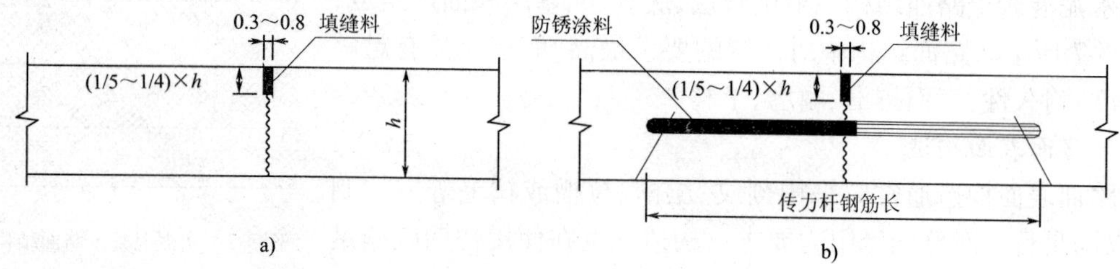

图 3-8 横向缩缝（尺寸单位：cm）

a）不设传力杆；b）设传力杆（光面钢筋）

纵向接缝的布设视路面宽度和施工铺筑宽度而定。

一次铺筑宽度小于路面宽度时，应设置纵向施工缝。纵向施工缝采用平缝形式，上部应锯切槽口，深度为 30 ~ 40mm，宽度为 3 ~ 8mm，槽内灌塞填缝料。

一次铺筑宽度大于 4.5m 时，应设置纵向缩缝。纵向施工缝采用假缝形式，锯切槽口深度为应大于施工缝槽口深度。采用粒料基层时，槽口深度应为板厚的 1/3；采用半刚性基层时，槽口深度应为板厚的 2/5。宽度为 3 ~ 8mm，槽内灌塞填缝料。

连续配筋混凝土路面的纵缝可由板内横向钢筋延伸穿过接缝代替传力杆。纵向缩缝构造如图 3-9 所示。

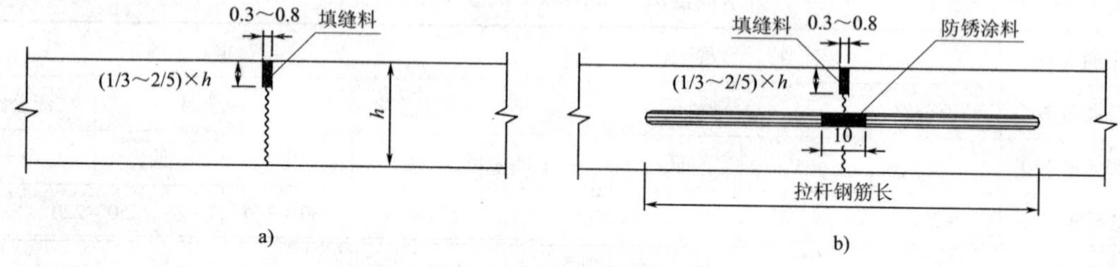

图 3-9 纵向缩缝构造图（尺寸单位：cm）

a）不设拉杆；b）设拉杆（螺纹钢筋）

（2）胀缝

胀缝是为克服温度升高造成水泥混凝土板膨胀而预留的空间。在邻近桥梁或其他固定构造物处或与其他道路相交处应设置横向胀缝，条数视膨胀量大小而定。低温浇筑混凝土面层或选用膨胀性高的集料时，宜酌情确定是否设置胀缝。如图 3-10 所示。

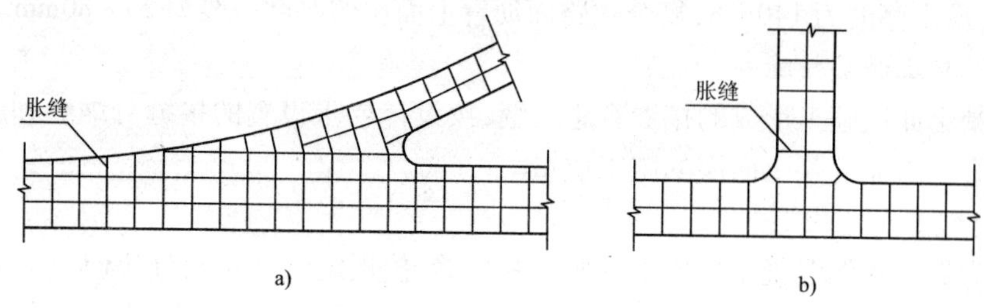

图 3-10 胀缝布置

a）变速车道；b）交叉口

胀缝宽 20mm，缝内设置填缝板和可滑动的传力杆；传力杆应采用光面钢筋，最外侧传力杆距纵向接缝或自由边的距离为 150 ~ 250mm。胀缝构造如图 3-11 所示。

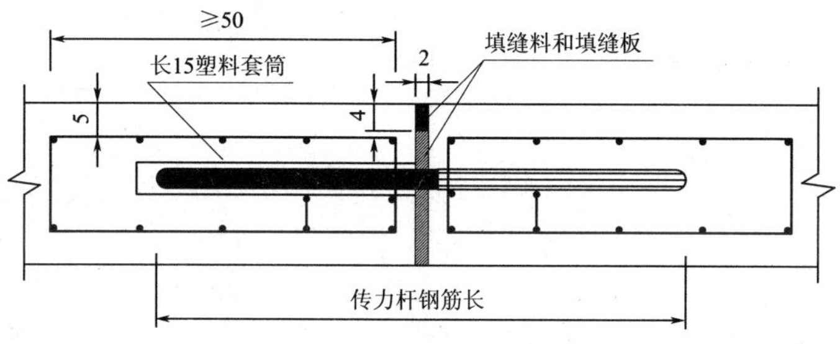

图 3-11　胀缝结构（尺寸单位：cm）

（3）施工缝

施工缝是指中断施工形成的施工接缝。当日施工结束或因其他原因中断施工时，必须设置横向施工缝，其位置应尽可能选在缩缝或胀缝处。设在缩缝处的施工缝，应采用加传力杆的平缝形式，设在胀缝处的施工缝，其构造与胀缝相同；遇有困难需设在缩缝之间时，施工缝采用设拉杆的企口缝形式，如图 3-12 所示。

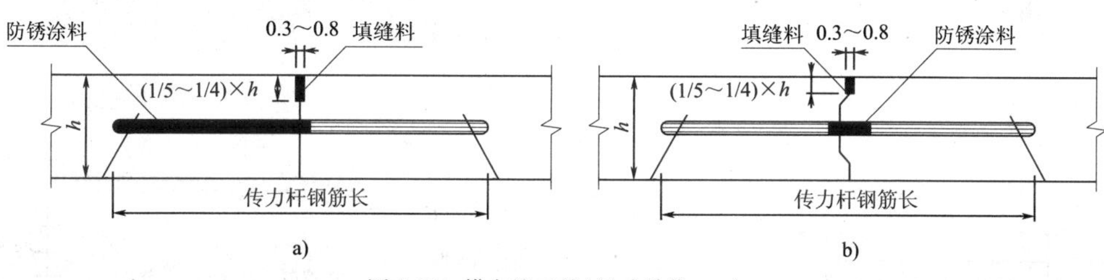

图 3-12　横向施工缝（尺寸单位：cm）

a）平缝型；b）企口型

纵向施工缝如图 3-13 所示。

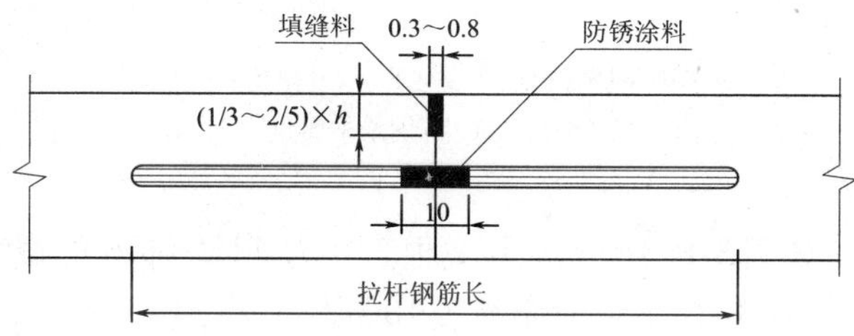

图 3-13　纵向施工缝（尺寸单位：cm）

4. 普通混凝土路面钢筋

普通混凝土路面除在接缝区和边缘或角隅配置钢筋，有构造物横向穿越路基的面板钢筋网加强，其他位置一般不配置钢筋。

（1）接缝钢筋

接缝钢筋包括胀缝、横向缩缝、横向施工缝的传力杆钢筋，纵向缩缝、纵向施工缝的拉杆钢筋。接缝钢筋布置如图 3-14 所示。

（2）板边补强钢筋

混凝土路面板边、板角是薄弱部位，在车辆荷载反复作用下容易损坏，应对其进行补强。板边补强钢筋通常选用 2 根直径为 Φ12 ~ Φ16 的带肋钢筋，布置在板的下部距板底约 1/4 板厚处，距边缘 10cm，钢筋保护层的最小厚度不小于 5cm。为加强锚固能力，钢筋在两端向上弯起。纵向边缘钢筋一般分块板布置，有时亦将其穿过缩缝，但不得穿过胀缝。板边补强钢筋布置如图 3-15 所示。

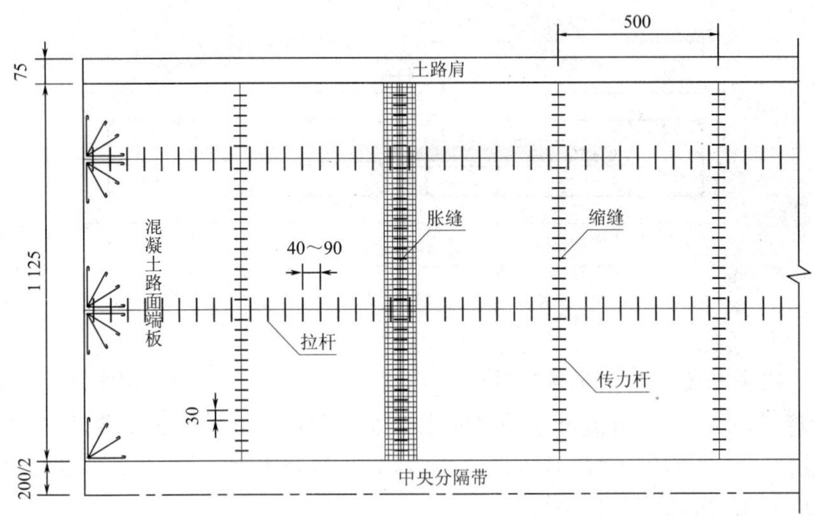

图 3-14　接缝布置（尺寸单位：cm）

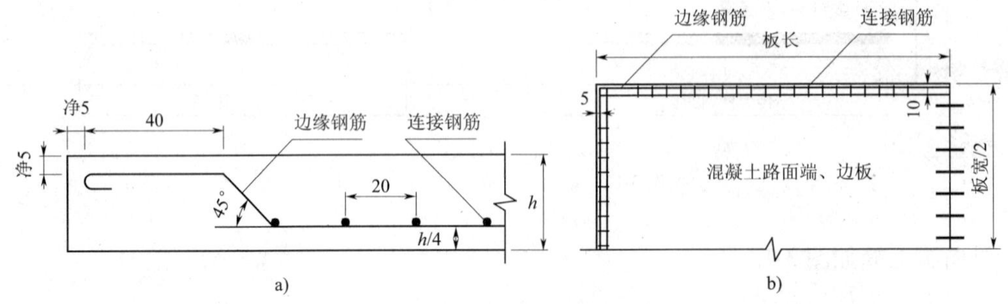

图 3-15　板边补强钢筋（尺寸单位：cm）
a）构造断面；b）钢筋平面布置

（3）板角补强钢筋

直角补强钢筋布置如图 3-16 所示，采用 2 根直径为 ϕ12 ~ ϕ16 的螺纹钢筋制作成发针形，布置在板的上部，距面板顶不小于 5cm，距板边 10cm。

锐角补强可采用如图 3-16b）或图 3-16c）所示的布置形式；锐角双层钢筋网上下两片分别布置在距面板顶、底 5 ~ 7cm 位置。角度小于 50°的锐角板，则应按钢筋混凝土板设计。面板成钝角的情况，应采用三角栅钢筋补强，布置于板的下部，钢筋保护层的最小厚度不小于 5cm，如图 3-16d）所示。

（4）桥梁过渡板

如图 3-17 所示，混凝土路面与桥梁相接，应在桥头设置钢筋混凝土路面。当桥头设有搭板时，钢筋混凝土过渡板为 6 ~ 10m；与搭板间的横缝连接采用拉杆平缝形式，与混凝土面层间的横缝连接采用胀缝形式（膨胀量大时，应连续设置 2 ~ 3 道胀缝）。未设搭板时，设钢筋混凝土过渡板 10 ~ 15m。

（5）构造物顶面板补强钢筋网

①混凝土面层下有圆形管状构造物，路面板底面至构造物顶面的距离小于 120cm 时，在

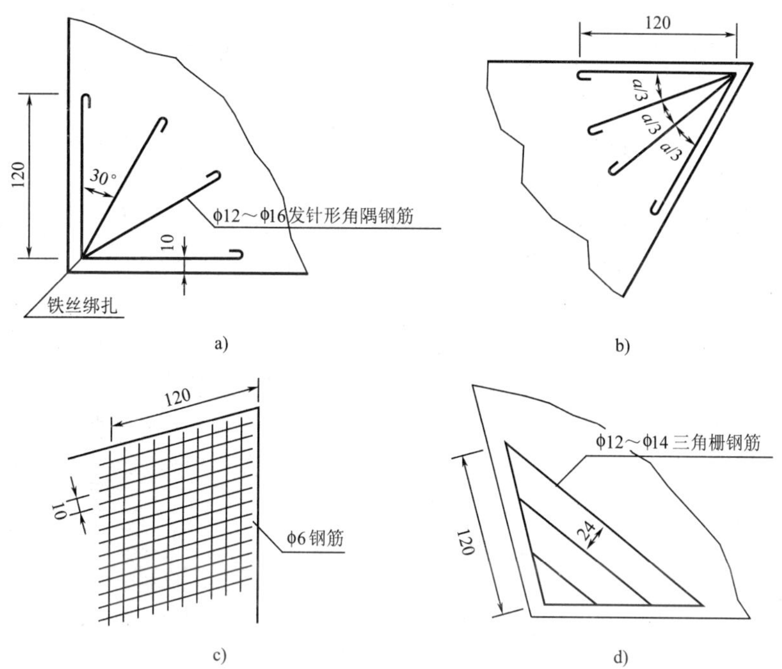

图 3-16　板角补强钢筋(尺寸单位:cm)

a)直角钢筋;b)锐角钢筋;c)锐角双层钢筋网;d)钝角钢筋栅

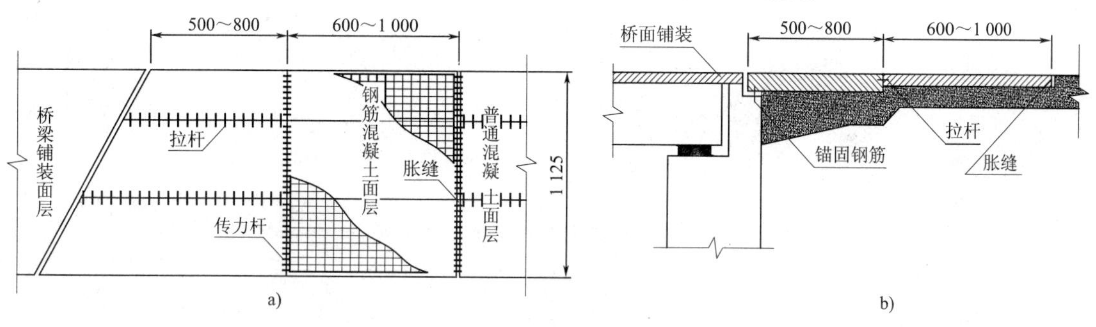

图 3-17　混凝土路面板与桥梁连接(尺寸单位:cm)

a)平面;b)立面

构造物顶宽及两侧($H+1$)m 且不小于4m 的范围内,混凝土面层内应布设单层钢筋网,钢筋网设在距面板1/4～1/3 厚度处,如图3-18 所示。钢筋直径12mm,纵向钢筋间距100mm,横向钢筋间距200mm。配筋混凝土面层与相邻混凝土面层之间设置传力杆缩缝。对应圆形构造物顶中位置设一处无传力杆缩缝。

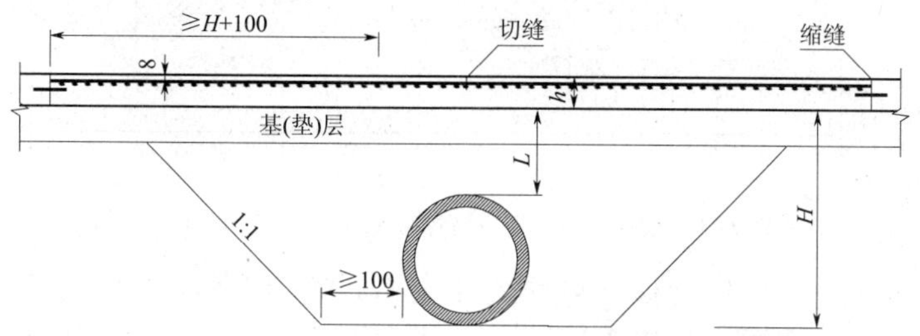

图 3-18　混凝土路面跨圆形构造物钢筋补强图($L<1.2$m)(尺寸单位:cm)

在路面板底面至构造物顶面的距离超过120cm时，其上方的路面为普通混凝土类型。

②混凝土面层下有箱形构造物，路面板底面至构造物顶面的距离不足400mm或已嵌入路面基层时，在构造物顶宽及两侧（$H+1$）m且不小于4m的范围内，混凝土面层内应布设双层钢筋网，上下层钢筋网各距面层顶面和底面1/4～1/3厚度处，如图3-19b）所示。构造物顶面至路面板底面的距离在400～1200mm时，则在上述长度范围内的混凝土面层中应布设单层钢筋网。钢筋网设在距顶面1/4～1/3厚度处，如图3-19a）所示。钢筋尺寸和间距及传力杆接缝设置同圆管涵上补强。对应箱形构造物顶宽位置设两处无传力杆缩缝。

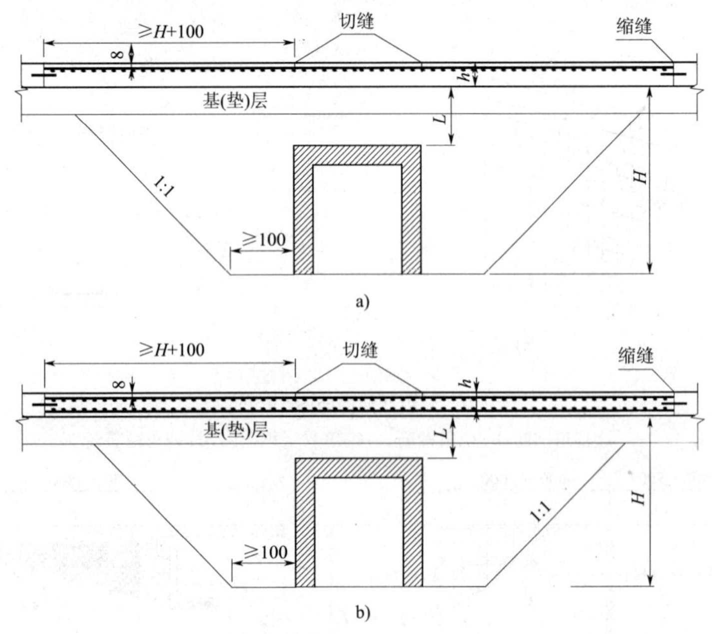

图3-19 混凝土路面跨箱形构造物钢筋补强图（尺寸单位：cm）

a）$0.4\text{m}<L\leqslant1.2\text{m}$；b）$L\leqslant0.4\text{m}$

（6）路面接头过渡板

混凝土路面与沥青路面相接时，其间应设置至少3m长的过渡段，如图3-20所示。

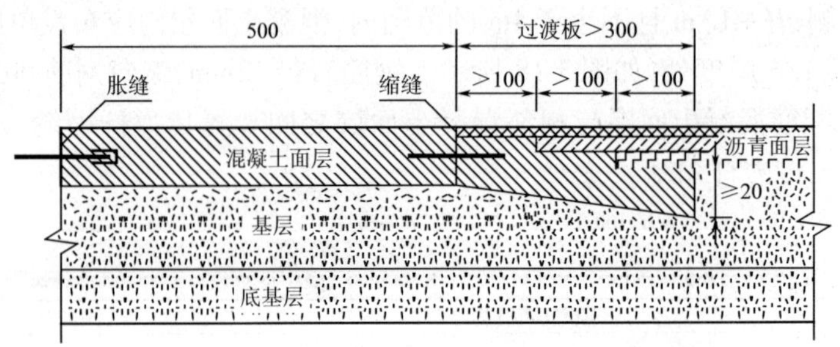

图3-20 混凝土路面板与沥青路面连接（尺寸单位：cm）

普通混凝土路面钢筋纵向与横向钢筋直径应相同或相近，直径差不应大于4mm，纵横向钢筋最小直径和最大间距要求见表3-15所列。纵向钢筋设在面层顶面以下1/3～1/2厚度范围内，横向钢筋位于纵向钢筋之下；纵向钢筋的搭接长度一般不小于35倍钢筋直径，边缘钢筋至纵缝或自由边的距离一般为 100 ~ 150mm。

钢筋最小直径和最大间距 表 3-15

钢 筋 类 型	最 小 直 径 (mm)	最 大 间 距(cm)	
		纵向	横向
光面钢筋	8	15	30
螺纹钢筋	12	35	75

5. 连续配筋混凝土路面

连续配筋混凝土路面(简称 CRCP)是在混凝土面层纵向配有足够数量的钢筋,以控制混凝土路面板纵向收缩产生裂缝的结构形式。连续配筋混凝土路面不需设胀、缩缝(施工缝除外),其耐久性、整体性好,改善了行车舒适性,养护工作量小。

连续配筋混凝土路面与其他路面或桥涵等构造物连接处,应设置锚固结构进行端部处理,设置端部锚固结构是为了约束连续配筋混凝土面层的膨胀位移,如图 3-21 所示。

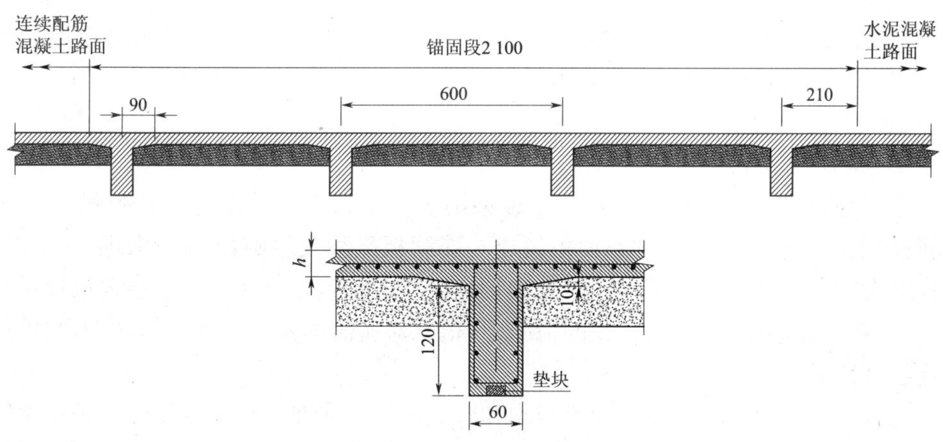

图 3-21 连续钢筋混凝土路面与地梁锚固结构(尺寸单位:cm)

连续配筋混凝土面层的纵向和横向钢筋均应采用螺纹钢筋,其直径为 12 ~ 20mm。

纵向钢筋设在面层表面下 1/3 ~ 1/2 厚度范围内,横向钢筋位于纵向钢筋之下;纵向钢筋的间距不大于 250mm,不小于 100mm 或集料最大粒径的 2. 5 倍;横向钢筋的间距不大于 800mm;纵向钢筋焊接长度一般不小于 10 倍(单面焊)或 5 倍(双面焊)钢筋直径,焊接位置应错开,各焊接端连线与纵向钢筋的夹角应小于 60°;边缘钢筋与纵缝或自由边的距离为 10 ~ 15cm。

6. 钢纤维混凝土路面

钢纤维混凝土路面是在普通混凝土中掺入高性能的短钢纤维,该形式能用以制作无接缝连续路面。在受力过程中,钢纤维发挥抗拉强度作用,而混凝土发挥抗压强度作用,从而提高了混凝土面板各项技术性能,具有优良的抗拉、抗弯、抗疲劳以及韧性好等特性,能缩短施工周期,减薄路面厚度节约材料。

钢纤维混凝土路面可直接铺筑在基层之上的单层钢纤维混凝土以及在素混凝土路面之上(或之下)铺筑钢纤维混凝土薄层,形成双层式混凝土路面。前者一般用作新建路面,特别适合某些高程受限制的工程;后者可为旧路加铺层。

钢纤维混凝土面层的厚度按钢纤维掺量确定，钢纤维体积率为0.6% ~1.0%时，其厚度为普通混凝土面层厚度的0.65 ~0.75倍。特重或重交通时，其最小厚度为16cm；中等或轻交通时，其最小厚度为14cm。钢纤维混凝土面层厚度为14 ~20cm，多采用摊铺机施工。

7. *碾压混凝土路面*

碾压混凝土路面是指用坍落度为零的超干硬性水泥混凝土，采用摊铺机摊铺，振动压路机压实成型的路面。具有施工机械通用性好、施工速度快、早期强度高、节约水泥、接缝少等优点。根据其材料和工艺特点，碾压混凝土路面施工的技术难点是如何实现压实度与平整度的协调统一。

碾压混凝土用于修筑路面主要有两种形式，即直接铺筑在基层之上的全厚式碾压混凝土面层，或底面层采用碾压混凝土，表面层采用沥青混凝土或普通混凝土的复合式路面。前者只适用于二级及以下公路的路面或服务区停车场，后者适用于改善和提高路面表面性能（如平整度、耐磨性等），可应用到高等级公路。

8. *混凝土预制块路面*

混凝土预制块路面是采用工厂化预制的高强水泥混凝土预制块，紧密排列的路面面层。混凝土预制块路面适用于服务区停车场、二级及以下公路的桥头引道沉降未稳定段。预制块的长度为20 ~25cm，宽度为10 ~12cm，长宽比通常为2∶1。预制块厚度为10 ~12cm。预制块下设稳平层厚度为3 ~5cm。

9. *预应力混凝土路面*

预应力混凝土路面分为单独板和连续板型两类。单独板是指配置一定数量的预应力钢筋，由间隔较长的膨胀缝相隔离的路面板组成。连续板又称无缝路面，因无膨胀缝而得名，按照施加预应力的方法又可分为千斤顶加力和自加应力两种施工方法。由于连续板较长不能自由膨胀，应力在外界温度、湿度变化大的情况下，很难对所需的预应力进行估计，因此单独板路面优于连续板路面。

预应力混凝土路面提供了很高的承载力和较高的抗变形能力，其路面板厚度可为传统混凝土路面板厚的40% ~60%，钢筋含量约为2.71kg/m^2，少于连续配筋路面，养护需求较少，整个使用寿命周期内较经济。但对横向接缝的设计要求严格；施工工艺较复杂，难以实现机械化施工，初期投入较大。

三、水泥混凝土路面施工

水泥混凝土路面施工工艺流程如图3-22所示。

1. *水泥混混凝土拌和*

水泥混凝土路面拌和、运输，应按照《公路水泥混凝土路面施工技术规范》（JTG F30—2003）的有关规定办理。拌和前应对进场的材料进行检验；搅拌楼的配备应优先选配间歇式搅拌楼，也可使用连续式搅拌楼。对每台搅拌楼在投入生产前进行标定和试拌。拌和中控制拌和物温度在10 ~35℃范围。并应测定原材料温度、拌和物的温度、坍落度损失率和凝结时间。

应根据施工进度、运量、运距及路况，选配车型和略有富余的车辆总数，确保新拌混凝土在规定时间内运到摊铺现场。不同摊铺工艺的混凝土拌和物从搅拌机出料到运输、铺筑完毕的允许最长时间应符合表3-16所列的规定。不满足时应通过试验，加大缓凝剂或保塑剂的剂量。

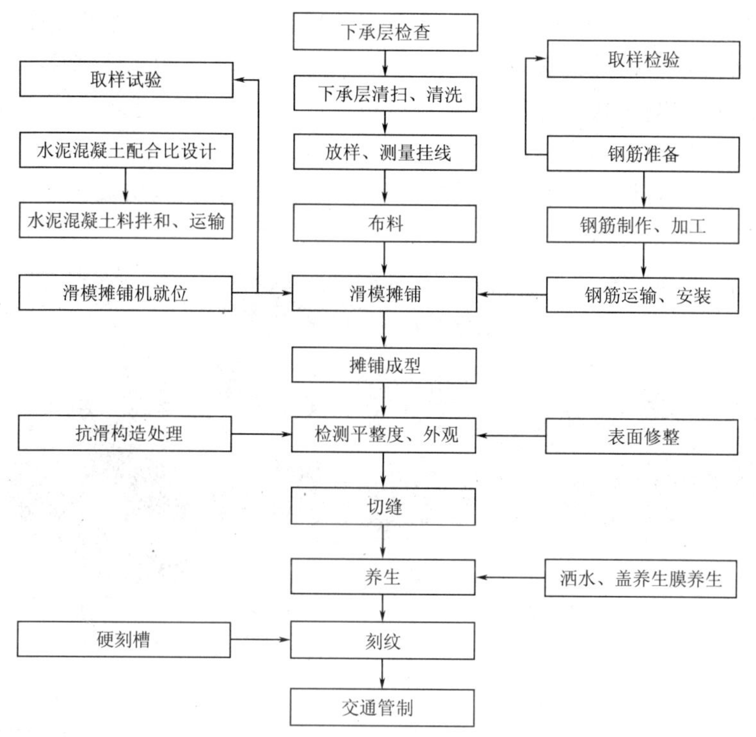

图 3-22 水泥混凝土路面施工工艺流程

混凝土拌和物运输、铺筑完毕允许最长时间 表 3-16

施工气温(℃)	运输允许最长时间(h)		铺筑完毕允许最长时间(h)	
	滑模、轨道	三轴、小机具	滑模、轨道	三轴、小机具
5~9	2.0	1.5	2.5	2.0
10~19	1.5	1.0	2.0	1.5
20~29	1.0	0.75	1.5	1.25
30~35	0.75	0.50	1.25	1.0

注:施工气温指施工时间的日间平均气温,使用缓凝剂延长凝结时间后,本表数值可增加0.25~0.5h。

水泥混凝土拌和工艺流程为:材料准备→上料和配料(水泥、砂、碎石、水、外加剂)→拌和(抽样检验)→运送混凝土混合料。

拌和工艺上料机具主要有拌和站自带上料斗、皮带运输机、双轮小推车;拌和机具主要有拌和楼、移动式拌和站、强制式拌和机等;混合料运输机具主要有自卸汽车、搅拌运输车、1t 翻斗车等。

2. 水泥混合料摊铺

水泥混凝土路面摊铺方法分为人工、三轴仪和滑模摊铺机摊铺法。

高速公路、一级公路宜选配能一次摊铺 2~3 个车道宽度(7.5~12.5m)的滑模摊铺机;二级以下公路最小摊铺宽度不得小于单车道设计宽度。滑模摊铺混凝土路面前,所有施工设备和机具应全部就位,并处于良好状态;下承层(包括履带行走部位)应清扫干净,摊铺面板位置应洒水湿润,并完成基线测量与设置等工作。

滑模摊铺过程中应时刻注意布料的正常位置,确保卸料、布料与摊铺速度相协调;当坍落度在 10 ~ 50mm 时,布料松铺系数宜控制在 1.08 ~ 1.15 之间;应采用自动抹平板装置进行抹面;对少量局部麻面和明显缺料部位,应在挤压板后或搓平梁前补充适量拌和物,由搓平梁或抹平板机械修整;只允许人工进行局部修整。

常用的混合料摊铺机具有滑模摊铺机、轨模摊铺机、平地机、振动梁、振捣器、平板压槽器、切缝机等,滑模摊铺机现场施工如图 3-23 所示。

图 3-23 滑模摊铺机现场施工

养生机具主要有空气压缩机、灌缝机、溶灌喷枪、洒水车、草袋或麻片。

3. 钢筋施工

摊铺有传力杆、拉杆或布设钢筋的混凝土时,应按所配传力杆、拉杆、角隅钢筋和钢筋网的设计位置进行安放,即先摊铺钢筋下半部混合料,待钢筋安装就位后再摊铺上半部混合料。

4. 切缝

水泥混凝土结硬后应适时切缝。切缝时间应控制在混凝土获得足够的强度,而收缩应力并未超过其强度范围时,以防切缝不整齐或出现早期裂缝。一般切缝时间以施工温度与施工后时间乘积为 200 ~ 300 温度小时或混凝土的抗压强度为 8 ~ 10MPa 时比较合适。切缝方法以调深调速的切缝机锯切效果较好。为了减少早期裂缝,横向切缝可采用“跳仓法”切缝。横向切缝深度为板厚的 1/5 ~ 1/4,纵向切缝深度为板厚的 1/3 ~ 2/5,切缝太浅会引起不规则断板。

5. 填缝

填缝料分为加热施工填缝料和常温式填缝料。加热式填缝料有聚氯乙烯胶泥、橡胶沥青类等,要求采用双层加热锅均匀加热,双层锅中间用石蜡或耐高温机油作介质;聚氯乙烯胶泥的灌入温度为 136 ~ 140℃,橡胶沥青为 100 ~ 170℃。常温式填缝料主要有聚氨酯焦油类、聚氨酯类和聚氨酯沥青等。

混凝土面板所有接缝都应按图纸规定用填缝料填缝,并在混凝土养生期满后及时填缝,填缝前必须保持缝内干燥清洁,防止砂石等杂物掉入缝内。填缝可使用填缝机或填缝枪,填缝深度一般为 25 ~ 30mm,切割过深的接缝可用泡沫塑料背衬或油麻绳铺垫缝底。

第七节　沥青路面结构与施工

沥青路面是柔性路面结构。与水泥混凝土路面相比，沥青路面表面平整无接缝，行车振动小，噪声低，养护简便，施工进度快，是常用的公路路面结构形式。

一、沥青路面面层分类

1. 按矿料级配原理分类

按矿料级配组成及空隙率大小，可将沥青混合料分为连续级配、密级配（空隙率3%～6%）、半开级配（空隙率6%～12%）、开级配（空隙率＞18%）、单粒级配混合料。沥青混合料是各种级配矿料与沥青结合料拌和而成的总称。

沥青混合料分类如图3-24所示。

沥青混合料
- 密级配
  - 连续级配
    - 沥青混凝土路面
    - 沥青稳定碎石（作基层）
  - 间断级配—沥青玛蹄脂路面（SMA）
- 开级配—间断级配
  - 排水式沥青磨耗层
  - 排水式沥青碎石（作基层）
- 半开级配—沥青碎石路面
- 单粒径
  - 沥青贯入路面
  - 沥青表面处治路面

图3-24　矿料、沥青混合料分类

2. 按施工方法分类

按施工方法分热拌沥青混合料、冷拌沥青混合料、沥青贯入式、沥青表面处治4种类型。

（1）热拌沥青混合料路面

热拌沥青混合料（HMA）路面是指将一定配比的矿料与沥青结合料分别加热至规定温度，然后拌和，在高温状态下进行摊铺，经压实后的沥青混合料面层。热拌沥青混合料宜采用道路石油沥青、改性沥青与单粒径、级配混合料拌制，适用于各等级公路的沥青路面。

热拌沥青混合料必须在沥青拌和厂（场、站）采用拌和机械拌制，并用摊铺机摊铺。

（2）冷拌沥青混合料路面

冷拌沥青混合料（CMA）路面是指将一定配比的矿料与液体沥青结合料在常温下进行拌和、摊铺，经压实后的沥青混合料面层。冷拌沥青混合料宜采用乳化沥青、液体沥青或改性乳化沥青与密级配混合矿料拌制；适用于新建三级及以下公路路面、二级公路路面的罩面，及各等级公路沥青路面的基层、联结层和整平层，也可用于沥青路面坑槽的冷补。

冷拌沥青混合料宜采用拌和厂机械拌和、摊铺机摊铺方式，缺乏拌和条件时也可采用现场拌和、人工摊铺方式。

（3）沥青贯入式路面

沥青贯入式路面是先铺撒碎石集料层，待基本压实后灌注沥青结合料，再撒嵌缝集料碾压而成的面层。适用于三级及三级以下公路，厚度为4～8cm。

（4）沥青表面处治路面

用单粒径集料和沥青结合的沥青混合料，按层铺法或拌和法铺筑而成，面层厚度不超过3cm。适用于三级及三级以下公路。

3. 按矿料粒径分类

按矿料颗粒粒径分类的沥青混合料面层有特粗式、粗粒式、中粒式、细粒式、砂粒式，其作用分别为承重层、联结层、磨耗层。面层分类与粒径关系见表3-17所列。

矿料最大粒径 表3-17

沥青混合料	特粗式层	粗粒式层		中粒式层		细粒式层		砂粒式层
最大粒径(mm)	37.5	31.5	26.5	19.0	16.0	13.2	9.5	4.75

二、沥青路面结构

沥青路面结构一般由垫层、底基层、下基层、上基层和面层组成，面层又分为单层、两层和三层结构形式。三层结构如图3-25所示。

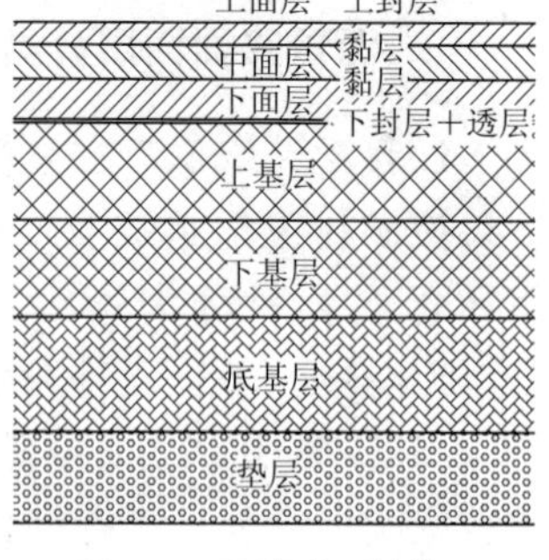

图3-25 沥青路面结构

三层面层结构路面主要是指采用承重层、联结层、磨耗层三层，即采用下面层、中面层、上面层三层的沥青混合料结构。三层结构型有沥青混凝土、沥青玛蹄脂等路面类型，适用于高速、一级公路。

两层结构型路面主要是指采用承重层、磨耗层两层结构，即采用下面层、上面层两层的沥青混合料结构；两层结构型有沥青碎石、沥青混凝土等路面类型，适用于二、三级公路、高速公路的匝道。

单层结构型路面主要是指采用磨耗层单层结构，即采用一层沥青混合料的结构；单层结构型有沥青表面处治路面、沥青贯入式路面，适用于三级、四级公路。

1. 沥青混凝土路面

沥青混凝土(AC)是采用密级配(又可分粗密级配－C和细密级配－F)及连续级配矿料与沥青、矿粉结合料拌制成(粗粒、中粒、细粒和砂粒四种类型)沥青混凝土混合料。其孔隙率为3%～5%，可组合成三层、两层路面面层结构，各种类型见表3-18所列。

沥青混凝土路面类型 表3-18

沥青混凝土类型	粗粒式	中粒式		细粒式		砂粒式
型号	AC－25	AC－20	AC－16	AC－13	AC－10	AC－5
	AC－25C	AC－20C	AC－16C	AC－13C	AC－10C	—
	AC－25F	AC－20F	AC－16F	AC－13F	AC－10F	—

注："AC－25"表示粗粒式沥青混凝土，矿料级配的最大粒径为25mm。

沥青混凝土的特点有较高的黏结力，水稳性好，耐久性高，有较高的强度和抵抗自然因素的能力，可以承受比较繁重的车辆交通，使用年限达15～20年以上。沥青混凝土路面的缺点是(指半刚性基层的沥青路面)易产生规则横向裂缝(反射裂缝)，因而要求基层坚实，具有高温稳定性与低温稳定性。

与水泥混凝土路面及过去的沥青混凝土路面相比，现代的沥青混凝土路面开始采用较厚的面层结构组合和强度较高的材料，加强了路面基层，组合成为70～80cm厚的路面结构，大大提高了沥青混凝土路面的整体强度和延长使用寿命，充分发挥了优于水泥混凝土路面的功能作用。

2. 沥青碎石路面

沥青碎石路面(AM)是采用级配型矿料与沥青结合拌制成(特粗粒、粗粒、中粒和细粒4种类型)的沥青碎石混合料，组合成面层与基层两层结构。沥青碎石的特点是：粗料用量多，细料用量很少，其承重强度高，热稳定性好。其类型和作用见表3-19所列。

沥青碎石类型 表3-19

<table>
<tr><th>沥青碎石类型</th><th>型　号</th><th>矿　料</th><th>作　用</th></tr>
<tr><td rowspan="2">中粒式层</td><td>AM－20</td><td rowspan="4">半开级配，孔隙率6%～12%</td><td rowspan="4">沥青碎石面层</td></tr>
<tr><td>AM－16</td></tr>
<tr><td rowspan="2">细粒式层</td><td>AM－13</td></tr>
<tr><td>AM－10</td></tr>
<tr><td rowspan="2">特粗粒式层</td><td>ATB－40</td><td rowspan="3">密级配及连续级配，孔隙率3%～6%</td><td rowspan="3">沥青稳定碎石基层</td></tr>
<tr><td>ATB－30</td></tr>
<tr><td>粗粒式层</td><td>ATB－25</td></tr>
<tr><td rowspan="2">特粗粒式层</td><td>ATPB－40</td><td rowspan="3">开级配及间断级配，孔隙率>18%</td><td rowspan="3">排水式沥青碎石基层</td></tr>
<tr><td>ATPB－30</td></tr>
<tr><td>粗粒式层</td><td>ATPB－25</td></tr>
</table>

热拌沥青碎石路面坚实、平整，高温稳定性好，路面不易产生波浪，冬季不易产生冻缩裂缝，行车荷载作用下裂缝少，路面较易保持粗糙，有利于高速行车；对石料级配和沥青规格要求较宽，沥青用量少，不用矿粉或矿粉用量较少，技术经济指标适中。但热拌沥青碎石只适宜用于一般公路；可用作高速、一级公路沥青混凝土面层的下层、联结层或整平层。

冷拌沥青碎石路面宜采用密级配矿料，在其上应铺筑上封层。

3. 沥青玛蹄脂碎石路面

沥青玛蹄脂碎石（SMA）是由沥青结合料与少量的纤维稳定剂、细集料以及较多量的矿粉组成的沥青玛蹄脂，填充于间断级配的粗集料骨架的间隙中，组成沥青玛蹄脂碎石混合料。沥青玛蹄脂碎石路面类型见表3-20所列。

沥青玛蹄脂碎石路面类型 表3-20

<table>
<tr><th>沥青碎石类型</th><th>型　号</th><th>矿　料</th><th>作用</th></tr>
<tr><td rowspan="2">中粒式层</td><td>SMA－20</td><td rowspan="4">连续级配及间断级配，孔隙率3%～4%</td><td rowspan="4">沥青玛蹄脂碎石表面层</td></tr>
<tr><td>SMA－16</td></tr>
<tr><td rowspan="2">细粒式层</td><td>SMA－13</td></tr>
<tr><td>SMA －10</td></tr>
</table>

SMA构成特性，俗称“三多一少”。“三多”为沥青用量多达6%左右，矿粉用量多达8%～12%，4.75mm以上粗集料用量高达70%～80%；“一少”则是4.75mm以下细集料用量少。

SMA与传统的沥青混合料相比，具有更好的耐久性、抗高温稳定性、抗低温开裂性，以及增加表面层的粗糙度，提高沥青路面的抗滑性能，又具有较好的表面层排水作用，可延长沥青路面的使用寿命。

用于SMA的沥青表现出具有较高的高温稳定性，完全靠含量较多的粗集料相互靠拢嵌挤作用。粗集料嵌挤作用的好与坏，取决于粗集料的石质。因此宜使用坚韧、粗糙、有棱角、高压碎值和洛杉矶磨耗值比较小的碎石，如玄武岩做成的粗集料。

4. 沥青贯入式路面

沥青贯入式路面的强度与稳定性主要由石料相互嵌挤作用构成。贯入式路面需要2~3周的成型期，在行车碾压与重力作用下，沥青逐渐下渗包裹石料，填充空隙，形成整体的稳定结构层。沥青贯入式路面适用于三级、四级公路，也可作为沥青混凝土面层的联结层或基层。

沥青贯入式路面使用的矿料颗粒较大，强度和热稳性较好。但其空隙率较大，约8%~12%，容易透水，因此需要在表面撒布封层料或加铺拌和层，拌和层应为细粒沥青混凝土或砂粒沥青混凝土等。沥青贯入式路面的厚度宜为4~8cm，乳化沥青贯入式路面的厚度不宜超过5cm，上铺沥青混合料拌和层的厚度不应小于1.5cm。

沥青灌入深度为4cm时称为浅层贯入，灌入深度6~8cm时称为深层贯入。沥青贯入式路面材料用量见表3-21所列、沥青上拌下贯路面材料用量见表3-22所列。

沥青贯入式路面材料用量 表3-21

沥青结合料	石油沥青					乳化沥青	
厚度(cm)	4	5	6	7	8	4	5
集料($m^3/1000m^2$)	70.4~81.8	84.4~96	101.8~118.4	119.7~136.3	138~149.2	74~85.8	92.7~107.7
石油沥青(kg/m^2)	4.4~5.1	5.2~5.8	5.8~6.4	6.7~7.3	7.6~8.2	6.0~6.8	7.4~8.5

沥青上拌下贯路面材料用量 表3-22

沥青结合料	石油沥青				乳化沥青	
厚度(cm)	4	5	6	7	5	6
集料($m^3/1000m^2$)	65.4~73.9	82.2~91.6	93.8~108.2	112.5~126.1	83.7~94.3	100.6~116.4
石油沥青(kg/m^2)	3.4~3.9	4.2~4.6	4.8~5.2	5.7~6.1	5.9~6.2	6.7~7.2

5. 沥青表面处治路面

沥青表面处治的厚度不超过3cm，一般用于三级、四级公路磨耗层，能有效防止地表水下渗，提高路面平整度，改善行车条件。沥青表面处治可用作各种封层，也可用作水泥混凝土路面上应力缓冲层、各种防水层和密水层、预防性养护罩面层，设计时不计入强度。

沥青表面处治的沥青结合料可采用道路石油沥青、乳化沥青、煤沥青，集料最大粒径应与处治层的厚度相等。沥青表处材料用量见表3-23所列。

沥青表处材料规格和用量 表3-23

沥青类型	类型	型号	厚度(cm)	材料用量	
				集料($m^3/1000m^2$)	沥青结合料(kg/m^2)
石油沥青	单层	S12	1.0	7~9	1.0~1.2
	双层	S10、S12	1.5	19~22	2.4~2.8
	三层	S8、S12、S12	2.5	37~42	3.8~4.4
乳化沥青	单层	S14	0.5	7~9	0.9~1.0
	双层	S12、S14	1.0	13~17	2.8~3.2
	三层	S6、S10、S12	3.0	33~39	4.8~5.4

注：①煤沥青表面处治的沥青用量可比石油沥青用量增加15%~20%；

②在高寒地区及干旱风沙大的地区，可超出高限5%~10%。

在清扫干净的碎(砾)石路面上铺筑沥青表面处治时，应喷洒透层油。在旧沥青路面、水泥混凝土路面、块石路面上铺筑沥青表面处治路面时，可在第一层沥青用量中增加10%～20%，不再洒透层油或黏层油。

三、沥青路面施工

1.沥青表面处治施工

沥青表面处治施工方法分为拌和法与层铺法两种，常用层铺方法。沥青表面处治层铺法按施工工序的不同，可分为先油后料法和先料后油法两种施工方法，一般多用先油后料法。路面厚度为2.5cm或3.0cm，沥青或乳液用量分别为3.8～4.4kg/m^2 和4.0～4.6kg/m^2。

三层式沥青表处施工流程为：清扫底层→透层＋封层施工→洒第一层沥青→撒第一层集料→碾压→洒第二层沥青→撒第二层集料→碾压→洒第三层沥青→撒第三层集料→碾压→初期养护成形。

碾压结束后即可开放交通，并进行初期养护。即指挥交通或设置路标控制行车路线与速度(一般为20～30km/h)，尽量使路面全宽范围得以均匀碾压2～3周。

三层式沥青表处路面施工机具主要有：洒油车、碎石撒布车、6～8t及8～10t压路机(第一、二、三层)碾压、16t轮胎压路机和12t三轮压路机(第二、三层)碾压。

2.沥青贯入式路面施工

沥青贯入式路面是用不同粒径的碎石或砾石分层铺筑，粒径尺寸自下而上逐层减小，并分层贯入沥青，经碾压密实而构成的沥青碎石(砾石)路面。

(1)贯入式路面施工

贯入式施工分为浅贯入和深贯入两种，其施工方法基本相同。

施工工艺流程为：清扫基层→洒透层油(或黏层油)→摊铺主层集料→碾压(如需洒水时应先洒水)→洒第一遍沥青→撒第一遍嵌缝料→碾压→洒第二遍沥青→撒第二遍嵌缝料→碾压→洒第三遍沥青→撒第三遍嵌缝料→撒封层料→碾压→初期养护。

施工机具：沥青洒布车、压路机同沥青表面处治，主层碎石摊铺采用平地机和运料翻斗车以保证主层料的运输与摊铺；嵌缝料撒布可采用撒布机，也可采用手推车双轮车或1t翻斗车及方锹、竹扫帚等机具。

(2)上拌下贯式沥青路面

当表面为加铺热拌沥青层时，在撒完第二次嵌缝料碾压完成后就可加铺热拌沥青混合料层成为上拌下贯式沥青路面，热拌混合料方法同热拌沥青混凝土施工方法。施工机具与贯入式路面施工机具基本相同。

3.沥青混凝土路面施工

沥青混凝土路面施工工艺如图3-26所示。

热拌沥青混凝土路面施工，温度控制是关键，应根据使用沥青的类型、标号和施工现场气温情况，控制好各施工阶段混合料的温度。参照《公路沥青路面施工技术规范》(JTG F40—2004)的规定执行。

(1)混合料拌和与运输

混合料拌和工艺流程为：材料及设备准备→沥青脱水熬制→上料和配料(砂、碎石、矿粉等)→拌和(抽样检验)→运送沥青混合料。

①混合料拌和必须在合格的拌和厂进行，粗细集料应分类堆放和供料；拌和时，每种规格

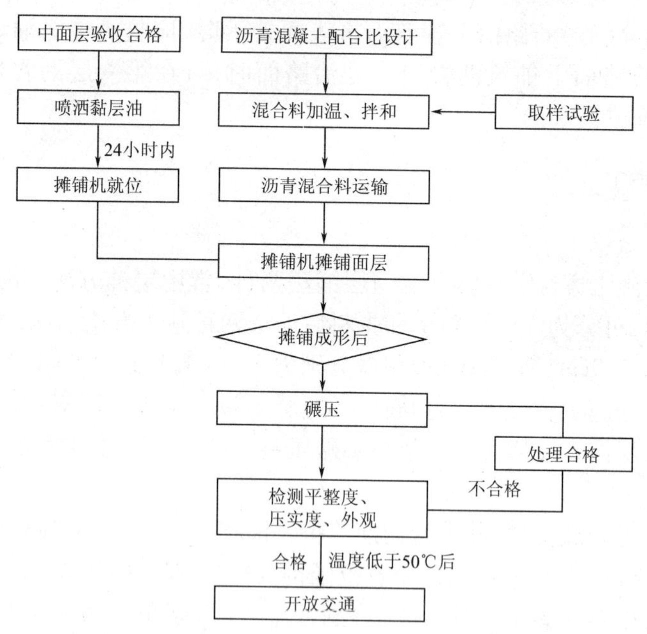

图 3-26　沥青混凝土路面施工工艺

的集料、矿粉和沥青都必须按批准的生产配合比准确计量；沥青的加热温度、矿料温度、沥青混合料的出厂温度，保证运到施工现场的温度均应符合《公路沥青路面施工技术规范》（JTG F40—2004）的要求。所有过度加热（沥青混合料出厂温度超过正常温度高限的 30℃）的沥青混合料应予废弃；混合料必须均匀一致，无花白、无粗细料离析和结团现象。间歇式热拌沥青厂如图 3-27 所示。

图 3-27　间歇式热拌沥青厂

②沥青混合料的运送中应注意:已经离析或结成团块或在运料车辆卸料时滞留于车上的混合料,以及低于规定铺筑温度或被雨淋湿的混合料都应废弃;运至铺筑现场的混合料,应在当天或当班完成压实。

③常用拌和及运输机具有:160t/h(或200t/h)拌和站、30~50t储油罐、2t锅炉(导热油)、3~5t沥青加热锅、25t沥青油罐车、8~15t矿粉罐车、30~50t地中衡、2~3m^3装载机、135kW推土机、10~15t自卸汽车等。

(2)混合料摊铺

沥青混凝土摊铺工艺流程为:清扫干净基层→喷洒透(或黏)层油→沥青混合料摊铺→碾压→质量检测→开放交通。第二层、第三层沥青混凝土摊铺,从喷洒透(或黏)层油开始,重复以上流程直至各层摊铺结束。

通常应采用两台或两台以上摊铺机组成梯队联合摊铺,两台摊铺机前后的距离为10~20m,前后两摊铺机轨道重叠30~60mm;摊铺温度应符合施工技术规范的要求;摊铺机应以均匀的速度行驶,其摊铺速度根据拌和能力、摊铺厚度、宽度及连续摊铺的长度而定。

沥青混合料摊铺时应调整好摊铺机熨平板的激振强度保持各熨平板激振力一致,避免粗细料分布不均,摊铺初压实度应大于85%。对于铺面上出现的洞眼,应在碾压前用人工及时填补热沥青混合料。

在摊铺沥青混合料过程应随时检查其宽度、厚度、平整度、路拱及温度,对不合格之处应及时进行调整。沥青混合料摊铺现场如图3-28所示。

图3-28　热拌沥青混合料路面摊铺

常用混合料摊铺机具有:摊铺机、3~5t沥青洒布机、压路机、切割机、洒水车、空气压缩机等。沥青混合料的松铺厚度因摊铺机械和混合料不同而变,必须从实际施工中测得。

(3)混合料压实

已摊铺的混合料应在合适的温度下尽快碾压,掌握初压、复压、终压三个阶段,碾压速度、温度应符合《公路沥青路面施工技术规范》(JTG F40—2004表5.7.4、表5.2.2)的要求,并根据混合料种类、压路机、气温、层厚等情况经试压确定。在不产生严重推移和裂缝的前提下,初压、复压、终压都应在尽可能高的温度下进行。同时不得在低温状况下作反复碾压,以防石料棱角磨损、压碎、破坏集料嵌挤。

混合料压实度应大于试验室标准密实度的97%,并大于最大理论密实度的93%(空隙率4%~7%)。压路机不得在未碾压成形或未冷却的路段上转向、制动或停留。路面冷却后即可开放交通。高速公路双车道沥青路面的压路机数量不宜少于5台套,碾压现场如图3-29所示。

常采用的压实机具有:6~8t双轮钢筒式压路机(初压)、20~25t轮胎式压路机或6~14t振动式压路机(复压)、6~14t振动式压路机或6~8t双轮钢筒式压路机(终压)、1~2t手扶振动式压路机用于狭窄处碾压。

图 3-29 沥青混合料压实

(4)施工条件要求

沥青混合料摊铺应避免雨天进行,当路面滞水或潮湿时应暂停施工;高速公路和一级公路当施工气温低于10℃、其他等级公路施工气温低于5℃时,不得进行沥青面层施工;未经压实即遭雨淋的沥青混合料应全部清除,更换新料。

4. 沥青玛蹄脂路面施工

沥青玛蹄脂混合料(SMA)与普通沥青混合料相比,混合料拌和与压实工艺有所不同,其他施工工艺都与普通沥青混凝土施工大体相同。

(1)SMA 混合料拌和

SMA 混合料中矿粉和稳定剂是要求不加热的冷料,因此加入拌和后会降低混合料的温度;为保证出料温度满足 SMA 混合料摊铺要求,所以拌和温度要比普通沥青混合料高。SMA 是间断级配的沥青混合料。其特点是粗集料多、矿粉多、沥青多、细集料少,由于这三多一少,使拌和难度增大。

①集料及填料量比。SMA 混合料的粗集料含量在 70% 以上,矿粉含量在 10% 以上,细集料、石屑、砂的总含量在 15% 左右。SMA 混合料的矿料用量为普通沥青混合料的 2 倍。

②添加稳定剂。稳定剂的添加要求准量、准时将预先称好的木质素纤维与粗集料,同时投入拌缸,纤维在干燥粗集料干拌的冲击下打散并均匀的分布在干混合料中,再加入沥青湿拌。

③拌和时间。SMA 混合料的拌和时间是以混合料拌和均匀、纤维分布均匀、所有矿料均裹沥青结合料为准。

(2)SMA 混合料摊铺和碾压

只要拌制的 SMA 混合料合格,摊铺、碾压等工序就比较容易控制。由于 SMA 混合料的粗集料嵌挤良好,压实余量很小,松铺系数约为 1.05,可以使用重型压路机在高温下碾压。碾压工艺可采用"刚碾、高频、低幅、紧跟、慢压"的原则。

(3)沥青玛蹄脂路面施工缝处理

SMA 混合料一般用于表面层,宜采用全断面摊铺。由于 SMA 混合料拌和生产率较低,混合料拌和量跟不上摊铺速度,停机待料现象难以避免。遇到这种情况,要迅速抬起摊铺机熨平板,用切割机垂直切齐,并冲洗接缝处,涂刷黏层油,做成工作缝。切忌停机等料,待 SMA 混合料冷却结硬后将很难处理。

第八节　路面排水结构与施工

水是危害路面的主要因素。完善的路面排水工程,对保证公路的使用性能和使用寿命具有十分重要的作用。根据作用划分,路面排水设施主要有路表排水、中央分隔带排水和路面结构排水几个部分。

一、路表排水

路面和路肩上的表面水,主要是通过路面横坡、路肩沟和超高路段排水设施排除。

1. 横坡排水

行车道路面应设置双向或单向横坡,一般坡度为 1% ~2%;路肩铺面的横向坡度值,宜比行车道路面的横坡值大 1% ~2%;路面横坡、路肩横坡自然漫流排除路面水。

2. 路肩沟排水

在路基填方路段,由于高速、一级公路路面汇水面积大,为防止路面雨水冲刷边坡通常采用路肩沟或拦水带排水。路肩排水由路肩沟和路堤急流槽两部分组成,每隔 30 ~50m 设置一处路堤急流槽,路表水排至路堤以外。

路基填方路段的路肩排水的另一种形式是路肩拦水带,高度为 12cm,宽度 20 ~23cm,分别有预制混凝土块拦水带和沥青混凝土拦水带两种结构形式,预制混凝土块拦水带埋入路肩深度 12cm。路肩排水结构如图 3-30 所示。

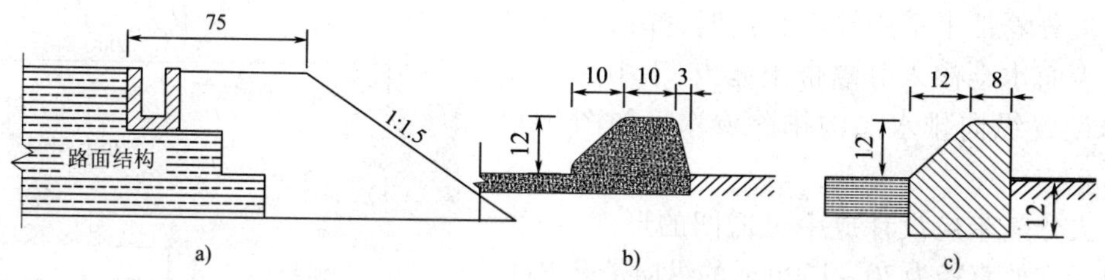

图 3-30　路肩排水(尺寸单位:cm)

a)预制块路肩沟;b)沥青混凝土路肩拦水带;c)水泥混凝土路肩拦水带

3. 超高路段排水

在高速公路超高路段上,均须在上侧路幅分隔带边缘设置汇集和排泄上侧路幅的表面水的超高排水设施,其中包括中沟、集水井、横向排水管,出口与路堤急流槽或路堑边沟上的跌水井相接。

超高路段中沟分别有缝隙式中沟、水槽式加盖板中沟两种形式,路堤超高路段排水结构和路堑超高路段排水结构如图 3-31 所示。

二、中央分隔带排水

中央分隔带排水是高速公路、一级公路路面排水的重要部分,一般是根据分隔带宽度、绿化和交通安全设施的形式,选择不同的排水方式,一般分铺面封闭和非封闭型中央分隔带排水。

1. 铺面封闭的分隔带排水

在非超高路段范围,中央分隔带采用铺面封闭,其宽度范围内利用路拱横坡排水方式排水。

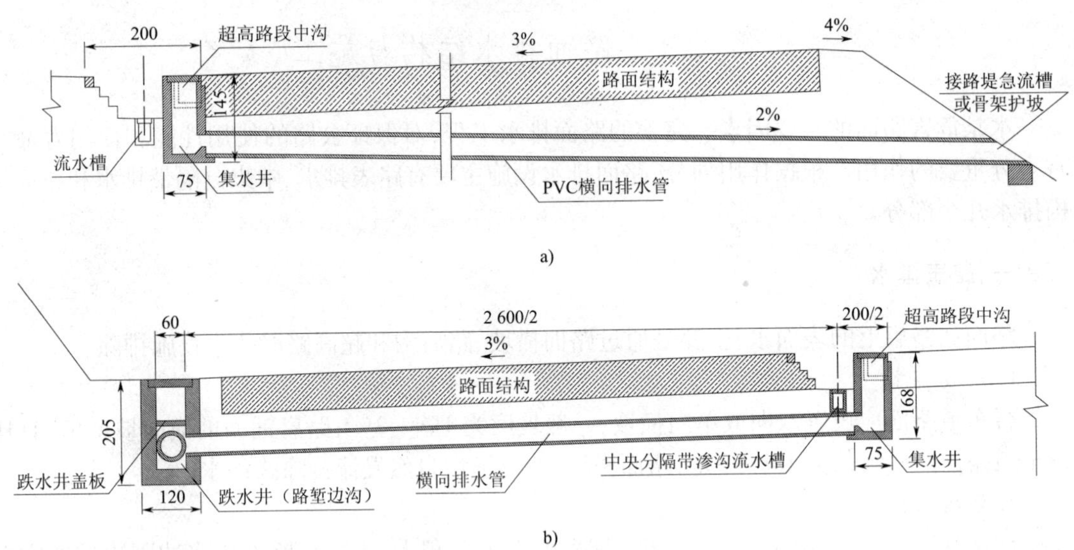

图3-31 超高路段排水(尺寸单位:cm)

a)路堤超高路段排水整体布置;b)路堑超高路段排水

而在超高路段范围,须在上侧路幅分隔带边缘设置汇集和排泄这部分表面水的超高排水设施。

2. 非封闭的中央分隔带排水

中央分隔带未采用铺面封闭时,降落在分隔带上的表面水会渗入分隔带土体内,于中央分隔带底部设置纵向排水渗沟排除渗水。如图3-32所示。

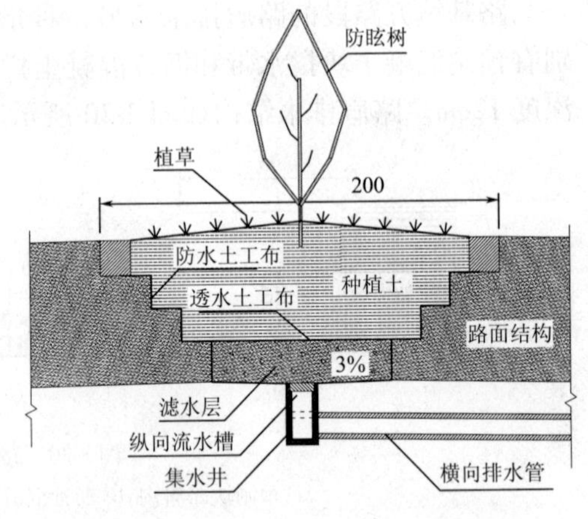

图3-32 中央分隔带渗沟(尺寸单位:cm)

中央分隔带应设计成中央低凹的形式,中央低凹位置安放直径为70~150mm的纵向带孔PVC管或混凝土流水槽,安装的坡度应大于0.3%,通过横向PVC排水管或混凝土管将纵向PVC管的渗水排引至路堤急流槽内或路堑跌水井。

中央分隔带内两侧界面应采取防渗措施(超高路段外侧不需防渗),在界面上可敷设防水砂浆或满洒一层沥青防渗层(用量为1.3kg/m^2)或防渗土工布。中央分隔带内圆形PVC渗水管周围和混凝土流水槽上应包裹反滤织物(土工布),其上可回填碎石或砂砾作为反滤层,厚度≥20cm;在反滤层上铺设透水土工布,再回填种植黏土,土面宜整形成≥10%的双向横坡,尽可能使雨水从表面排流。

中央分隔带横向排水每隔50~80m设置一处,排水管可采用ϕ200~ϕ315mmPVC管或ϕ50cm钢筋混凝土管,埋设的坡度2%,出口与路堤急流槽、路堑(边沟下方的碎石)渗沟相接。在超高路段,中央分隔带渗沟管可同时汇集上侧路幅的表面水,因而需加大过水断面的尺寸。中央分隔带横向排水布置如图3-33所示。

三、路面结构排水

路面结构排水设计,主要是针对各类路面的基层、沥青路面面层和路肩边缘结构内的排水。

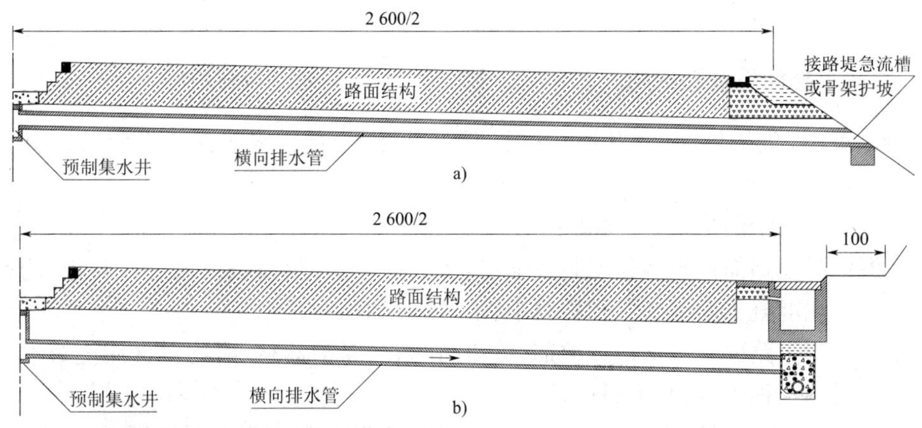

图 3-33 中央分隔带横向排水布置(尺寸单位:cm)

a)路堤;b)路堑

1. 排水性基层

沥青路面的裂隙是不可避免的,如果路表水渗入路面结构中,而密级配的沥青混凝土又不能使渗入路面结构内的自由水迅速排除,就会逐渐地产生结构层损害。为了能够迅速将渗入水排除出路面结构外,在低渗透性的面层下铺设高渗透性、足够强度的(开级配)排水式沥青碎石基层,称为排水性基层路面结构。

排水式沥青碎石基层厚度一般为 10 ~ 15cm,通过减少面层结构内自由水,降低高速行车所引起的孔隙水压力,从而减少路面水损害,改善路面的使用性能。碎石基层、多孔隙开级配沥青混凝土也可作排水基层。

2. 透水性沥青混凝土表层

透水性沥青混凝土表层,又称开级配排水式磨耗层,一般厚度为 3 ~ 5cm,利用其相互连通的孔隙,使路表水迅速下渗并在路面结构层内排出,其排水效率远比表面径流的高。表层排水能消除路面水膜,减少水漂、喷雾和缓解镜面反射,还能降低噪声。其缺点是面层的耐久性差和结构强度低,为弥补其不足,目前多采用改性沥青作黏结料。

3. 路肩边缘排水

在路面结构不设置排水基层时,需要在路面边缘设置碎石或砂砾渗水层,将路面结构渗水及时排入地表排水系统,其断面形式如图 3-34 所示。

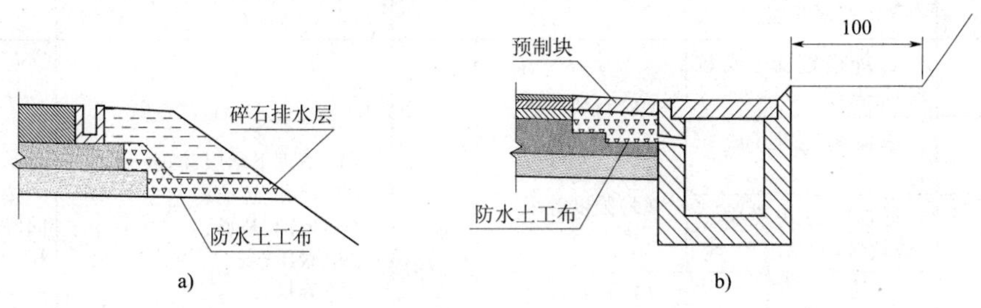

图 3-34 路肩边缘排水(尺寸单位:cm)

a)路堤;b)路堑

第九节　路面工程计量规则

一、路面工程计量规则说明

(1)路面工程包括垫层、底基层、基层、沥青混凝土面层、水泥混凝土面层、其他面层、透层、黏层、封层、路面排水和路面其他工程。

(2)有关问题的说明及提示如下：

①水泥混凝土路面模板制作安装及缩缝、胀缝的填灌缝材料、高密度橡胶板，均包含在浇筑不同厚度水泥混凝土面层的工程项目中，不另行计量。

②水泥混凝土路面养生用的养护剂、覆盖的麻袋、养护器材等，均包含在浇筑不同厚度水泥混凝土面层的工程项目中，不另行计量。

③水泥混凝土路面的钢筋包括传力杆、拉杆、补强角隅钢筋及结构受力连续钢筋、支架钢筋。

④沥青混凝土路面和水泥混凝土路面所需的外掺剂不另行计量。

⑤沥青混合料、水泥混凝土和(底)基层混合料拌和场站、贮料场的建设、拆除、恢复均包括在相应工程项目中，不另行计量。

⑥钢筋的除锈、制作安装、成品运输，均包含在相应工程的项目中，不另行计量。

二、工程量清单计量规则

路面工程量清单计量规则见表3-24所列。

工程量清单计量规则　　表3-24

<table>
<tr><th>细目号</th><th>细 目 名 称</th><th>特　征</th><th>单位</th><th>工 程 内 容</th><th>工程量计量规则</th></tr>
<tr><td>第300章</td><td>路面</td><td></td><td></td><td></td><td></td></tr>
<tr><td>302</td><td>路面垫层</td><td></td><td></td><td></td><td></td></tr>
<tr><td>302-1</td><td>碎石垫层</td><td rowspan="2">(1)材料规格；
(2)厚度；
(3)强度等级</td><td rowspan="4">m^2</td><td rowspan="4">(1)清理下承层、洒水；
(2)配运料；
(3)摊铺、整形；
(4)碾压；
(5)养护</td><td rowspan="4">按设计图和不同厚度，以顶面面积计算</td></tr>
<tr><td>302-2</td><td>砂砾垫层</td></tr>
<tr><td>302-3</td><td>水泥稳定土垫层</td><td rowspan="2">(1)材料规格；
(2)配比；
(3)厚度；
(4)强度等级</td></tr>
<tr><td>302-4</td><td>石灰稳定土垫层</td></tr>
<tr><td>303</td><td>路面基层</td><td></td><td></td><td></td><td></td></tr>
<tr><td>303-1</td><td>石灰稳定土(或粒料)底基层</td><td rowspan="3">(1)材料规格；
(2)配比；
(3)厚度；
(4)强度等级</td><td rowspan="4">m^2</td><td rowspan="4">(1)清理下承层、洒水；
(2)拌和、运输；
(3)摊铺、整形；
(4)碾压；
(5)养护</td><td rowspan="4">按设计图和不同厚度，以顶面面积计算</td></tr>
<tr><td>303-2</td><td>水泥稳定土(或粒料)底基层</td></tr>
<tr><td>303-3</td><td>石灰粉煤灰稳定土(或粒料)底基层</td></tr>
<tr><td>303-4</td><td>级配碎(砾)石底基层</td><td>(1)材料规格；
(2)级配；
(3)厚度；
(4)强度等级</td></tr>
</table>

续上表

细目号	细目名称	特征	单位	工程内容	工程量计量规则
304	搭板、埋板下底基层				
304-1	石灰稳定土(或粒料)底基层	(1)材料规格; (2)配比; (3)厚度; (4)强度等级	m^3	(1)清理下承层、洒水; (2)拌和、运输; (3)摊铺、整形; (4)碾压; (5)养护	按设计图示,按铺筑体积计算
304-2	水泥稳定土(或粒料)底基层				
304-3	石灰粉煤灰稳定土(或粒料)底基层				
304-4	级配碎(砾)石底基层	(1)材料规格; (2)级配; (3)厚度; (4)强度等级			
305	路面基层				
305-1	石灰稳定粒料基层	(1)材料规格; (2)掺配量; (3)厚度; (4)强度等级	m^2	(1)清理下承层、洒水; (2)拌和、运输; (3)摊铺、整形; (4)碾压; (5)养护	按设计图示,以顶面面积计算
305-2	水泥稳定粒料基层				
305-3	石灰粉煤灰稳定基层				
305-4	级配碎(砾)石基层	(1)材料规格; (2)级配; (3)厚度; (4)强度等级			
305-5	水泥混凝土基层	(1)材料规格; (2)厚度; (3)强度等级			
305-6	沥青稳定碎石基层	(1)材料规格; (2)沥青含量; (3)厚度; (4)强度等级		(1)清理下承层;(2)铺碎石;(3)洒铺沥青;(4)碾压	
308	透层、黏层、封层				
308-1	透层	(1)材料规格; (2)沥青用量	m^2	(1)清理下承层;(2)沥青加热、掺配运油;(3)洒油、撒矿料;(4)养护	按设计图示,以面积计算
308-2	黏层				
308-3	封层				
-a	沥青表处封层	(1)材料规格; (2)厚度; (3)沥青用量	m^2	(1)清理下承层;(2)沥青加热、运输;(3)洒油、撒矿料;(4)碾压;(5)养护	按设计图示,按不同厚度以面积计算
-b	稀浆封层			(1)清理下承层;(2)拌和;(3)摊铺;(4)碾压;(5)养护	
309	沥青混凝土面层				
309-1	细粒式沥青混凝土面层	(1)材料规格; (2)配合比; (3)厚度; (4)压实度	m^2	(1)清理下承层;(2)拌和、运输;(3)摊铺、整形;(4)碾压;(5)养护;(6)沥青拌和设备安拆	按设计图示,按不同厚度以面积计算
309-2	中粒式沥青混凝土面层				
309-3	粗粒式沥青混凝土面层				
310	表面处治及其他面层				
310-1	沥青表面处治				

续上表

细目号	细 目 名 称	特 征	单位	工 程 内 容	工程量计量规则
-a	沥青表面处治(层铺)	(1)材料规格;(2)沥青用量;(3)厚度	m^2	(1)清理下承层;(2)沥青加热、运输;(3)铺矿料;(4)洒油;(5)整形;(6)碾压;(7)养护	按设计图示,按不同厚度以面积计算
-b	沥青表面处治(拌和)	(1)材料规格;(2)配合比;(3)厚度;(4)压实度		(1)清理下承层;(2)拌和、运输;(3)摊铺、整形;(4)碾压	
310-2	沥青贯入式面层	(1)材料规格;(2)沥青用量;(3)厚度	m^2	(1)清理下承层;(2)沥青加热、运输;(3)铺矿料;(4)洒油;(5)整形;(6)碾压;(7)养护	
310-3	沥青上拌下贯式面层	(1)材料规格;(2)沥青用量;(3)厚度	m^2	(1)清理下承层;(2)沥青混合料拌和、运输;(3)沥青加热、运输;(4)铺矿料;(5)洒油;(6)整形;(7)碾压;(8)养护	
310-4	泥结碎(砾)石路面	(1)材料规格;(2)厚度	m^2	(1)清理下承层;(2)铺料整平;(3)调浆、灌浆;(4)撒嵌缝料;(5)洒水;(6)碾压;(7)铺保护层	
310-5	级配碎(砾)石面层	(1)材料规格;(2)级配;(3)厚度		(1)清理下承层;(2)配运料;(3)摊铺;(4)洒水;(5)碾压	
310-6	天然砂砾面层	(1)材料规格;(2)厚度		(1)清理下承层;(2)运输铺料、整平;(3)洒水;(4)碾压	
311	改性沥青混凝土面层				
311-1	细粒式改性沥青混凝土面层	(1)材料规格;(2)配合比;(3)外掺材料品种、用量;(4)厚度;(5)压实度	m^2	(1)清理下承层;(2)拌和、运输;(3)摊铺、整形;(4)碾压;(5)养护;(6)沥青拌和设备安拆	按设计图示,按不同厚度以面积计算
311-2	中粒式改性沥青混凝土面层				
311-3	沥青玛碲脂碎石混合料面层				
312	水泥混凝土面层				
312-1	水泥混凝土面层	(1)材料规格;(2)配合比;(3)外掺剂品种、用量;(4)厚度;(5)强度等级	m^2	(1)清理下承层、湿润;(2)拌和、运输;(3)摊铺、抹平;(4)压(刻)纹;(5)胀缝制作安装;(6)切缝、灌缝;(7)养生;(8)混凝土拌和设备安拆	按设计图示,按不同厚度以面积计算
312-2	连续配筋混凝土面层				
312-3	钢筋	(1)材料规格;(2)抗拉强度	kg	钢筋制作安装	按设计图示,各规格钢筋按有效长度(不计入规定的搭接长度)以重量计算
313	培土路肩、中央分隔带回填土、土路肩加固及路缘石				
313-1	培路肩				
-a	培土路肩	(1)土壤类别;(2)压实度	m^3	(1)挖运土;(2)培土、整形;(3)压实	按设计图示,按压实体积计算

续上表

细目号	细 目 名 称	特 征	单位	工 程 内 容	工程量计量规则
-b	回填碎(砾)石	(1)级配; (2)材料规格; (3)压实度	m^3	(1)挖运、掺配、拌和;(2)摊平、压实;(3)洒水、养护;(4)土工合成材料和防排水材料铺设;(5)整形	按设计图示,按压实体积计算
313-2	中央分隔带回填土	(1)土壤类别; (2)压实度	m^3	(1)挖运土;(2)培土、整形;(3)压实	
313	土路肩加固				
313-3	现浇混凝土加固土路肩	(1)材料规格; (2)断面尺寸; (3)垫层厚度; (4)强度等级	m	(1)清理下承层;(2)配运料;(3)浇筑;(4)接缝处理;(5)养生	按设计图示,沿路肩表面量测以长度计算
313-4	混凝土预制块加固土路肩			(1)预制构件;(2)运输;(3)砌筑、勾缝	按设计图示,以长度计算
313-5	浆砌片石(块石)加固土路肩			(1)清理下承层;(2)配运料;(3)砌筑、勾缝;(4)接缝处理;(5)养生	
313-6	混凝土预制块路缘石	(1)材料规格; (2)断面尺寸; (3)垫层厚度; (4)强度等级	m	(1)预制构件;(2)运输;(3)砌筑、勾缝	按设计图示,以长度计算
314	路面及中央分隔带排水				
314-1	排水管				
-a	PVC-U管(ϕ…mm)	(1)材料规格; (2)断面尺寸	m	(1)基础开挖及浇筑;(2)胶泥隔水层;(3)排水管安装布设;(4)出水口处理;(5)回填碎(砾)石	按设计图示,按不同孔径以长度计算
-b	铸铁管(ϕ…mm)				
-c	混凝土管(ϕ…mm)				
314-2	纵向雨水沟(管)	(1)材料规格; (2)断面尺寸	m	(1)基础开挖及浇筑;(2)预制和浇筑雨水沟(管)或安装PVC管;(3)栅形盖板预制安装;(4)回填	按设计图示,以长度计算
314-3	混凝土集水井	(1)材料规格; (2)断面尺寸; (3)强度等级	座	(1)挖运土石方;(2)现浇或预制混凝土;(3)钢筋混凝土盖板预制安装;(4)回填	按设计图示,按不同尺寸以座数计算
314-4	中央分隔带渗沟(…mm×…mm×…mm)				
-a	带PVC管的渗沟	(1)材料规格; (2)断面尺寸	m	(1)挖基整形;(2)混凝土垫层;(3)埋PVC管;(4)渗水土工布包碎砾石填充;(5)出水口砌筑;(6)试通水;(7)回填	按设计图示,以长度计算
-b	无PVC管的渗沟			(1)挖基整形;(2)混凝土垫层;(3)渗水土工布包碎砾石填充;(4)出水口砌筑;(5)回填	
314-5	沥青油毡防水层	材料规格	m^2	(1)挖运土石方;(2)粘贴沥青油毡;(3)接头处理;(4)涂刷沥青;(5)回填	按设计图示尺寸,以单层净面积计算(不计入按规范要求的搭接卷边部分)
314-6	路肩排水沟				

续上表

细目号	细 目 名 称	特 征	单位	工 程 内 容	工程量计量规则
-a	混凝土路肩排水沟	(1)材料规格; (2)断面尺寸; (3)强度等级	m	(1)路肩排水沟块件预制或现浇;(2)排水沟块件的砌筑;(3)勾缝;(4)衔接处防漏水处理	按设计图示,按不同断面尺寸以长度计算
-b	砂砾垫层	(1)材料规格; (2)压实要求	m^3	(1)配运料;(2)路肩基础清理;(3)铺料和整平;(4)压实	按设计图示,按压实体积计算
-c	土工布	材料规格	m^2	(1)下层整平;(2)铺设土工布;(3)搭接和锚固土工布	按设计图示尺寸,以单层净面积计算(不计入按规范要求的搭接卷边部分)
314-7	拦水带				
-a	沥青混凝土拦水带	(1)材料规格; (2)断面尺寸; (3)配合比	m	(1)拌和、运输;(2)铺筑	按设计图示,以长度计算
-b	水泥混凝土拦水带	(1)材料规格; (2)断面尺寸; (3)强度等级	m	(1)配运料;(2)现浇或预制混凝土;(3)砌筑;(4)勾缝	按设计图示,以长度计算

第四章　桥梁、涵洞工程施工与计量

桥梁与涵洞是公路、城市道路、铁路、渠道、管线等跨越水面、山谷或彼此间互相跨越的工程构筑物，是公路工程的重要组成部分。一般地段公路平均每公里需要设计 3 ~5 座桥梁涵洞，占工程造价比重达 20% 左右。

桥梁、涵洞工程设计与施工应满足安全可靠、经济适用和美观环保的要求，确保其有足够的强度、刚度、稳定和耐久等性能；所用材料必须符合现行标准和规范要求，设置必要的桥梁变形缝及必要的附属设施，便于养护管理；推广新技术、新设备、新材料、新工艺，保护水源和周边环境等。

本章主要介绍桥梁、涵洞工程结构、施工工艺和工程量清单计量规则等内容。

第一节　桥梁组成与分类

一、桥梁组成

桥梁通常由下部结构、支座、上部结构、桥面系及附属设施等组成，某桥梁如图 4-1 所示。

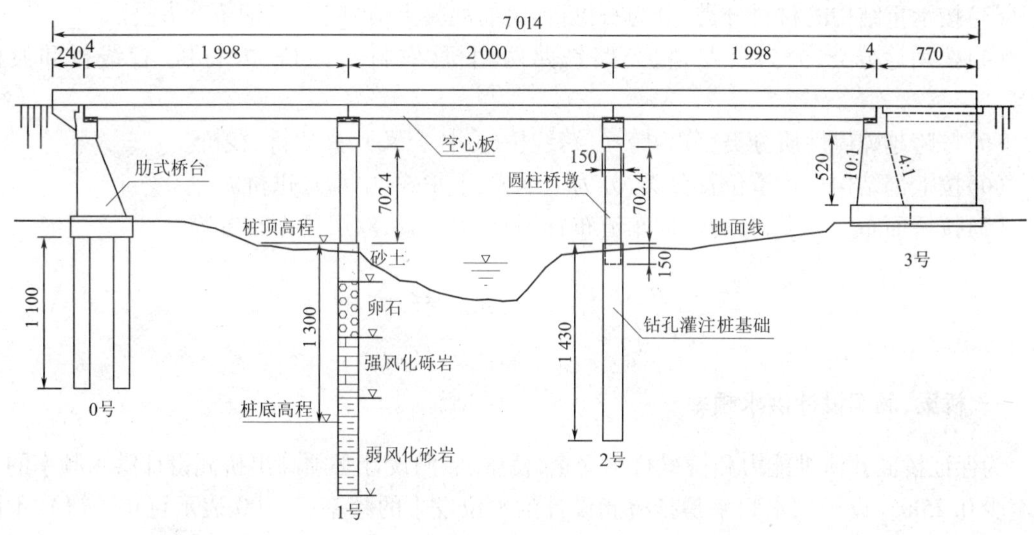

图 4-1　某桥梁设计图(尺寸单位:cm)

桥面系及附属设施是直接与桥梁服务功能有关的部件，包括：桥面铺装、防水及排水设施，桥面伸缩装置，人行道与安全带，护栏与隔离设施，桥梁照明设施，桥梁结构与路堤的衔接，桥梁防撞保护设施，桥梁防震抗震设施，桥梁标志、标线、视线导引与防眩设施，桥梁防噪与防雪走廊，桥头引道与调治构筑物，桥头建筑和周边景观设计等。

桥梁结构的有关名词主要有：

(1)净跨径。指梁式桥设计洪水位线以上相邻两个桥台(墩)之间的水平距离；拱式桥是拱跨两个拱脚截面最低点之间的水平距离。总跨径是指多孔桥梁中各孔净跨径之和，它反映了桥下排泄洪水的能力。

(2)计算跨径。对于具有支座的桥梁，是指桥跨结构相邻两个支座中心之间的距离；对于拱式桥，是相邻拱脚截面形心之间的水平距离。桥梁结构的分析计算以计算跨径为准。

(3)建筑高度。指桥上行车路面至桥跨结构最下缘之间的距离，它与桥梁结构和跨径大小有关，也与桥面布置高度有关。

(4)净矢高。指拱桥拱顶截面下缘至相邻两拱脚截面下缘最低点之连线的垂直距离，通常以 f_0 表示。

(5)计算矢高。指拱顶截面形心至相邻两拱脚截面形心之连线的垂直距离，以 f 表示；矢跨比是拱桥主拱圈中计算矢高 f 与其计算跨径 l 之比，以 f/l 表示。

二、桥梁分类

(1)按跨径分类，分为特大桥、大桥、中桥、小桥和涵洞，具体划分见表 4-1 所列。

桥 梁 跨 径 分 类 表 4-1

桥涵分类	多孔跨径总长 L(m)	单孔跨径 L_k(m)	桥涵分类	多孔跨径总长 L(m)	单孔跨径 L_k(m)
特大桥	$L>1000$	$L_k>150$	小桥	$8\leqslant L\leqslant 30$	$5\leqslant L_k<20$
大桥	$100\leqslant L\leqslant 1000$	$40\leqslant L_k\leqslant 150$	涵洞	—	$L_k<5$
中桥	$30<L<100$	$20\leqslant L_k<40$			

(2)按桥梁受力特点分类，分为拱式桥、梁式桥、悬吊式桥和组合体系桥梁四大类。

(3)按承重结构的材料分类，分为石拱桥、钢筋混凝土(预应力)、钢桥三大类。

(4)按用途分类，分为公路桥、公路铁路两用桥、农村道路桥、人行桥、管线桥和渡槽桥等。

(5)按跨越障碍性质分类，分为跨河、跨线桥(立体交叉)、高架桥、栈桥。

(6)按上部结构行车道位置分类，分为上承式、下承式、中承式拱桥。

(7)按桥面布置分类，分为双向车道布置、分车道布置、双层桥面布置等。

第二节 桥梁、涵洞技术指标

一、桥梁、涵洞设计洪水频率

为保证桥涵孔泄洪能力和桥梁行车安全，桥梁、涵洞设计必须高出桥涵设计洪水频率的水位至少 0.25m。设计洪水频率是指桥涵设计洪水位发生的频率(1/100 表示百年一遇)，不同等级公路的设计技术标准要求不同，具体见表 4-2 所列。

桥涵设计洪水频率 表 4-2

公路等级	设计洪水频率				
	特大桥	大桥	中桥	小桥	涵洞及小型排水构造物
高速公路	1/300	1/100	1/100	1/100	1/100

续上表

公路等级	设计洪水频率				
	特大桥	大桥	中桥	小桥	涵洞及小型排水构造物
一级公路	1/300	1/100	1/100	1/100	1/100
二级公路	1/100	1/100	1/100	1/50	1/50
三级公路	1/100	1/50	1/50	1/25	1/25
四级公路	1/100	1/50	1/50	1/25	不作规定

二、桥梁与涵洞孔径

桥涵孔径的设计不宜过分压缩河道、改变水流的天然状态，应注意河床地形和考虑壅水冲刷对上下游的影响，确保桥涵附近河道与路堤的稳定。

桥梁全长，对于有桥台的桥梁应为两岸桥台侧墙或八字墙尾端间的距离；对于无桥台的桥梁应为桥面系长度。

当新建桥梁跨径在50m及以下时，宜采用标准化跨径。

桥涵标准化跨径规定如下：0.75m、1.0m、1.25m、1.5m、2.0m、2.5m、3.0m、4.0m、5.0m、6.0m、8.0m、10m、13m、16m、20m、25m、30m、35m、40m、45m、50m。

三、桥面净空

公路桥梁建筑限界应与所在路线的路基宽度保持一致。桥上设置的各种管线等设施不得侵入公路建筑限界。建筑限界应符合《公路工程技术标准》(JTG B01—2003)的规定。

高速公路桥梁宜设为上、下行两座分离的独立桥梁，间距一般为0.5m，并应设置检修道和护栏，不宜设人行道。

一级至四级公路桥梁人行道和栏杆或检修道和护栏的设置应视需要而定，并应与前后路基横断面布置协调。桥梁人行道的宽度宜为0.75m或1.0m；大于1.0时，按0.5m的级差增加；当设路缘石时，路缘石高度取用0.25～0.35m。

四、桥下净空

桥下净空应符合公路建设限界的规定，高速、一级、二级公路的净空高度 H 应为5.0m，三级、四级公路净空高度 H 应为4.5m。检修道、人行道与行车道分开设置时，其净高应为2.5m。通航或流放木筏的河流应符合通航标准及流放木筏的要求。在不通航或无流放木筏河流上及通航河流的不通航桥孔内，桥下净空不应小于表4-3所列的规定。

不通航桥孔下最小净空 表4-3

桥梁部位		高出计算水位(m)	高出最高流冰面(m)
梁底	洪水期无大漂流物	0.50	0.75
	洪水期有大漂流物	1.50	—
	有泥石流	1.00	—
支撑垫石顶面		0.25	0.50
拱脚		0.25	0.25

跨线桥桥下净空，应符合被交叉公路、铁路、其他道路等建筑限界的规定。不应小于表4-4所列的规定。

跨线桥桥下净空　　表4-4

项目		通道（m）			天桥（m）		小桥（m）	大中桥（m）
		人行	农用汽车	汽车	人行	车行和农机		
桥下	净高	2.5	4.5	5.0	—	—	—	—
	净宽	4	4	6	—	—	—	—
桥面净宽		—	—	—	3	4.5 或 7.0	—	—
管道离桥梁安全距离		—	—	—	—	—	50	100

第三节　桥梁下部结构

桥梁下部结构由基础和墩台两个部分组成，是支撑支座以上全部荷载，并将其传递到地基中的传力构造物。

一、桥台

桥台由台身、台帽组成，分重力式桥台和轻型桥台两种类型。

重力式桥台主要特点是靠自身重力来平衡外力而保持其稳定，缺点是圬工体积较大。轻型桥主要借助结构物的整体刚度和材料强度承受外力，采用筋混凝土材料建造，其台体积小、自重轻，能降低对地基强度的要求。

常用的轻型桥台有埋置式桥台、钢筋混凝土薄壁桥台、有支撑梁的轻型桥台、加筋土桥台等几种类型。

1. 重力式桥台

通常采用U形桥台，后台的土压力主要靠桥台自重来平衡，圬工材料多数由石、片石混凝土或混凝土等。U形桥台由台帽、台身（前墙与侧墙）和基础组成，如图4-2所示。

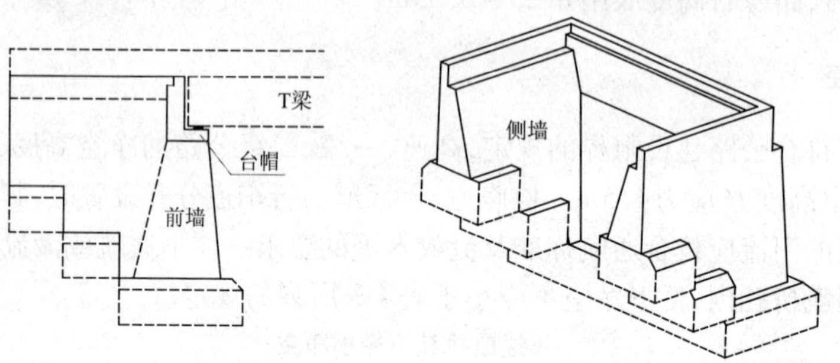

图4-2　U形桥台

2. 埋置式桥台

埋置式桥台是将台身埋在锥形护坡中，桥台所受的土压力减小，桥台的体积较U形桥台小，其缺点是护坡伸入桥孔，压缩了河道。埋置式桥台按台身的结构形式，分为后倾式、肋形埋置式、双柱式和框架式等。

(1)后倾埋置式桥台

后倾埋置式桥台属于一种实体重力式桥台，它的工作原理是靠台身后倾，使重心落在基底截面的形心之后，以平衡台后填土的倾覆力矩，桥台由台帽、耳墙、台身和基础组成，如图4-3a)所示。

(2)肋墙埋置式桥台

肋墙埋置式桥台台身是由两片后倾式肋墙与顶面台帽（盖梁）连接而成，一般情况肋墙设置在桩基承台上，如图4-3b)所示。

(3)桩柱埋置式桥台

桩柱埋置式桥台适宜各种土壤地基。根据桥宽和地基承载能力要求设三柱或多柱形式。柱与钻孔桩相连的称桩柱式；柱子嵌固在普通扩大基础之上的称为立柱式，如图4-3c)所示。

(4)框架埋置式桥台

框架埋置式桥台既比桩柱式桥台有更好的刚度，又比肋形埋置式桥台更节约圬工体积。框架埋置式桥台结构基底较宽，通过系梁联成一个框架体的稳定性较好，可用于填土高度在5m以下的桥台，一般与跨径为16m和20m的梁式上部结构配合应用。框架埋置式桥台不足之处是必须用双排桩基，材料用量均较桩柱式的要多。如图4-3d)所示。

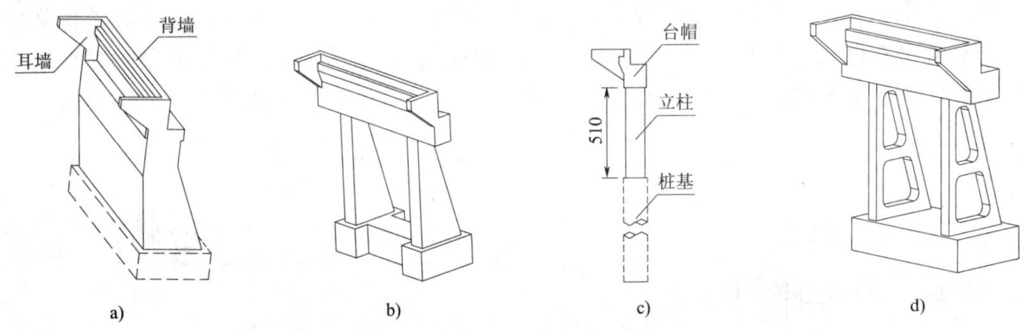

图4-3 埋置式桥台（尺寸单位：cm）

a)后倾埋置式桥台；b)肋墙埋置式桥台；c)桩柱埋置式桥台；d)框架埋置式桥台

3.钢筋混凝土薄壁桥台

钢筋混凝土薄壁桥台是由扶壁墙和两侧的薄壁侧墙构成，常用的形式有扶壁式、箱式、悬臂式、撑墙式等，如图4-4所示。

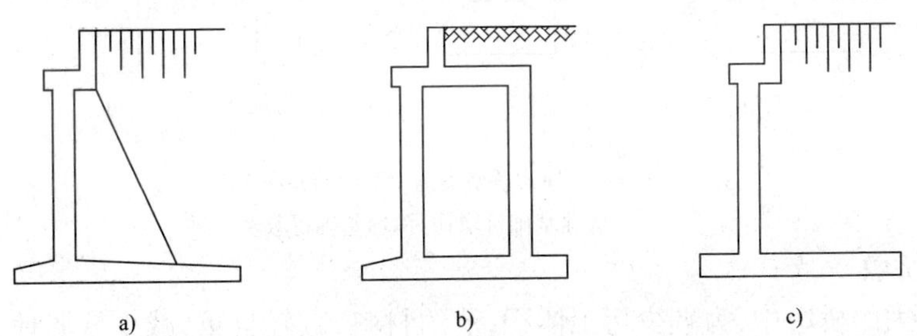

图4-4 薄壁桥台形式（尺寸单位：cm）

a)扶壁式；b)箱式；c)悬臂式

台顶由竖直小墙和支于扶壁上的水平板构成，用以支撑桥跨结构。两侧薄壁可以与前墙垂直，有时也做成与前墙斜交，前者称U字形薄壁桥台，后者称八字形薄壁翼墙桥台，薄壁桥台的前墙可以等厚度，也可以不等厚度。变厚度台身的背坡一般为2:1~4:1；八字形薄壁翼墙的顶宽一般为40cm，前坡比为10:1，后坡比为5:1。为了防止基底向河心滑动，基础应有一定埋置深度。八字形桥台的前墙和翼墙之间，通常预留沉降缝分砌。

4. 有支撑梁轻型桥台

有支撑梁轻型桥台台身为直立的薄壁墙，在两桥台下部设置钢筋混凝土支撑梁，上部结构与桥台通过锚栓连接，构成四铰框架结构系统，并借助两端台后的土压力来保持稳定，如图 4-5 所示。

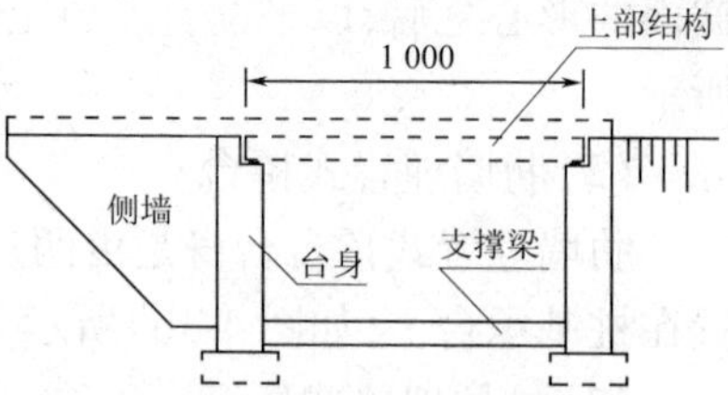

图 4-5　有支撑梁轻型桥台(尺寸单位:cm)

二、桥墩

桥墩是指多跨(两跨以上)桥梁中间支撑结构物，它除承受上部结构荷载外，还承受流水压力、风力以及可能出现的冰荷载、船只、排筏或漂流物的撞击力。按墩身截面形状可分为矩形、圆形、空心墩等；按桥墩结构可分为实体桥墩、柱式墩、空心桥墩、柔性排架墩和框架墩等类型；按上部结构受力特点可分为简支梁桥墩、连续梁桥墩、拱桥桥墩、斜拉和悬索桥索塔等。

1. 简支梁桥墩

(1)柱式桥墩

柱式桥墩由基础之上的柱式墩身和盖梁组成，如图 4-6 所示。双车道常用的形式有单柱式、双柱式和混合双柱式等类型。双柱式桥墩由柱与钢筋混凝土盖梁组成，柱与承台或桩直接相连；当墩身高度大于 1.5 倍的桩距时，通常就在桩柱之间布置横系梁，以增加墩身的侧向刚度。

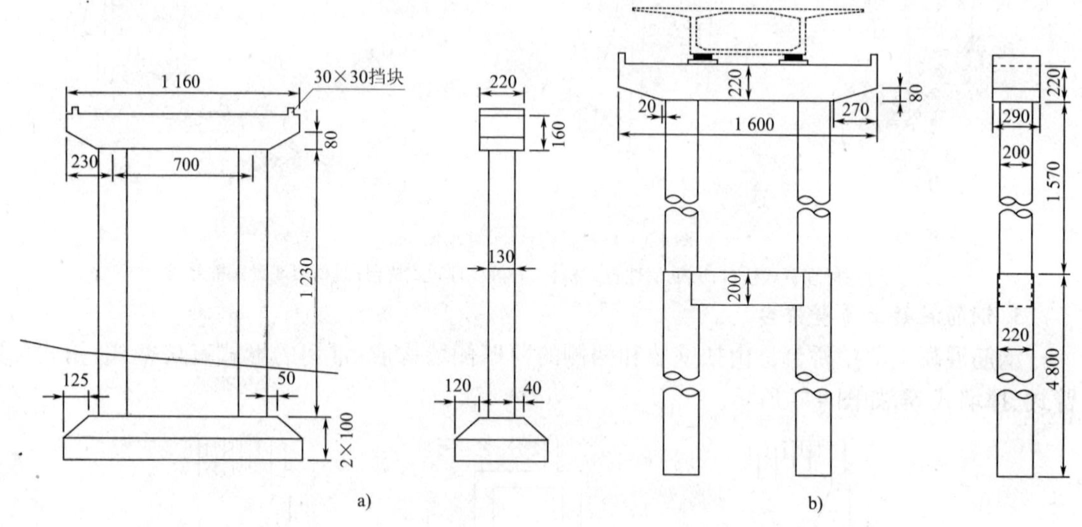

图 4-6　柱式桥墩案例(尺寸单位:cm)

a)浅埋基础桥墩；b)深埋基础桥墩

(2)空心桥墩

在一些高大的桥墩中，为减少圬工体积，节约材料，减轻自重，减少软弱地基的负荷，将墩身内部做成空腔体，即空心桥墩。这种桥墩在外形上与实体式桥墩并无大的差别，只是自重较实体式桥墩轻。

(3)框架墩

由框架代替墩身支撑上部结构，必要时可做成双面层或更多层的框架支撑上部结构，这类较空心墩更进一步的轻型结构，一般用钢筋混凝土和预应力混凝土建成。还可以根据建筑艺术要求，建成纵、横向 V 形、Y 形、X 形、倒梯形等墩身。这些桥墩的结构构造比较复杂，施工比较麻烦。

2. 连续梁桥墩

(1)实体薄壁式桥墩

由墩帽、墩身构成的一个实体结构。墩帽是桥墩顶端的传力部分,相邻两孔桥上的恒载和活载通过支座传到墩身上,因此墩帽的强度要求较高,一般要求用 C20 以上的混凝土做成。

(2)柔性排架墩

由单排或双排钢筋混凝土桩、承台、薄壁柔性墩与钢筋混凝土盖梁连接而成。其主要特点是可以通过构造措施,将上部结构传来的水平力(制动力、温度影响力等)传递到全桥的各个柔性墩上,以减少单个柔性墩所受到的水平力,从而达到减小桩、墩截面的目的。某柔性墩桥如图 4-7 所示。

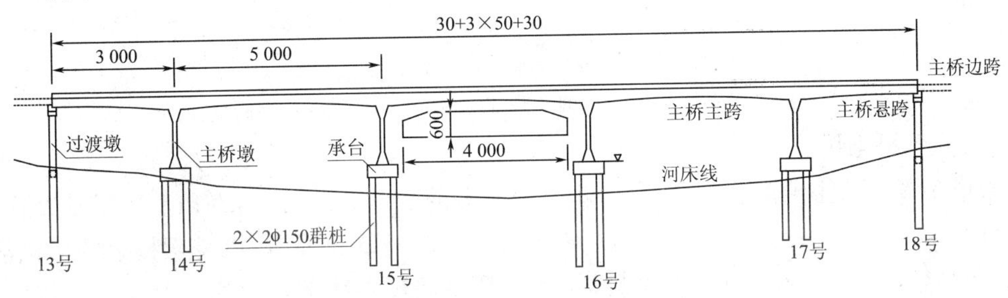

图 4-7　柔性排架墩桥梁(尺寸单位:cm)

3. 拱桥桥墩

拱桥桥墩按抵御恒载水平力的能力分为普通墩和单向推力墩两种。普通墩除了承受相邻两跨结构传来的垂直反力外,一般不承受恒载水平推力。单向推力墩又称制动墩。它的主要作用是在它能承受单侧拱的恒载水平推力。如图 4-8 所示。

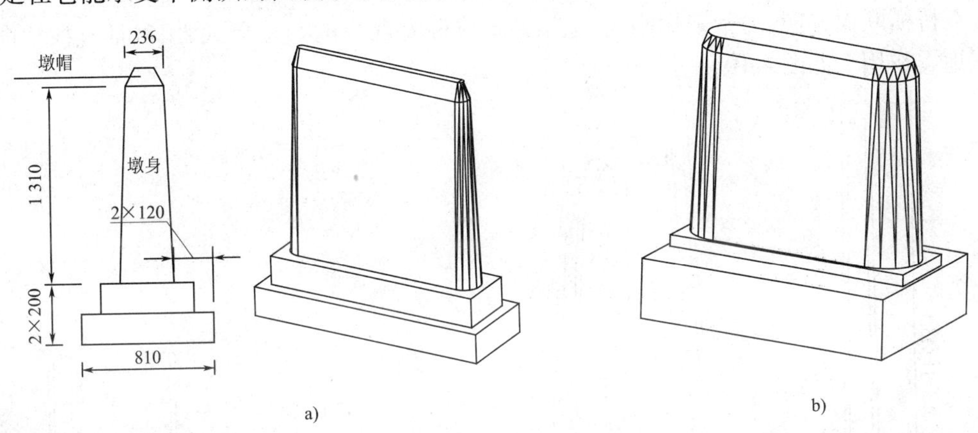

图 4-8　实体重力式拱桥墩(尺寸单位:cm)

a)普通墩;b)制动墩

4. 索塔

索塔是斜拉桥、悬索桥的重要组成部分。索塔必须适合拉索的布置,在恒载作用下,索塔应尽可能处于轴心受压状态。索塔主要由塔、桥墩和主缆锚碇组成。

(1)斜拉桥索塔

单索面斜拉桥和双索面斜拉桥索塔,其塔架沿桥纵向布置形式有单柱式、A 字形、倒 Y 形等几种。单柱式主塔构造简单;A 字形和倒 Y 形在桥纵向刚度大,有利于承受索塔两侧斜拉索的不平衡拉力;A 字形还可减小主梁在索塔处的负弯矩。沿桥横向布置形式有斜腿式、H

形、A 形、宝石形等。塔架纵、横向布置形式如图 4-9 所示。

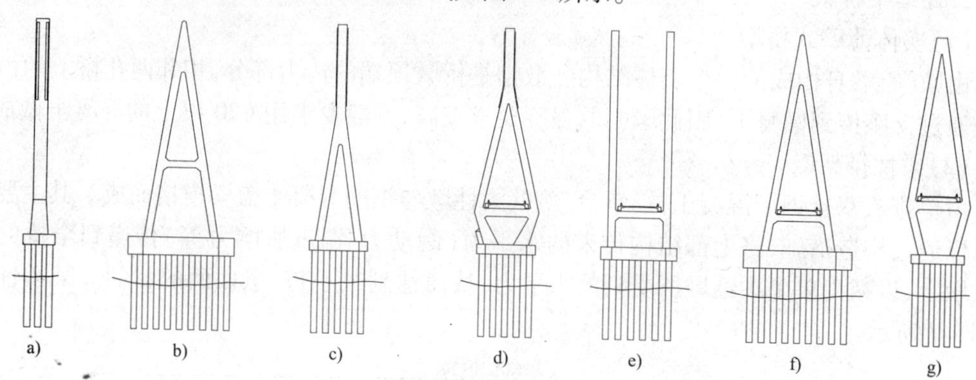

图 4-9　索塔纵、横向布置形式

a)单柱式性;b)A 字形;c)倒 Y 形;d)斜腿式;e)H 形;f)A 形;g)宝石形

(2)悬索桥索塔

索塔主要是对主缆起支撑作用,分担主缆所受的竖向荷载,同时在风和地震荷载作用下,对全桥结构的总体稳定提供安全保证。索塔是支撑主缆的重要构件,悬索桥上的车辆活载和恒载(包括桥面、加劲梁、吊索、主缆及其附件)都将通过主缆传给索塔至基础。索塔由塔座、塔身、横梁组成。

①塔身。按力学性质可分刚性塔、摇柱塔、柔性塔 3 种结构形式。

a. 刚性塔用于较小跨度的悬索桥和多跨悬索桥中,可提高结构刚度。

b. 摇柱塔用于跨度较小的悬索桥,下端为铰接式单柱结构。

c. 柔性塔常用于大跨度悬索桥,下端固结的单柱形式。

在桥横断面方向,通常采用刚构式、桁架式或两者混合的结构形式,用以抵抗横桥向的风力或地震作用。如图 4-10 所示。

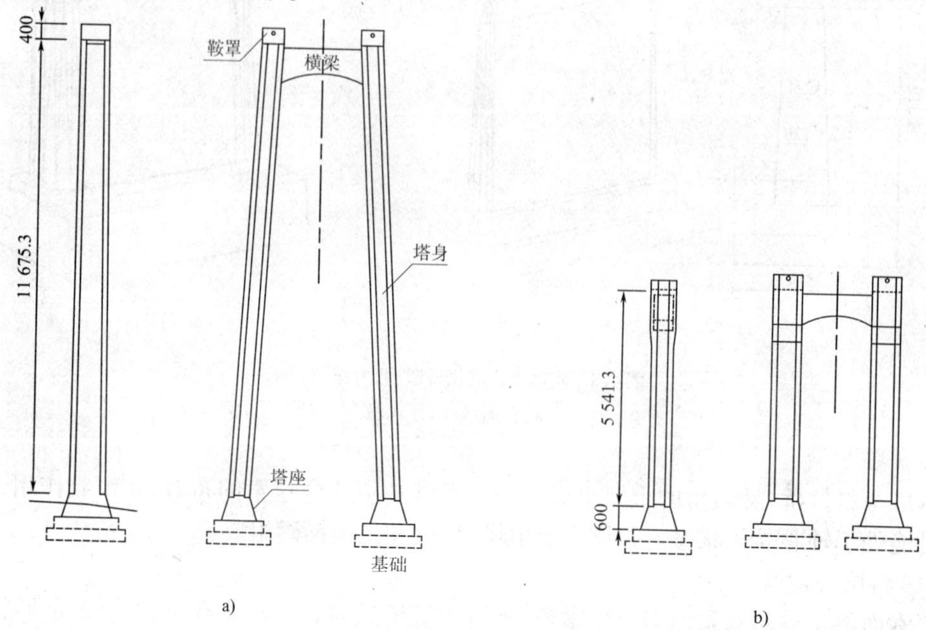

图 4-10　悬索桥索塔(尺寸单位:cm)

a)高塔;b)矮塔

②索鞍。鞍座又可以分为设置在桥塔顶部的塔顶鞍座和设置在锚碇支架处的锚固鞍座。

a. 塔顶索鞍。支撑主缆的重要构件，主缆中的拉力通过索鞍传到锚碇，并将主缆所受竖向力传向主塔。塔顶鞍座的结构主要由鞍槽、座体和底板 3 大部分组成。

b. 散索鞍。置于锚碇前，起转向及分散束股便于主缆锚固的作用。与塔顶鞍座不同的是，散索鞍在主缆受力或温度变化时要随主缆同步移动，因而其结构形式又有摇柱式和滑移式两种基本类型。也可分全铸和铸焊组合两种制造方式。散索箍常用于主缆直径较小又不需转向支撑时代替散索鞍分束锚固用，整体为喇叭形，为两半拼合的铸钢结构。

③锚碇。锚碇是用以锚固主缆，平衡主缆所受的拉力，将其传达至地基的结构物。锚碇可分为重力式和隧道式两种结构形式。

a. 重力式锚碇。依靠锚体庞大的混凝土结构的重力作用来平衡主缆的拉力，如图 4-11a）所示。

b. 隧道式锚碇。借助两岸天然坚固的岩体开凿隧洞，安装锚固系统后，再浇筑混凝土。该方法是依靠岩洞中的混凝土锚体与岩洞壁的嵌固作用来平衡主缆的拉力。隧道式锚碇混凝土用量较重力式锚碇节省，经济性更为明显。如图 4-11b）所示。

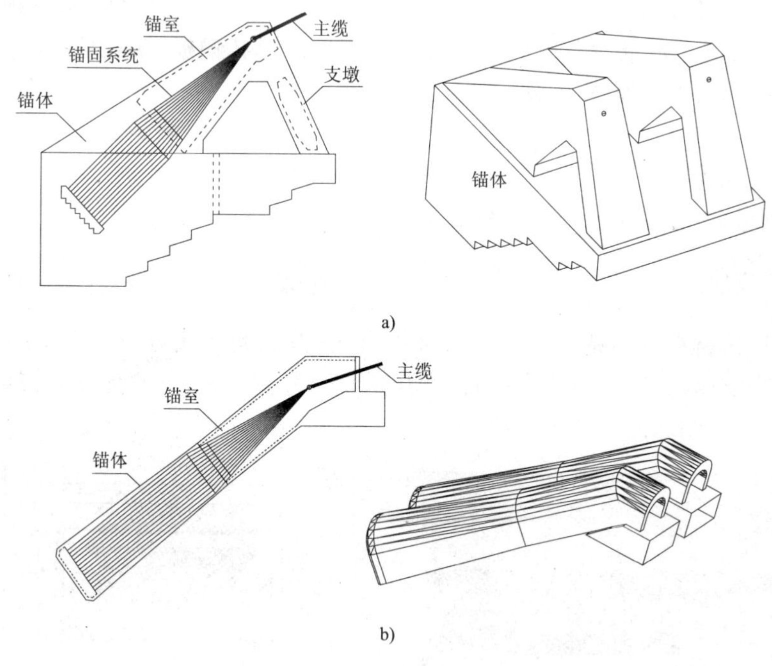

图 4-11　锚碇

a）重力式锚碇；b）隧道式锚碇

锚固结构是主缆束股向混凝土锚体传力的连接及过渡部分。它包括置于混凝土锚体内的锚固系统和与主缆束股相连的联结系统。锚固系统有钢构架和预应力钢绞线两种基本形式，钢绞线锚固系统是由索股锚固连接器和预应力钢束锚固系统构造组成。

三、桥梁基础

桥梁基础分为浅埋基础（埋置深度≤5m）和深埋基础。浅基础通常设计成刚性扩大基础，它主要依靠基础底面将荷载传递到地基。深基础的形式有桩基础和沉井基础，深基础除了依靠底部面将压力传递给地基以外，还依靠基础周围与土层间的摩阻力，将部分荷载提前传至地基，一般深基础的承载能力要比浅基础大。

第四节　桥 梁 支 座

桥梁支座是桥梁上部结构向下部结构传力的支点构造。支座的类形很多,可根据桥梁跨径、支点反力和对支座建筑高度等要求选用。

一、垫层支座

垫层支座由油毡、石棉泥或水泥砂浆垫层做成的简单的支座,10m 以下的跨径简支板、梁桥,可不设专门的支座,而将板或梁直接放在上述垫层上。垫层支座变形性能较差,固定端支座除了设垫层外,还应用锚栓将上下部结构相连。

二、铸钢支座

1. 弧形钢板支座

弧形钢板支座又称切线式支座或线支座。上支座为平板,下支座为弧形钢板,两者彼此相切而成线接触的支座。钢板采用 40～50mm 的铸钢板或热扎钢板,缺点是移动时要克服较大的摩阻力,用钢量大,加工麻烦,一般用于中小桥梁中。

2. 铸钢支座

采用碳素钢或优质钢,经过制模、翻砂、铸造、机械加工和热处理等工艺制成的支座。缺点是尺寸大、耗钢量大,容易锈蚀和养护费用高等。

三、新型钢支座

新型钢支座按材料分不锈钢支座和合金钢支座;按结构形式分滑板钢支座和球面支座。球面支座又称点支座,为适应桥梁多方面转动的要求,将支座上、下两部分的接触面分别做成曲率半径相同的凸、凹球面。如图 4-12 所示。

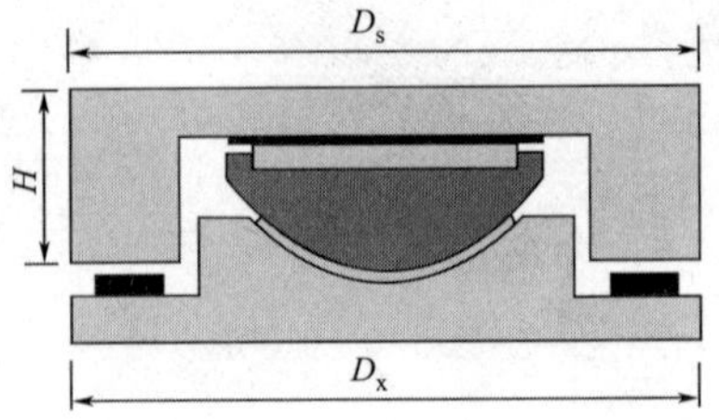

图 4-12　QGZ 球型钢支座

四、钢筋混凝土支座

1. 摆柱式支座

由钢筋混凝土摆柱构成的活动支座,如图 4-13 所示。外形和活动机理与割边的单辊轴钢支座相同,但在构造上则用矩形截面的钢筋混凝土短柱来代替辊轴的中间部分,辊轴的顶部和底部为弧形钢板,常用于跨径大于 20m 的钢筋混凝土或预应力混凝土梁桥。

2. 混凝土铰

通过缩小混凝土截面来降低截面刚度,因此能产生少量转动而能承受足够的轴力的一种简化支座。

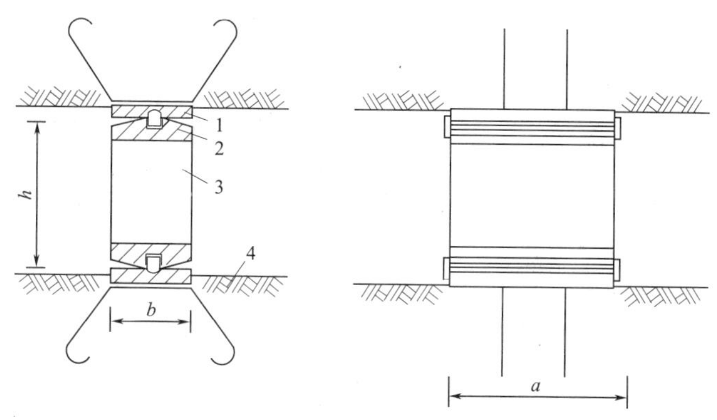

图 4-13　钢筋混凝土摆柱式支座

1-平钢垫板;2-弧形钢板;3-钢筋混凝土摆柱;4-支撑垫石

五、板式橡胶支座

如图 4-14 所示。由几层橡胶片和嵌在其间的各类加劲物构成或仅由一块橡胶板构成的支座。外形有长方形、梯形、圆形等。

a)

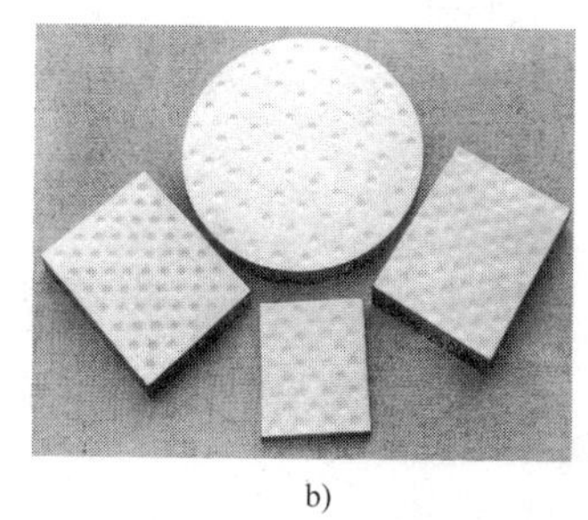

b)

c)

图 4-14　橡胶支座

a)板式橡胶支座;b)四氟滑板式橡胶支座;c)桥梁球冠圆板式橡胶支座

六、盆式支座

盆式支座又称为盆式橡胶支座,是橡胶块紧密地放置在钢盆里的大吨位橡胶支座。由于橡胶块受到三向压力作用,能增强支座的极限承载能力。如图 4-15 所示。

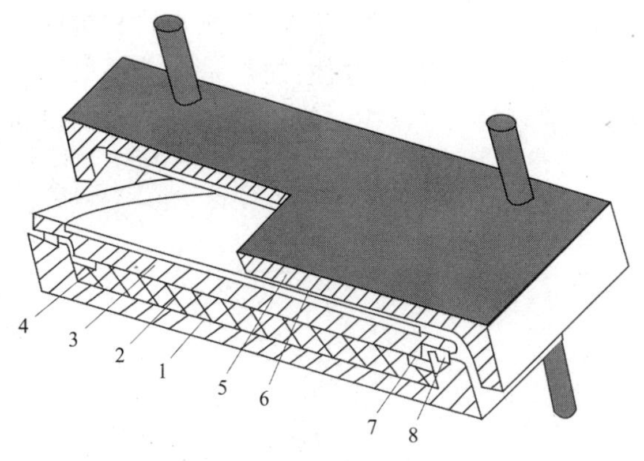

图 4-15　桥梁盆式橡胶支座

1-钢盆;2-承压橡胶板;3-钢衬板;4-聚四氟乙烯板;5-上支座板;6-不锈钢滑板;7-钢紧箍圈;8-密封胶圈

七、拉力支座

拉力支座又称负反力支座，可以同时承受正负反力，分为拉力铰和拉力连杆支座两类，前者又分为固定式和活动式。固定式铰支的上摇座锚于梁端，下摇座锚于墩顶或桥台，之间用钢销连接而成；活动式的下摇座锚于墩顶或台顶的防拔块间，并在座下加辊轴，使其即能受拉，又能沿纵向移动。

八、减震支座

减震支座附设有减震器而具有减震和抗震功能的支座。减震器分为油压减振器和橡胶减振器，减震器的机理主要是利用液体介质的黏滞性或橡胶的弹性所产生的阻尼力来减小地震力的影响。

第五节 桥梁上部结构

桥梁上部结构体系较多，如拱式桥、梁式桥(含简支梁、连续梁、悬臂梁)、刚构桥、斜拉桥、悬索桥和组合体系等。桥型设计应根据实际地形、地质与水文、跨越对象、荷载大小、公路等级等条件，进行技术经济比较后确定。

一、拱式桥

拱式桥的主要承重结构是拱圈或拱肋。拱圈在竖向荷载作用下，以压力的方式沿拱轴线传递，给桥墩或桥台施以水平推力，水平推力能抵消荷载所引起在拱圈(或拱肋)内的弯拉应力。

由圬工材料建造的拱桥称圬工拱桥，具有就地取材、节省钢材和水泥、构造简单、有利于普及、承载潜力大、养护费用少等优点，在我国修建得比较多。

1. 拱上建筑形式

拱上建筑是指桥面系与拱圈之间的传力构件或填充物。拱上建筑形式有实腹式、空腹式和组合式3种。

(1)实腹式拱桥

实腹式拱桥是指拱上建筑做成由侧墙、拱腹填料、护拱、变形缝、防水层、泄水管和桥面系等几部分组成的实体结构。其优点是刚度比较大，构造简单，施工方便；缺点是随着桥梁跨径的增大，拱桥的自重迅速加大，无法作成较大跨径的拱桥。实腹式一般用在跨径较小的拱桥中，常用跨径为5~20m。如图4-16左侧所示。

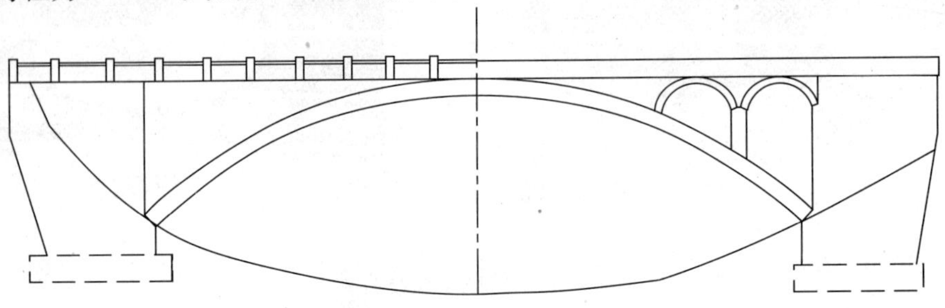

图4-16 实腹式、空腹式拱桥示意图

(2)空腹式拱桥

拱上建筑做成拱式腹孔和梁式腹孔的空腹式，腹孔墩又可做成横墙式和立柱式。拱式腹孔拱上建筑一般为圬工结构，而梁式腹孔拱上建筑一般为钢筋混凝土结构。空腹式拱桥优点是轻巧，节省材料，外形美观，还有助于泄洪；缺点是施工比较麻烦，受力较复杂。空腹式一般用在大跨径的桥梁中。空腹式拱桥如图4-16右侧所示。

(3)组合式拱桥

在拱式桥跨结构中，行车系的行车道结构与主拱组合，共同受力，称为组合体系的拱桥。由拱和梁、拱和拱组成主要承重结构的上承式拱桥，通常是用钢筋混凝土或钢结构建造，兼有实腹式拱桥和空腹式拱桥的优点，跨越能力较大，一般用在大、中跨度的桥梁中，如图4-17所示。

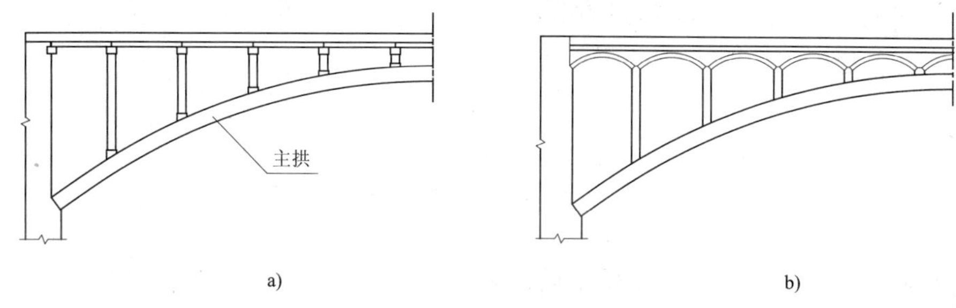

图4-17　组合式拱桥示意图

a)梁式拱上建筑；b)拱式拱上建筑

2. 拱轴线形

拱轴线形分为圆弧、抛物线和悬链线3类。

(1)圆弧拱桥

拱圈轴线按圆弧线设置。其优点是构造简单，备料、放样、施工简便；缺点是受荷时拱内压力线偏离拱轴线较大，受力不均匀。一般适用于跨度小于20m的石拱桥。

(2)抛物线拱桥

拱圈轴线按抛物线设置。其优点是弯矩小，材料省，跨越能力大；缺点是构造复杂，如果是采用料石则规格较多，施工不方便。

(3)悬链线拱桥

拱圈轴线是按悬链线设置。其优点是受力均匀，弯矩不大，节省材料。多适用于实腹拱桥，大跨度的空腹拱桥中也常常采用这种拱轴线形布置。

3. 主拱静力图式

按主拱圈与行车系结构之间相互作用的性质和影响程度，拱桥结构体系可分为简单体系和组合体系。简单体系拱桥的行车道不参与主拱一起受力，以裸拱形式作为主要承重结构。其主拱圈受力可分为三铰拱、两铰拱、无铰拱3种形式，如图4-18所示。

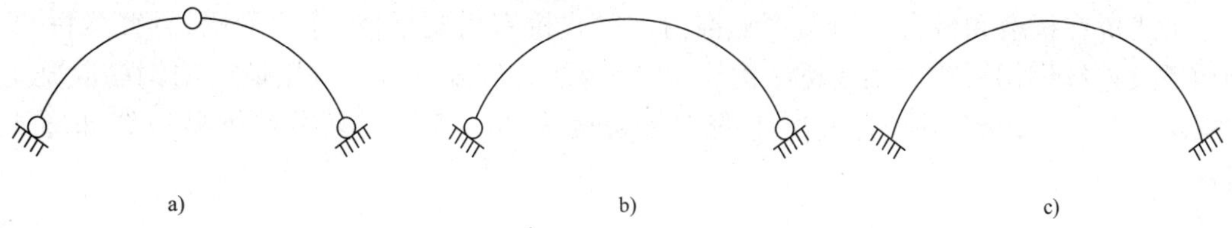

图4-18　简单体系拱桥静力图式

a)三铰拱；b)两铰拱；c)无铰拱

4. 拱桥截面

主拱圈的横断面形式通常有板拱桥、肋拱桥、双曲拱桥、箱形拱桥等，如图 4-19 所示的拱圈横断面是目前采用较为普遍的形式。

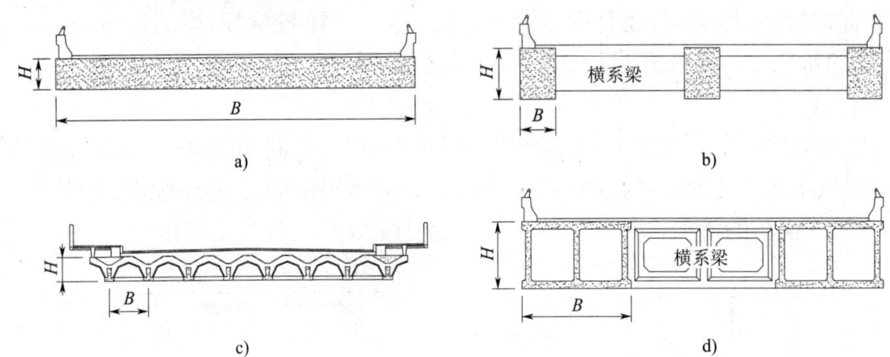

图 4-19 拱圈横断面

a）板拱桥；b）肋拱桥；c）双曲拱桥；d）箱形拱桥

(1) 板拱桥

板拱桥断面为实体矩形。板拱桥是最古老的拱桥形式，由于其构造简单，施工方便，至今仍被采用。通常只在地基条件较好的中、小跨径圬工拱桥中采用板拱形式。

(2) 肋拱桥

由几条拱肋与肋间横系梁相连组成。肋拱桥材料用量一般比板拱桥少，大大地减轻了拱桥的自重，加大了拱桥的跨越能力，但构造比板拱桥复杂。拱肋可以采用混凝土、钢筋混凝土或钢材等建造。

(3) 双曲拱桥

主拱圈的横截面是由数个横向小拱（波）组成，桥纵向及横向均呈曲线形，故称为双曲拱桥。主拱圈通常是由拱肋、拱波、拱板和横向联系等几部分组成。双曲拱桥较节省材料，结构自重力小，特别是它的预制部件分得细，吊装质量轻。

(4) 箱形拱桥

将实体板拱截面设计成空心箱形截面，称为箱形拱或空心板拱。由于其截面挖空，使箱形拱的截面抵抗矩较相同截面积板拱的截面抵抗矩大得多，从而大大减小弯矩引起的应力，节省建筑材料。该形式截面抗扭刚度大，横向整体性和结构稳定性均较双曲拱好。但箱形截面制作和施工较复杂，一般情况下，跨径在 50m 以上的拱桥采用箱形截面才为合适，目前它已成为国内外大跨径钢筋混凝土拱桥主拱圈截面的基本形式。

二、梁式桥

梁式桥在桥墩和桥台处均无水平推力。梁式桥有简支梁桥、连续梁桥、悬臂梁桥、T 形钢构桥及连续钢构桥梁。梁式桥结构简单，跨越能力有限。目前应用最广的钢筋混凝土简支梁跨度为 8 ~ 20m，预应力混凝土简支梁跨度为 20 ~ 50m。某梁式桥型布置如图 4-20 所示。

1. 实心板梁桥

实心板截面形状简单、施工方便、建筑高度小、结构整体刚度大，是小跨径梁桥普遍采用的形式。一般采用钢筋混凝土结构，跨径小于 8m，梁高一般为 0.16 ~ 0.36m 左右。

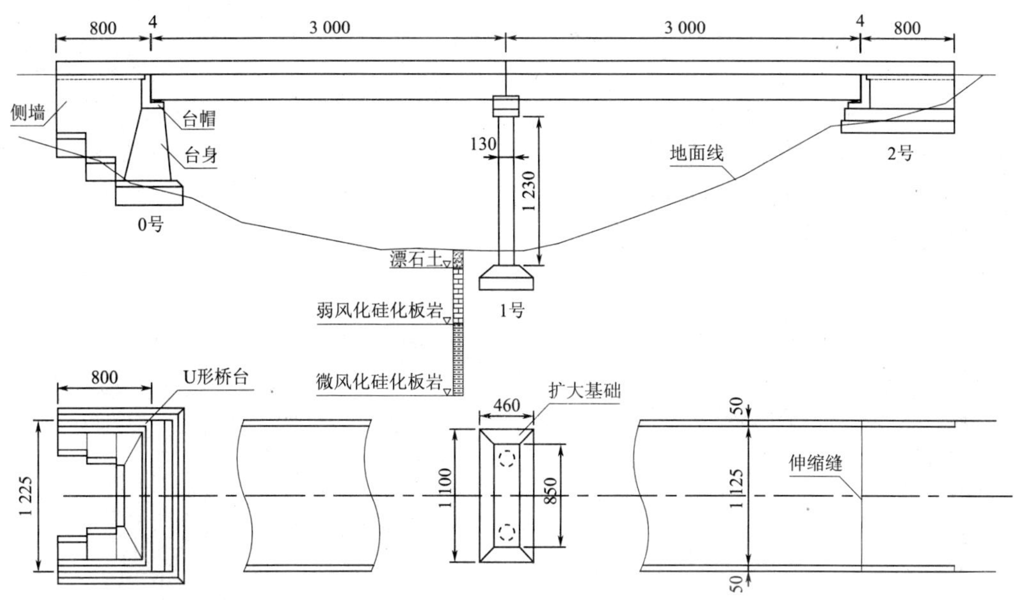

图 4-20　某梁式桥布置图(尺寸单位:cm)

2. 空心板梁桥

空心板截面形状较实心板复杂,整体刚度大,建筑高度小,但是顶板内需要配制钢筋,同实心板一样是小跨径梁桥普遍采用的形式。某空心板桥如图 4-21 所示。

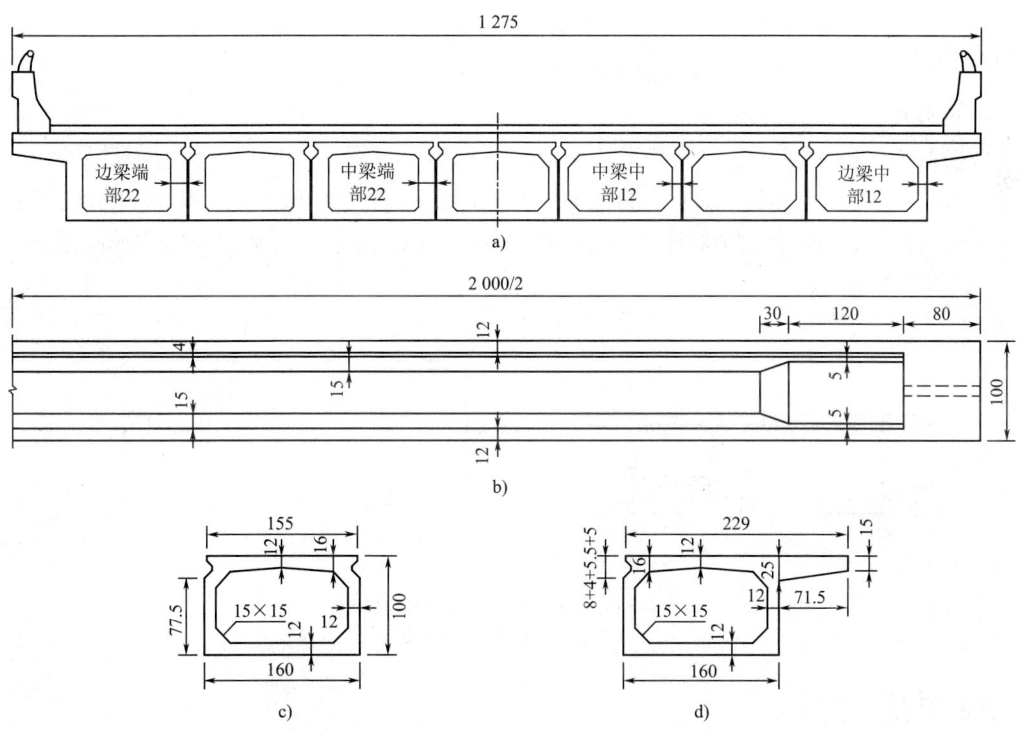

图 4-21　空心板案例示意图(尺寸单位:cm)

a)空心板桥梁截面;b)空心板立面;c)中梁截面;d)边梁截面

钢筋混凝土结构跨径一般在 6 ~ 13m,梁高一般在 0.4 ~ 1.0m 左右;预应力混凝土结构跨径一般在 8 - 20m,梁高一般在 0.4 ~ 0.85m 左右。

3. T 形梁桥

T 梁截面案例如图 4-22 所示。T 形梁桥是我国目前采用最多的截面形式,其受力明确,制造简单,肋内配筋可以做成刚劲的钢筋骨架,间距 4 ~ 6m 的横隔梁使结构整体性很好,接头也方便,但截面形状不利稳定,运输安装较为复杂。钢筋混凝土 T 梁常用跨径 10 ~ 20m,预应力混凝土则为 20 ~ 50m。

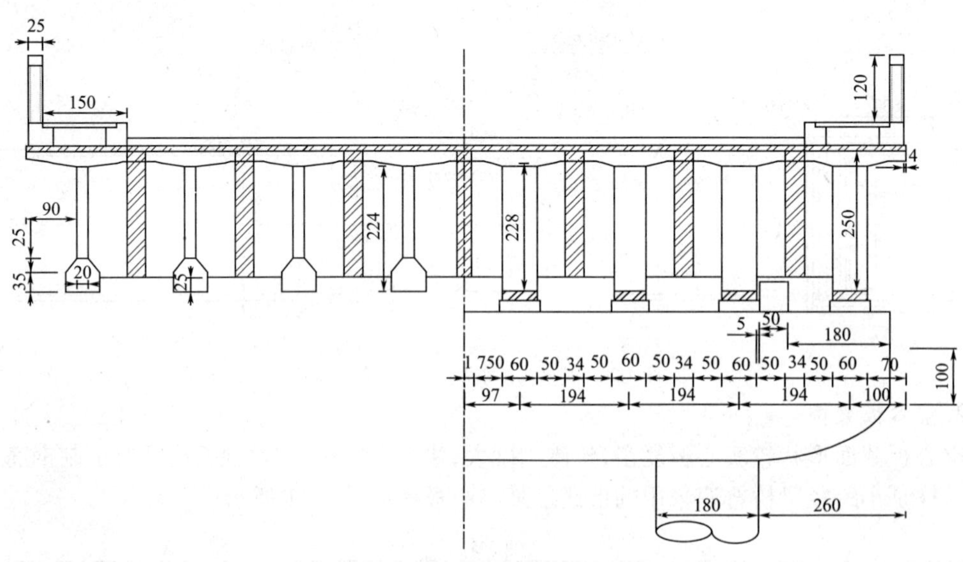

图 4-22　T 梁截面案例示意图(尺寸单位:cm)

4. 箱形梁桥

桥横截面呈一个或几个封闭箱形梁组成的桥称为箱形梁桥。这种结构能提供足够的承受正、负弯矩的混凝土受压区,在一定的截面面积下能获得较大的抗弯惯矩和抗扭刚度。因此箱梁适用较大跨径的悬臂梁桥和连续梁桥,也可用来修建预应力混凝土简支梁桥(装配式箱梁)。如图 4-23 所示。

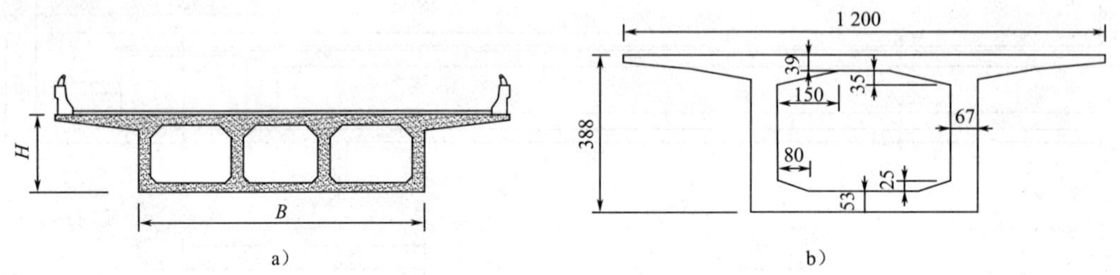

图 4-23　箱形截面(尺寸单位:cm)

a)单箱三室;b)单箱单室

三、刚构桥

刚构桥是梁与墩柱整体刚性连接的结构形式。一般情况下其跨中建筑高度可以做得很小。在竖向移动荷载作用下,梁部主要受弯,柱脚处有水平推力,受力状态介于梁式桥和拱桥之间。常见的有 T 形刚构桥、连续刚构桥、斜腿刚构桥 3 种类型。如图 4-24 所示。

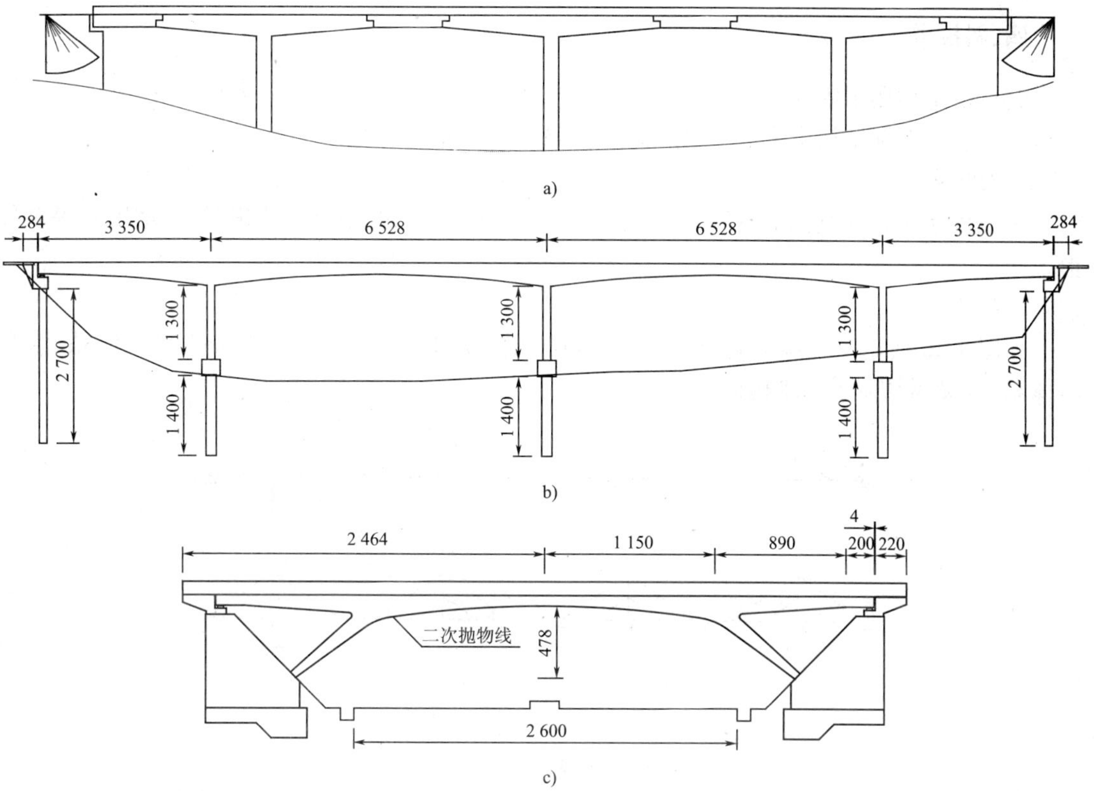

a)

b)

c)

图 4-24　刚构桥(尺寸单位:cm)

a)T 形刚构桥;b)连续刚构桥;c)斜腿刚构桥

T 形刚构便于施加预应力,在两个伸臂端上挂梁后可做成很大跨度的刚构架,常被应用于需跨越深水、深谷、大河急流的大跨径桥梁中。

连续刚构桥有较好的抗震性能,其刚构造型轻巧美观,当建造跨越陡峭河岸和深邃峡谷的桥梁时,采用这类刚构桥形式往往既经济又合理。

斜腿和门式刚构刚构桥主梁在纵桥方向可做成等截面、等高变截面、变高度截面三种形式,刚构桥采用悬臂施工方法,施工机具简便,施工进度较快。

刚构桥主梁截面形状与梁式桥基本相同,可以做成板式、肋形、箱形等各种形式,如图 4-25 所示。

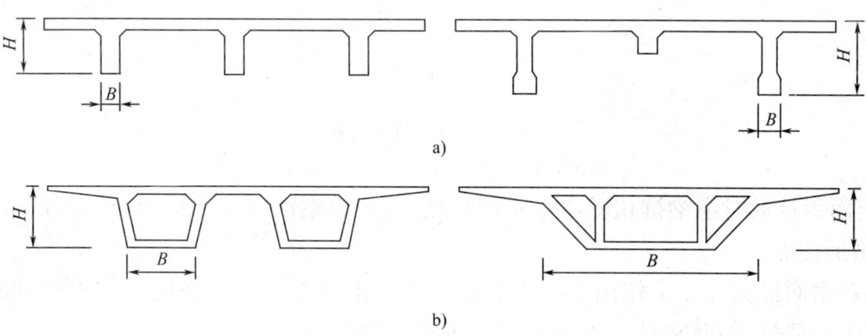

图 4-25　刚构桥主梁截面

a)肋板式;b)箱形

四、斜拉桥

斜拉桥是利用锚固在桥塔上的多根斜缆索作为梁跨的弹性中间支撑的桥梁，属于组合体系桥梁。它的上部结构由主梁、拉索和索塔(及基础)3 部分组成。

1. 孔跨布置

斜拉桥孔跨布置有独塔双跨式、双塔三跨式、三塔四跨式、多塔多跨串联式、矮塔式等多种形式。

2. 结构体系

如图 4-26 所示。斜拉桥的结构体系，按塔、梁、墩相互结合方式可划分为飘浮体系、半飘浮体系、塔梁固结体系和刚构体系。

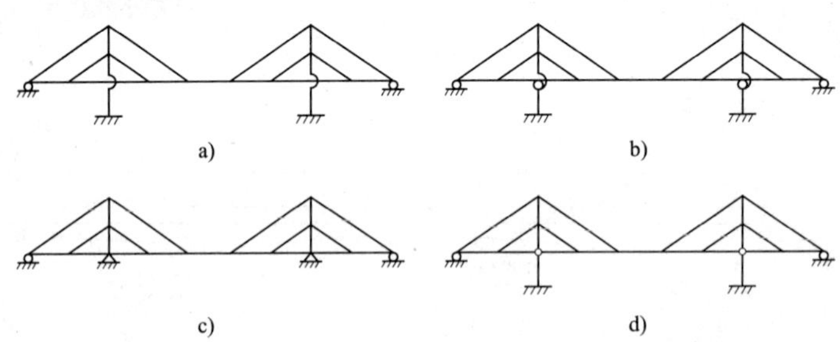

图 4-26　结构体系

a)漂浮体系;b)半漂浮体系;c)塔梁固节体系;d)刚构体系

按主梁的连续方式可划分为连续体系和 T 构体系等，按斜拉索的锚固方式可划分为自锚体系、部分地锚体系和地锚体系，按塔的高度不同可划分为常规斜拉桥和矮塔斜拉桥体系。

3. 索塔布置

索塔设计位置应适合于拉索布置，传力简单明确，在恒载作用下，索塔应尽可能处于轴心受压状态。拉索是斜拉桥体系中最敏感的部件，其布置可分为单索面、竖向双索面、斜向双索面。如图 4-27 所示。

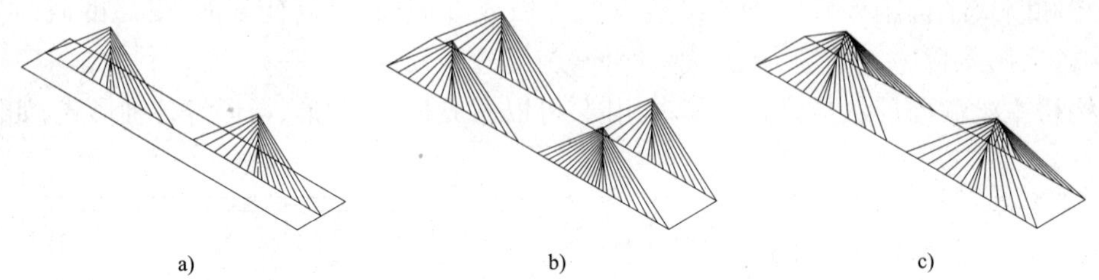

图 4-27　索面布置形式

a)单索面;b)竖向双索面;c)斜向双索面

单索面斜拉索对主梁抗扭基本上不起作用，因此单索面的主梁应采用抗扭刚度较大的截面，例如箱形截面。

竖向双索面最大优点是作用于桥梁上的扭矩有相当大一部分将由拉索承担，而主梁本身只承担其中小部分，因此它是工程上应用较多的一种形式。

斜向双索面对桥面体抵抗风力扭振特别有利，一般用在对风振较敏感，且跨径较大和塔柱较高的斜拉桥上。

4. 斜缆索布置

斜拉桥的斜缆索沿纵向常采用辐射形、竖琴形和扇形布置形式，如图4-28所示。

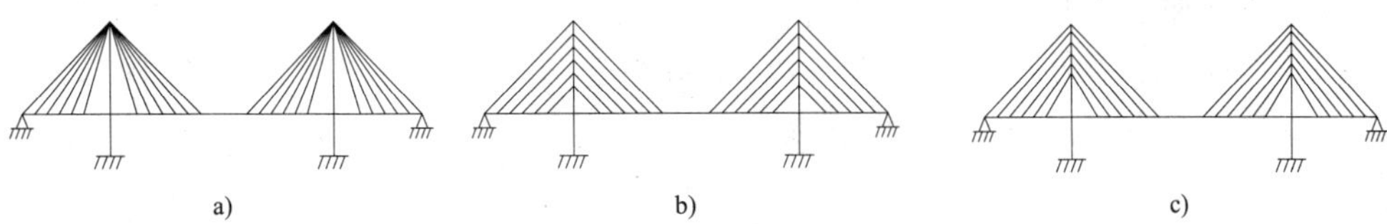

图4-28　索面形式

a)辐射形；b)竖琴形；c)扇形

辐射形斜拉索与水平面的平均交角较大，故斜拉索的垂直分力对主梁的支撑效果也大，与竖琴形布置相比，可节省拉索材料15% ~20%，但塔顶上的锚固点构造过于复杂。

竖琴形斜拉索成平行排列，在索数少时显得比较简洁，并可简化斜拉索与索塔的连接构造，塔上锚固点分散，对索塔的受力有利，缺点是斜拉索的倾角较小，索的总拉力大，故钢索用量较多。

扇形斜拉索是不相互平行的，它兼有上面两种布置方式的优点，故在设计中获得广泛应用。

5. 主梁形式

主梁分为连续体系和非连续体系两种。主梁的主要作用：一是将恒载、活载分散传给拉索；二是与拉索及索塔一起构成为一个整体，承受拉索的水平分力，需有足够的刚度；三是抵抗横向风载和地震荷载，并把这些力传给下部结构。

预应力混凝土、钢结构主梁断面如图4-29所示。

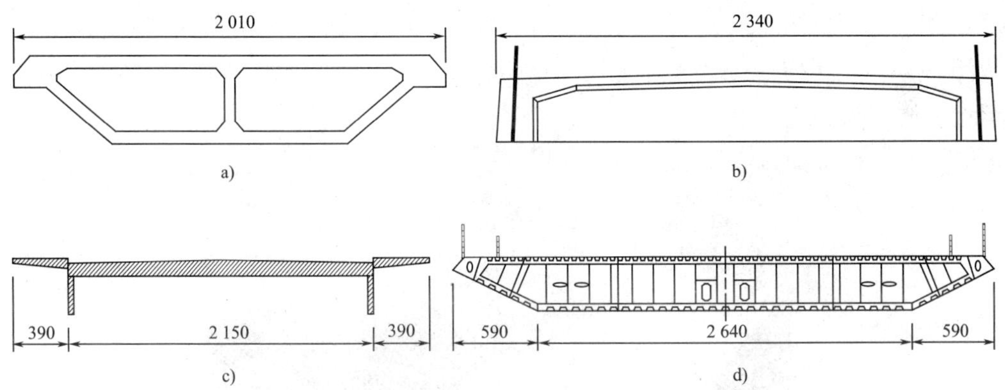

图4-29　预应力混凝土、钢结构主梁断面示意图(尺寸单位：cm)

a)箱梁；b)双主梁；c)加劲肋；d)钢箱梁

6. 塔梁连接方式

斜拉桥梁、塔、墩的联结形式有全固结、塔墩固结、梁塔固结3种形式。

全固结为桥塔、主梁、桥墩固结而成，优点是不需设置支座，缺点是固结点附近的主梁应力大、梁体较高。

塔墩固结为桥塔和桥墩固结，而主梁悬浮，不与桥墩和桥塔联结或铰接。优点是主梁可采用较小的支座，普遍不设固定支撑，缺点是在梁的抗风性能和横向刚度有所降低。

梁塔固结是指主梁和桥塔固结，而与桥墩之间为铰接或滑动支座连接。

五、悬索桥

悬索桥布置如图 4-30 所示。悬索桥是以通过索塔悬挂并锚固于两岸(或桥两端)的缆索(或钢链)作为上部结构主要承重构件的桥梁,由索塔、鞍座、锚碇、主缆、吊索(杆)、加劲梁等组成。其上部结构主要包括主缆、吊杆、加劲梁。

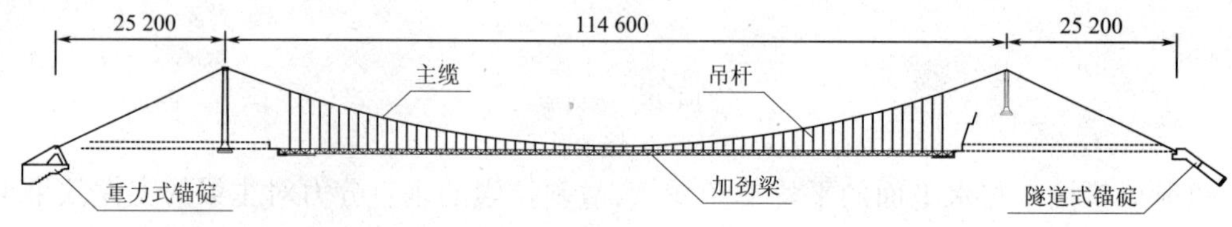

图 4-30 地锚式悬索桥布置案例图(尺寸单位:cm)

悬索桥的优点:相对于其他桥梁结构悬索桥可以跨越比较长的距离;悬索桥可以造得比较高,在比较深的或比较急的水流上建造。缺点:悬索桥的坚固性不强,在大风情况下交通必须暂时被中断;悬索桥的塔架对地面施加非常大的力,对地基要求高。

1. 悬吊方式

(1)按悬吊跨数划分。主要分为单跨悬索桥、三跨悬索桥、多跨悬索桥三种形式。多跨悬索桥如图 4-31 所示。

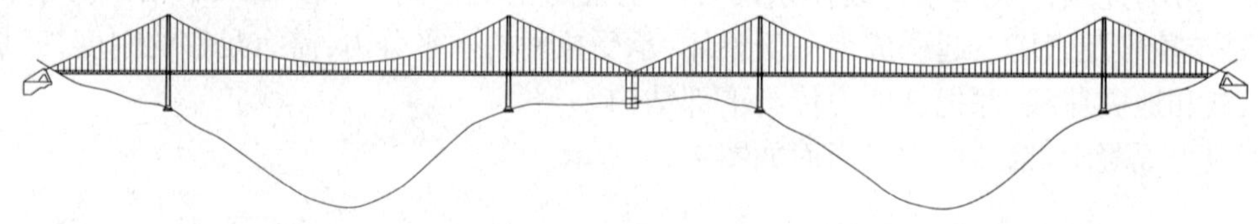

图 4-31 多跨悬索桥

(2)按主缆锚固方式划分。主要分为地锚式悬索桥、自锚式悬索桥两种形式。地锚式如图 4-30 所示,自锚式如图 4-32 所示。

图 4-32 自锚式悬索桥

(3)按吊杆方式划分。主要分为竖直吊杆、斜吊杆、加强斜拉索,如图 4-33 所示。

2. 主缆

主缆以桥塔及支墩为支撑,两端锚固在锚碇上,并通过吊杆悬挂加劲梁。主缆是悬索桥的主要承重构件，除承受自重、索夹、吊杆、加劲梁等恒载外，还承受加劲梁上所承受的荷载。

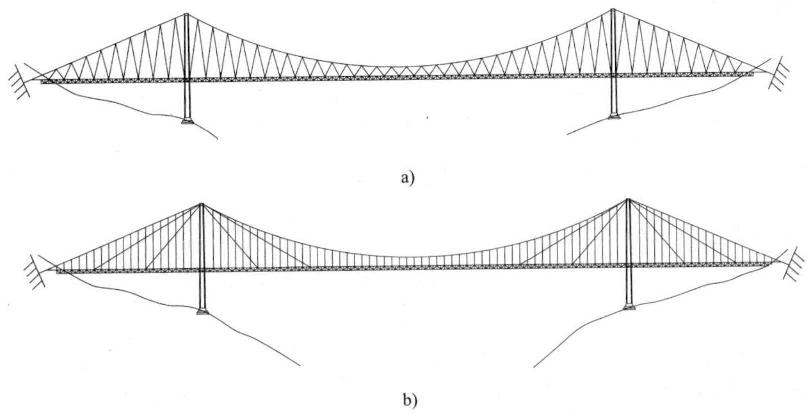

图 4-33　布置形式

a）斜吊杆布置；b）竖直吊杆与加强斜拉索布置

主缆材料必须具有强度高、弹性模量大、耐腐蚀等性能，现代长大悬索桥都选用高强镀锌钢丝和镀锌钢丝绳。

主缆类型分为钢丝绳主缆、平行丝股主缆。平行丝股制作方法分为空中纺线法和预制丝股法。空中纺线法是利用牵引机械往复拖拉钢丝，是一种在现场制作平行钢丝索股的施工方法。即将制索股的工作放到了以猫道为工作平台的空中完成，在制索股的同时完成了架设。预制索股法是一种将在工厂预制的平行高强钢丝索股运到工地安装的方法。该制作方法可节省架设时间、提高索股质量，所以目前国内修建的悬索桥均被采用。

主缆的制作方法是根据设备、工艺情况、成缆质量、防护要求及经济性等因素选择。主缆先由 ϕ5mm 镀锌高强钢丝组成钢丝束股，然后再由 n 个钢丝索股组成一根圆形截面主缆，如图 4-34 所示。

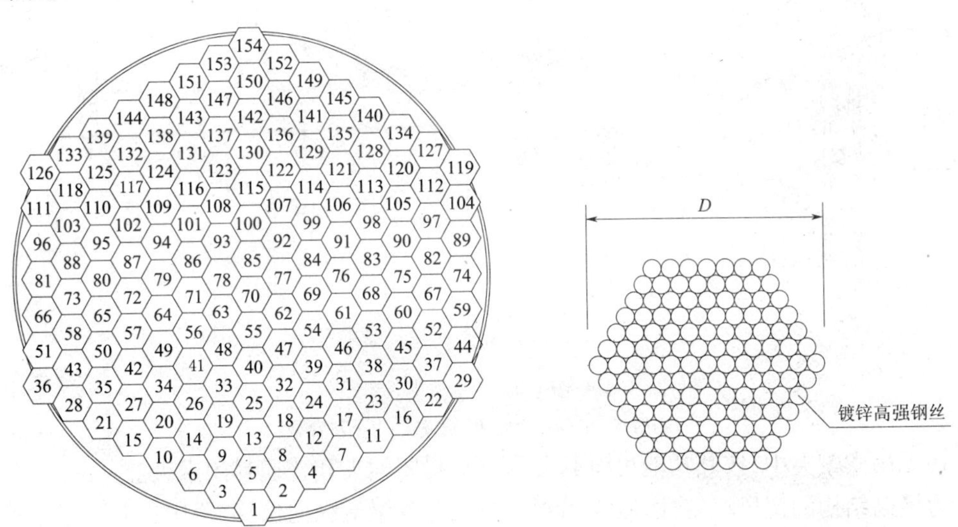

图 4-34　钢丝索股（$n_1=127$）与主缆截面（$n_2=154$）

采用预制丝股法的索股通常按正六边形平行排列定型，考虑桥跨及其施工条件，每股丝数 n_1 通常取值 61、91、127、169，组成形状稳定的正六边形。每缆总股数 n_2 多达 100～300 束，锚固空间相对较大。因其采用工厂预制,故现场架索施工时间相对缩短,气候因素影响小,成缆工效提高。索股常用截面见表4-5所列。

索股常用截面　　表4-5

每股丝数 n_1	61	91	127	169
索股宽度 D(mm)	45	55	65	75

3. 索夹

主缆和吊索的连接一般采用刚性索夹把主缆箍紧,使主缆在受拉和产生收缩变形时不致滑动。索夹主要作用是紧箍主缆索股,在设置有吊杆的位置索夹又是连接主缆与吊杆的构件。

(1)索夹形式

索夹根据主缆丝索排列形式分为六边形和圆形索夹,如图4-35所示。

对于中、小跨径悬索桥,由于钢丝数较少,主缆丝索常排成六边形截面。对于大跨径悬索桥,主缆常采用圆形截面。索夹在不同的位置有不同的长度,采用数量不等的对接螺栓紧固。索夹的内表面加工成与主缆最终的外表面相同的尺寸,但不磨光。

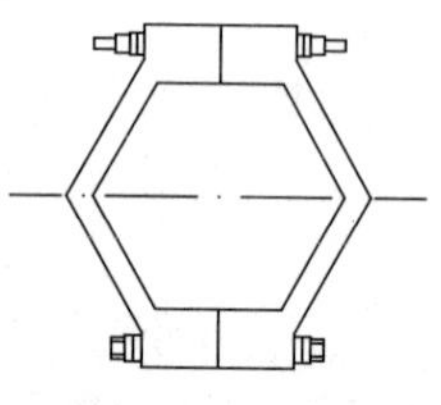
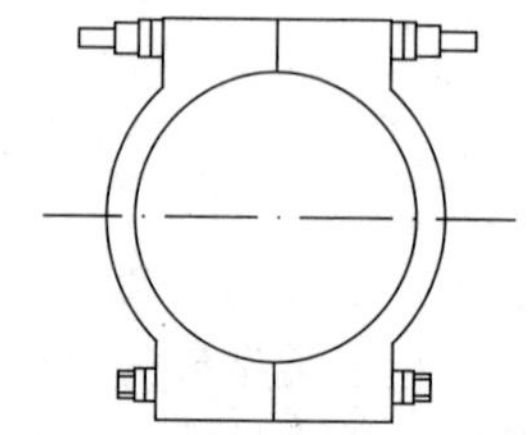

图4-35　六边形与圆形索夹

(2)索夹分类

①按索夹位置,可分为有吊杆索夹和无吊杆索夹两种。

②按夹索的方向,可分为左右对合型和上下对合型。

③按连接吊杆方式(在有吊杆索夹中),可分为骑跨式吊索索夹和销接式吊索索夹。骑跨式吊索索夹往往采用左右对合的两半块;销接式吊索索夹往往采用上下对合的两半块。如图4-36所示。

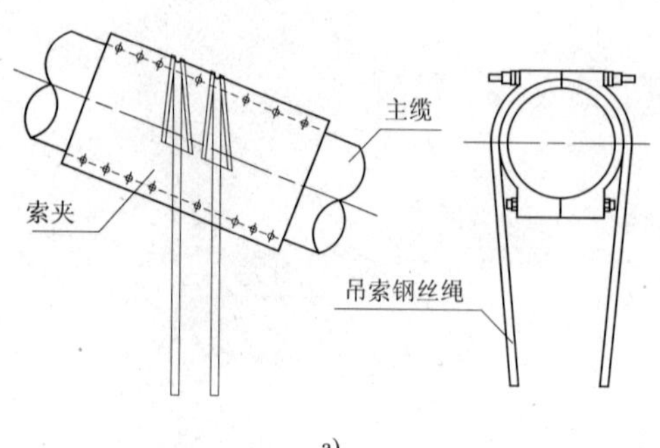

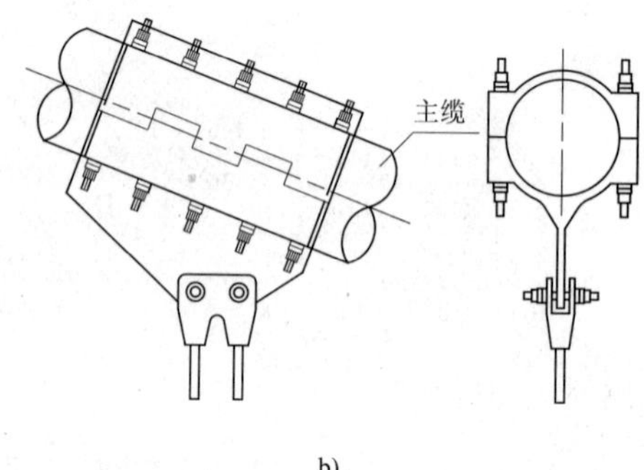

图4-36　吊索索夹

a)骑跨式、左右对合型;b)销接式、上下对合型

④在无吊索索夹中,按其功能可将其分为锥形封闭索夹和普通封闭索夹。

⑤为提高结构的抗风稳定性,减少吊索弯折疲劳及梁端纵向位移,跨中也有采用中央扣构造。地震烈度高时,可采用在地震作用下能解除中央扣约束的中央扣构造。

4. 吊杆

吊杆将加劲梁竖向力传递给主缆。吊杆目前多采用平行钢绞线、高强钢丝束或粗钢筋,外套无缝钢管或热挤聚乙烯层防护。吊杆其下端通过锚头与梁体两侧的吊杆点联结,上端通过索夹与主缆联结，吊杆截面与联结方式如图 4-37 所示。

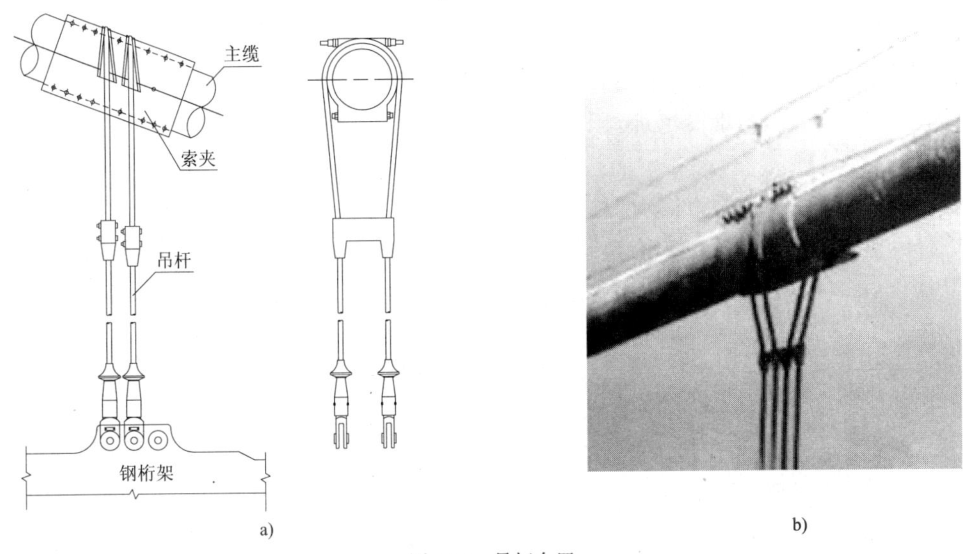

图 4-37　吊杆布置

a）吊杆结构；b）索夹与吊杆实景

5. 索鞍

索鞍是为主缆提供支撑并使主缆平顺地改变方向的重要构件之一，分主索鞍和散索鞍。主索鞍采用铸焊结合，由鞍头、鞍身两部分组成，安装后组焊为一体；鞍体下设聚四氟乙烯板便于施工鞍座顶推，鞍槽内的隔板和索股全部就位、调股后，顶部用锌质填块填平，外用钢罩；散索鞍鞍头采用铸钢铸造，鞍身采用钢板焊接。如图 4-38 所示。

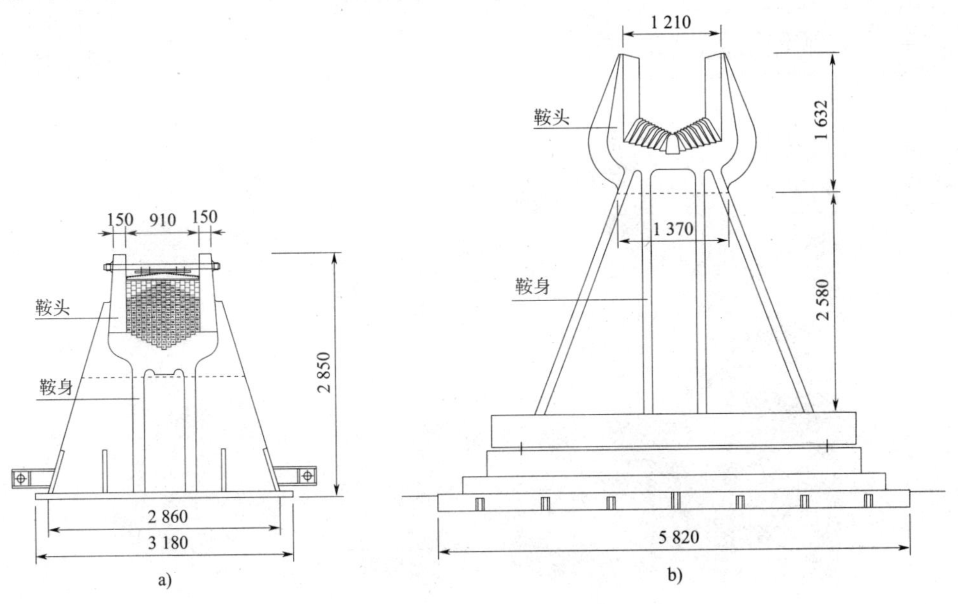

图 4-38　索鞍（尺寸单位：mm）

a）主索鞍；b）散索鞍

6. 加劲梁

加劲梁是直接承受和传递车辆、风、温度和地震荷载的梁体结构，分钢筋混凝土箱梁、桁架和钢箱梁 3 种形式。

（1）钢筋混凝土箱梁

钢筋混凝土加劲梁的结构特点是截面具有可塑性，梁体刚度大、风稳性能好、节省钢材、工程费用低。但由于梁体自重大，也使其悬吊系统为此需要增加钢材用量，同时也使施工制造、运输及起吊安装等工作的难度增加。

（2）桁架

钢桁架加劲梁在沿桥跨方向一般采用等高截面，为使钢桁架形成空间稳定的加劲梁，多设置上下铉杆、竖、斜腹杆（横截面和桥跨两向）、平联杆、风稳定杆等，如图 4-39 所示。

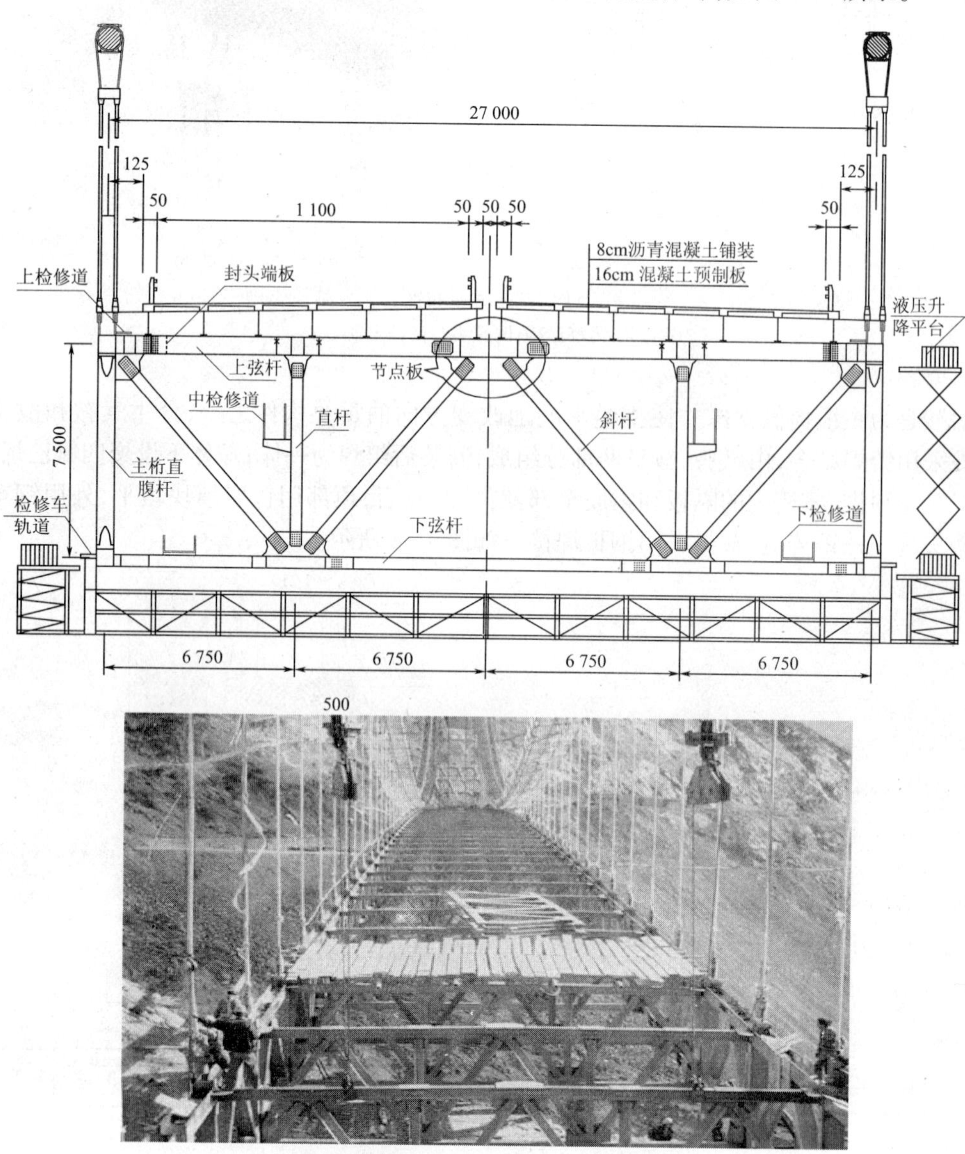

图 4-39 钢桁梁（尺寸单位：钢结构部 mm；路面宽度：cm）

（3）钢箱梁

钢箱梁抗扭刚度大，比钢桁架加劲梁结构简单，易于制造，比桁架稍省钢料，便于养护。钢箱梁截面长细的外形使其具有良好的空气导流特性，而且钢箱梁桥面既是箱梁的组成部分，又是行车道板，与桁架加劲梁相比可减少钢纵梁、桥面板等构件。如图 4-40 所示。

图 4-40　钢箱梁

六、组合体系

其承重结构系由两种结构形式组合而成桥梁，称为组合体系桥梁。中承式钢管混凝土拱桥由钢管混凝土拱肋、钢横撑、吊杆、桥面系等各部结构组成。如洞庭湖茅草街中承式钢管混凝土拱桥即为梁与拱的组合，如图 4-41 所示。

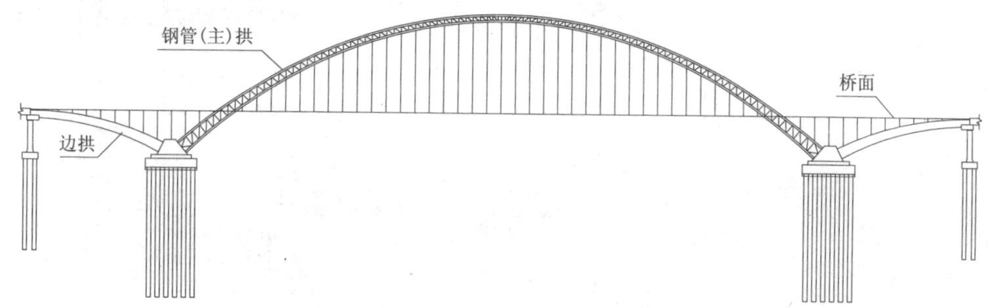

图 4-41　洞庭湖茅草街中承式钢管混凝土拱桥

1. 钢管混凝土拱肋

钢管混凝土拱肋横截面形式，通常按钢管的根数及布置方式分为：单肋型、双肢哑铃型、四肢格构型、三角形格构型和集束型。

钢管混凝土拱肋具有以下方面的独特优点：

(1)钢管本身就是耐侧压的模板，因而浇注混凝土时，可省去支模、拆模等工序，并可适应先进的泵送混凝土工艺。

(2)钢管本身就是钢筋，它兼有纵向钢筋和横向箍筋的作用，既能受压，又能受拉。

(3)钢管本身又是劲性承重骨架，在施工阶段可起劲性钢骨架的作用，在使用阶段又是主要的承重结构，因此可以节省脚手架，缩短工期，减少施工用地，降低工程造价。

(4)在受压构件中采用钢管混凝土，可大幅度节省材料。理论分析和工程实践都表明，钢管混凝土与钢结构相比，在保持结构自重力相近和承载能力相同的条件下，可节省钢材约 50%，焊接工作量显著减少；与普通钢筋混凝土相比，在保持钢材用量相当和承载能力相同的条件下，可减少构件横截面积约 50%，混凝土和水泥用量以及构件自重也相应减少一半。

钢管混凝土拱有两种形式：一是直接用做主拱结构，即钢管混凝土拱桥；二是利用钢管混凝土作为劲性骨架。劲性骨架是伴随着大跨度拱桥修建而出现的，即先用无支架方法架设拱形劲性骨架，然后围绕骨架浇注混凝土，把骨架作为混凝土的钢筋骨架，不再拆卸收回，因此又称埋入式钢拱架。如图 4-42 所示。

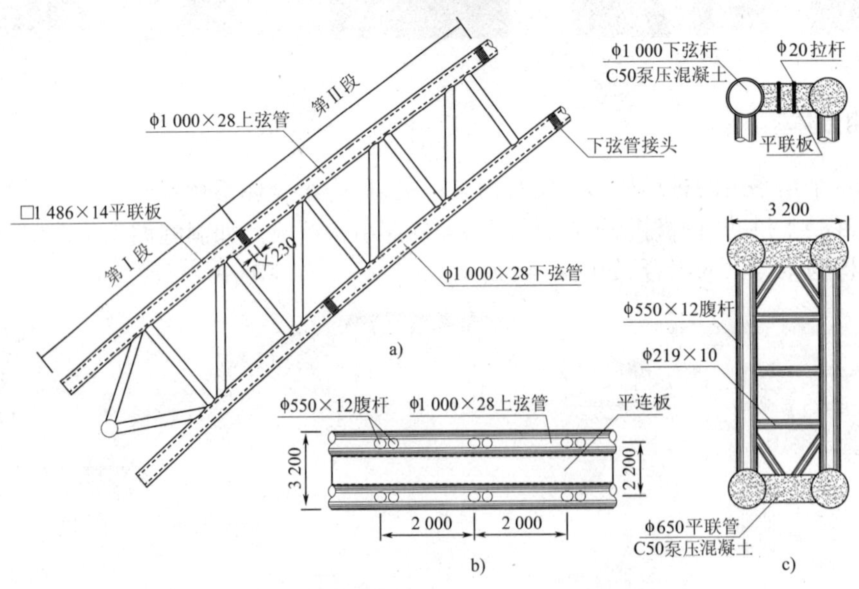

图 4-42　主拱肋与钢横撑构造(尺寸单位:mm)

2. 钢横撑

钢横撑的主要作用是将(两根)钢管混凝土拱肋连接成整体,确保结构稳定。钢管混凝土拱肋的横撑多采用钢管桁架,其钢管可以是空心的,也可以内填混凝土。横撑在拱脚段多做成桁式 K 撑或 X 撑,以获得更好的稳定性,在拱肋接近桥面段以上则多采用 H 形直撑。直横撑、斜横撑构造如图4-42所示。

3. 吊杆

中、下承式钢管混凝土拱桥需设置吊杆。吊杆目前多采用平行钢绞线、高强钢丝束或粗钢筋,外套无缝钢管或热挤聚乙烯层防护。

4. 桥面系

活载经桥面系通过钢横梁传给吊杆,吊杆再将荷载传给拱肋。桥面系不参与总体受力,属于局部受力传力结构。吊杆垂吊钢横梁,钢纵梁焊接钢横梁上,然后纵向架设桥面预制板,浇筑湿接缝。上部桥面系结构如图 4-43 所示。

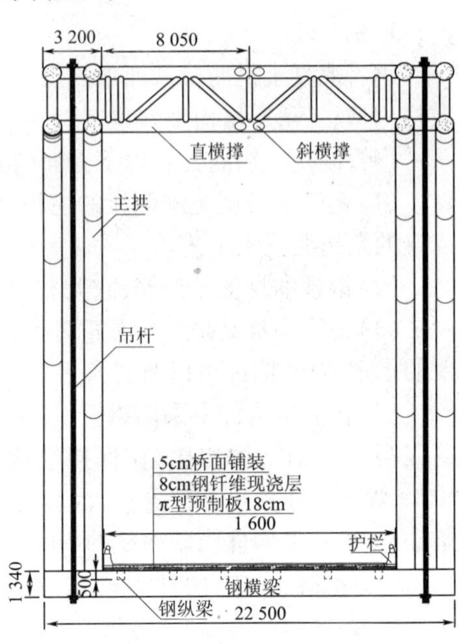

图 4-43　上部桥面系结构(尺寸单位:桥面宽和路面结构 cm,其他为 mm)

第六节　桥梁工程施工

桥梁施工的最大特点是位置比较集中，涉及水中、干处施工和高空作业，对各部构件力学性能和施工质量要求高。桥梁工程施工必须严格按照《公路工程施工安全技术规程》(JTJ 076—95)及《公路桥涵施工技术规范》(JTJ 041—2000)的规定进行。

一、基础工程施工

最常见的桥梁基础有明挖扩大基础、桩基础和沉井基础等。

各类及施工方法如图4-44所示。

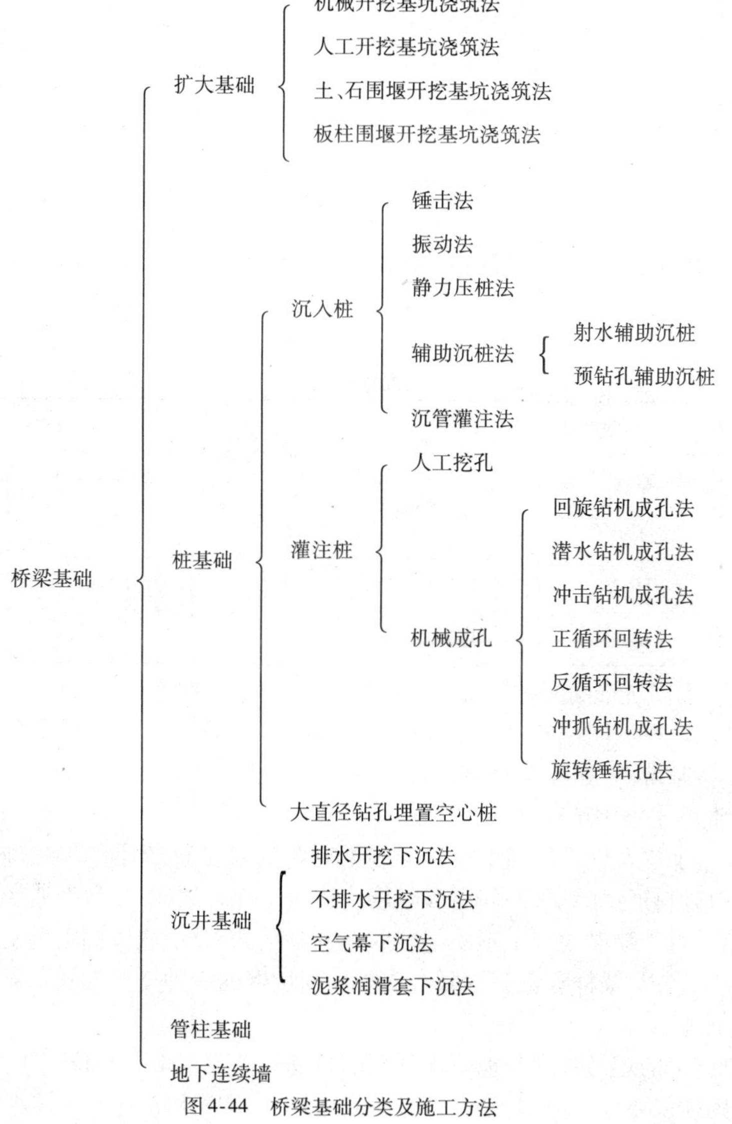

图4-44　桥梁基础分类及施工方法

1. 扩大基础施工

当浅层天然地基具备足够的承载力，通常将基础设计为刚性扩大浅基础，一般基础经济埋置深度小于5m。扩大基础施工分无坑壁支护明挖基础、有坑壁支护的明挖基础和喷射混凝土加固坑壁3种形式。

扩大基础一般采用明挖基坑的方法进行施工，特点是施工质量可靠、施工振动和公害小、造价省、工期短等。当明挖基坑土质坚硬时，对基坑的坑壁可不进行支护，仅按一定坡度要求进行开挖。在采用土、石围堰或土质疏松的情况下，一般应对开挖后的基坑坑壁进行支护加固，以防止坑壁坍塌。支护的方法有挡板支护加固、混凝土及喷射混凝土加固等。

(1)无支护加固坑壁的明挖基础

无支护加固坑壁的明挖基础的几种形式如图4-45所示。

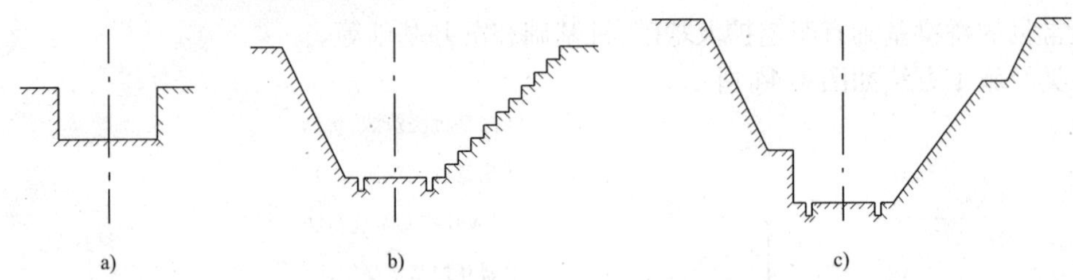

图4-45 明挖基坑

a)垂直坑壁；b)斜坡和阶梯形；c)变坡度基坑

垂直坑壁的基坑深度一般容许在2m范围内。斜坡基坑深度在5m以内，且土的湿度正常、土层结构均匀，其坑壁坡度可按土质类别参考表4-6选择。阶梯形的梯高一般取0.5～1m。

基坑坑壁坡度　　　　表4-6

土质类别	坑壁坡度(高:宽)		土质类别	坑壁坡度(高:宽)	
	基坑顶缘无荷载	基坑顶缘有动载		基坑顶缘无荷载	基坑顶缘有动载
砂类土	1:1	1:1.5	极软岩	1:0.25	1:0.67
砾类土	1:0.75	1:1.25	软质岩	1:0	1:0.25
黏质土	1:0.33	1:0.75		—	—

(2)有支护加固坑壁的明挖基础

有支护加固坑壁的明挖基础形式较多，即临时挡土墙支护基坑、有横撑挡板支护基坑、水平挡板斜柱支护基坑等，如图4-46所示。

(3)喷射混凝土加固坑壁

喷射混凝土加固坑壁是用喷射机将混凝土喷向坑壁表面，先期喷射骨料嵌入坑壁形成嵌固层，后继喷射骨料形成喷层，嵌固层与喷层构成坑壁保护结构，使坑壁避免风化、雨水冲刷和浅层坍塌剥落。对于喷射混凝土不易与坑壁充分黏结的基坑，应以锚喷混凝土加固支护为宜，其为喷射混凝土、各类锚杆和钢筋网联合支护加固坑壁的一种支护形式。

(4)基坑排水

扩大基础施工的难易程度与地下水处理的难易有关。当地下水位高于基础的设计底面高程时，施工时则须采取止水措施，如打钢板桩或考虑采用集水坑用水泵排水、深井排水及井点法等使地下水位降低至开挖面以下，以使开挖工作能在干燥的状态下进行。还可采用化学灌浆法及围幕法进行止水或排水。基坑在开挖过程中需要排水，开挖完成后在浇筑基础混凝土的过程中仍然需要排水，其排水方法应根据具体情况选用。

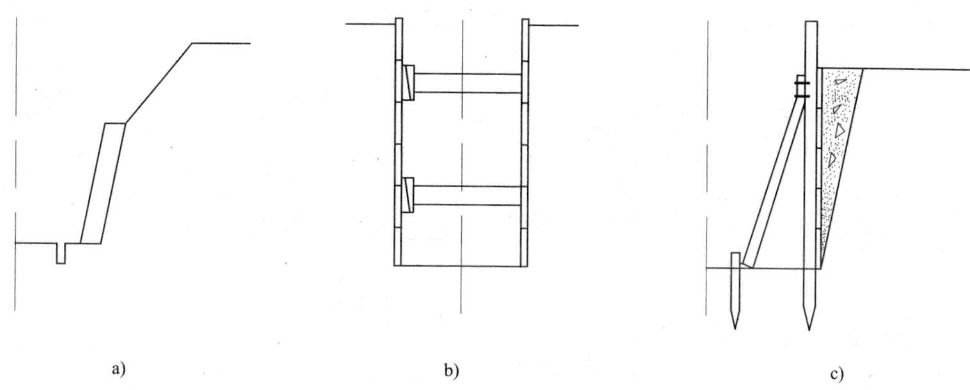

图 4-46 支护加固坑壁

a)临时挡土墙支护;b)有横撑挡板支护;c)水平挡板斜柱支护

①集水坑排水。开挖基坑如有渗水时,可沿坑底四周边缘开挖水沟和集水坑,使坑壁渗水沿四周水沟汇合于集水坑,然后用水泵排出坑外。由此反复加深集水沟和集水坑,经常保持坑底和水沟底有一定高差,达到排水通畅,以提高开挖基坑效率。集水坑排水适用较广,除有严重流砂外,一般情况均能适用。基坑内明沟排水布置如图 4-47 所示。

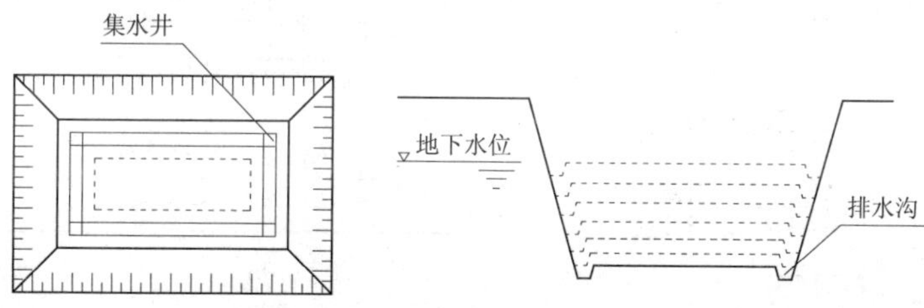

图 4-47 坑内明沟排水

②井点排水。可分真空泵轻型井点、喷射井点、电渗井点和深井泵井点 4 种方法。适用于地下水位较高、基坑土质不好的情况,尤其是在(用集水坑排水)有流砂涌泥现象时,应采用井点排水的方法,以降低地下水位。该方法可根据土的渗透系数、要求降低水位的深度及工程特点选用。

真空泵轻型井点法排水原理是由抽吸设备,将地下水经滤管、井管、总管进入过滤箱到集水箱,在集水箱内将吸上来的水与空气分离,空气进入真空泵被吸出,水则进入离心泵后被排出。排水系统布置如图 4-48 所示。

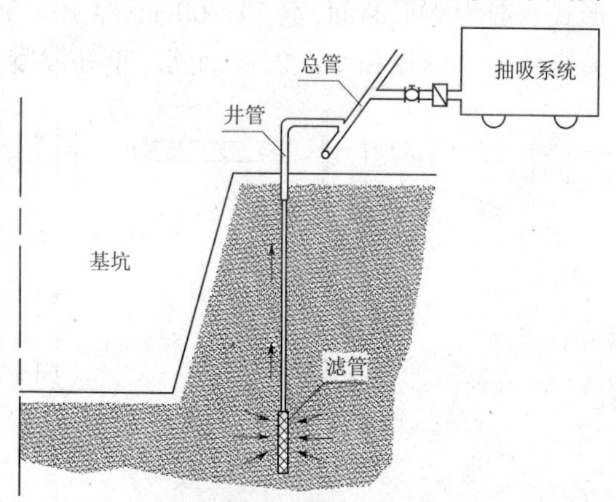

图 4-48 真空泵轻型井点抽吸系统

③帷幕法止水。一般情况基坑中均有渗水,较大基础工程的排水也可采用帷幕止水等方法。即将基坑周围的土,用冻结、硅化、灌浆等处理方法封闭成不透水的帷幕。

(5)围堰工程

围堰是临时性挡水构造物。在排除施工范围地表水时需要设置围堰,应根据主体工程所在位置、现场实际情况进行合理的施工布置。围堰高度一般为高出施工期间可能出现的最高水位(包括浪高)50cm。围堰类型及其适用条件见表 4-7 所列。

围堰类型 表4-7

围堰类别		适用条件	
		水深(m)	流速(m/s)
土石围堰	土围堰	≤1.5	≤0.5
	土袋围堰	≤3.0	≤1.5
	竹笼、铅丝笼围堰	4m以内	较大
	竹篱土围堰	1.5~7	≤2.0
板桩围堰	钢板桩围堰	用作深水或深基坑围堰,其防水性好、整体刚度大	
	钢筋混凝土板桩围堰	用作深水或深基坑围堰,其桩身可作为基础结构的一部分,亦可二次周转使用,节约材料	
钢套箱围堰		一般用作河流中流速较大的深水桩基承台	
双壁(钢)围堰(沉井)		用作河流中覆盖层较浅或平坦岩石河床的深水基础	

①土袋围堰。可用草袋、麻袋或编织袋装以松散的黏质土,袋口用麻袋线或细铁丝缝合。堆码时,土袋上下左右相互错位,尽可能堆码整齐,单墙围堰适用于水塘砌筑挡土墙,双墙填心围堰适用于河中筑岛,如图4-49所示。除土袋围堰外,还有竹笼围堰、铁笼围堰等。

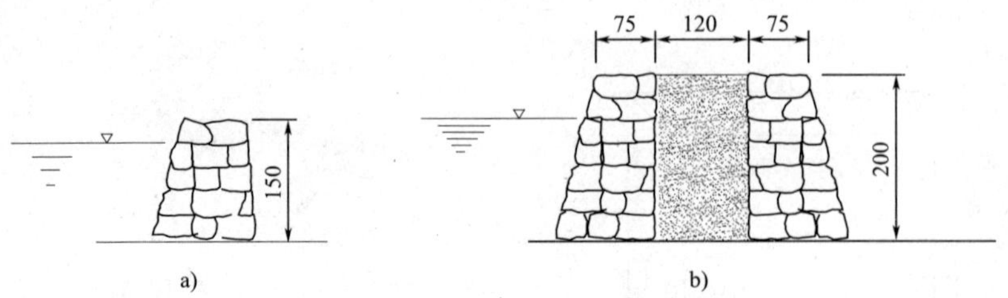

图4-49 土袋围堰(尺寸单位:cm)

a)单墙;b)双墙

②板桩围堰。板桩围堰有钢板桩、钢筋混凝土板桩等多种形式。钢筋混凝土板桩的断面形式一般为矩形断面,宽50~60cm,厚10~30cm,一侧为凹形榫口;另一侧为凸形榫口。桩尖刃脚处加焊钢板和增设加强钢筋。钢筋混凝土板桩结构和施工顺序如图4-50所示。

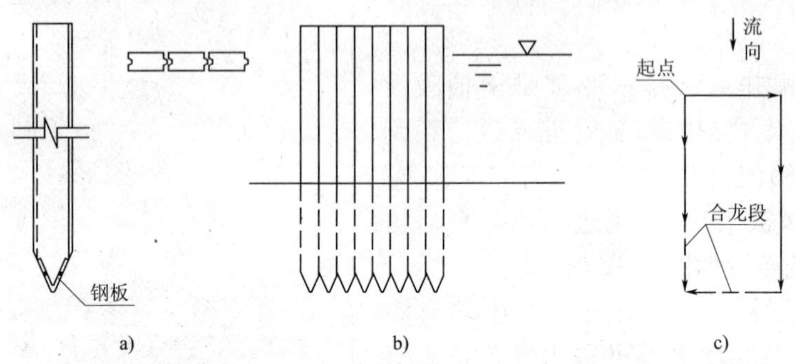

图4-50 钢筋混凝土板桩围堰

a)结构;b)板墙;c)插打顺序

③钢套箱围堰。钢套箱围堰是在钻孔灌注桩完成后,先由潜水工在水下桩上塔好一个面积尺寸比承台稍大的钢结构平台,其高度与承台相同。然后将在岸上制作好的与承台外围相同的混凝土套箱模板,用形如龙门架(在两只驳船上)式的起重设备,吊运到桩位并沉放在钢结构平台上,再浇筑承台混凝土等工序。钢套箱围堰构造如图4-51所示。

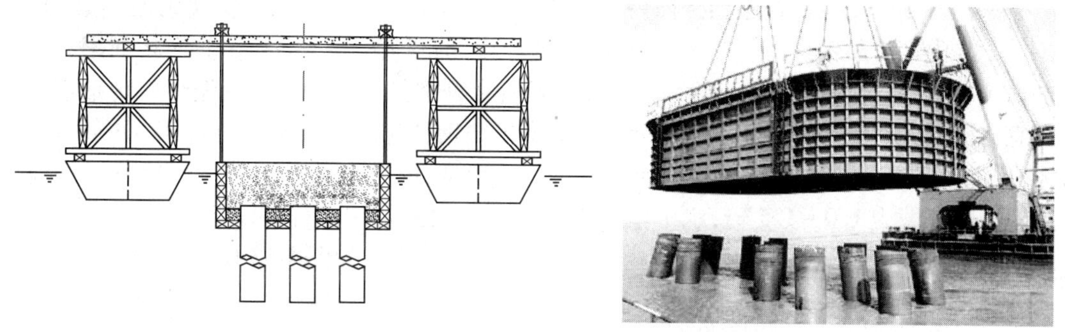

图 4-51　钢套箱围堰构造与施工

2. 钻孔灌注桩基础施工

当地基浅层土质不良时,采用浅基础无法满足结构对地基强度、变形和稳定性等方面的要求时,往往要采用深基础,桩基础是一种深基础的形式。钻孔灌注桩能将作用于桩顶的荷载传递到较深的土体中,承载力大,适用于水中和干处及各类地层施工;但成孔质量和水下混凝土施工质量较难控制,孔壁坍塌处理和孔底沉淀清除较为困难。

钻孔灌注桩是在桩位处采用钻孔机械(或人工)将地层钻挖成预定孔径和深度的桩孔后,将预制钢筋龙骨架放入孔内,然后灌注混凝土而形成桩基。其施工程序是,钻孔场地设备准备、埋设护筒、钻孔、清孔、吊放钢筋骨架、安设导管和灌注水下混凝土等。

钻孔灌注桩施工工艺流程如图 4-52 所示。

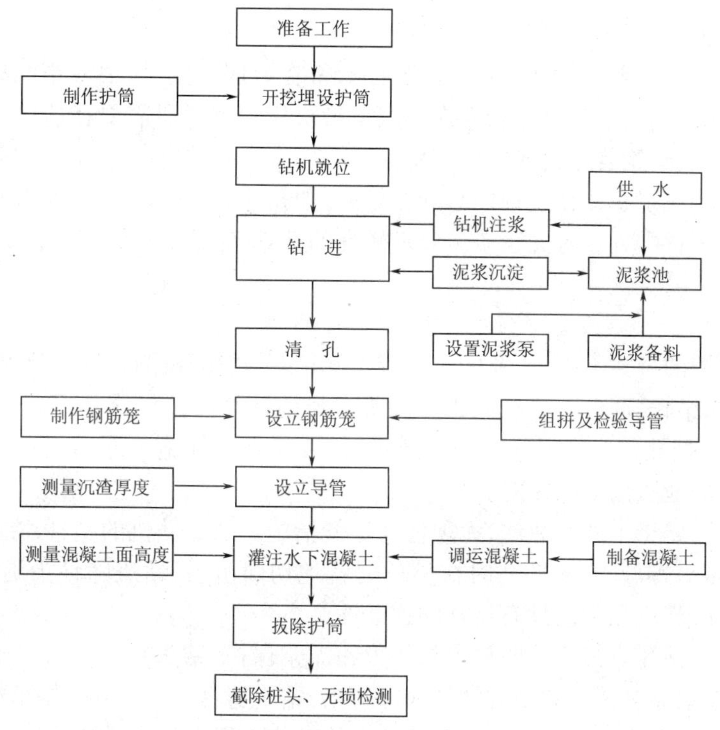

图 4-52　钻孔灌注桩施工工艺流程框图

(1)准备工作

钻孔灌注桩基础施工的准备工作包括钢护筒制作安装、工作平台搭设、调制泥浆等。

①钢护筒制作安装。普通钢护筒一般采用厚4～6mm钢板制作,两端部焊接法兰盘,以接长护筒。水中埋设的钢护筒一般不予拆除,干处埋设的钢护筒需要拆卸护筒周转利用。单节钢护筒长度≤6m,钢护筒直径一般为钻孔灌注桩直径外加扩孔部分。正反循环回转钻钢护筒内径宜比桩径大20～30cm;潜水钻、冲抓锥、冲击锥钻钢护筒内径宜比桩径大30～40cm;深水及大直径桩钢护筒的度宜采用12～14mm左右钢板厚度,内径至少应比桩径大40cm。护筒干处埋置深度一般为1.0～1.5倍;水中埋置深度为水深加沉入砂卵石层以下0.5～1.0m;有冲刷影响的河床,应埋入冲刷线以下不小于1.0～1.5m的深度。如图4-53所示。

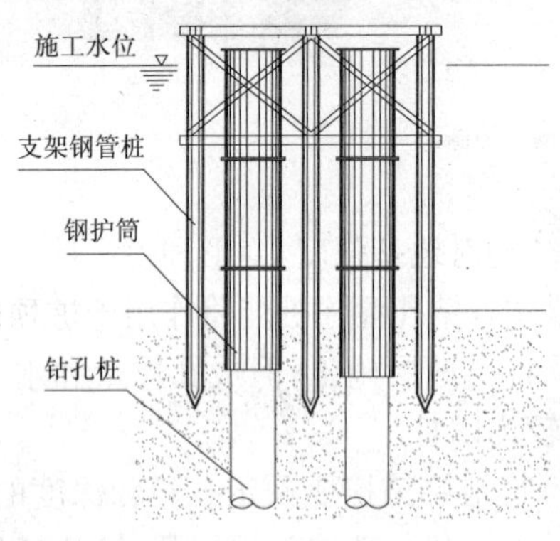

图4-53　工作平台布置与护筒埋设

②工作平台搭设。在水中墩位处,用锤击或振动方法沉入若干根露出水面的支架钢管桩(桩顶应高于施工最高水位0.5m)。各桩用纵横型钢连接,于顶面上铺设钢板,作为工作平台,如图4-53所示。

利用浮船搭设工作平台:由两只钢驳船拼成,常在流速不大、风浪较小的河中使用。船只大小根据水流情况、工作平台尺寸和需要的载重量决定。钢驳船需要在前后左右4个方向抛锚定位,锚碇可用铁丝笼装片石或直接利用铁锚。

③调制泥浆。泥浆在钻孔过程中起到排钻渣、护孔壁的作用,主要根据孔壁地质水文条件和钻孔设备情况进行配置。对泥浆质量要求较高的钻具,应经常对泥浆进行试验,不符合要求时应随时改正。

(2)成孔方法

根据井孔取渣的方式不同,成孔的方法有螺旋钻孔、正循环回转钻孔、反循环回转钻孔、潜水钻机钻孔、冲抓钻孔、冲击钻孔和人工挖孔等。目前钻孔灌注桩直径一般在4.5m以内,桩长100.0m以内。钻孔作业应采取多班连续进行,要认真做好施工原始记录,注意土层变化,捞取渣样与设计的地质剖面图核对。

①螺旋钻孔。属于干性作业法,无须任何护壁措施。螺旋钻机的钻杆,在钻头和(一定长度内)钻杆上都带有螺旋叶片,钻孔时在桩位处就地切削土层,钻渣随钻头旋转,被送到出土器,自动排出孔外,其成孔工艺具有良好的连续性。

②正循环回转钻孔。其井孔壁靠水头压力和泥浆保护,钻头在回转时将土层搅松成为钻渣,采用高压将泥浆通过钻机的空心钻杆底部射出,钻渣随着泥浆上升而溢出流到井外的泥浆沉淀池,经过沉淀的泥浆再循环使用。采用此方法钻渣必须由泥浆浮悬排出孔外,故对泥浆的质量要求较高。

③反循环回转钻孔。与正循环相反,泥浆在钻杆外由孔口注入井孔,采用真空泵或其他方法(如空气吸泥机等)将钻渣从钻杆中吸出。由于钻杆随钻头进尺,从井孔底部将钻渣吸入钻

杆内，其真空吸力大，排渣速度比正循环快得多。此方法的泥浆只起护壁作用，其质量要求较低，如果钻孔较深或遇到易坍土层，仍需要高质量泥浆护壁。

④潜水钻机钻孔。主要特点是钻机的动力装置与钻头连成一个整体，钻机工作时，这种带有动力的钻头将泥浆由泥浆泵通过胶管、空心钻杆射入孔底，然后由钻头转动搅松钻渣使其浮悬在泥浆中，随泥浆上升溢出井口，流入到泥浆沉淀池中滞留下残渣并分离出泥浆，此种方法是正循环式潜水钻机的生产流程。若改用真空泵或空气吸泥机等机具将钻渣从钻杆（或胶管）中吸出，则成为反循环式潜水钻机的生产流程，如图 4-54 所示。

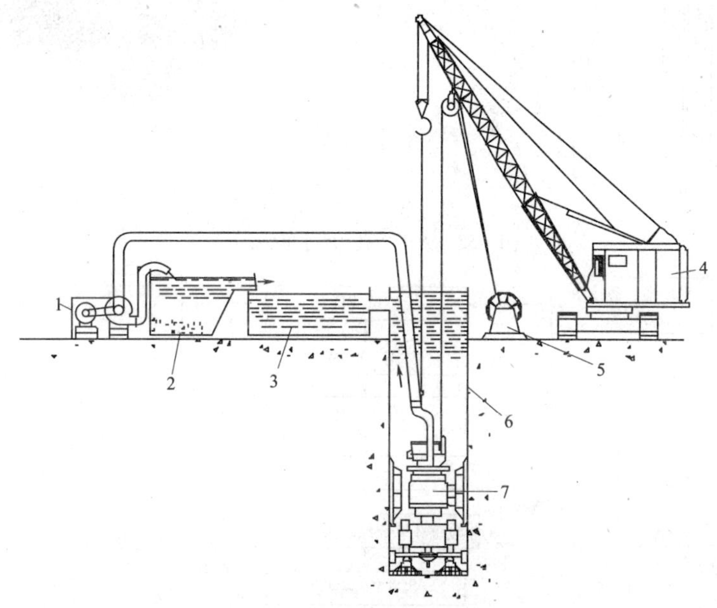

图 4-54　无钻杆反循环潜水钻机工作示意图

1-吸泥机；2-沉淀池；3-储浆池；4-吊机；5-绝缘电缆绞盘；6-护筒；7-潜水钻机

⑤冲抓钻孔。是将冲抓锥抓瓣张开冲入土石中，然后收紧抓瓣，抓瓣便将土石抓入锥中，提升冲抓锥出井孔，松开抓瓣卸渣。井孔护壁与回旋钻孔法相同。

⑥冲击钻孔。是用卷扬机提升冲击装置，上下反复冲击，将土石劈碎，部分土石被挤开，有一部分由泥浆悬浮钻渣出孔。但冲击到一定时间后，放入掏渣筒掏渣，提出孔外。

⑦人工挖孔。在土层范围内无地下水或少量地下水时，可以采用人工挖孔。井壁一般采用现浇混凝土支撑，如图 4-55 所示。人工挖孔桩施工工艺流程如图 4-56 所示。

（3）水下混凝土浇灌

①清孔。钻孔达到设计高程并经检查符合规范要求后，应立即进行清孔。清孔方法有掏渣清孔、换浆清孔法和抽浆清孔 3 种，可以根据设计要求、钻孔方法、机具设备条件和土层情况等选用。掏渣清孔法只适应于冲抓、冲击钻孔；换浆清孔法适用于正循环钻孔的摩擦桩；抽浆清孔法清孔较彻底，适用于孔壁稳定的各种柱桩和摩擦桩。清孔后孔内沉淀厚度要求：摩擦桩不大于 $0.4 \sim 0.6d$（d 为设计桩径），应尽量争取不大于 $0.4d$，柱桩应不大于设计规定。孔内泥浆的允许指标：相对密度 1.05 ~ 1.20，黏度 17 ~ 20，含砂率小于 4%。

②吊装钢筋骨架。在完成了清孔作业并经检查符合规定要求后，应及时准确地将钢筋骨架吊放在钻孔内，并应牢固定位，可将它固定在护筒或钻架上，以免在灌注水下混凝土过程中被混凝土顶出，或发生位移等事故。

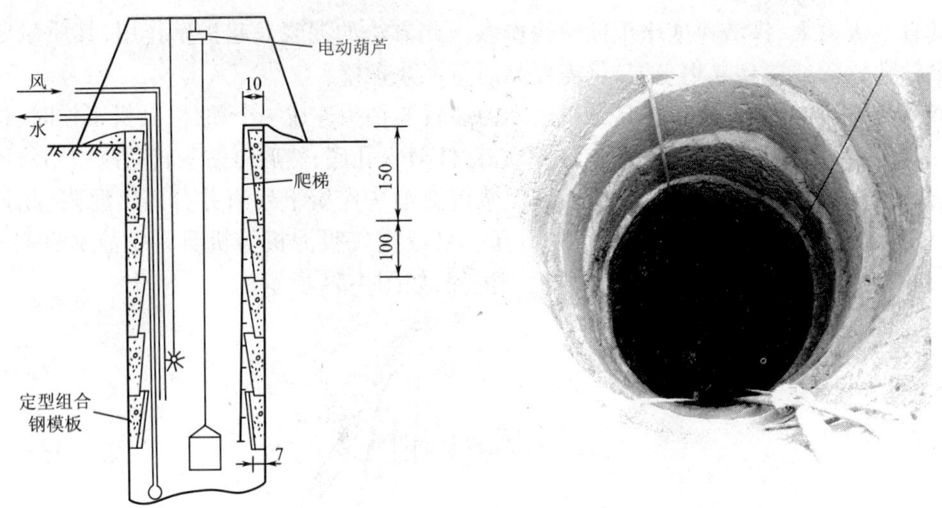

图 4-55　人工挖孔(尺寸单位:cm)

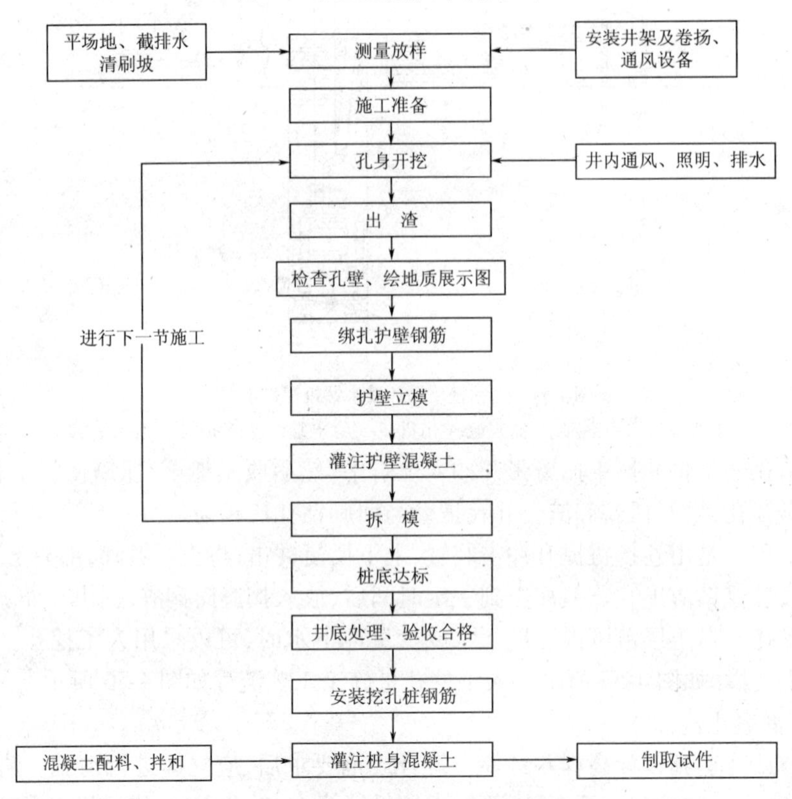

图 4-56　人工挖孔桩施工工艺流程框图

③安装混凝土储料斗与导管。在钻孔内灌注水下混凝土,应用不漏水的钢质导管进行,其内径一般为 25 ~35cm。在吊装好钢筋骨架之后,应立即将导管安放在钻孔内,导管之上应设置储料斗。

④进行水下混凝土灌注。如图 4-57 所示,进行水下混凝土灌注必须保证在时间上连续,流经导管的混凝土连续。

灌入的首批混凝土的初凝时间,不得早于灌注桩的全部混凝土灌注完成时间,当混凝土的数量较大,经分析计算无法达到时,可通过试验,在首批混凝土中掺入缓凝剂,以延迟其凝结时间。首批混凝土用量也应经过计算,使其有一定的冲击能量,能把泥浆从导管中排出,并能把导管下口埋入混凝土不小于1m深。

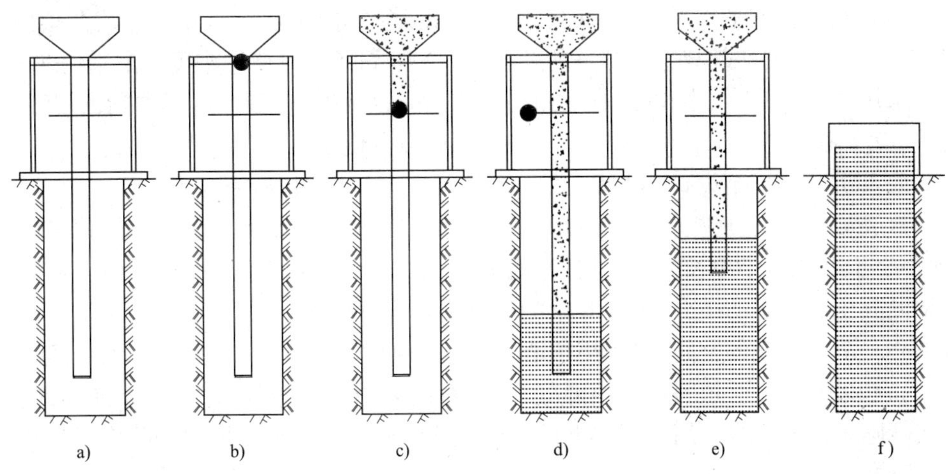

图4-57　水下混凝土灌注

a)安设导管;b)投入隔水球;c)灌入首批混凝土;d)隔水栓下落孔底;e)连续灌注,上提导管;f)混凝土灌注完毕,拔出护筒

为防止混凝土在导管中遇水离隙,首批混凝土用隔水栓把水隔离,隔水栓预先用8号铁丝悬吊在混凝土漏斗下口,当混凝土装满后,剪断铁丝,混凝土随隔水栓下沉至孔底,排开泥浆,埋住导管口。

随着浇注连续进行,边拔导管,中途停歇时间不超过15min。在整个浇注过程中,导管在混凝土埋深既不能小于1m也不能大于6m。专人测量导管埋置深度及管内外混凝土面的高差,及时填写水下混凝土浇注记录。利用导管内的混凝土的超压力使混凝土的浇注面逐渐上升,上升速度不低于2m/h,直至高于设计高程1m。

当桩身混凝土达到设计要求的强度,干处或围堰内的桩基,即可清除桩头混凝土,立模浇注承台或系梁;处于水中的桩基,则可采用套箱围堰进行承台或系梁混凝土的浇注工作。

3.沉井基础施工

沉井既是一类基础形式,又是一种施工方法。其构造一般由井壁、刃脚、隔墙、预埋冲刷管、封底、填心、顶盖板组成。

(1)沉井构造

①井壁。井壁是沉井的主体部分,在下沉进程中,它是一个活动围壁,用以挡土、围水并利用自身重量克服土与井壁之间的摩阻力,使沉井顺利下沉。在使用期间,井壁作为基础将作用其上的荷载传递到地基。其厚度应根据结构强度,下沉需要的重量等因素来确定,一般采用0.7~1.5m,但薄壁沉井不受此限制。井壁的混凝土强度等级不应低于C15,最底下一节的最小含筋率不宜小于0.1%,其水平钢筋不宜在井壁转角处有接头。每节沉井的高度根据沉井全高、土质情况和施工条件确定,一般不宜高于5m。

②井孔。井壁围成的空间,在施工过程中作为挖土排土的场地和通道,其尺寸应满足施工要求,井孔的宽度或直径不宜小于3m。井孔的平面布置应简单对称。

③刃脚。位于沉井井壁的下端,其主要作用是切土。为了利于切土和便于取土,刃脚斜面在保证刃脚的强度要求下应尽量做得陡些,刃脚斜面与底面所成的夹脚大于45°。刃脚的塌面宽度一般为0.1~0.2m。刃脚高度视井壁厚度而定,高度最好大于1m。沉井通过坚硬土层,如夹卵石、漂石层时,刃脚底面应以角钢或钢板加强,以免损坏刃脚。沉井刃脚一般采用强

度等级不低于 C20 的钢筋混凝土制成。

④隔墙。当沉井的平面尺寸较大时，为了使用或施工中的需要，常用一道或几道内墙把沉井分隔成几个井孔，这样既减少了井壁的跨度，又增加了沉井的整体刚度。隔墙一般受力小，其厚度常采用 0.6 ~ 1.0m。隔墙刃脚踏面高出 0.5m，以减少下沉阻力。在排水下沉人工开挖的情况下，应在隔墙上开设 1.0m × 1.2m 的过人洞，以方便施工。

⑤封底。沉井下沉至设计高程后用 C20 混凝土填封底层，岩石地基可用 C15 混凝土填封。沉井封底后抽水时，底板将会受到地基反力和水压力的作用，根据其受力要求来确定其厚度，一般不小于井孔最小边长的 1.5 倍，封底的顶面应高出刃脚根部 0.5m。为了使封底混凝土与井壁混凝土有较好的结合，可在井壁的刃脚附近设置凹槽。

⑥填心。沉井井孔的空间，可采用填心或空心两种方式进行处理。当作用在沉井上的外力较大时，应采用填心式，填料可采用混凝土、片石混凝土或浆砌片石，在无冰冻地区，还可采用粗砂或砂砾来填充。当作用在沉井上的外力较小，或为了减轻沉井重量时，在无冰冻地区也可采用空心沉井。

⑦顶盖板。不管是填充砂砾的材料还是空心沉井，其顶盖板一律采用钢筋混凝土板，以承受由墩台传来的荷载。对填心的沉井顶盖板可采用强度等级不低于 C15 的混凝土，厚度为 1.0 ~ 2.0m。

(2)沉井施工

沉井施工分重力式和浮式沉井两种，当在制作下沉过程中无被水淹没的岸滩上，则宜就地围堰筑岛制作沉井。当位于深水处而围堰筑岛困难时，可采用浮式沉井。预制安装如图 4-58 所示。

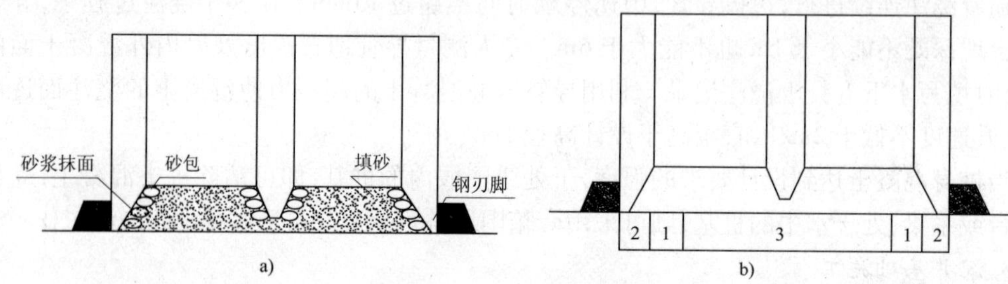

图 4-58　沉井预制安装

a) 预制；b) 开挖下沉顺序

①重力式沉井施工。它的特点是壁厚、重量大。当墩台位于旱地时，可就地制作，挖土下沉；当位于浅水区可能被水淹没的区域时，宜用筑岛的方法制作和下沉。筑岛分为无围堰筑岛和有围堰筑岛两种形式。筑导材料应用透水性好、易于压实的砂土或碎石土等，而且不应含有影响到受力的抽垫下沉的块体。土岛适用于水浅、水流速度不大的河床，其临水面坡度，一般可采用 1∶1.75 ~ 1∶3。有围堰的筑岛，可结合当地的实际情况，选用草土、草(麻)袋、竹木笼、钢板桩等围堰。制作重力式沉井的岛面应比施工最高水位高出 50 ~ 70cm，筑岛尺寸应满足沉井制作和抽垫等施工要求，一般须在沉井周围设置护道，无围堰筑岛其护道宽度不小于 2.0m，有围堰筑岛其护道宽度可按下列公式计算确定。但在任何情况下，护道的宽度都不应小于 1.5m。

$$b \geqslant H\tan\left(45° - \frac{\phi}{2}\right)$$

式中：b——护道的宽度(m)；

H——筑岛高度(m)；

ϕ——筑岛土饱和水时的内摩擦角(°)。

重力式沉井的下沉作业，分排水下沉和不排水下沉两种方式。一般宜采用静水抓土的不排水方法下沉，有卷扬机带抓斗和履带式起重机带抓斗两种方法，可结合现场条件选定。当限于设备条件，又是在稳定的土层中，也可采用排水人工开挖配卷扬机提升出土下沉，应有安全措施，防止发生人身安全事故。

沉井在接高时不得将刃脚掏空，应对称地进行加重，防止接高时急剧下沉发生倾斜。

②浮式沉井。浮式沉井的施工顺序为施工准备、制作或拼装、下水、浮运、定位落床。

将沉井做成空腹式的壳体，入水后能自行浮于水中，分钢丝网水泥薄壁沉井和钢壳沉井等形式。钢丝网水泥薄壁浮运沉井的构造，其空腹壁系由3cm左右厚的钢筋网、钢丝网和水泥砂浆组成，在河岸上制成后，通过临时修建的下水轨道，下滑至水中。考虑施工人员在壁腔内操作方便，沉井的壁厚一般不得小于80cm。钢壳沉井实际上是用角钢和薄钢板焊成的沉井钢模板，在船坞或船上进行拼装，故应根据现场实际情况，修建临时船坞或拼装船。

沉井就位之前，应根据建设条件和实际情况与要求，选配好导向船、定位船、船上混凝土搅拌台、排水灌水设备，以及固定船只和沉井用的锚碇的规格和数量等。在沉井制作完成下水后，用拖轮拉运（导向船）或绞车（卷扬机）牵引就位，在浮运和定位落床的任何时间内，露出水面的高度均不得小于1m。尤其是定位落床，它是浮式沉井施工中的一个关键环节，技术要求高，施工难度大，故应根据建设环境的实际情况，通过各种必要的分析计算，确定定位布置方案。

大型钢壳沉井制作与下沉如图4-59所示。当浮运沉井准确定位后，应向井孔内或井壁空腔格内迅速、对称、均衡地灌水，使沉井落至河床，并拆除临时底板，薄壁空腔沉井落床后，可逐格对称、均衡地灌注适当数量的水下混凝土，以加固井壁和增加重量，然后将水抽干，进行一般混凝土的浇注，从而使薄壁空腔式沉井变成为普通的重力式沉井，依靠自重或另行加压使之下沉。

图4-59　大型钢壳沉井制作现场

③封底施工。当沉井沉至设计高程后，经检查基底合格，应及时进行封底。封底混凝土的厚度，一般应由计算确定，其顶面应高出刃脚根部不小于50cm。封底之前，应进行清底，要尽量整平基底，井壁、隔墙及刃脚与封底混凝土接触处的泥污要清洗掉。

采用水下混凝土封底，当封底面积较大时，宜采用多根导管灌注，按先周围后中部和先低处后高处的顺序进行，使混凝土保持大致相同的高程。多跟导管之间的布置间距与灌注混凝土时的超压力有关，可参考表4-8确定。

导管作用半径与超压力的关系　　表4-8

超压力（kPa）	75	100	150	250
导管作业半径（m）	<2.5	3.0	3.5	4.0

4. 承台及系梁施工

（1）承台施工方法

①承台底面埋设在有足够承载力的土层上，且能够排干水时，可采用明挖基础的施工方法。

②承台底面埋设在软弱的土层上，且能够排干水时，可采用夯填 10～30cm 厚砂砾或碎石垫层后，即刻浇筑承台混凝土。

③在浅水区建筑承台时，可采用围堰排水方法施工。

④承台底面埋设置在河床面以上的水中时，可采用钢套箱等方法建筑承台。

(2)系梁施工

钢筋混凝土钻孔灌注桩，单排桩两根或三根桩之间的桩顶位置设置系梁。一般情况系梁应在干处条件下施工，其钢筋应埋入钻孔灌注桩混凝土中。

二、墩(台)身施工

墩(台)身的施工方法根据其结构形式的不同而各异。其结构形式较简单、高度不大的中、小桥墩(台)身，通常采取立模一次或几次的传统现浇施工方法；高墩及斜拉桥、悬索桥的索塔，多采用滑升模块、爬升模板和翻升模块等方法施工。施工的共同特点是将墩身分成若干节段，从下至上逐段进行施工。墩台施工工艺流程如图 4-60 所示。

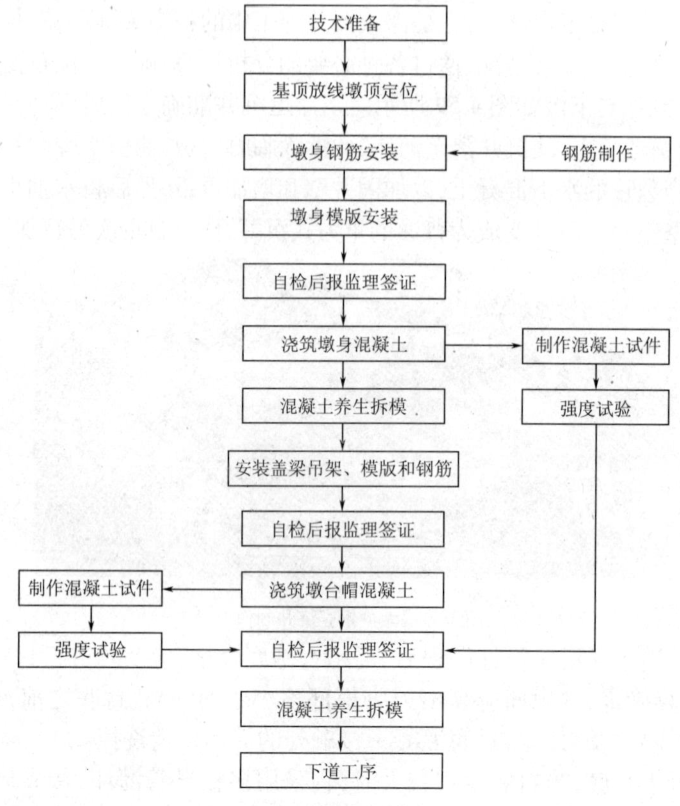

图 4-60　墩台施工工艺流程框图

1. 墩身滑模施工

采用滑升模板(简称滑模)施工，对结构物外形尺寸的控制较准确，施工进度平稳、安全，机械化程度较高，但因多采用液压装置实现滑升，成本较高，所需的机具设备亦较多。

2. 墩身爬模施工

爬升模板(简称爬模)一般要在模块外侧设置爬架，这种模板需耗用较多的材料，体积亦较庞大，但不需设另外的提升设备。

3. 墩身翻模施工

翻升模块(简称翻模)结构较简单,施工亦较方便,但需设专门用于提升的起吊设备。

4. 盖梁施工

盖梁施工的模板支撑方法分为落地支架和(利用墩柱架设)斜撑支架两种。落地支架常采用定型产品,如轻型门式钢管支架、重型六四军用梁、贝雷架和万能杆件组拼的各种形式的支架。斜撑支架的做法是在墩柱的适当位置架设支撑(牛腿),承受盖梁施工的所有荷载,其优点是省支架和工期短,特别是高墩盖梁的施工,经济效果突出。盖梁施工如图4-61所示,施工工艺流程如图4-62所示。

图4-61 盖梁施工

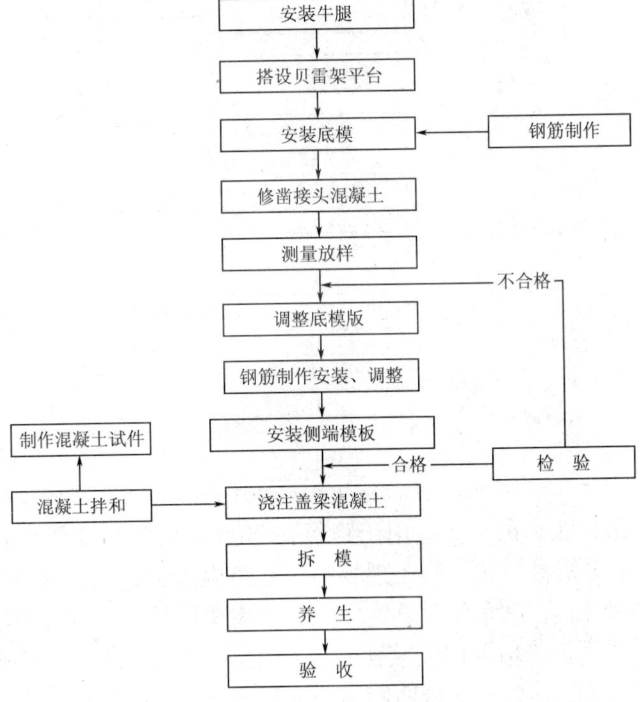

图4-62 盖梁施工工艺流程框图

三、上部结构施工

桥梁上部结构形式多种多样，其施工方法的种类较多，但除一些比较特殊的施工方法以外，大致可分为预制安装和现浇两大类施工方法，应根据桥梁规模和结构设计要求，施工现场环境、设备等因素综合分析，选择施工方法。桥梁上部结构施工方法如图4-63所示。

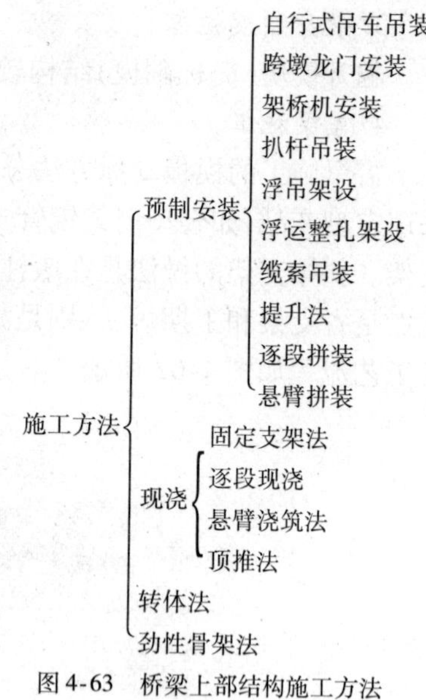

图4-63　桥梁上部结构施工方法

1. 预制安装施工方法

梁体预制施工工艺流程如图4-64所示。

预制安装主要分为预制梁安装和预制节段式块件拼装两种施工方法。前者主要指整梁预制后安装的装配式的简支梁板，如空心板梁、T形梁、小跨径箱梁等；后者则是将梁体（一般为箱梁）沿桥轴向分段预制成节段式块件，运至现场进行悬臂式拼装，如连续梁、T构、刚构和斜拉桥等多采用这种方法施工。预应力张拉工艺流程框如图4-65所示。

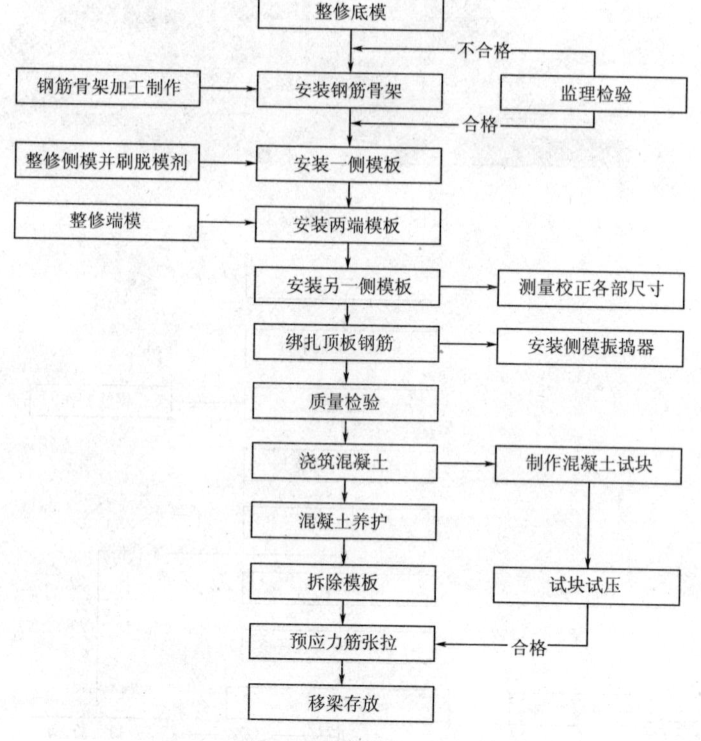

图4-64　钢筋混凝土梁体预制工艺流程框图

（1）自行式吊车吊装法。吊装法适用于跨径在30m以内的简支梁板安装作业，如采用汽车吊、履带吊和轮胎吊等机械吊装。施工现场吊装孔跨内或引道上应有足够设置吊车的场地，同时应确保运梁道路的畅通，吊车位置选定应充分考虑梁体的重量和作业半径的要求。

（2）跨墩龙门安装法。跨墩龙门安装法一般情况将梁的预制场地安排在桥头引道上，以缩短运梁距离和保证直线运梁，于墩台两侧顺桥向设置轨道，其上安置跨墩龙门吊，将梁体在吊起状态下运至架设地点而安装在预定位置。其特点是：施工作业简单，进度快，施工安全易保证。缺点是要求地形平坦且顺直,梁体能沿顺桥向搬运,桥墩不宜太高;由于架桥设备费用较大,适合于孔数较多的桥梁架设安装。

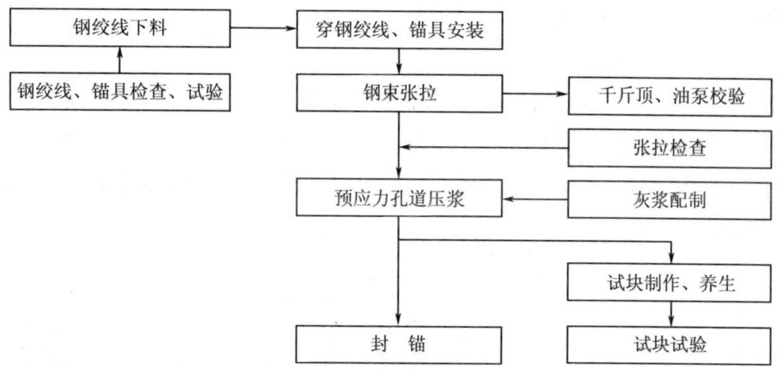

图 4-65　预应力张拉工艺流程框图

(3)架桥机安装法。架桥机主要由导梁、吊运动力系统组成。目前架桥机分专用架桥机和构件自行拼装架桥机两类;按受力形式不同分为单导梁、双导梁、斜拉式和悬吊式等。悬臂拼装和逐跨拼装的节段式桥梁也经常采用专用的架桥机设备进行施工。

架桥机的特点:不受架设孔跨的桥墩高度影响,亦不受梁下条件的影响;架设进度快,作业安全度高,对于跨数较多的长大桥梁更显优越性。

(4)浮运整孔架设法。将梁体用趸船载运至架设地点后进行架设安装的方法。分为用两套卷扬机(或液压千斤顶装置)组合提升吊装就位和利用趸船的吃水落差将整孔梁体安装就位两种方式。

(5)缆索吊装法。当桥址为深谷、急流等桥下净空不便利施工时,在桥台上或桥台后方设立钢塔架,塔架上悬挂缆索,以此进行架设安装的施工方法。缆索吊装法较多地应用于拱桥的拼装施工,有直吊式和斜拉式之分。缆索吊装法比其他方法的架设机械庞大且工期长,采用前应对其作充分的经济性分析。

(6)提升法。提升法有两种形式:一是采用卷扬机装置进行提升,较适用于节段式悬臂拼装的桥梁;另一种是采用液压式千斤顶装置进行连续提升,较适用于重型梁体的架设安装。

(7)悬臂拼装法。悬臂拼装法是采取梁体分节段预制,墩顶块件采用现浇,然后以桥墩为对称点,将预制块件沿桥跨方向对称起吊、安装就位,张拉预应力筋,在悬臂端不断接长,直至合龙的施工方法。如图 4-66 所示。

图 4-66　悬臂拼装法施工

悬臂拼装法现多用于变截面预应力混凝土箱梁体的施工，其施工速度快，预制块件的施工质量易控制，但预制节段所需的场地较大，在大跨桥梁的施工中对拼装精度要求较高，只宜在跨径 100 ~ 200m 左右的大型桥梁中选用。

2. 现浇施工方法

现浇施工主要有支架现浇、悬臂浇筑和顶推三类施工方法。现浇梁具有整体性好，施工平稳、可靠，不需要大型起重设备，施工中无体系转换的问题等特点。但存在施工跨径不能过大，不能上下部结构同时施工，施工工期长等缺点。现浇预应力钢筋混凝土箱梁施工工艺如图 4-67 所示。

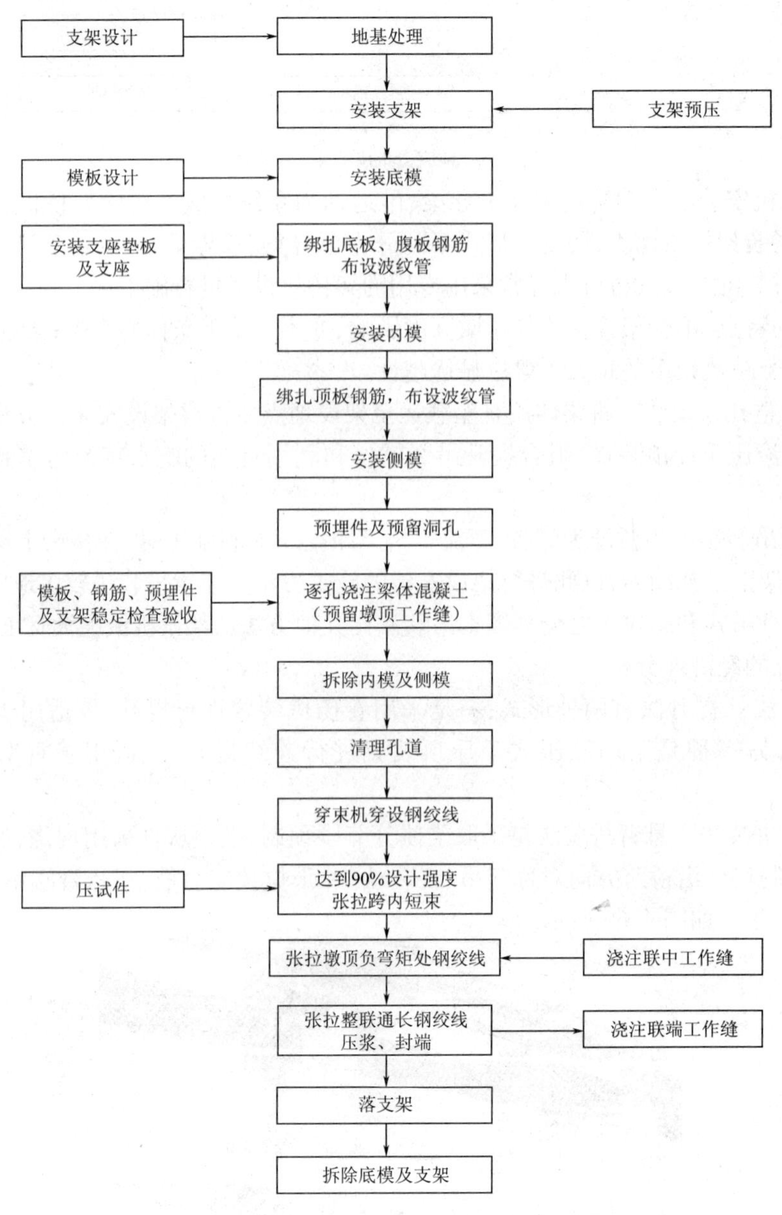

图 4-67　现浇预应力钢筋混凝土箱梁施工工艺框图

(1) 支架现浇法

支架现浇法工艺包括于桥跨间设置支架、安装模板、绑扎钢筋、现场浇筑混凝土。支架按其构造形式可分为满布式、柱式、梁式和梁柱式几种类型；按结构可分门式支架、扣件式支架、碗扣式支架、贝雷桁片、万能杆件及各种型钢组合构件等。施工支架虽为临时结构，但在施工过程需承受梁体的大部分恒重，必须具有足够的强度和刚度；同时支架以下的地基要可靠，必要时需对地基进行加固处理。支架现浇法适用于旱地上的钢筋混凝土和预应力混凝土中、小跨径连续梁桥的施工。

(2)逐孔现浇法

逐孔现浇法与前述的固定支架法相类似，于梁的一孔（或二孔）间设置支架，完成后将支架整体转移到下一孔进行连续施工。这种方法只用一孔（或二孔）的支架和模板周转使用，节省施工费用。

周转支架分为落地式、梁式、落地移动式和移动模架。落地式支架多用于旱地桥梁或桥墩较低的情况；梁式支架的承重梁则可支撑在位于桥墩承台的立柱上或锚固于桥梁的横梁上；落地移动式支架可在地面设置轨道，支立在轨道上（或其他滑动、滚动装置上）进行转移。

近年来，移动模架逐孔现浇施工应用广泛，它是使用不着地移动式的支架和装配式的模板进行连续逐孔现浇施工。本方法用于多跨桥梁（如高架桥、海湾桥），具有施工进度快，安全性和机械化程度高，施工占地少和不受桥下条件影响等优点。但模架设备投资较大，模架拼装与拆除比较复杂，此法用于桥长在500m以上才经济合理，一般只适用于跨径为20～50m的预应力混凝土连续梁桥施工。

(3)悬臂浇筑法

该方法是在桥墩两侧对称逐段就地浇筑混凝土，待混凝土达到一定强度后张拉预应力筋，安装移动挂篮，逐段现浇悬臂直到合龙，如图4-68所示。挂篮的构造形式多样，通常由承重梁、悬吊模板、锚固装置、行走系统和工作平台等部分组成。挂篮的作用是支撑梁段模板，调整位置，吊运材料机具，浇筑混凝土，拆模和在挂篮上进行预应力张拉工作。挂篮除强度应保证安全可靠外，还要求稳定性好、变形小、装拆移动灵活和施工速度快等。

图4-68　悬臂浇筑法施工照片

(4)顶推法

按顶推施力的方法分单点顶推和多点顶推两种方法。顶推施工是在桥台的后方设置接长施工场地，分节段现浇梁体，然后用纵向预应力筋将现浇节段与已完成的梁体联成整体，在梁体前端安装长度为顶推跨径0.7倍左右的钢导梁，通过水平千斤顶施力，将梁体向前方顶推出台坐，重复现浇节段与顶推等工序直至完成全部梁体的施工。如图4-69所示。

图4-69　顶推法施工照片

顶推法施工适用于作业场所限制，可制作场地顶棚而使施工不受天气影响。采用顶推法施工，设备简单，施工平稳，噪声低，施工质量好，可在深谷和宽深河道上架桥。连续梁的顶推跨径以30～50m左右最为经济合理，若跨径过大，则需要设置临时墩等辅助手段。顶推施工宜在等截面的预应力混凝土连续梁桥中使用。

3. 转体施工法

如图4-70所示。转体施工法是利用岸边有利地形设立支架模板，预制半跨桥梁的上部结构，然后用风缆控制，借助上、下转轴偏心值产生的分力使两岸半跨桥梁上部结构向桥跨转动，直到上部结构合龙。该法适用于峡谷、水深流急、通航河道和跨线桥等地形特殊的情况，具有工艺简单、操作安全、所需设备少、成本低、施工速度快等特点，多用于拱桥施工，亦可用于斜拉桥和刚构桥。

图4-70　转体施工法

4. 劲性骨架法

以钢骨架作为拱圈的劲性拱架，即先架设拱架，然后再采用现浇混凝土包裹骨架，形成钢筋混凝土拱桥。国外称为“米兰拱”，骨架可采用型钢或钢管等材料制作。

四、桥面系及附属工程施工

桥面系主要包括桥面铺装层、伸缩缝装置、桥面连续、泄水管、支座、桥面防水、桥面防护设施（防撞护栏或人行道栏杆、灯柱等）、桥头搭板等。

1. 伸缩缝装置及其安装

(1)伸缩缝的类型

伸缩缝种类繁多，按其传力方式及构造特点可以分为对接式、钢质支撑式、橡胶组合剪切式、模数支撑式、无缝式，其形式、型号、结构见表4-9所列。

桥梁伸缩缝装置分类 表4-9

类别	形式	种类	说明
对接式	填塞对接式	沥青、木板填塞型	以沥青、木板、麻絮、橡胶等材料填塞缝隙的构造(在任何状态下,都处于压缩状态)
		U型镀锌铁皮型	
		矩形橡胶条型	
		组合式橡胶条型	
		管型橡胶条型	
	嵌固对接式	W型	采用不同形状的钢构件将不同形状橡胶条(带)嵌固,以橡胶条(带)的拉压变形吸收梁变位的构造
		SW型	
		M型	
		SDII型	
		PG型	
		FV型	
		GNB型	
		GQF-C型	
钢质支撑式	钢质式	钢梳齿板型	采用面层钢板或梳齿钢板的构造
		钢板叠合型	
橡胶组合剪切式	板式橡胶型	BF、JB、JH、SD、SC、SB、SG、SEG型	将橡胶材料与钢件结合,以橡胶的剪切变形吸收梁的伸缩变位,桥面板缝隙支撑车轮荷载的构造
		SEJ型	
		UG型	
		BSL型	
		CD型	
模数支撑式	模数式	TS型	采用异型钢材或钢组焊接与橡胶密封带组合的支撑式构造
		J-75型	
		SSF型	
		SG型	
		XF斜向型	
		GQF-MZL型	
无缝式	暗缝式	GP型(桥面连续)	路面施工前安装的伸缩构造
		TST弹塑体	以路面等变形吸收梁变位的构造
		EPBC弹塑体	

(2)伸缩缝装置的施工

桥梁伸缩装置分成了5大类,前4类的组成部分可简化为如图4-71a)所示,第五类的组成可简化为如图4-71b)所示。

伸缩缝施工必须保证其高程与桥面铺装的高程一齐平,以免造成行车的不舒适和跳车,导致桥梁伸缩装置的破坏。遵照伸缩装置的施工程序并谨慎施工是桥梁伸缩装置成功的重要保证。

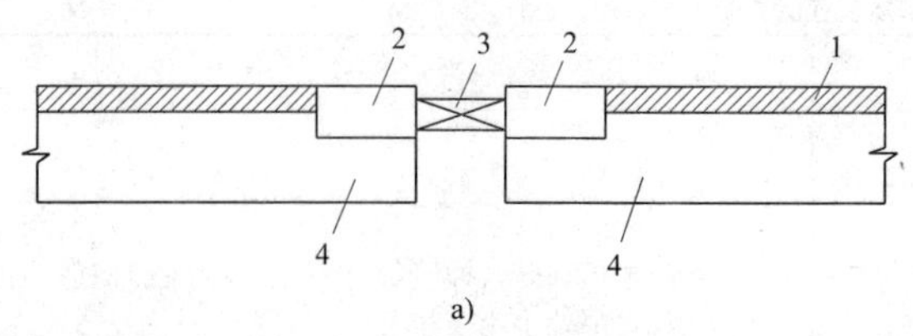

a)

图中1-桥面铺装; 2-伸缩装置的锚固系统; 3-伸缩装置的伸缩体; 4-梁体

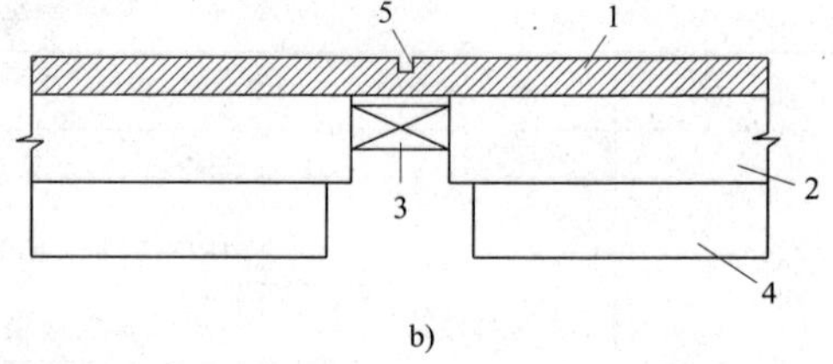

b)

图中1-桥面铺装; 2-桥面整体化混凝土; 3-伸缩体; 4-梁体; 5-锯缝

图 4-71　伸缩缝结构示意图

a)第 1-4 类伸缩缝结构;b)第 5 类伸缩缝结构

第 1-4 类伸缩装置施工程序框图如图 4-72 所示。

第 5 类伸缩装置一般用于伸缩量较小的小桥,其上结构多为板式结构,在板上面还设有约 10cm 厚的整体化桥面混凝土。其伸缩装置的施工程序框图如图 4-73 所示。

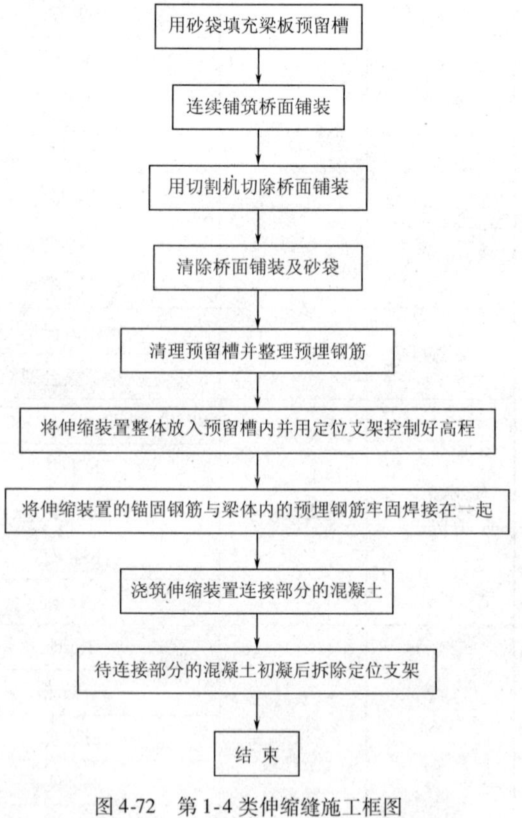

图 4-72　第 1-4 类伸缩缝施工框图

(3)伸缩装置的锚固

桥梁伸缩装置破坏的原因多数与锚固系统有关,锚固系统薄弱,本身就容易破坏。常用伸缩缝的锚固系统有无缝式、填塞对接型、嵌固对接型、钢质支撑式、组合剪切式橡胶和无缝式 TST 弹塑体等形式。

①无缝式(暗缝式)伸缩装置

此类伸缩装置的特点是桥面铺装为整体形,它适应于伸缩最小于 5mm 的桥梁,只能用于桥面是沥青混凝土的情况,构造如图 4-74 所示。

②填塞对接型伸缩装置

该类伸缩缝的伸缩体所用材料主要有矩形橡胶条、组合式橡胶条、管型橡胶条、M 形橡胶条,也有采用泡沫塑料板或合成树脂材料等。所用材料要求具有适度的压缩性、恢复性和抗老化性,在气温发生变化时不发生硬化和脆化。

填塞对接型桥梁伸缩装置,适用伸缩量小于 10 ~ 20mm 的桥梁结构。采用 PG - 308 聚氨酯胶黏剂,具有可控制固化时间、黏结牢固的特点,与混凝土相黏结的强度大于 2MPa。

③嵌固对接型伸缩装置

嵌固对接型伸缩装置有 RG 型、FV 型、GNB 型、SW 型、SD 型、GQF - C 型等,它的特点是将不同形状的橡胶条用不同的形状的钢构件嵌固起来,然后通过锚固系统将它们与接缝处的梁体锚固成整体,如图 4-75 所示。此类伸缩装置适用于伸缩量小于 60mm 的桥梁结构,即接缝宽度为 20 ~ 80mm。

④钢质支撑式伸缩装置

钢形桥梁伸缩装置的构造是由梳型板、连接件及锚固系统组成,有的钢梳齿型桥梁伸缩装置在梳齿之间填塞有合成橡胶,起防水作用。

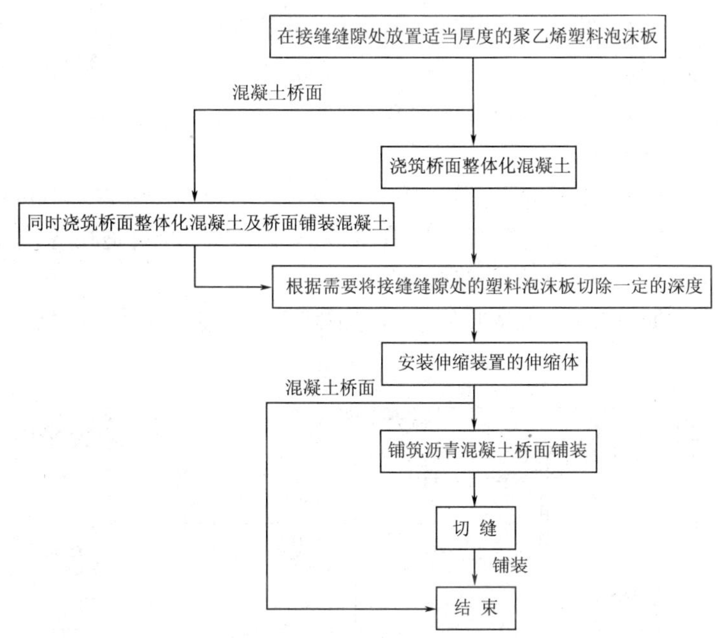

图 4-73　第 5 类伸缩缝施工框图

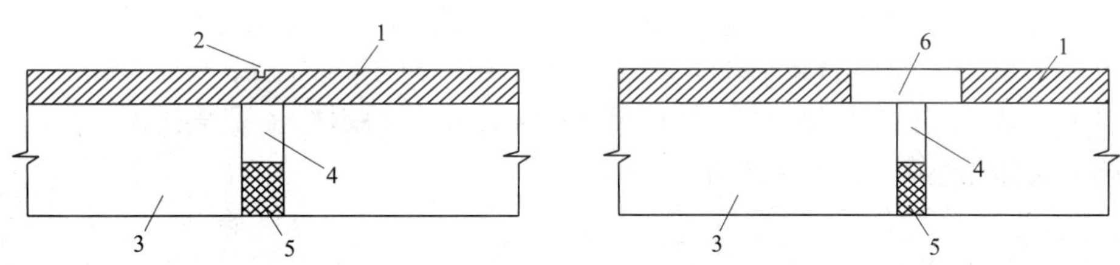

图 4-74　无缝式构造示意图

a）切缝式接缝；b）暗缝式接缝

1-沥青混凝土桥面；2-锯缝；3-桥面板；4-防水接缝材料；5-塞入物；6-浇筑的沥青混合料

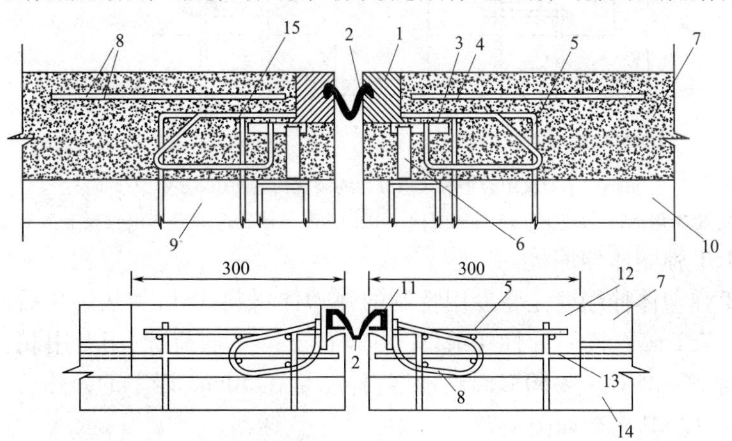

图 4-75　嵌固对接型锚固系统示意图（尺寸单位：mm）

1-异型钢；2-密封橡胶带；3-锚板；4-锚筋；5-预埋筋；6-连接钢板；7-桥面铺装；8-钢筋网；9-梁（墩台）；10-梁；11-下形钢件；12-填料；13-梁主筋；14-行车道板；15-横向水平筋

施工应注意：定位角铁的拆除一定要及时，以保证伸缩装置因温度变化而自由伸缩，也可采用其他方法，把相对的梳齿固定在两个不同的定位角铁上，让它们连同相应的角铁自由伸缩。安装施工应仔细进行，防止产生梳齿不平、扭曲及其他的变形，安装时一定将构件固定在定位角铁上，以保证安装精度，要严格控制好梳齿间的槽向间隙，由于伸缩方向性的误差及横向伸缩等原因，在最高温度时，梳齿横向间隙不得小于5mm。

⑤组合剪切式橡胶伸缩装置

按其伸缩体的受力变形机理把它分成为剪切型板式橡胶伸缩装置与对接组合型板式橡胶伸缩装置两类。板式橡胶伸缩装置，具有构造简单、安装方便、经济适用等优点。主要为适用于伸缩量30～60mm的二级以下的公路桥梁。

剪切型板式橡胶伸缩装置，由橡胶伸缩体与锚固系统组成，如图4-76所示。

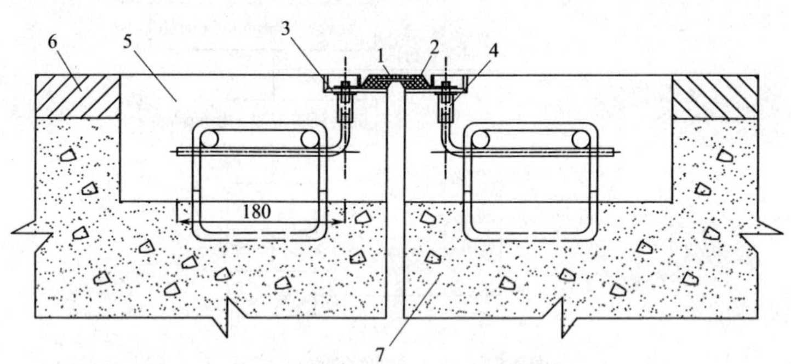

图4-76　剪切型板式橡胶伸缩装置锚固系统(尺寸单位：mm)

1-支撑钢板；2-橡胶；3-地板角钢；4-L形锚固螺栓；5-现浇C50号树脂混凝土；6-铺装；7-梁体

对接组合型板式橡胶伸缩装置，由上下开槽的防水层橡胶体、梳型承托钢板、槽体角钢及锚固系统4大部分组成，如图4-77所示。

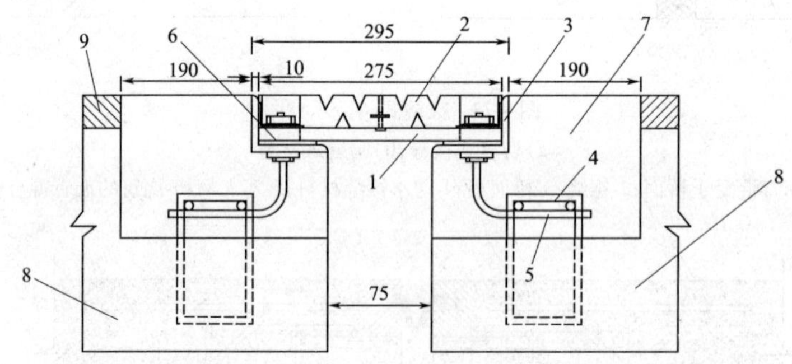

图4-77　对接组合型板式橡胶伸缩装置构造图(尺寸单位：mm)

1-支撑钢板；2-橡胶体；3-角钢；4-预埋钢筋；5-锚固螺栓；6-缓冲橡胶垫铺装；7-现浇C50混凝土；8-行车道板；9-桥面铺装

⑥无缝式TST弹塑体伸缩缝

无缝式TST弹塑体伸缩缝是将专用特制的弹塑体材料TST，加热熔化后灌入经清洗加热的碎石中，形成“TST碎石桥梁弹性接缝”。由碎石支持车辆荷载，用专用黏合剂保证界面强度。其适用范围是－25℃～＋60℃温度地区，伸缩量在50mm以下的公路桥梁、城市立交桥、高架桥的伸缩接缝。其构造如图4-78所示。

2. 梁间铰接缝施工

装配式简支梁桥的梁间接缝，是保证桥梁上部形成整体结构、满足设计受力模式、实现荷载横向分布的重要构造，应按设计及规范要求进行施工，确保工程质量。

(1)简支板铰接缝施工

简支板桥纵向铰接缝如图4-79所示，企口铰接形状由空心板预制时形成，相邻两块板底部紧密接触，形成铰缝混凝土底模，铰缝钢筋 N10 和 N11 在梁板预制时紧贴着模版向上竖起，浇注混凝土前将其扳平，焊接或绑扎牢固。铰缝混凝土浇注前应用水将缝内冲洗干净并使其充分湿润；浇注中用人工插捣器捣实。

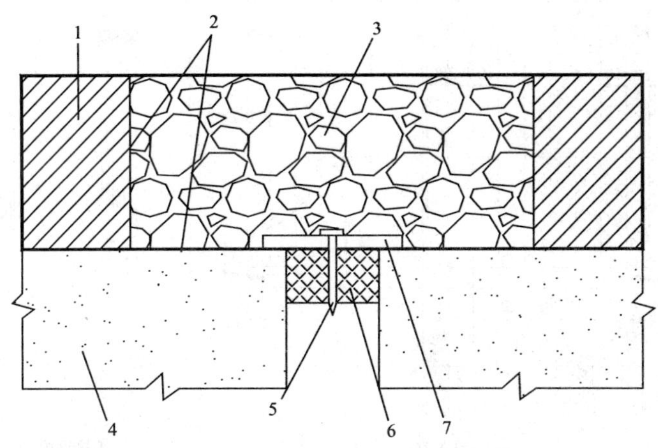

图 4-78　无缝式 TST 弹塑体伸缩缝构造

1-铺装层；2-黏合剂；3-TST 碎石；4-现浇混凝土层；5-铁钉；6-海绵体；7-钢盖板

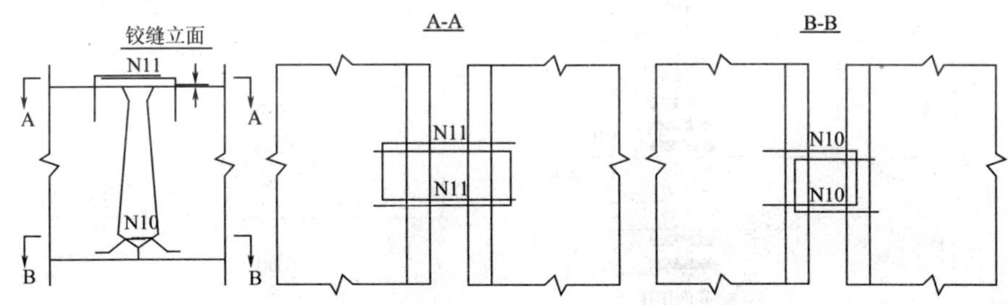

图 4-79　简支板桥纵向铰接缝构造图

(2)简支梁梁间接缝施工

常用简支梁桥有 T 形梁和箱型梁，T 形梁的梁间接缝按梁体设计不同有干接缝和湿接缝两种，箱形梁梁间接缝通常采用混凝土现浇湿接缝。

①干接缝

在 T 梁翼缘板及横隔梁相应位置预埋钢板，梁架设安置好后，把相对应位置的钢板焊接相连，形成横向联系的方法。该方法的优点是施工方便、连接速度快、焊接后能立即承受荷载。但耗费钢材较多、需要有现场焊接设备，且有时需要在桥下进行仰焊，有一定困难，整体性效果稍差一些。T 形梁的连接构造示意图如图 4-80 所示。

②湿接缝

系主梁预制时，将翼板端部预留出一部分，钢筋外伸。梁架设就位后，将相邻两翼板的钢筋焊接相连，然后支撑板现浇接缝混凝土，使各片梁横向连接形成整体。该方法的优点是节省钢板用量、整体性好；缺点是施工较复杂、接缝混凝土养生达到初期后方能承受荷载。

接缝构造如图 4-81 所示。无论是 T 梁还是箱梁其构造相同，都是把翼梁板和横隔板用现浇相连。图中阴影部分即为现浇混凝土。除了梁翼缘钢筋外伸相互对接外，还需加设扣环钢筋。横隔梁在预制时在接缝处伸出钢筋和扣环 A，安装时在相邻构件的扣环两侧在安上腰圆

形接头扣环 B,在形成的圆环内插入分布筋后就现浇混凝土封闭接缝,接缝宽度约为0.20~0.50m。

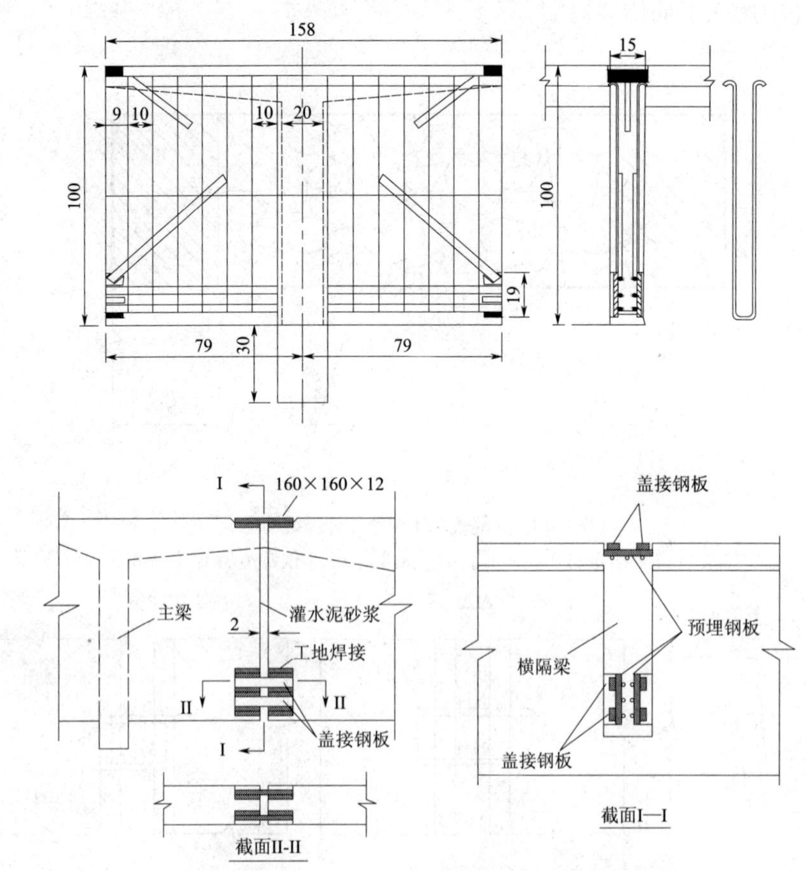

图4-80　中主梁的横隔板构造与钢板焊接示意(尺寸单位:cm)

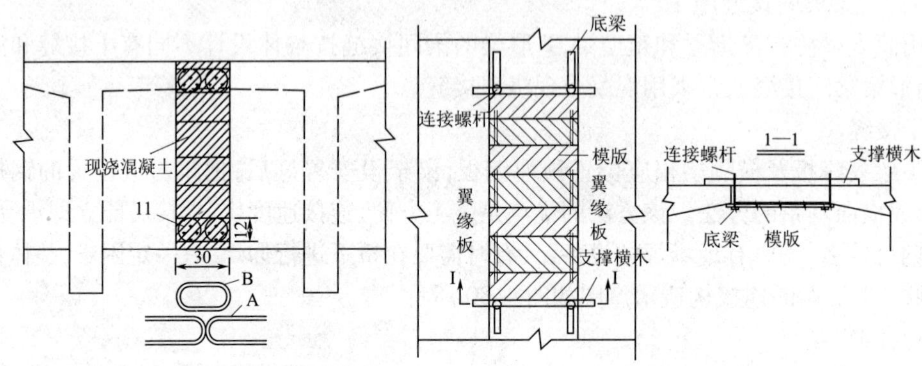

图4-81　湿接缝构造与施工示意图(尺寸单位:cm)

3.先简支后连续梁桥的梁端接缝施工

先简支后连续的连续梁桥,在墩顶处的连接有单支座和双支座两种方法,施工工艺和体系转换方法有所不同。

(1)单排支座先简支后连接桥梁

这种连续梁桥建成后在墩顶连续处只有一排支座,内力分布效果好,负弯矩峰值较高,能大幅消减跨中正弯矩，使内力分布均衡，但施工方法较为麻烦，且连续处要设置顶部预应力钢筋，施工过程如图 4-82 所示。

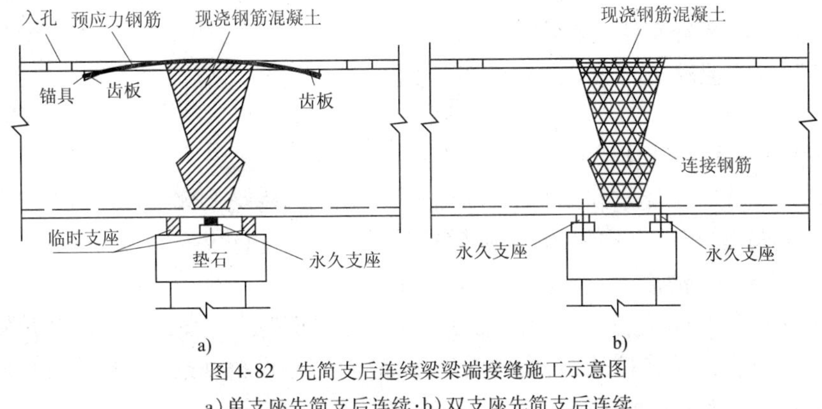

图 4-82　先简支后连续梁梁端接缝施工示意图

a)单支座先简支后连续；b)双支座先简支后连续

预制顶梁时在梁端顶板上预留应力孔道，并预设齿板，预留工作人洞，凡做连续一端均不做封锚端，将顶板、底板、腹板普通钢筋伸出梁端，架梁时先设置两排临时支座，使梁呈简支状态。临时支座用硫黄和电热丝制作，既要保证强度，又能在通电加热后熔化。

在顶部布设与原梁体预留孔道相对应的预应力筋孔道，现浇连接混凝土养生至强度达到 90% 后拆除模版，自顶板入孔进入穿丝张拉预应力钢筋，并予以锚固。然后给临时支座通电使其受热软化，从而使永久支座发挥作用，实现体系转化。拆除临时支座，现浇混凝土封闭入孔即完成连续化施工。

(2)双排支座先简支后连续梁桥

该类连续梁受力接近于简支梁，由于施工简单，体系转化方便，被广泛采用。施工方法如图 4-82 所示。

预制大梁时，连续一端的梁端不进行封端处理，将顶板、腹板、底板普通钢筋外伸，梁架设前一次性将两排永久性支座安放牢固，梁架设就位后在梁端底部和两边两外侧安放模板，中间以端模梁为模，将两梁端外留钢筋焊接相连，使搭接长度和位置满足规范要求，然后现浇与梁体相同强度等级的混凝土，养生达到要求后即实现体系转化，完成连续化施工。

由于连接处墩顶有负弯矩，而又没有施加预压力，必然会产生正常裂缝，为防止桥面水从缝隙中渗入，锈蚀钢筋，需在梁顶前后各 4m 范围内设置防水层。

4. 桥面连续施工

为了减少桥面伸缩缝数量，保证行车安全平顺，目前简支梁桥均采用桥面连续。桥面连续的跨数及连跨长度根据当地气温和桥梁跨径由设计部门计算确定。

桥面连续与桥面铺装层混凝土同时施工，桥面钢筋网采用 ϕ12 钢筋，间距 15cm × 15cm 靠顶层布设，至混凝土顶面净保护层 1.5cm。桥面连续处为保证梁体伸缩应力通过连续部位传递，在桥面铺装层顶层部位增加一层纵向连接钢筋，一般选用 ϕ8 钢筋，间距 5cm，在底层还要增设分布钢筋和连接筋，同样为 ϕ8 钢筋，间距 5cm。浇筑混凝土之前用轻质包装板将梁端缝隙填塞密实，即保证上部现浇混凝土不致落下，又能使梁自由伸缩。混凝土强度形成后在连续顶部梁间接缝正中心位置锯以 1.5cm 深的假缝，用沥青马蹄脂填实，保证桥面在温度下降时不产生任意裂缝。

5. 桥面铺装层施工

桥面铺装层的作用是实现桥梁的整体化，使各片主梁共同受力，同时为行车提供平整舒适的行车道面。高等级公路及二、三级公路的桥面铺装层一般为两层,上层为4～8cm沥青混凝土,下层8～10cm钢筋混凝土。钢筋混凝土增加桥梁的整体性,沥青混凝土提高行车的舒适性,同时能减轻车辆对桥梁的冲击和振动。四级公路或个别三级公路为减少工程造价,直接采用水泥混凝土路面,也有三级公路在水泥混凝土桥面上铺设一层沥青碎石或沥青表处。

(1)钢筋混凝土桥面铺装层施工

首先进行梁顶高程的测定和调整,保证铺装层厚度,使桥梁上部结构形成整体。为了使现浇混凝土铺装层与梁、板结合成整体,预制梁板时对其顶部进行拉毛处理。浇筑前要用清水冲洗梁顶,不能留有灰尘、油渍、污渍等,并使梁顶面充分湿润。

按设计要求下料制作钢筋网,用短钢筋焊接将钢筋网垫起。满足钢筋设计位置及混凝土净保护层的要求。在两跨连接处,若为桥面连接,应同时布设桥面连续的构造钢筋,若为伸缩缝,要注意做好伸缩缝的预埋钢筋。

对梁板顶面处理情况、钢筋网布设进行检查,满足设计和规范要求后,即可浇筑混凝土,若设计为防水混凝土,其配合比及施工工艺应满足规范要求。浇筑时由桥一端向另一端推进,连续施工,防止产生施工缝,用平板式振捣器振捣,确保振捣密实。施工结束后进行定时洒水养生,进行交通管制,待混凝土强度形成后,方能开放交通或铺筑上层沥青混凝土。

(2)沥青混凝土面层施工

桥面沥青混凝土与同等级公路沥青混凝土路面材料、工艺、施工方法相同,一般与路面同时施工。采用拌和厂集中拌和,机械铺摊,沥青材料及混合材料的各项指标应符合设计和施工规范要求。沥青混合料每日应做抽提试验(包括马歇尔稳定试验),严格控制各种矿料和沥青用料及各种材料和沥青混合料的加热温度,用胶轮压路机在温度要符合要求情况下碾压成形。

6.其他附属工程施工

桥面其他附属工程包括人行道、桥面防护(栏杆、防撞护栏)、泄水管、灯柱支座、桥面防水、桥头搭板等。高等级公路以及位于二、三级公路上的桥梁通常采用防撞护栏,而城市立交桥、城镇公路桥及低等级公路桥往往要考虑人群通行,设人行道。灯柱一般只在城镇内桥梁上设置。

(1)防撞护栏

结构及施工要求详见第六章。

(2)人行道、栏杆

通常采用预制块件安装施工方法。施工时应注意以下几点:

①悬臂式安全带和悬臂式人行道构件必须在主梁横向连接或拱上建筑完成后方可安装。

②安全带梁及人行道梁必须安放在未凝固的M20稠水泥砂浆上,并以此来形成人行道顶面设计的横向排水坡。

③人行道板必须在人行道梁锚固后才可铺设,对设计无锚固的人行道梁,人行道板的铺设应按照由里向外的次序。

④栏杆块件必须在人行道板铺设完毕后才能安装,安装栏杆柱时,必须全桥对直、校平(弯桥、坡桥要求平顺)、竖直后用水泥砂浆填缝固定。

⑤在安装有锚固的人行道梁时,应对焊接认真检查,注意施工安全。

⑥为减少路缘石与桥面铺装层中渗水,缘石宜采用现浇混凝土,使其与桥面铺装的底层混

凝土结为整体。

(3)灯柱安装

规范要求桥上灯柱应按设计位置安装,必须牢固,线条顺直,整齐美观,灯柱电路必须安全可靠。灯柱的设置位置有两种:一种是设在人行道上;另一种是设在在栏杆立柱上。

第一种布设较为简单,在人行道下布埋管线,按设计位置预设灯柱基座,在基座上安装灯柱、灯饰,连接好线路即可。这种布设方法大方、美观、灯光效果好,适合于人行道较宽(大于1m)的情况。但灯柱会减小人行道的宽度,影响行人通过,且要求灯柱布置稍高一些,不能影响行车净孔。

第二种布设少麻烦一些,电线在人行道下预埋后,还要在立柱内部设线管通至顶部,因立柱既要承受栏杆上传来的荷载,又要承受灯柱的质量,因此带灯柱的立柱要特殊设置和制作。在立柱顶部还要预制灯柱基座,保证其连接牢固。这种情况一般只适用于安置单火灯柱,灯柱顶部可向桥面内测弯曲延伸一部分,以保证照明效果。该布置法的优点是灯柱不占人行道空间,桥面开阔,但施工、维修较为困难。大型桥梁须配置照明控制配电箱,固定在桥头附近安全场所。

第七节　涵洞工程结构与施工

涵洞是横穿路基的人工小型排水构造物。其作用为排泄原水系的流水和路界范围的天然雨水,保证路基的稳固和保障道路沿线耕作水流畅通。

一、涵洞类型

其结构形式可分为人、农机具通行的通道和过水的涵洞,既能过水又可通过人和农机具的称为通道涵。

1.按过水力特性分类

(1)无压力式涵洞。进口处水位低于洞口高度,在洞身全长范围内水面均不接触洞顶,水流通过全过程无压的涵洞。

(2)压力式涵洞。进出口处水位高出洞顶,洞身全长范围内充满水流,洞顶承受水头压力的涵洞。

(3)半压力式涵洞。进口处水位高于洞口高度,部分洞顶承受水头压力的涵洞。

2.按断面形状分类

按涵洞横断面形状分为圆管涵、盖板涵、箱涵、拱涵等,如图4-83所示。

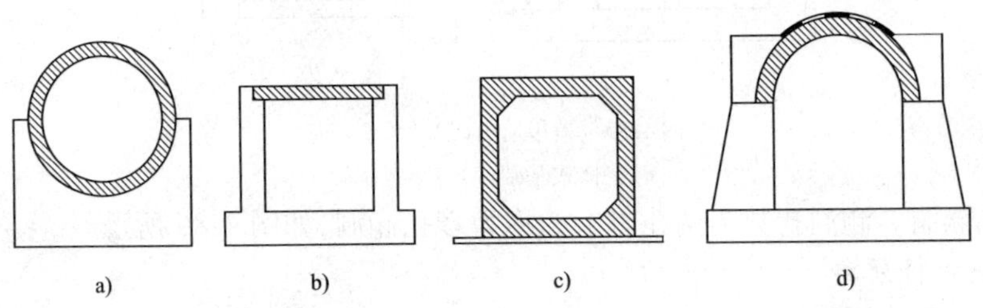

图4-83　涵洞断面

a)圆管涵;b)盖板涵;c)箱涵;d)拱涵

(1)圆管涵。洞身以圆形管节修筑的涵洞。圆管涵的直径一般为0.75～1.5m,通常预制成1.0～2.0m长的管节,直径较小时,可以用素混凝土;直径大于1.0m时,应在混凝土中配置钢筋。其优点是受力性能和适应基础性能较好,不需设置墩(台),圬工数量较少,又便于预制,造价较低;但过水能力较小,要求涵顶上必须有一定高度的填土,一般在设计流量较小和路基足够填土高度(洞顶填土高度≥0.5m)时采用。

(2)盖板涵。砌石或现浇混凝土的墩台上搭设条石或钢筋混凝土预制盖板的涵洞称为盖板涵。其过水能力一般比圆管涵大,对建筑填土的高度要求较低,适用于矮路堤。

(3)箱涵。洞身为钢筋混凝土整体式矩形断面的涵洞称箱涵,适用于较弱土基,工程造价较高。箱涵可用于顶推施工法施工,即将事先预制好的钢筋混凝土箱体,用顶推设备顶入路基。箱涵在纵向可分为整体式和分段式两类。

(4)拱涵。拱涵是就地利用石料或混凝土做成拱形跨的涵洞。拱涵可以少用或不用钢筋,其超载潜力较大,拱圈受力可按无铰拱计算,矢跨比不宜小于1/4。但拱涵对地基承载力要求较高,其结构调整高度大,一般适用于高填土和地质条件较好的路基。

(5)倒虹吸涵。渠道与路基平交时,为连接渠道的水流而修建的虹吸管压力式涵洞。一般情况下倒虹吸涵管节采用钢筋混凝土管,特殊情况再外加混凝土套箱。如图4-84所示。

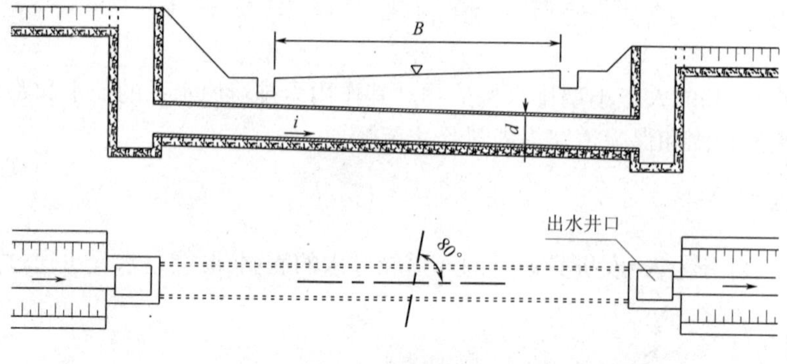

图4-84　倒虹吸涵

(6)通道。通道穿越路基,供人、车通行(有时兼过水)的构造物,一般采用箱形通道及盖板形通道。如图4-85所示。

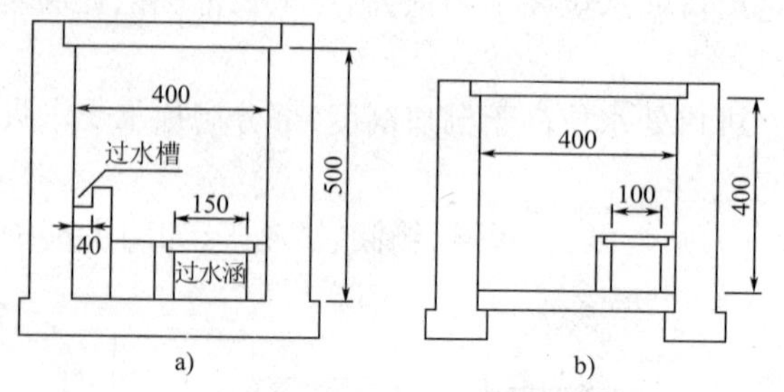

图4-85　盖板通道(尺寸单位:cm)

a)整体式基础;b)分离式基础

(7)多孔涵洞。涵洞孔数为两孔以上的称为多孔涵洞,如图4-86所示。

3.按建筑材料分类

(1)钢筋混凝土圆管涵、钢波纹管涵、钢筋混凝土倒虹吸涵。

(2)钢筋混凝土拱涵,砌石拱涵,钢筋混凝土拱形通道,砌石拱形通道。

(3)钢筋混凝土箱涵,钢筋混凝土箱形通道。

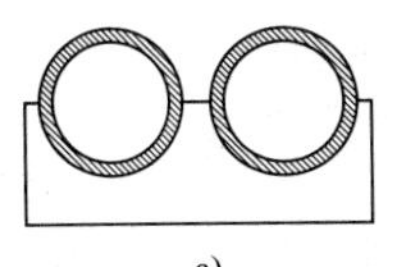
a)

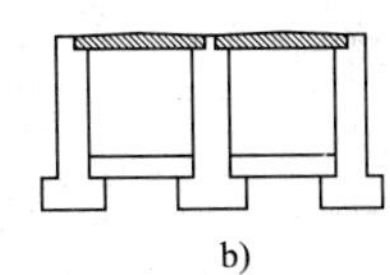
b)

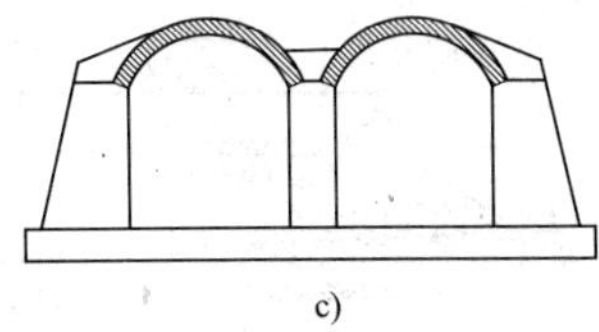
c)

图 4-86　双孔洞断面

a）圆管涵；b）盖板涵；c）石拱涵

（4）钢筋混凝土盖板涵，条石盖板涵，钢筋混凝土盖板通道。

4. 按填土厚度分类

根据涵洞洞顶填土厚度的不同，可分为明涵和暗涵。明涵洞顶不填土，适用于低路堤或浅沟渠；洞顶填土厚度大于 50cm 的称为暗涵，适用于高路堤和深沟渠。

二、涵洞技术指标

涵洞孔径设计必须保证设计洪水频率以内的洪水安全通过，并应考虑壅水、冲刷对上下游的影响，确保涵洞附近路堤的稳定。涵洞孔径设计应注意沟渠地形，不宜过分压缩沟渠和改变水流的天然状态；应根据设计洪水流量、沟渠地质、沟渠和锥坡加固形式等条件确定。

1. 设计洪水频率

公路涵洞的设计洪水频率应符合表 4-10 的规定。

涵洞设计洪水频率　　表 4-10

公路等级	高速公路、一级公路	二级公路	三级公路	四级公路
涵洞及小型排水构造物	1/100	1/50	1/25	不作规定

2. 标准孔径

（1）涵洞孔径。指圆管涵、倒虹吸管涵的内径，其他涵洞是指墩台壁间距。

单孔孔径 $L_k < 5$m 属涵洞，单孔孔径 $L_k \geq 5$m 属桥梁，管涵及箱涵不论管径或孔径大小、孔数多少，均称为涵洞。

（2）涵洞标准孔径。主要有 L = 0.75m、1.0m、1.25m、1.5m、2.0m、2.5m、3.0m、4.0m。标准化孔径的涵洞适用于装配式结构，适用于机械化、工厂化施工。

为了防止涵洞被泥土堵塞和便于养护，规范要求当涵洞长度大于 15m 小于 30m 时，其内径或净高不宜小于 1m；长度大于 30m 时不宜小于 1.25m。压力式和半压力式涵洞必须设置基础，接缝要求紧密。

3. 涵底纵坡

涵洞的纵坡应根据实际沟坡确定。为防止涵底淤积，涵底最小纵坡不宜小于 0.4%；为免遭受急流冲刷，涵底最大纵坡也不宜大于 5.0%。当洞底纵坡大于 5.0% 时，其基础底部宜每隔 3 ~ 5m 设置防滑横隔墙或将基础砌筑成阶梯形。当洞底纵坡大于 10% 时，涵洞的洞身及基础必须分段设计成阶梯形。

4. 涵洞长度

涵洞长度是指涵洞两端洞口之间的斜长距离，包括涵洞纵向坡度、路基横断面与涵洞纵身交角所产生的涵洞增长，涵洞长度计算如图 4-87 所示。

涵洞长度计算公式如下：

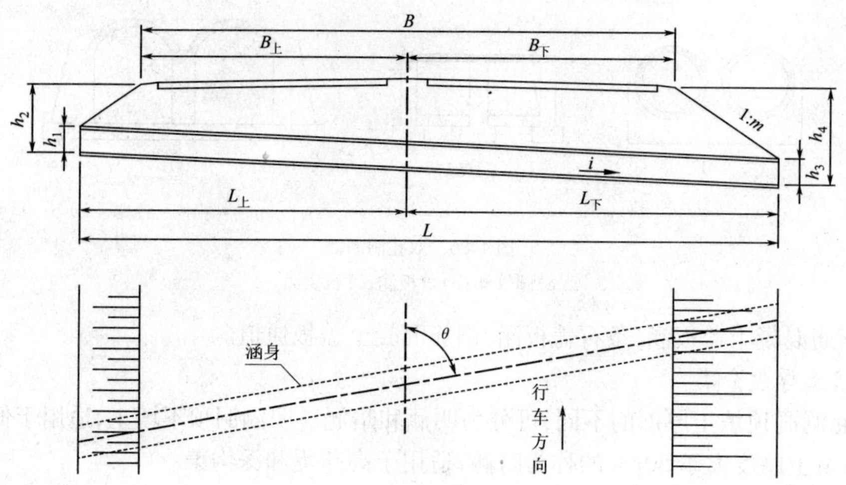

图 4-87　涵洞长度计算

$$L_s = \frac{B_s + (h_2 - h_1) \times m}{\cos(\tan^{-1} i)}$$

$$L_x = \frac{B_x + (h_4 - h_3) \times m}{\cos(\tan^{-1} i)}$$

$$L = \frac{L_s + L_x}{\cos(90° - \theta)}$$

式中：L——涵洞全长(m)；

B——路基宽度(m)；

B_s、B_x——上、下游路基宽度(m)；

L_s、L_x——涵洞上、下游长度(m)；

h_1、h_3——上、下游涵洞高度加洞顶结构厚度(m)；

h_2、h_4——上、下游路基边缘至上、下游洞口低缘垂直高度(m)；

m——路堤边坡坡度(度)；

i——涵洞设计纵坡坡度(%)；

θ——涵洞中线与路基中线的交角(度)。

三、涵洞工程结构与施工

涵洞结构由洞口、洞身及附属工程组成，如图 4-88 所示。

根据涵洞中线与路基中线的关系，可分为正交涵洞和斜交涵洞。正交涵洞中线与路基中线垂直成 90°，斜交涵洞中线与路基中线成 <90°的交角。

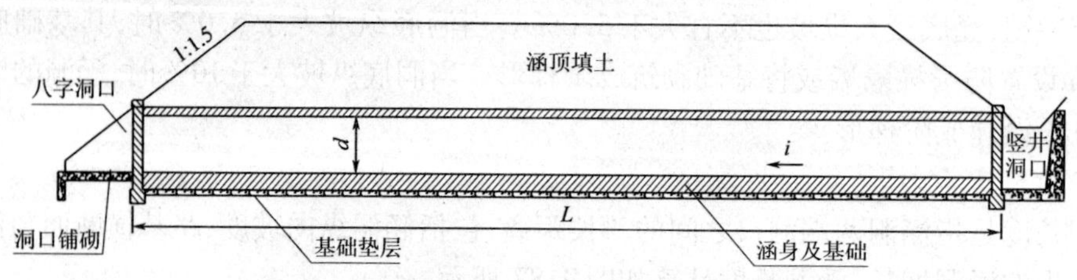

图 4-88　涵洞一般构造

1. 洞口结构

洞口即涵洞的进水口和出水口，分为八字、一字及井字等结构形式。

进出水洞口主要构造是由不同形式的挡土墙（翼墙、端墙）及其基础、洞口铺砌等部分组成，箱涵洞口结构形式如图4-89所示。

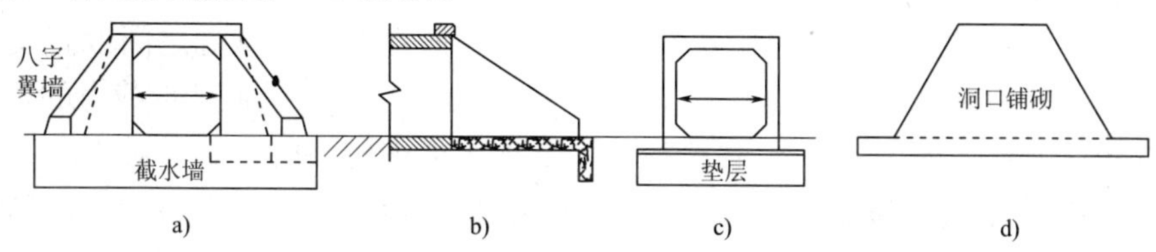

图4-89 箱涵洞口

a）八字洞口；b）洞口侧面；c）洞身断面；d）洞口铺砌平面

2. 洞身结构

洞身包括洞身、基础、垫层、支撑梁。选择洞身结构和各部位尺寸，主要是根据设计荷载、水流流量与流速、地质条件等情况确定。

（1）圆管涵施工

圆管涵为刚性结构，其过水量一般按无压力式涵洞设计，少数按半压力式，倒虹吸涵按压力式设计。圆管涵的孔数、孔径的标注格式如2—φ1.25则表示双孔、直径1.25m的圆管涵。

圆管涵管节分标准管节和调整长度用的辅助管节。标准管节长1m，辅助管节长0.5m。管节施工多采用先集中预制管节后现场安装的施工方法。一般采用10t汽车吊进行机械安装，拼接后节口的处理方式有：①采用沥青浸泡过的麻絮填塞，外圈包裹两道10cm宽满涂热沥青的油毛毡；②采用一圈8层防水布组成，经热沥青胶合，再用纸板绑带包扎。管节间缝隙≤2cm。

涵洞基底在修整好以后及基础砌（浇）筑前，一般需要铺设砂垫层，厚度不小于设计量，并用平板振动器进行振实和找平。圆管涵基础一般采用混凝土、片块石结构。混凝土基础分两次浇筑，先浇筑管底以下部分，待安放管节后，再浇筑管底以上混凝土。圆管涵涵身、基础形式如图4-90所示。

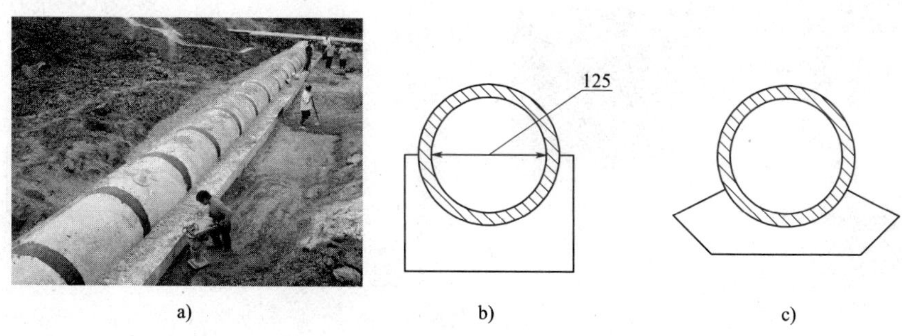

图4-90 圆管涵

a）涵身；b）矩形基础；c）梯形基础

（2）盖板涵施工

盖板涵的盖板一般采用钢筋混凝土结构，墩台墙及基础采用砌石或钢筋混凝土结构。

盖板涵的标注格式：孔数—孔径×台墙高度，如2—2.0×2.2表示双孔、孔径2.0m、墩台墙高2.2m。

盖板涵的特点是孔径越大，实心盖板越厚。板厚还与混凝土强度等级（石料强度等级）、配筋的数量有较大关系。盖板板厚应根据涵洞孔径确定，为了提高盖板强度，一般在盖板跨中加厚。盖板施工可采用现浇和预制安装两种形式，预制盖板宽度一般为99cm，在盖板底层设受力主钢筋，顶层设架立钢筋，各种钢筋沿板长和板宽方向均匀布置。当盖板涵为斜交时，涵身中间部位的盖板按正交预制安装，两端洞口部位按梯形现浇钢筋混凝土施工。

盖板涵台身基础可分为整体式和分离式，分离式一般在两台身基础之间设置支撑梁。涵洞整体式基础一般为矩形基础，其尺寸通常按台身大小而定，而不受地基承载力的控制。分离式基础是修建于涵台下独立的基础，在跨径较大及地基强度较高时采用。对于基础采用分离式结构时，当涵洞孔径 $L<2$m，其基础支撑梁可采用块片石砌，$L\geq 2$m 必须采用钢筋混凝土结构。盖板涵基础一般采用浅埋式混凝土、片块石结构，特殊情况采用深埋式桩基础。如图 4-91 所示。

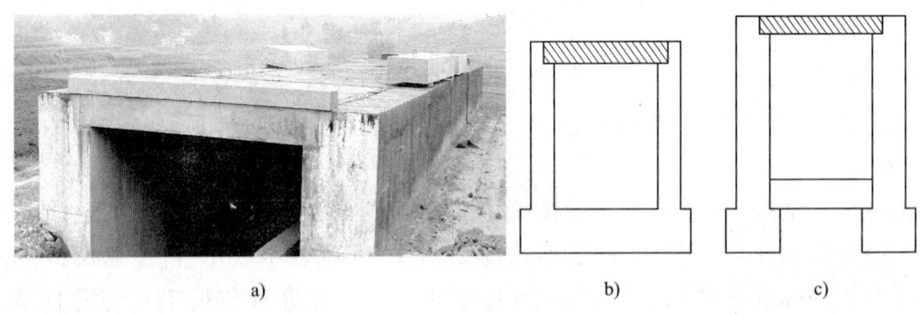

图 4-91　盖板涵

a）立体；b）整体式基础；c）分离式基础

（3）箱涵（通道）施工

箱涵为刚性结构，其截面为整体式的箱形，一般按无压力式涵洞设计，采用钢筋混凝土材料，施工方法分现浇和预制安装两种形式。箱涵的孔数、孔径与墙高的标注格式 1—2.0×2.0 表示单孔、孔径 2m、涵高 2m 的箱涵。箱涵形式如图 4-92 所示。

a)

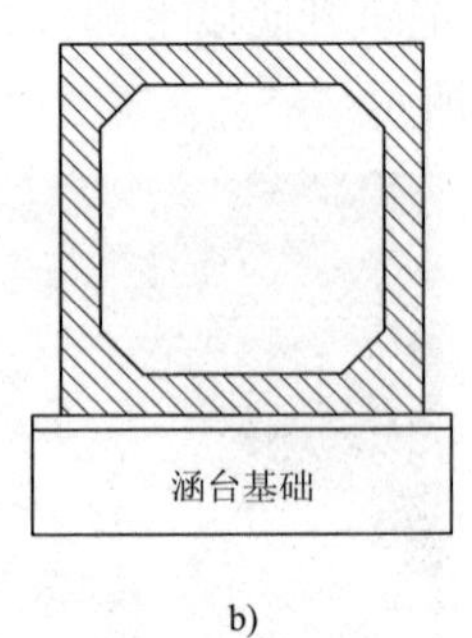

b)

图 4-92　箱涵（通道）

a）立体图；b）断面形式

（4）拱涵施工

石拱涵的结构组成、施工工艺要求与拱式桥基本一致，对地基的承载力要求高，不能产生不均匀沉降（以免造成拱圈开裂）。拱涵的标注格式，如 2—3.0×3.5 表示两孔、孔径 3m、涵墩台高 3.5m 的拱涵。拱涵涵身形式如图 4-93 所示。

3. 涵洞沉降缝处理

沉降缝是为适应地基压缩性（沉降）差异等因素而设置的从涵洞的顶部到基底断开的通

缝。为防止洞身结构不均匀沉降，应在涵身长度方向每隔 4 ~ 6m 设沉降缝一道，具体设置视地基情况及路堤填土高度而定。沉降缝应采用具有弹性和不透水性填缝料，并应填塞紧密，缝宽不应大于 10mm。圆管涵全长范围一般设置 3 道沉降缝，其位置放在路基中部和两路肩下的管节接缝处。

a）

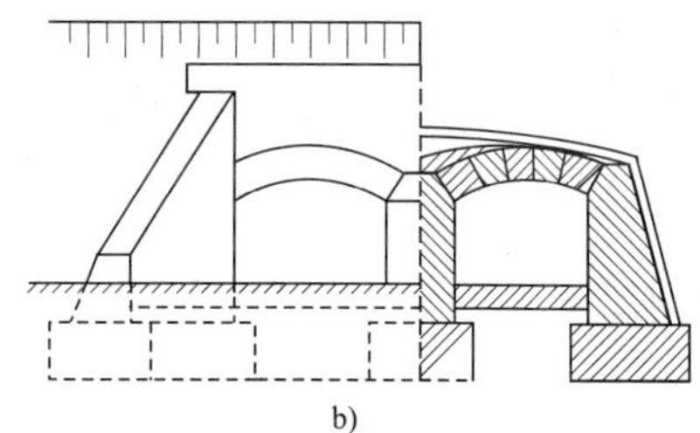

b）

图 4-93　拱涵涵身

a）立体图；b）断面形式

4. 防水层处理

防水层处理方法有外贴防水和内填止水两种，涵洞防水层一般采用外贴防水方法，即采用柔性防水层和刚性防水层，见表 4-11 所列。防水层的材料可用沥青、油毛毡、防水布、水泥砂浆、三合土等，应按设计要求和现场具体情况选用。

防水层类型　　表 4-11

防水层	柔性防水层		刚性防水层		
	涂热沥青两层	三油两毡	防水砂浆	防水混凝土	钢筋网混凝土
厚度	1 ~ 1.5mm × 2	5mm	2cm	4 ~ 6cm	5cm

防水砂浆、混凝土中一般掺入适量的微膨胀剂、减水剂、防水剂，以提高其抗裂、抗渗能力；钢筋网混凝土防水层是在涵洞表面铺设 5cm 厚细石混凝土，配置 ϕ4@200 双向钢筋网片，其坚硬性、整体性较好。

对工期要求紧迫、防水要求比较高的涵洞结构物，也可采用材质较好的柔性防水卷材进行防水处理，但不适合用于明涵顶面防水。

管涵管节处防水是在浇捣完成的混凝土基础上，安装关键管节，按步骤作好管节间 1cm 缝隙的沥青麻絮填塞，应再用 2 层 15cm 宽的浸透沥青的油毛毡包缠并用铅丝绑扎，然后在管节内接头处用 1∶3 砂浆抹带。

5. 涵洞基坑开挖

涵洞基础一般为浅埋基础。其基坑开挖是在保证坑壁（边坡）稳定的情况下进行，开挖断面可采用垂直基坑、斜坡和阶梯形基坑、变坡度基坑。涵洞基坑开挖宽度应超出基础结构尺寸 0.5m，采用机械开挖至设计高程以上 20 ~ 30cm 时，应改用人工清理至设计高程。

涵洞位置在软基处理预压路段时，必须待路基预压期结束才能开挖。当圆管涵位置在非软基处理路段时，为确保圆管涵在施工过程中、施工结束后沉降量最小，需待路基填筑至涵顶高程时才能开挖基坑。

在进行公路路基设计时，将涵洞部位的土石方包含在土石方数量表中，通常不扣减涵洞体积所占的土石方数量。涵洞两侧的回填土石方数量不再次计价。

在冰冻地区，洞口两端 2m 范围内的基底应置于冰冻线以下。

6. 涵洞基坑回填

涵洞处路堤缺口填土应从涵身两侧不小于 2 倍跨径范围内，按水平分层压实、对称填筑的要求进行。回填压实应在涵洞砌体砂浆或混凝土强度达到设计强度的75%以上进行，填料宜采用透水性材料，其分层填土厚度宜为0.1～0.2m。透水性材料不足时，可采用石灰土或水泥稳定土回填。

高速公路、一级公路涵身背后和涵洞顶部填土压实度标准，从基底至路床顶面均为96%，二级公路为95%，三、四级公路为93%以上。施工过程中，当洞涵顶填土厚度不足0.5m时，严禁任何重型机械和车辆通过。

四、涵洞附属工程

涵洞附属工程是指过水涵洞洞外铺砌、人工水道等；通道涵是指接线路基土石方、路面工程等。

1. 洞外铺砌

一般地形进出水口均已进行洞口铺砌，但应在洞口以外长度3～5m范围做洞外铺砌，压力式涵洞出水口铺砌长度要大于5m。倒虹吸涵进出水口须设置竖井，包括防淤沉淀井等设施。

2. 人工水道

当涵前天然沟槽纵坡为10%～40%时，可采取修整沟槽，铺砌加固方式处理。涵前的天然沟槽纵坡为40%～70%时，应设置急流槽，纵坡≥70%时应设置跌水，以减缓流速，削弱水能。

通道涵的接线路基土石方、路面工程施工与主线相同。

第八节　桥梁涵洞工程计量规则

一、桥梁涵洞工程计量规则说明

1. 主要内容

主要内容包括：桥梁荷载试验，补充地质勘探，钢筋，挖基，混凝土灌注桩，钢筋混凝土沉桩，钢筋混凝土沉井，扩大基础，现浇混凝土下部构造，混凝土上部构造，预应力钢材，现浇预应力上部构造，预制预应力混凝土上部构造，斜拉桥上部构造，钢架拱上部构造，浆砌块片石及混凝土预制块，桥面铺装，桥梁支座，伸缩缝装置，涵洞工程等。

2. 有关问题的说明及提示

(1)本章所列基础、下部结构、上部结构混凝土的钢筋，包括钢筋及钢筋骨架用的铁丝、钢板、套筒、焊接、钢筋垫块或其他固定钢筋的材料以及钢筋除锈、制作安装、成品运输，作为钢筋工程的附属工作，不另行计量。

(2)附属结构、圆管涵、倒虹吸管、盖板涵、拱涵、信道的钢筋，均包含在各项目内，不另行计量。附属结构包括缘石、人行道、防撞墙、栏杆、护栏、桥头搭板、枕梁、抗振挡块、支座垫块等构造物。

(3)预应力钢材、斜拉索的除锈制作安装运输及锚具、锚垫板、定位筋、连接件、封锚、护套、支架、附属装置和所有预埋件，包括在相应的工程项目中，不另行计量。

(4)本章所列工程项目涉及的养护、场地清理、吊装设备、拱盔、支架、工作平台、脚手架的搭设及拆除、模板的安装及拆除，均包括在相应工程项目内，不另行计量。

(5)混凝土拌和场站、构件预制场、贮料场的建设、拆除、恢复，安装架设设备摊销、预应力张拉台座的设置及拆除均包括在相应工程项目中，不另行计量。

材料的计量尺寸为设计净尺寸。

(6)桥梁支座，包括固定支座、圆形板式支座、球冠圆板式支座，以体积立方分米(dm^3)计量，盆式支座按套计量。

(7)设计图纸标明的及由于地基出现溶洞等情况而进行的桥涵基底处理计量规则详见第二章。

二、桥梁涵洞工程计量规则

桥梁涵洞工程计量规则见表4-12所列。

工程量清单计量计价规则 表4-12

细目号	细目名称	特征	单位	工程内容	工程量计算规则
第400章	桥梁涵洞				
401	检测				
401-1	桥梁荷载试验(暂定工程量)	(1)结构类型; (2)桩长桩径	总额	(1)荷载试验(桥梁、桩基); (2)破坏试验	按规定检测内容，以总额计算
401-2	地质勘探及取样钻探(暂定工程量)				
-a	ϕ70mm	(1)地质类别;(2)深度;(3)钻径	m	按试验合同内容(主要试验桥梁整体或部分工程的承载能力及变形)钻探	按规定检测内容，分不同钻径以米计算
-b	ϕ110mm	(1)地质类别;(2)深度;(3)钻径	m	按试验合同内容(主要试验桥梁整体或部分工程的承载能力及变形)钻探	按规定检测内容，分不同钻径以米计算
401-3	预制梁板荷载试验	(1)梁板长度; (2)结构形式; (3)设计荷载验证; (4)无损检测	片	(1)试验准备;(2)加载试验、卸载、数据处理和分析	根据规定的检测频率估算需检测的工程量
403	钢筋				
403-1	基础钢筋			包括灌注桩、承台、沉桩、沉井等	
-a	光圆钢筋(HPB235、HPB300)	(1)材料规格; (2)抗拉强度	kg	(1)制作、安装; (2)搭接; (3)钢筋试验	按设计图示，各规格钢筋按有效长度(不计入规定的搭接长度)，以重量计算
-b	带肋钢筋(HRB335、HRB400)				
403-2	下部结构钢筋				
-a	光圆钢筋(HPB235、HPB300)	(1)材料规格; (2)抗拉强度	kg	(1)制作、安装; (2)搭接; (3)钢筋试验	按设计图示，各规格钢筋按有效长度(不计入规定的搭接长度)，以重量计算
-b	带肋钢筋(HRB335、HRB400)				
403-3	上部结构钢筋				
-a	光圆钢筋(HPB235、HPB300)	(1)材料规格; (2)抗拉强度	kg	(1)制作、安装; (2)搭接; (3)钢筋试验	按设计图示，各规格钢筋按有效长度(不计入规定的搭接长度及吊勾)以重量计算
-b	带肋钢筋(HRB335、HRB400)				

续上表

细目号	细 目 名 称	特 征	单位	工 程 内 容	工程量计算规则
403-4	附属结构钢筋			包括缘石、人行道、防撞墙、栏杆、护栏、桥头搭板、枕梁、抗振挡块、支座垫块等	
-a	光圆钢筋（HPB235、HPB300）	（1）材料规格； （2）抗拉强度	kg	（1）制作、安装； （2）搭接； （3）钢筋试验	按设计图示，各规格钢筋按有效长度（不计入规定的搭接长度及吊勾）以重量计算
-b	带肋钢筋（HRB335、HRB400）	（1）材料规格； （2）抗拉强度	kg	（1）制作、安装； （2）搭接； （3）钢筋试验	按设计图示，各规格钢筋按有效长度（不计入规定的搭接长度及吊勾）以重量计算
403-5	钢上部结构				
-a	钢管拱钢材	（1）断面尺寸； （2）强度等级	kg	（1）除锈防锈； （2）制作焊接； （3）定位安装； （4）检测	按设计图示，以重量计算
-b	钢箱梁	（1）断面尺寸； （2）强度等级	kg	（1）除锈防锈； （2）制作焊接； （3）定位安装； （4）检测	按设计图示，以重量计算
-c	猫道	（1）断面尺寸； （2）强度等级	m	（1）除锈防锈； （2）制作焊接； （3）定位安装； （4）检测	按设计图示，以设计猫道长度计算
404	基础挖方及回填				
404-1	干处挖土方	土壤类别	m^3	（1）防排水；（2）基坑支撑；（3）挖运土石方；（4）清理回填	按设计图示，基础所占面积周边外加宽0.5m，垂直由河床顶面至基础底高程实际工程体积计算（因施工、放坡、立模而超挖的土方不另计量）
404-2	水下挖土方	土壤类别	m^3	（1）防排水；（2）基坑支撑；（3）挖运土石方；（4）清理回填	按设计图示，基础所占面积周边外加宽0.5m，垂直由河床顶面至基础底高程实际工程体积计算（因施工、放坡、立模而超挖的土方不另计量）
404-3	干处挖石方	土壤类别	m^3	（1）围堰、排水；（2）基坑支撑；（3）挖运土石方；（4）清理回填	按设计图示，基础所占面积周边外加宽0.5m，垂直由河床顶面至基础底高程实际工程体积计算（因施工、放坡、立模而超挖的土方不另计量）
404-4	水下挖石方	土壤类别	m^3	（1）围堰、排水；（2）基坑支撑；（3）挖运土石方；（4）清理回填	按设计图示，基础所占面积周边外加宽0.5m，垂直由河床顶面至基础底高程实际工程体积计算（因施工、放坡、立模而超挖的土方不另计量）
405	钻孔灌注桩				
405-1	钻孔灌注桩（φ…m）				
405-1-a	水中钻孔灌注桩	（1）土壤类别； （2）桩长桩径； （3）强度等级	m	（1）搭设作业平台或围堰筑岛； （2）安置护筒； （3）护壁、钻进成孔 、清孔； （4）埋检测管； （5）浇筑混凝土； （6）锉桩头	按设计图示，在设计施工水位以下，按不同桩径的钻孔灌注桩以长度（桩底高程至承台底面或系梁底面高程，无承台或系梁时，则以桩位处地面线为分界线，地面线以下部分为灌注桩桩长）计算
405-1-b	陆上钻孔灌注桩	（1）土壤类别； （2）桩长桩径； （3）强度等级	m	（1）搭设作业平台或围堰筑岛； （2）安置护筒； （3）护壁、钻进成孔 、清孔； （4）埋检测管； （5）浇筑混凝土； （6）锉桩头	按设计图示，按不同桩径的钻孔灌注桩以长度（桩底高程至承台底面或系梁底面高程，无承台或系梁时，则以桩位处地面线为分界线，地面线以下部分为灌注桩桩长）计算
405-2	钻取混凝土芯样（暂定工程量）	桩长桩径	m	（1）搭设作业平台或围堰筑岛；（2）安置护筒；（3）护壁、钻进成孔、清孔；（4）埋检测管；（5）浇筑混凝土；（6）锉桩头	检测合格按取回的芯样长度，以米计量，不合格则不予计量
405-3	破坏荷载试验用桩（暂定工程量）	桩长桩径	m	（1）搭设作业平台或围堰筑岛；（2）安置护筒；（3）护壁、钻进成孔、清孔；（4）埋检测管；（5）浇筑混凝土；（6）锉桩头	按试验用桩长度，以米计量
406	沉桩				

续上表

细目号	细 目 名 称	特 征	单位	工 程 内 容	工程量计算规则
406-1	钢筋混凝土沉桩	(1)土壤类别; (2)桩长桩径; (3)强度等级	m	(1)预制混凝土桩; (2)运输; (3)锤击、射水、接桩	按设计图示,以桩尖高程至承台底或盖梁底高程长度计算
406-2	预应力钢筋混凝土沉桩				
406-3	钢管桩	(1)土质类别; (2)桩长; (3)强度等级	m	(1)桩的制作、防护处理、储存、搬运和装卸; (2)沉桩、桩头处理等	按设计图示,以设计桩长计算(自桩尖高程至承台或盖梁底长度)
406-4	试桩	(1)土壤类别; (2)桩长桩径; (3)强度等级	m	(1)预制混凝土桩; (2)运输; (3)锤击、射水、接桩	仅指不作为工程用桩的试桩,否则计入406-1,计算规则与406-1相同
407	挖孔灌注桩				
407-1	人工挖孔灌注桩	(1)土壤类别; (2)桩长桩径; (3)强度等级	m	(1)挖孔、抽水; (2)护壁; (3)浇混凝土	按设计图示,按不同桩径的挖孔灌注桩以长度(桩底高程至承台底面或系梁底面高程,无承台或系梁时,则以桩位处地面线为分界线,地面线以下部分为灌注桩桩长)计算
407-2	钻取混凝土芯样(暂定工程量)	桩长桩径	m	(1)挖孔、抽水;(2)护壁;(3)浇混凝土	检测合格按取回的芯样长度以米计量,不合格则不予计量
407-3	破坏荷载试验用桩(暂定工程量)		m	(1)挖孔、抽水;(2)护壁;(3)浇混凝土	按试验用桩长度以米计量
408	桩的检测试验				
408-1	桩的检验荷载试验(暂定工程量)	(1)检验荷载重量; (2)桩径、桩长	每一试桩	(1)压载、卸载;(2)试验过程观测;(3)数据分析;(4)完成此试验的其他辅助工作	按试验用的单根试桩以根数计量
408-2	φ…m桩破坏荷载试验(…m)(暂定工程量)	桩径、桩长			
409	沉 井				
409-1	钢筋混凝土沉井				
-a	井壁混凝土	(1)土壤类别; (2)桩长桩径; (3)强度等级	m^3	(1)围堰筑岛;(2)现浇或预制沉井;(3)浮运;(4)抽水、下沉;(5)浇筑混凝土;(6)挖井内土及基底处理;(7)浇注混凝土;(8)清理恢复河道	按设计图示,以体积计算
-b	顶板混凝土				
-c	填芯混凝土				
-d	封底混凝土				
409-2	钢沉井				
-a	钢壳沉井	(1)材料规格; (2)土壤类别; (3)断面尺寸	t	(1)制作;(2)浮运或筑岛;(3)下沉;(4)挖井内土及基底处理;(5)切割回收;(6)清理恢复河道	按设计图示,以重量计算
-b	顶板混凝土	强度等级	m^3	浇筑混凝土	按设计图示,以体积计算
-c	填芯混凝土				
-d	封底混凝土				

续上表

细目号	细 目 名 称	特 征	单位	工 程 内 容	工程量计算规则
410	结构混凝土工程			第402、410、412、414、418节	
410-1	基础				
-a	混凝土基础(包括支撑梁、桩基承台,但不包括桩基)	(1)断面尺寸; (2)强度等级; (3)结构类型	m^3	(1)套箱或模板制作、安装、拆除;(2)混凝土浇筑;(3)养生	按设计图示,以体积计算
410-2	下部结构混凝土				
-a	斜拉桥索塔	(1)断面尺寸; (2)强度等级; (3)部位	m^3	(1)支架、模板、劲性骨架制作安装及拆除;(2)浇筑混凝土;(3)养生	按设计图示,以体积计算
-b	重力式U型桥台				
-c	肋板式桥台				
-d	轻型桥台				
-e	柱式桥墩				
-f	薄壁式桥墩				
-g	空心桥墩				
410-3	上部结构混凝土				
-a	连续刚构	(1)断面尺寸; (2)强度等级	m^3	(1)支架模板制作、安装、拆除; (2)预埋钢筋、钢材制作、安装; (3)浇筑混凝土; (4)构件运输、安装; (5)养生	按设计图示,以体积计算
-b	混凝土箱型梁				
-c	混凝土T型梁				
-d	钢管拱				
-e	混凝土拱				
-f	混凝土空心板				
-g	混凝土矩形板				
-h	混凝土肋板				
410-4	特殊结构混凝土				
-a	斜拉桥塔身混凝土	(1)断面尺寸; (2)强度等级; (3)结构类型	m^3	(1)支架、模板、劲性骨架制作安装及拆除;(2)预埋钢筋、钢材制作、安装;(3)浇筑混凝土;(4)养生	按设计图示,以设计结构混凝土体积计算
-b	悬索桥塔身混凝土				
-c	钢管拱混凝土				
410-5	地下连续墙				
-a	导墙	强度等级	m^3	(1)导墙开挖塘; (2)浇筑导墙混凝土	按设计图示,以体积计算
-b	连续墙	强度等级	m^3	(1)成槽;(2)浇筑内衬混凝土;(3)浇筑连续墙混凝土	按设计图示,以体积计算
410-6	现浇混凝土附属结构				
-a	人行道	(1)结构形式; (2)材料规格; (3)强度等级	m^3	(1)钢板、钢管制作安装; (2)浇筑混凝土; (3)运输构件; (4)养生	按设计图示,以体积计算
-b	防撞墙(包括金属扶手)				
-c	护栏				
-d	桥头搭板				
-e	抗震挡块				
-f	支座垫石				

续上表

细目号	细目名称	特征	单位	工程内容	工程量计算规则
410-7	预制混凝土附属结构(栏杆、缘石、人行道)				
-a	缘石	(1)结构形式; (2)强度等级	m^3	(1)预制混凝土构件;(2)运输;(3)砌筑安装;(4)勾缝	按设计图示,以体积计算
-b	人行道				
-c	栏杆				
411	预应力钢材				
411-1	先张法预应力钢丝	(1)材料规格; (2)抗拉强度	kg	(1)制作安装预应力钢材; (2)制作安装管道; (3)安装锚具、锚板; (4)张拉; (5)压浆; (6)封锚头	按设计图示,以埋入混凝土中的实际长度计算(不计入工作长度)
411-2	先张法预应力钢绞线				
411-3	先张法预应力钢筋				
411-4	后张法预应力钢丝				按设计图示,以两端锚具间的理论长度计算(不计入工作长度)
411-5	后张法预应力钢绞线				
411-6	后张法预应力钢筋				
412	特殊结构预应力钢材				
412-1	斜拉索	(1)材料规格; (2)抗拉强度	kg	(1)预应力钢材制作、运输;(2)放索、牵引、安装;(3)张拉、索力调整、锚固;(4)防护;(5)安装放松、减振设施	按设计图示,以设计构件两端锚固间的理论长度计算重量(不计入工作长度)
412-2	悬索				
412-3	系杆				
413	砌石工程				
413-1	浆砌片石	(1)材料规格; (2)强度等级	m^3	(1)选修石料;(2)拌运砂浆;(3)运输;(4)砌筑、沉降缝填塞;(5)勾缝	按设计图示,以体积计算
413-2	浆砌块石				
413-3	浆砌料石				
413-4	浆砌预制混凝土块	(1)断面尺寸; (2)强度等级	m^3	(1)预制混凝土块;(2)拌运砂浆;(3)运输;(4)砌筑;(5)勾缝	按设计图示,以体积计算
415	桥面铺装				
415-1	沥青混凝土桥面铺装	(1)材料规格;(2)配合比;(3)厚度;(4)压实度	m^2	(1)桥面清洗、安装泄水管;(2)拌和运输;(3)摊铺;(4)碾压	按设计图示,以面积计算
415-2	水泥混凝土桥面铺装	(1)材料规格;(2)配合比;(3)厚度;(4)强度等级		(1)桥面清洗、安装泄水管;(2)拌和运输;(3)摊铺;(4)压(刻)纹	
415-3	防水层			(1)桥面清洗;(2)加防剂拌和运输;(3)摊铺	按设计图示,以面积计算
416	桥梁支座				
416-1	矩形板式橡胶支座				
-a	固定支座	(1)材料规格; (2)强度等级	dm^3	安装	按设计图示,以体积计算
-b	活动支座				
416-2	圆形板式橡胶支座				

续上表

细目号	细 目 名 称	特 征	单位	工 程 内 容	工程量计算规则
-a	固定支座	(1)材料规格; (2)强度等级	dm^3	安装	按设计图示,以体积计算
-b	活动支座				
416-3	球冠圆板式橡胶支座				
-a	固定支座	(1)材料规格; (2)强度等级	dm^3	安装	按设计图示,以体积计算
-b	活动支座				
416-4	盆式支座				
-a	固定支座	(1)材料规格; (2)强度等级	套	安装	按设计图示,以个(或套)累加数计算
-b	单向活动支座				
-c	双向活动支座				
416-5	隔振橡胶支座	(1)材料规格; (2)强度等级	个	安装	按设计图示,以个(或套)累加数计算
417	桥梁伸缩缝				
417-1	橡胶伸缩装置	(1)材料规格; (2)伸缩量	m	(1)缝隙的清理; (2)制作安装伸缩缝	按设计图示,以长度计算
417-2	模数式伸缩装置				
417-3	梳齿析式伸缩装置				
417-4	填充式材料伸缩装置				
419	圆管涵及倒虹吸管				
419-1	单孔钢筋混凝土圆管涵	(1)孔径; (2)强度等级	m	(1)排水;(2)挖基、基底表面处理;(3)基座砌筑或浇筑;(4)预制或现浇钢筋混凝土管;(5)安装、接缝;(6)铺涂防水层;(7)砌筑进出口(端墙、翼墙、八字墙井口);(8)回填	按设计图示,按不同孔径的涵身长度计算(进出口端墙外侧间距离)
419-2	双孔钢筋混凝土圆管涵				
419-3	倒虹吸管涵				
-a	不带套箱	(1)管径; (2)强度等级	m	(1)排水;(2)挖基、基底表面处理;(3)基础砌筑或浇筑;(4)预制或现浇钢筋混凝土管;(5)安装、接缝;(6)铺涂防水层;(7)砌筑进出口(端墙、翼墙、八字墙井口);(8)回填	按不同孔径,以沿涵洞中心线量测的进出洞口之间的洞身长度计算
-b	带套箱	(1)管径; (2)断面尺寸; (3)强度等级		(1)排水;(2)挖基、基底表面处理;(3)基础砌筑或浇筑;(4)预制或现浇钢筋混凝土管;(5)安装、接缝;(6)支架、模板、制作安装、拆除;(7)钢筋制作安装;(8)混凝土浇筑、养生、沉降缝填塞、铺涂防水层;(9)砌筑进出口(端墙、翼墙、八字墙井口)	按不同断面尺寸,以沿涵洞中心线量测的进出洞口之间的洞身长度计算
420	盖板涵、箱涵				

续上表

细目号	细 目 名 称	特 征	单位	工 程 内 容	工程量计算规则
420-1	钢筋混凝土盖板涵	(1)断面尺寸; (2)强度等级	m	(1)排水;(2)挖基、基底表面处理;(3)支架、模板、制作安装、拆除;(4)钢筋制作安装;(5)混凝土浇筑、养生、运输;(6)沉降缝填塞、铺涂防水层;(7)铺底及砌筑进出口	按设计图示,按不同断面尺寸以长度计算(进出口端墙间距离)
420-2	钢筋混凝土箱涵				
421	拱 涵				
421-1	石砌拱涵	(1)材料规格; (2)断面尺寸; (3)强度等级	m	(1)排水;(2)挖基、基底表面处理;(3)支架、拱盔制作安装及拆除;(4)石料或混凝土预制块砌筑;(5)混凝土浇筑、养生;(6)沉降缝填塞、铺涂防水层;(7)铺底及砌筑进出口	按设计图示,按不同断面尺寸以长度计算(进出口端墙间距离)
421-2	混凝土拱涵	(1)断面尺寸; (2)强度等级			
421-3	钢筋混凝土拱涵	(1)断面尺寸; (2)强度等级	m	(1)排水;(2)挖基、基底表面处理;(3)支架、拱盔、制作安装及拆除;(4)钢筋制作安装;(5)混凝土浇筑、养生;(6)沉降缝填塞、铺涂防水层;(7)铺底及砌筑进出口	按设计图示,按不同断面尺寸以长度计算(进出口端墙间距离)
422	通 道				
422-1	钢筋混凝土盖板通道	(1)断面尺寸; (2)强度等级	m	(1)排水;(2)挖基、基底表面处理;(3)支架、模板、制作安装及拆除;(4)钢筋制作安装;(5)混凝土浇筑、养生、运输;(6)沉降缝填塞、铺涂防水层;(7)铺底及砌筑进出口;(8)通道范围内的道路	按设计图示,按不同断面尺寸以长度计算(进出口端墙间距离)
422-2	现浇混凝土拱形通道				

第五章　隧道工程施工与计量

隧道是地下人工构造物，在山岭地区或河流水域修建公路隧道，能起到改善路线线形、缩短路线里程、节约运输成本、改善行车条件和保护生态环境等作用。随着隧道施工工艺和设备的进步，修筑隧道的情况越来越多。

本章主要介绍隧道工程结构、施工工艺和工程量清单计量规则等内容。

第一节　隧道分类与组成

一、隧道分类

公路隧道按穿越障碍物性质，可分为山岭隧道和水底隧道。按地质条件可分为岩石隧道和一般软土隧道。穿越山岭的公路隧道，又可按其埋置深度、选线位置、结构类型、长短来分类。

1. 按埋置深度分类

按埋置深度（以 2 倍洞跨的覆盖层厚度为界限）分为浅埋隧道、深埋隧道和明洞隧道。

2. 按选线位置分类

为穿越山岭修建的隧道，称为越岭隧道。利用傍山（沿河）地形修建的隧道，称为傍山隧道。

3. 按结构类型分类

公路隧道按结构类型分单洞、连拱、分离式三种形式，如图 5-1 所示。

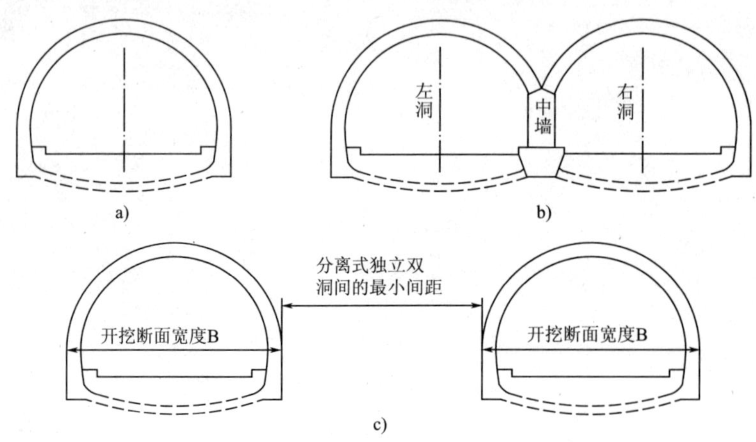

图 5-1　公路隧道结构

a）单洞；b）连拱；c）分离式

高速公路、一级公路的上、下行分离为独立双洞的隧道称为分离式隧道；一般在桥隧相连、隧道与隧道相连及地形条件限制等特殊地段上采用中墙分隔的双洞隧道称连拱隧道。二级以下公路隧道多采用单洞两车道断面。

4. 按长度分类

隧道长度是指进口、出口洞门端墙墙面之间的距离，即两端墙墙面与路面交线同路线中线交点间的距离。隧道长度不同，施工和运营管理要求不同，其工程计价亦不同。

《公路隧道设计规范》(JTG 070—2004)将公路隧道按其长度分为特长、长、中、短隧道4类，见表5-1所列。

公路隧道按长度分类 表5-1

隧道分类	特长隧道	长隧道	中隧道	短隧道
隧道长度(m)	$L>3\,000$	$3\,000\geqslant L>1\,000$	$1\,000\geqslant L>500$	$L\leqslant 500$

二、隧道组成

隧道工程由主体结构、辅助坑道和附属工程3大部分组成，具体如图5-2所示。

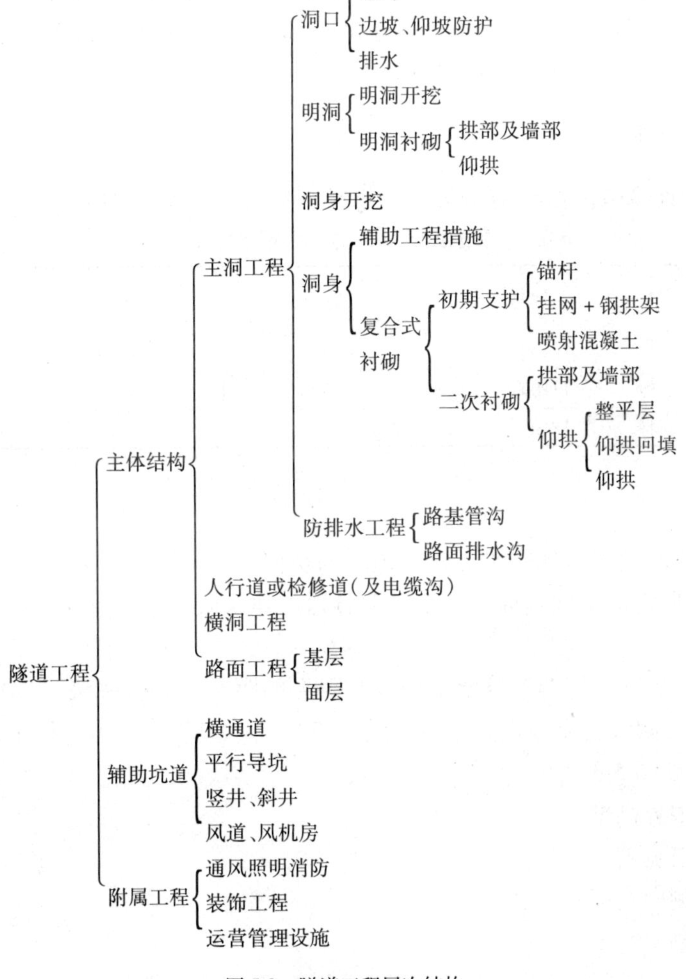

图5-2 隧道工程层次结构

第二节 隧道技术指标

一、隧道设计基本要求

隧道设计与施工应根据公路等级,结合所处地形、地质、施工、运营等条件,遵循安全、经济、环保的原则和隧道各项技术指标要求进行。

高速、一级公路的隧道应设计为双向分离式。分离式独立双洞的最小净距,根据其围岩级别确定,见表5-2所列。

分离式独立双洞的最小净距 表5-2

围岩级别	Ⅰ	Ⅱ	Ⅲ	Ⅳ	Ⅴ	Ⅵ
最小净距(m)	$1.0\times B$	$1.5\times B$	$2.0\times B$	$2.5\times B$	$3.5\times B$	$4.0\times B$

注:B为隧道开挖断面的宽度。

隧道内的纵坡一般应小于3%,并大于0.3%,但短于100m的隧道不受此限。隧道内的纵坡形式,一般宜采用单向坡;地下水发育的长隧道可用人字坡。

不设检修道或人行道的隧道,可不设紧急停车带,但应按500m的间距交错设置行人避车洞。人行横洞的设置间距可取250m,并不得大于500m;车行横洞的设置间距可取750m,并不得大于1000m,长1000~1500m的隧道宜设1处,中、短隧道可不设。

二、隧道设计洪水频率

《公路隧道设计规范》规定,隧道设计洪水频率标准按表5-3取值。

隧道设计水位的洪水频率标准 表5-3

公路等级 / 隧道类别	高速、一级公路	二级公路	三级公路	四级公路
特长隧道	1/100	1/100	1/50	1/50
长隧道	1/100	1/50	1/50	1/25
中、短隧道	1/100	1/50	1/25	1/25

三、隧道建筑限界

公路隧道的横断面即衬砌内轮廓线所包围的空间,称为内轮廓限界,包括隧道建筑限界,以及照明、通风等所需的空间断面。各级公路隧道的建筑限界不得有任何构件侵入。

1. 净空高度

建筑限界净空高度是指隧道路面至顶建筑限界的距离,高速、一级、二级公路的净空高度H应为5.0m,三级、四级公路净空高度H应为4.5m。检修道、人行道与行车道分开设置时,其净高应为2.5m。如图5-3所示。

图中:H——建筑限界高度;

W——行车道宽度;

L_L——左侧侧向宽度;

L_R——右侧侧向宽度;

C——余宽;当设置检修道或人行道时,不设余宽,当不设置检修道或人行道时,设余宽;

当 $V>100$km/h 时余宽为 0.5m，当 $V \leq 100$km/h 时余宽为 0.25m；

J——检修道宽度；

R——人行道宽度；

h——检修道或人行高度；

E_L——建筑限界左顶角宽度，$E_L = L_L$；

E_R——建筑限界右顶角宽度，当 $L_R \leq 1$m 时，$E_R = L_R$，当 $L_R > 1$m 时，$E_R = 1$m。

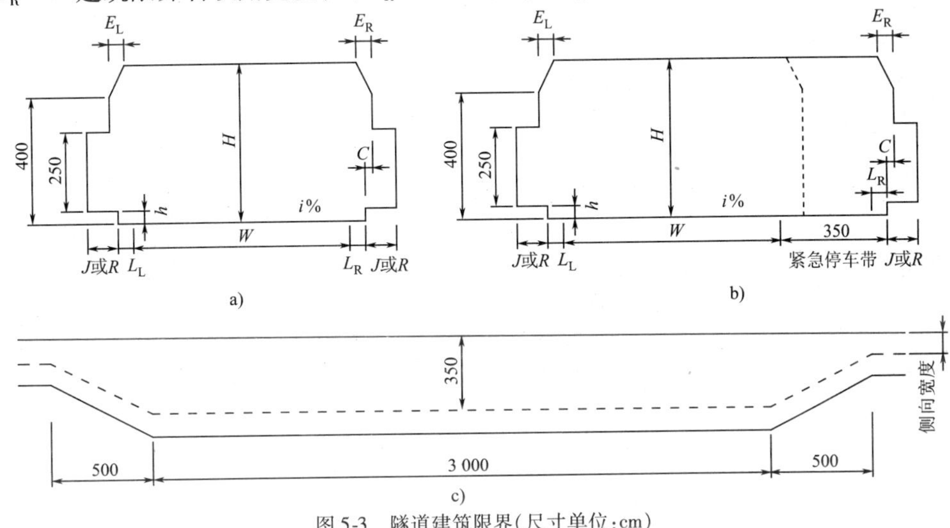

图 5-3　隧道建筑限界（尺寸单位：cm）

a）主洞；b）紧急停车带；c）紧急停车带平面布置

2. 净宽

建筑限界净宽由行车道、侧向宽度和检修道或人行道组成，如图 5-4 所示。高速、一级公路隧道应在隧道两侧设置检修道，其宽度应大于或等于 0.75m；二级、三级公路隧道宜在两侧设置人行道（兼检修道），其宽度应等于或大于 0.75m。四级公路可不设人行道，但应保留 0.25m 的 C 值（余宽）。隧道最小侧向宽度应符合表 5-4 的规定。

隧道最小侧向宽度　　表 5-4

设计速度（km/h）	高速、一级公路				二级、三级、四级公路				
	120	100	80	60	80	60	40	30	20
左侧向宽度 L_L（m）	0.75	0.50	0.50	0.50	0.75	0.50	0.25	0.25	0.50
右侧向宽度 L_R（m）	1.25	1.00	0.75	0.75	0.75	0.50	0.25	0.25	0.50

人行道及检修道宽度符合表 5-5 的规定。

人行道及检修道宽度　　表 5-5

设计速度（km/h）	高速、一级公路				二级、三级、四级公路				
	120	100	80	60	80	60	40	30	20
人行道 R	—				1.00	1.00	0.75	0.25	0.25
检修道 J	≥0.75m				—				
步道高度 h（cm）	80～60	60～40	40～30	30～25	40～30	30～25	25 或 20		

特长、长隧道应在行车方向的右侧侧向宽度小于 2.5m 时，应设置紧急停车带，紧急停车带建筑限界和尺寸如图 5-3 所示，其间距不宜大于 750m。双向行车隧道，其紧急停车带应双侧交错设置。单车道四级公路隧道应按双车道四级公路标准建设，右侧侧向宽度小于 2.50m。各等级公路双车道隧道建筑限界净宽见表 5-6 所列。

两车道隧道建筑限界净宽

表 5-6

设计速度(km/h)	高速、一级公路				二级、三级、四级公路				
	120	100	80	60	80	60	40	30	20
车道宽度(m)	3.75	3.75	3.75	3.5	3.75	3.5	3.5	3.25	3.0
车道数	双洞两车道				单洞两车道				
建筑限界净宽(m)	11.0	10.5	10.25	9.75	11.0	10.0	9.0	7.5	7

3. 隧道内轮廓尺寸

根据各公路等级设计速度的相应建筑限界,可分别计算出两车道内轮廓断面几何尺寸,两车道隧道内轮廓实例计算结果见表 5-7 所列。两车道隧道几何尺寸如图 5-4 所示。

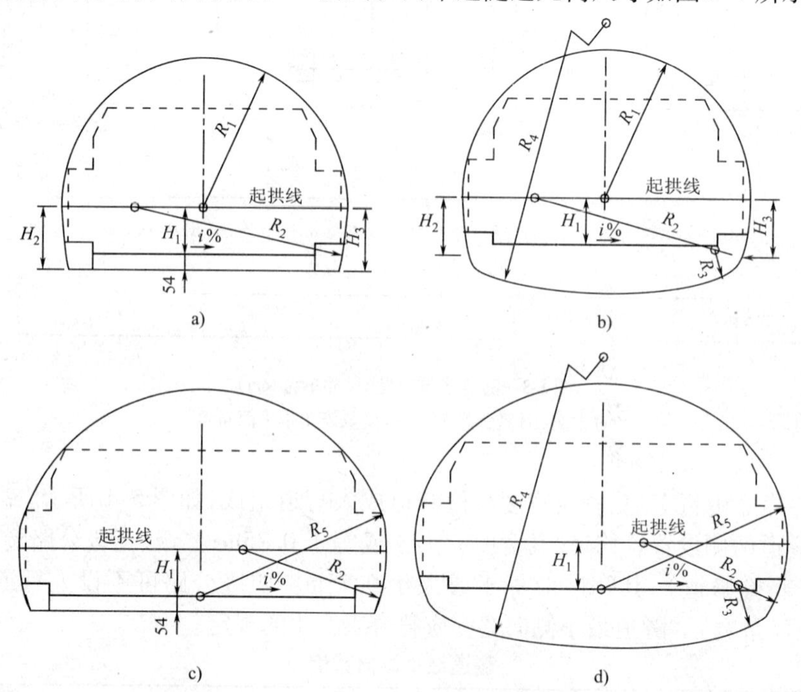

图 5-4 两车道隧道几何尺寸

a)主洞无仰拱;b)主洞有仰拱;c)紧急停车带无仰拱;d)紧急停车带有仰拱

两车道隧道内轮廓断面几何尺寸

表 5-7

设计速度(km/h)		R_1	R_2	R_3	R_4	R_5	H_1	H_2	H_3	面积(m^2)	
										有仰拱	无仰拱
120	一般部	612	862	100	1 500	—	160	214	214	94.0	84.7
	紧急停车带	612	862	150	1 800	771	165	219	219	121.2	106.1
100	一般部	570	820	100	1 500	—	160	214	214	82.5	75.0
	紧急停车带	570	820	150	1 800	747	165	219	219	110.9	97.8
80	一般部	543	793	100	1 500	—	160	214	214	75.5	69.1
	紧急停车带	543	793	150	1 800	737	165	219	219	104.8	93.1
60	一般部	514	764	100	1 500	—	160	214	214	68.5	63.1
	紧急停车带	514	764	150	1 800	708.5	165	219	219	96.3	86.1

注:①隧道内轮廓线所围成的面积,为有仰拱断面计算面积;无仰拱面积是约定路面厚度为 54cm 后,与隧道内轮廓线围

成的断面计算面积；

②图 5-4 中未能按实际横坡绘制，故表 5-7 中 H_3 按 H_2 数据列出。

三车道隧道亦可参考该方法计算。

四、隧道围岩分级

根据围岩或土质主要定性特征和围岩基本质量指标 BQ 或修正的围岩质量指标[BQ]，将公路隧道围岩划分为 6 级，见表 5-8 所列。

公路隧道围岩级别 表 5-8

围岩级别	围岩或土体主要定性特征	围岩基本质量指标 BQ 或修正的围岩基本质量指标[BQ]
Ⅰ	坚硬岩，岩体完整，巨整体状或巨厚层结构	>550
Ⅱ	坚硬岩，岩体较完整，块状或厚层状结构 较坚硬岩，岩体完整块状整体结构	550~451
Ⅲ	坚硬岩，岩体较破碎，巨块（石）碎（石）状镶嵌结构 较坚硬岩或较软硬岩层，岩体较完整，块状或中厚层结构	450~351
Ⅳ	坚硬岩，岩体破碎，破裂结构；较坚硬岩，岩体较破碎~破碎，镶嵌破裂结构；较软岩或软硬岩互层，且以软岩为主，岩体较完整~较破碎，中薄层状结构	350~251
	土体：(1)压密或成岩作用的黏性土及性土；(2)黄土(Q_1、Q_2)；(3)一般钙质、性质胶结的碎石土、卵石土、大块石土	
Ⅴ	较软岩，岩体破碎；软岩，岩体较破碎~破碎；各类岩体，碎、裂状，松散结构	≤250
	一般第四系的半干硬塑的黏性土及稍湿至潮湿的碎石土、卵石土、圆砾土及黄土(Q_3、Q_4)。非黏性土呈松散结构，黏性土及黄土呈松软结构	
Ⅵ	软塑状黏性土及潮湿、饱和粉细砂层、软土等	

注：本表不适用于特殊条件的围岩分级，如膨胀性围岩、多年冻土等。

第三节　隧道主体结构

隧道主体由主洞、横洞、人行道或检修道（及电缆沟）和路面工程等几个部分组成。

一、主洞

主洞工程包括洞口、明洞、洞身开挖、洞身衬砌和防排水工程。

1. 洞口

洞口即隧道出入口，包括洞门、边坡防护、仰坡支挡构造物及排水设施和引道等部分。隧道洞口位置受地形、地质水文条件影响，布置形式有坡面正交、坡面斜交、坡面平行 3 种形式。

坡面正交型指隧道轴线与坡面正交，这是一种理想形式。坡面斜交型指隧道轴线与坡面斜交进入，边坡切面与洞门为非对称，往往存在偏压。坡面平行型是一种极端的斜交情况，隧道承受偏压，应尽量避免这种形式。

(1)洞门

洞门是隧道外露部分，起保证边坡稳定和地表水引离隧道的作用，同时起美化环境和行车诱导作用。其形式有端墙式洞门、翼墙式洞门、环框式洞门、遮光棚式洞门、削竹式洞门等。

①端墙式洞门。端墙式洞门适用于岩质稳定的Ⅳ级以下围岩和地形开阔的地区，是最常

使用的洞门形式,如图 5-5 所示。

②翼墙式洞门。翼墙式洞门由端墙及翼墙组成。翼墙式洞门适用于地质较差的Ⅲ级以上围岩,以及需要开挖路堑的情形。翼墙是为了增加端墙的稳定性而设置的,同时对路堑边坡起支挡作用。端墙顶面上一般均设置水沟,将端墙背面排水沟汇集的地表水排至路堑边沟内。如图 5-6a)所示。

③环框式洞门。环框与洞口衬砌用混凝土整体浇筑,如图 5-6b)所示。宜用于洞口岩层坚硬、整体性好,节理不发育,且不易风化,路堑开挖后仰坡极为稳定,并且没有较大的排水要求情况。

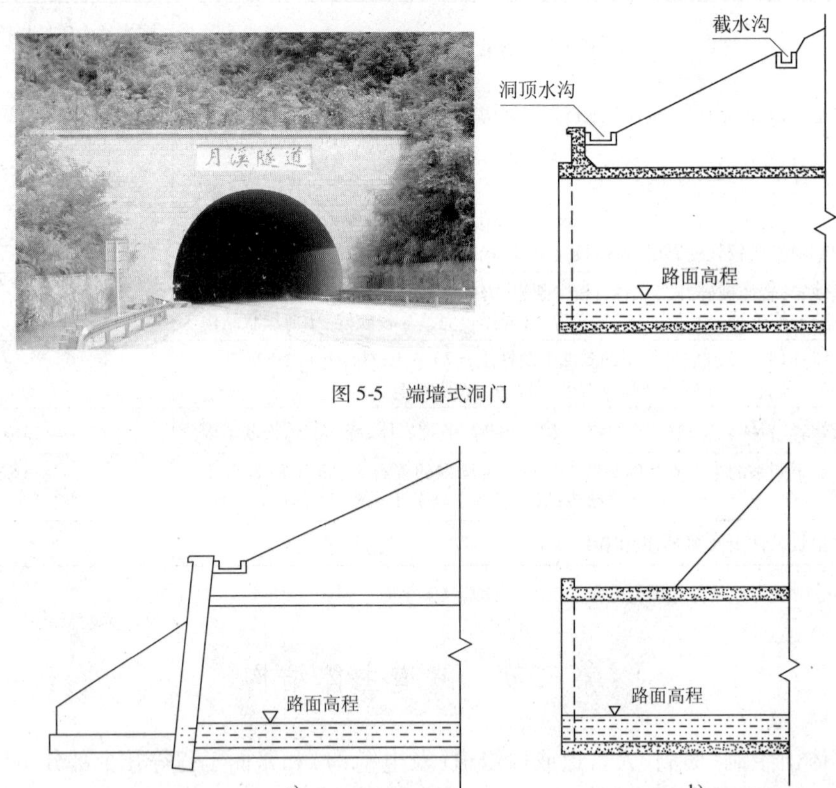

图 5-5　端墙式洞门

图 5-6　翼墙式和环框式洞门

a)翼墙式洞门;b)环框式洞门

④遮光棚式洞门。遮光棚式洞门在形状上分棚洞式和喇叭式,如图 5-7 所示。

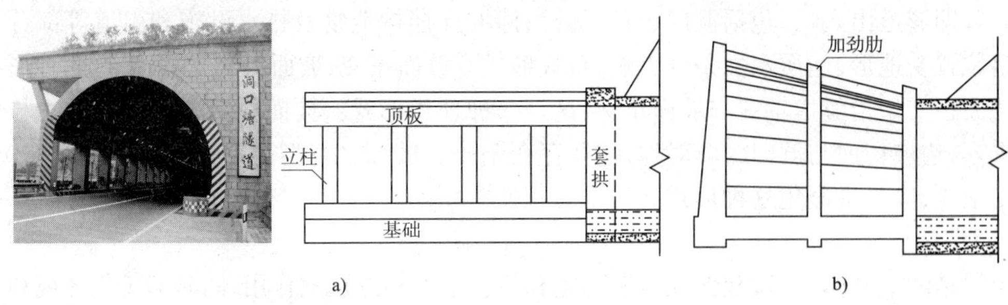

图 5-7　遮光棚式洞门

a)棚式洞门;b)喇叭式洞门

⑤削竹式洞门。形如削竹,适用于洞口段地形平缓情况,如图 5-8 所示。

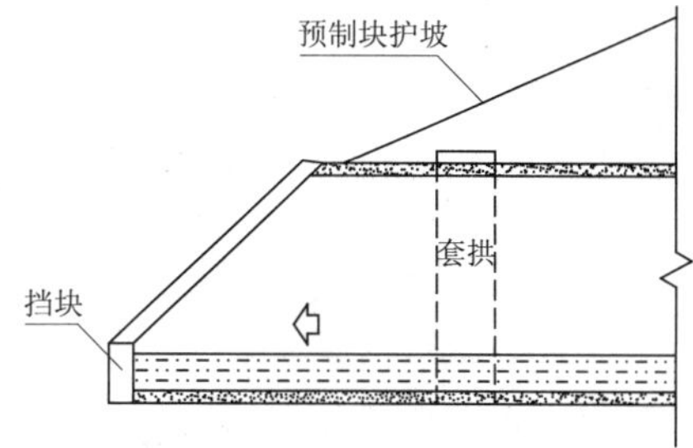

图 5-8　削竹式洞门

(2)边坡及仰坡防护

洞门墙应根据实际需要设置伸缩缝、沉降缝和泄水孔。洞口边坡及仰坡必须保证稳定,其边坡、仰坡坡率及开挖最大高度限制,见表 5-9 所列。

洞口边坡和仰坡坡率及开挖最大高度　　表 5-9

围岩分级	Ⅰ、Ⅱ			Ⅲ		Ⅳ			Ⅴ~Ⅵ	
边、仰坡坡率	贴壁	1:0.3	1:0.5	1:0.5	1:0.75	1:0.75	1:1	1:1.25	1:1.25	1:1.5
最大高度(m)	15	20	25	20	25	15	18	20	15	18

(3)洞口排水

洞口排水应根据地形、地质、气象及建设工程的实际情况,结合农田水利建设的需要,因地制宜地设置疏水设施。洞口和明洞顶须设置截水沟、排水沟,洞口边坡、仰坡应采取防护措施,如铺砌、抹面等以防止地表水的下渗和冲刷。要注意防止洞外雨水流入洞内,当洞口外路堑为上坡时,应在洞口外设置反排水沟或截流涵洞。

2. 明洞

明洞是采用明挖方法施工并回填而成的隧道,结构形式有拱形明洞和箱形明洞。当洞口地形地质不良、覆盖层浅时,常在洞口前设置一段明洞。隧道明洞段、洞口段、洞身段划分如图 5-9 所示。

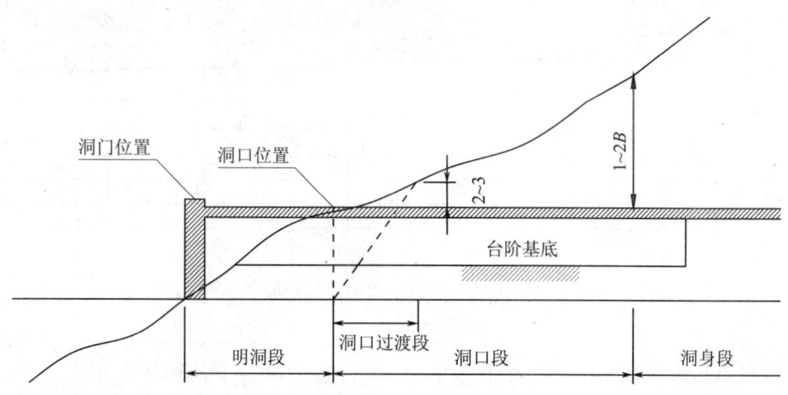

图 5-9　明洞段、洞口段与洞身段划分(尺寸单位:m)

当隧道位置处于下列情况时,宜设置明洞:

①洞顶覆盖层薄,不宜大开挖修建路堑而又难以采用暗挖法修建隧道的地段。

②可能受到塌方、落石或泥石流威胁的洞口或路堑。

③铁路、公路、水渠和其他人工构造物必须在拟建公路的上方通过,而又不宜采用立交桥

跨越。

3. 洞身

(1)洞身断面

洞身断面主要指隧道主体的纵、横向设计断面。某洞身横断面如图5-10所示。

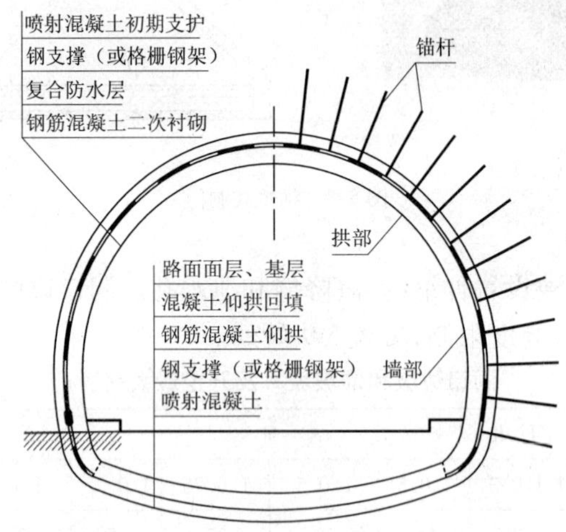

图5-10　隧道横断面

某隧道主洞洞身设计纵剖面如图5-11所示。

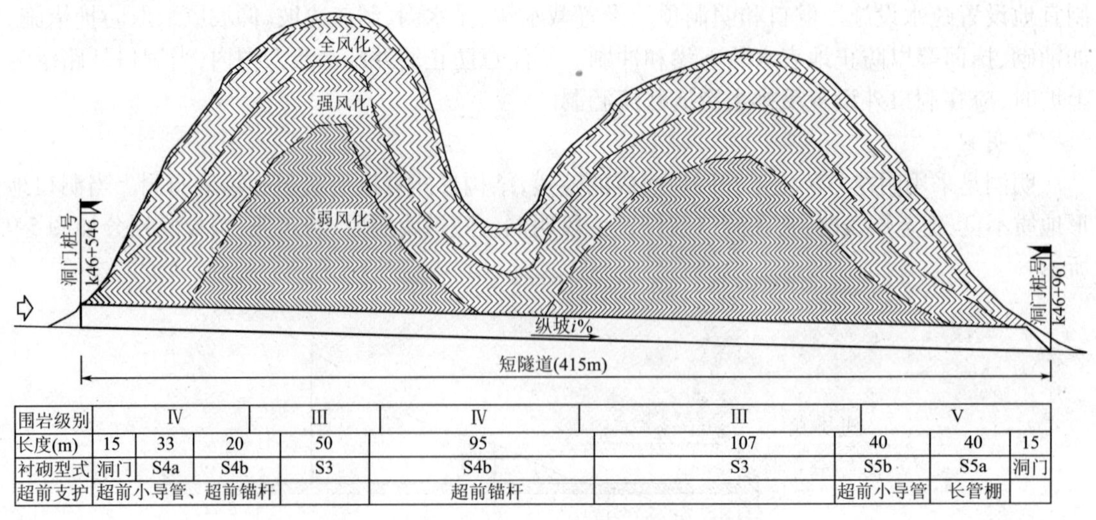

围岩级别	Ⅳ			Ⅲ	Ⅳ	Ⅲ	Ⅴ		
长度(m)	15	33	20	50	95	107	40	40	15
衬砌型式	洞门	S4a	S4b	S3	S4b	S3	S5b	S5a	洞门
超前支护	超前小导管、超前锚杆				超前锚杆		超前小导管	长管棚	

图5-11　隧道工程地质纵剖面

(2)仰拱

仰拱是隧道侧墙基础之间设置的曲线形支撑结构。隧道围岩较差地段应设置仰拱；当隧道墙部以下为整体性较好的坚硬岩石时，可不设仰拱。不设仰拱地段的衬砌墙部基底应置于稳固的地基上；在洞门墙厚度范围内，墙部基础应加深至洞门墙基础底相同的高程。

仰拱混凝土与隧道拱部、墙部结构要求一致；设置仰拱的隧道，仰拱面以上至路面基础底面之间应采用浆砌片石或片石混凝土回填密实。不设置仰拱的隧道应采用混凝土做整平层，其厚度为10～15cm。

(3)洞身衬砌

①衬砌形式。衬砌形式分复合式、整体式和喷锚式等,各等级公路隧道的衬砌形式可参照表 5-10 选用。

各等级公路采用的衬砌形式 表 5-10

公路等级	高速、一级、二级公路	三级、四级公路	
		洞口段Ⅲ、Ⅳ、Ⅴ级围岩条件	其他段
采用衬砌形式	复合式	复合式或整体式	喷锚式或其他形式

②最小厚度。隧道各部结构的截面最小厚度值规定见表 5-11 所列。

隧道衬砌最小厚度值(cm) 表 5-11

建筑材料种类	隧道和明洞衬砌			洞口端墙、翼墙和洞口挡土墙
	拱圈	墙部	仰拱	
混凝土	20	20	20	30
片石混凝土	—	50	50	50
浆砌粗料石	—	30	—	30
浆砌片石	—	50	—	50

③加强衬砌。身衬砌在洞口段、围岩较差地段、横通道与主洞交叉段等位置,需要考虑增加衬砌厚度。如图 5-12 所示。

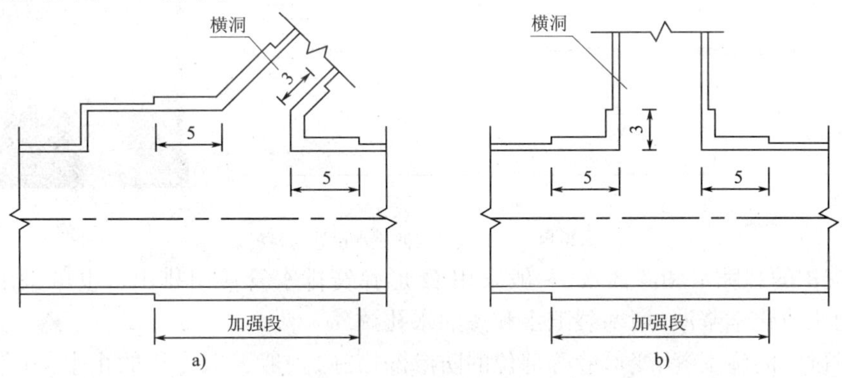

图 5-12 洞内交叉口部加强衬砌(尺寸单位:m)

a)斜交;b)正交

隧道洞口段应根据地形、地质和环境条件确定加强衬砌,一般情况下 2 车道隧道加强段应不小于 10m,3 车道隧道加强段应不小于 15m。

对于围岩较差地段,从围岩较差向较好的地段延伸 5 ~ 10m;偏压衬砌段向一般衬砌段延伸,延伸长度是根据偏压情况确定,加强段一般不小于 10m。

对于净宽大于 3.0m 的横洞(横通道)与主洞的交叉段,加强段衬砌向交叉洞延伸,主洞延伸长度不小于 5.0m,横洞(横通道)延伸长度不小于 3.0m。

4. 防排水工程

防水与排水设施是隧道工程重要的组成部分。隧道防水和排水应按照"排、防、截、堵"相结合的原则进行综合设计,使洞内、洞口与洞外构成完整的防水、排水系统。

隧道排水分洞口排水、路基排水、路面排水 3 类。引排路基水与路面水,按地下净水与路面污水分别排出的原则进行,对于路基排水量小的隧道只设置路基中央排水沟,对于路基排水量大的隧道除设置路基中央排水沟外,还应设置两路侧路基边缘排水沟。路基中央排水沟还具有排除路面底层地下渗水的功能,如图 5-13 所示。

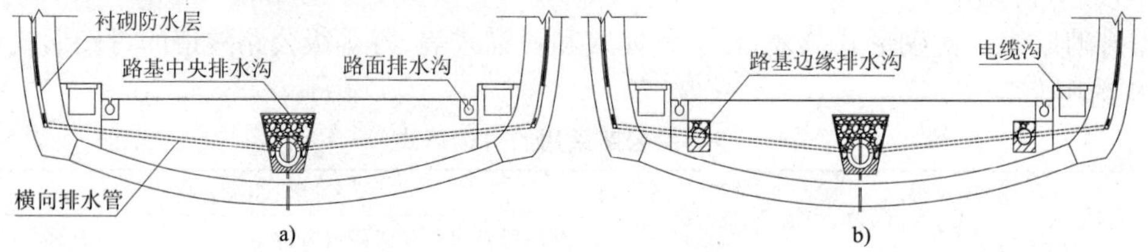

图 5-13　隧道路基排水设施

a)中央沟;b)中央沟+边缘沟

(1)路基排水

隧道路基排水又称衬砌防排水,主要排除围岩范围水。公路隧道复合式防水层如图 5-14 所示。采取敷设聚氯乙烯塑料板、合成树脂防水卷材及防水混凝土等措施,将堵渗漏的水引入环向排水管,然后流至墙踵纵向水管、再通过横向排水管流入路基边缘排水沟或路基中央排水沟。

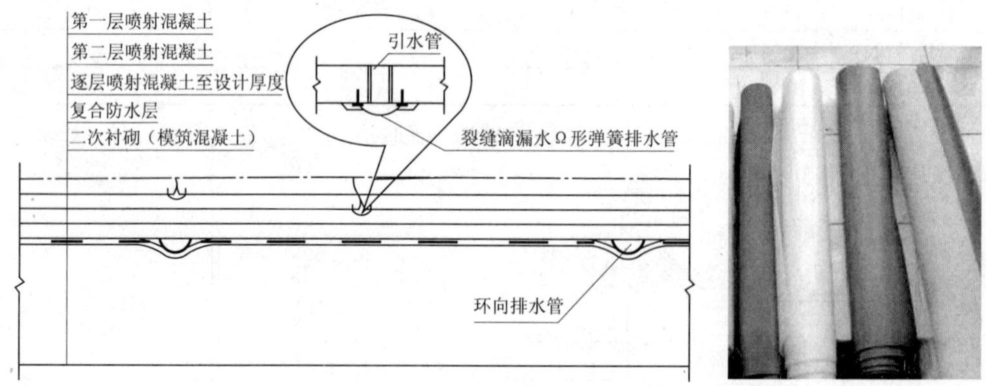

图 5-14　衬砌复合式防排水设计与材料

初期支护的裂隙水和渗涌水,一般采用 Ω 形弹簧排水管接引排出。也可采用向围岩体内压注水泥浆或化学浆液,堵塞裂隙水和渗涌水孔。

隧道衬砌中的施工缝、变形缝等部位的防渗漏措施,一般采取专用的止水条(带)嵌塞等办法处理。

(2)路面排水

路面排水是在路面边缘设置圆形、矩形开口排水沟,或设置矩形盖板排水沟,集中将路面水引排至洞口排水设施。路面排水沟形式如图 5-15 所示。

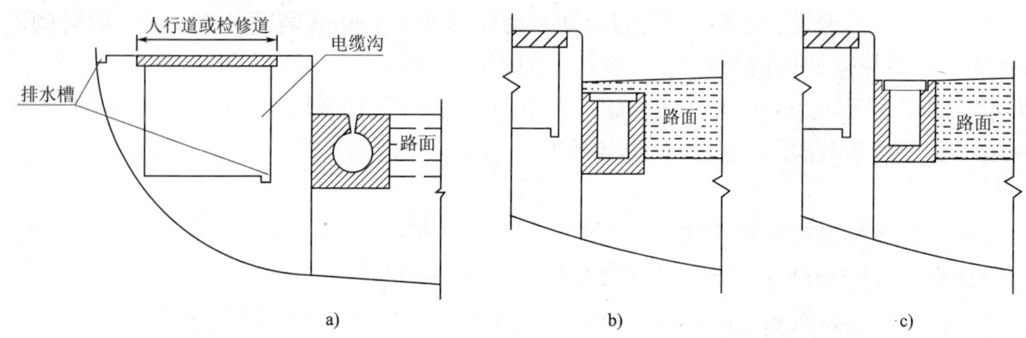

图 5-15　电缆沟与排水沟形式

a)电缆沟和圆形开口式边沟;b)固定盖板;c)活动盖板

二、人行道或检修道

在隧道路面的两侧设置人行道或检修道，高度按 20 ~ 80cm 取值，宽度取值见表 5-4 所列。电缆沟设置在人行道或检修道下方，沟的净宽 × 净高一般取 60cm × 40cm，沟盖板面内侧和沟内外侧设置 5cm × 5cm 排水槽，以保证人行道或检修道、电缆沟内不积水。电缆沟一侧放置强电设备，另一侧放置弱电设备、消防管道。如图 5-15 所示。

三、隧道路面工程

隧道路面一般采用普通混凝土、连续配筋混凝土、钢钎维混凝土结构。当洞内干燥无水、施工方便时，可采用沥青混合料上面层与水泥混凝土下面层组成的复合式路面。

对于无仰拱隧道路面分别有整平层、基层，基层一般采用混凝土结构，其厚度为 12 ~ 20cm。有仰拱隧道路面可直接在仰拱回填层上铺装面层。

公路隧道洞内行车道路面面层宜采用水泥混凝土路面，它能提高照明亮度，并具有耐久使用等优点。二级、三级、四级公路隧道路面一般采用设接缝的普通水泥混凝土面层，高速、一级公路隧道路面一般采用连续配筋混凝土面层或钢钎维混凝土面层。

第四节　辅 助 通 道

一、辅助通道分类

辅助通道分营运辅助通道和施工辅助通道。营运辅助通道有竖井、斜井、平行导坑、横通道、风道、地下风机房等，是为满足营运通风、救灾要求而设置的；施工辅助通道有竖井、斜井、平行导坑、横洞等，是为增加施工开挖面而设置的。

隧道辅助通道类型、用途及适用条件见表 5-12 所列。

辅助通道类型、用途及适用条件　　表 5-12

类型		主要用途	适用条件
竖井	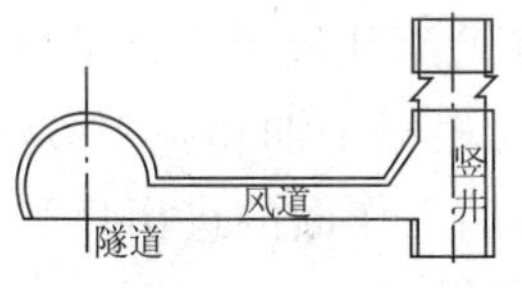 竖井 风道 隧道	营运通风	特长隧道分段纵向式机械通风
		增加施工开挖面	长、特长隧道，地质条件较好；无设置横洞、斜井条件；洞顶局部地段覆盖较薄
斜井	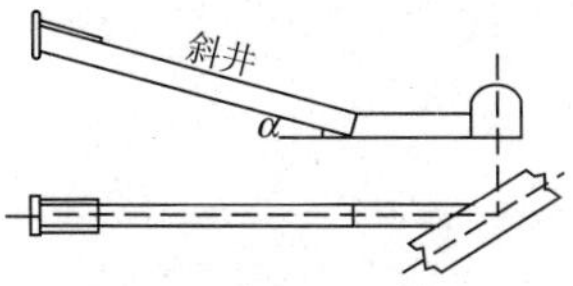 斜井 α	营运通风	特长隧道分段纵向式机械通风
		增加施工开挖面	长、特长隧道，地质条件较好；埋置不深；虽埋置深但隧道适宜位置外傍侧有低洼地形

续上表

类　型		主要用途	适用条件
横通道	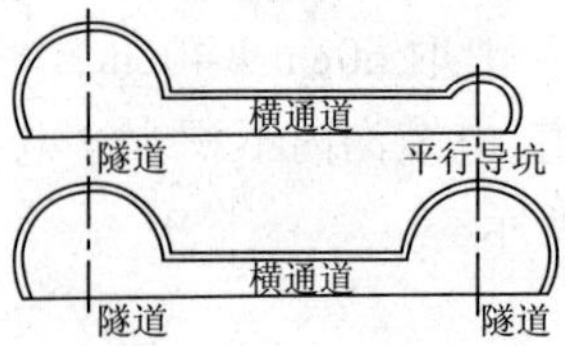 横通道 隧道 平行导坑	营运避难、救援通道	中、长、特长隧道，分离式双洞单向行车或隧道与平行导坑之间的连接
	横通道 隧道 隧道	增加施工开挖面，便于施工通风、运输	平行导坑与隧道的联络；分离式双洞的联络
地下风机房、风道	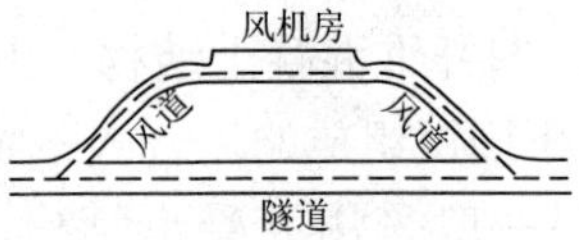 风机房 风道 风道 隧道	营运通风；放置风机及机电设备	特长隧道；地质条件较好，设置竖井或斜井与隧道通风连接；风机与隧道连接
平行导坑	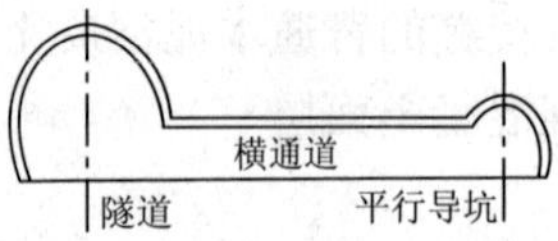 横通道 隧道 平行导坑	营运避难、救援通道	单洞双向行驶的长、特长隧道；远期规划修建第二条隧道时
		增加施工开挖面	长、特长深埋隧道；不宜采用其他辅助通道时
		超前探测地质情况	地质情况复杂
		排泄通道	有大量地下水或瓦斯
横洞	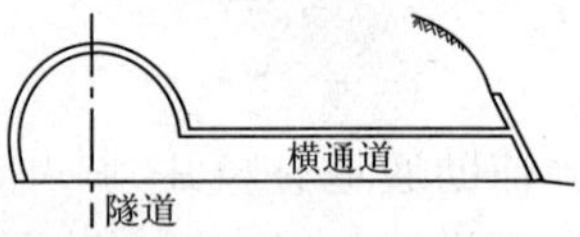 横通道 隧道	增加施工开挖面	傍山、沿河；桥隧相连施工干扰大或进出口场地狭窄；地质不良，进洞困难

(1)竖井。在隧道较长且无法设置横通道和斜井的条件下，在洞顶某一地段覆盖层较薄，且地质条件允许时设置。竖井横断面有矩形和圆形，由井颈、井身、井窝和马头门组成。

(2)斜井。适用于隧道覆盖层较薄或傍山有低洼地形情况。为使机具材料运输与人员上下互不干扰，有时按主、副斜井分建。斜井底部设停车场，提升设备应有可靠的安全装置。

(3)平行导坑。当主隧道较长且覆盖层较厚，不宜采用其他形式辅助坑道时，尤其是需增建第二线平行隧道时设置。平行导坑应先于主洞开工，根据工期和施工方法确定由平行导坑开向主洞的横通道数量。平行导坑在施工期间作为增加工作面的进出口和施工通风道，在涌水量大的主隧道运营期间，可作为排水通道起排水的作用。

(4)横通道。多用于傍山线路靠河的一侧，其纵坡向外下坡，出口有河槽或谷地便于排水和堆碴，且有利于主洞的施工通风。横通道既增加了工作面又便于施工管理，是优选方案。

(5)风道和风机房。特长隧道必要的通风设施。

二、辅助通道衬砌参数

营运辅助通道一般需要模筑衬砌，施工辅助通道根据情况可采用喷锚衬砌。竖井衬砌参数见表5-13所列。

竖井衬砌参数　　表5-13

围岩级别	喷锚衬砌		混凝土衬砌	复合衬砌		
				初期支护		二次衬砌
	$D<5$m	5m≤D≤7m		$D<5$m	5m≤D≤7m	
Ⅰ	喷混凝土厚10cm	模筑混凝土或钢筋混凝土厚30cm，砌体厚40cm	模筑混凝土或钢筋混凝土厚30cm，砌体厚40cm	—	—	—
Ⅱ	喷混凝土厚10～15cm，锚杆长1.5～2m，间距1～1.5m	模筑混凝土或钢筋混凝土厚30cm，砌体厚50cm	模筑混凝土或钢筋混凝土厚30cm，砌体厚50cm	—	—	—
Ⅲ	喷混凝土厚15～20cm，锚杆长2～2.5m，间距1m，配钢筋网，必要时设钢圈梁	混凝土或钢筋混凝土厚40cm，砌体厚60cm	混凝土或钢筋混凝土厚40cm，砌体厚60cm	混凝土厚5～10cm，锚杆长1.5～2m，间距1m，必要时配钢筋网	混凝土厚10～15cm，锚杆长2～2.5m，间距1m，必要时配钢筋网	30cm
Ⅳ	—	—	混凝土或钢筋厚50cm，砌体厚70cm	喷混凝土后10～15cm，锚杆长2～2.5cm，间距1m，必要时配钢筋网	喷混凝土后15～20cm，锚杆长2.5～3cm，间距0.75～1m，配钢筋网	40cm
Ⅴ	—	—	混凝土或钢筋混凝土厚60cm，砌体厚80cm	喷混凝土后15～20cm，锚杆长2.5～3m，间距0.75～1m，配钢筋网，必要时配钢筋梁	喷混凝土厚20～25cm，锚杆长3～3.5m，间距0.5～0.7m，配钢筋网，必要时配钢圈梁	50cm

注：①Ⅵ级围岩地段应采用特殊支护措施；

②D为竖井直径。直径大于7m的竖井应作专项设计。

斜井、平行导坑、横洞及风道衬砌参数见表5-14所列。

斜井、平行导坑、横通道及风道衬砌参数　　表5-14

围岩级别	喷锚衬砌	模筑混凝土衬砌	复合衬砌	
			初期支护	二次衬砌
Ⅰ	5cm	20cm	不支护，局部喷混凝土或水泥砂浆护面	20cm
Ⅱ	5cm	20cm	局部喷射混凝土，厚度5cm	20cm
Ⅲ	10cm，局部锚杆长2～2.5m	25～30cm	喷混凝土厚5～8cm，局部设锚杆，长2m	20cm
Ⅳ	—	35～40cm	喷混凝土厚8～10cm，拱部设锚杆，长2～2.5m，间距1～1.2m，必要时拱部设钢筋网	25～30cm
Ⅴ	—	45～50cm必要时设仰拱	喷混凝土厚10～15cm，设系统锚杆，长2.5～3m，间距1m，设钢筋网	35～40cm，必要时设仰拱

第五节　附 属 工 程

隧道附属工程包括通风照明消防设施、装饰工程、运营管理设施等。

一、通风照明消防设施

通风照明消防设施包括设备本身、洞室设置、挂件预埋、管线安装等内容，应根据交通条件和规范要求进行配置。

1. 通风

应根据交通组成和交通量增长情况，按统筹规划、总体设计、分期实施的原则设置隧道通风设施。

隧道的通风方式有机械通风和自然通风两种。交通量小的中、短隧道可采用自然通风，交通量大的长隧道应采用机械通风。采用机械通风时，常采用纵向通风形式，配以射流风机或轴流风机，并按正常通风量的50%配置备用通风机。

隧道通风设施是根据交通组成和交通量增长情况，按照总体设计要求设置。人车混合通行的隧道长度不宜超过2000m。通风设计必须考虑火灾对策，长度大于1500m且交通量较大的隧道应考虑排烟设施。

2. 照明

高速、一级公路隧道，其长度大于100m时应设置照明设施；二级、三级、四级公路隧道，其照明设施可根据具体情况设置。隧道两侧墙面2m高度范围内，宜铺设反射材料。

在单向交通隧道中，应设置出口段照明；出口段照明长度取值60m。在双向交通隧道中，可不设出口段照明。照明的光源一般选用在烟雾中有较好的透视性的低压钠灯或显色性较好的荧光灯，而在隧道的出入口处，则选用小型、大光通量的高压钠灯或高压荧光灯。

3. 消防

特长隧道和高速、一级公路的长隧道，必须配置报警设施、警报设施、消防设施、救助设施等。二级、三级公路的长隧道，可根据需要设置。

为防止意外火灾，隧道洞内应根据要求设置消防洞室、灭火器洞室，洞外应设置消防水池。隧道设计应拟定发生交通或火灾事故的应急处理预案。

4. 供电

隧道内供电分动力供电和照明供电。供电系统的设计必须执行国家技术经济政策，做到保证安全、供电可靠、技术经济合理。

二、装饰工程

公路隧道应结合隧道位置和使用要求进行内壁装饰，内壁装饰高度不应低于路面以上2.0m。装饰材料有瓷砖、预制块件、油漆及涂料等，应采用无毒、耐火、吸水膨胀率低、反光率高、便于清洗、耐磨和耐用的材料。

三、运营管理设施

运营管理设施包括标志标线、管理及服务房屋、交通监控、通信、通风与照明控制、消防及救援设施，收费设施、供配电与中央控制管理等设施。

救援设施包括避人洞及行人横洞和行车横洞。隧道内不设人行道时，除短隧道外，应设置避车洞，避车洞在洞内应两侧交叉布置。相邻双孔隧道之间按规定间距设置供巡查、维修、救援及车辆转换方向用的行人横洞和行车横洞。长隧道必要时应设置报警、消防及其他应急设施。

第六节　隧道工程施工

隧道施工前应对设计图纸进行核对和补充调查，确定施工方案和编制实施性施工组织设计，在施工中遵守《公路工程标准施工招标文件 技术规范 第500章 隧道》、《公路隧道施工技术规范》（JTG F60—2009）及《公路公路工程施工安全技术规程》（JTJ 076—1995）的有关规定。

一、隧道施工特点与方法

1. 隧道工程施工的特点

隧道施工具有隐蔽性、作业的循环性、作业空间受限、作业的综合性强、作业环境恶劣、作业的风险性大和受气候影响小等特性。在隧道施工中必须全面考虑这些特性。

2. 隧道施工方法

隧道施工方法如图5-16所示。

(1)矿山法。矿山法是一种传统的施工方法。它的基本原理是，隧道开挖后受爆破影响，造成岩体破裂形成松弛状态，随时都有可能坍落。基于这种松弛荷载理论依据，其施工方法是按分部顺序采取分割式一块一块的开挖，并要求边挖边撑以求安全，所以支撑复杂，木料耗用多。随着喷锚支护的出现，使分部数目得以减少，并进而发展成新奥法。

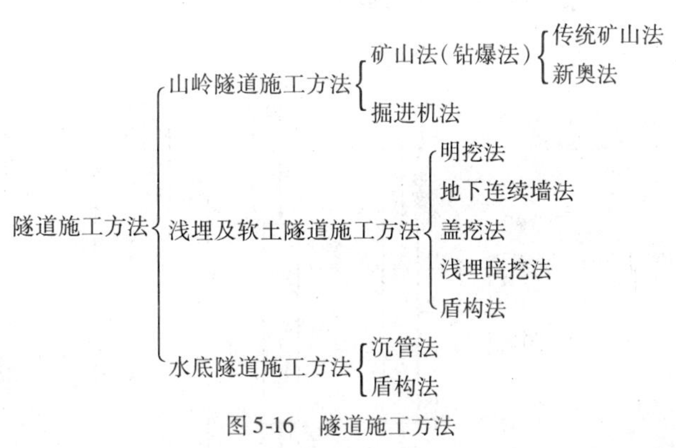

图5-16　隧道施工方法

(2)掘进机法。包括隧道掘进机法和盾构掘进机法。前者应用于岩石地层，后者则主要应用于土质围岩，尤其适用于软土、流砂、淤泥等特殊地层。

(3)沉管法、明挖法。用来修建水底隧道、地下铁道、城市市政隧道等，以及埋深很浅的山岭隧道。

在隧道施工中最重要的是选择合理的施工方法。选择施工方法时应考虑施工条件、围岩条件、隧道断面积、埋深、工期和环境条件等基本因素。

二、新奥法施工

由奥地利学者L·腊布兹维奇教授命名为"新奥地利隧道施工法（New Austria Tunnelling Method）"，简称"新奥法（NATM）"。它是以控制爆破或机械开挖为主要掘进手段，施工中考虑围岩自身承载能力，并以锚杆、喷射混凝土为主要支护方法，是一种新型的施工方法。

1. 新奥法施工基本原则

新奥法施工的基本原则可以归纳为"少扰动、早支护、勤量测、紧封闭"。

(1)"少扰动"是指在进行隧道开挖时,尽量减少对围岩的扰动次数、扰动强度、扰动范围和扰动持续时间。因此要求能用机械开挖的就不用钻爆法开挖;采用钻爆法开挖时,要严格地进行控制爆破;尽量采用大断面开挖;根据围岩级别、开挖方法、支护条件选择合理的循环掘进进尺;自稳性差的围岩,循环掘进进尺应短一些,支护要尽量紧跟开挖面,缩短围岩应力松弛时间。

(2)"早支护"是指开挖后及时施作初期喷锚支护,使围岩的变形进入受控状态。这样做一方面是为了使围岩不致因变形过度而产生坍塌失稳;另一方面是使围岩变形适度发展,以充分发挥围岩的自承能力。必要时可采取超前预支护措施。

(3)"勤量测"是指用直观、可靠的量测方法和量测数据,准确评价围岩(或围岩加支护)的稳定状态,判断其动态发展趋势,以便及时调整支护形式、开挖方法,以确保施工安全和顺利进行。量测是现代隧道及地下工程理论的重要标志之一,也是掌握围岩动态变化过程的手段和进行工程设计、施工的依据。

(4)"紧封闭"是指采用喷射混凝土等防护措施,对围岩施作封闭形支护,及时阻止围岩变形,避免围岩因长时间裸露而致使其强度和稳定性的衰减,使支护和围岩能进入良好的共同工作状态。

2. 新奥法施工工艺

新奥法的施工工艺流程如图 5-17 所示。

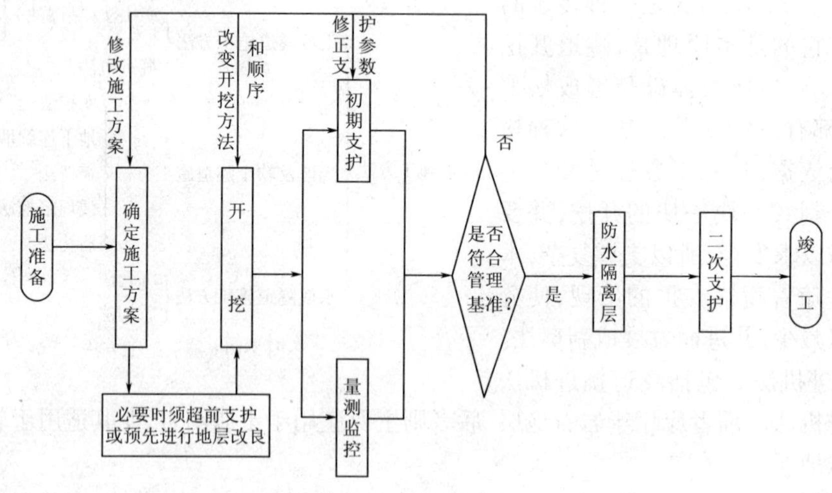

图 5-17 新奥法施工工艺流程

3. 开挖方法

按开挖隧道的横断面分为全断面开挖法、台阶开挖法、分部开挖法。

(1)全断面开挖法

全断面开挖法指全断面同步掘进的开挖方法,如图 5-18 所示。

①全断面开挖法施工顺序

a. 施工准备完成后,用钻孔台车钻眼,然后装药,连接起爆网路。

b. 退出钻孔台车,引爆炸药,开挖出整个隧道断面。

c. 进行通风、洒水、排烟、降尘。

d. 排除危石,安设拱部锚杆和喷第一层混凝土。

e. 用装渣机将石渣装入矿车或运输机，运出洞外。

f. 安设边墙锚杆和喷混凝土。

g. 必要时可喷拱部第二层混凝土和隧道底部混凝土。

h. 开始下一轮循环。

i. 在初次支护变形稳定后，或按施工组织中规定日期灌注内层衬砌。

根据围岩稳定程度及施工设计亦可不设锚杆或设短锚杆。也可先出渣，然后再施作初次支护，但一般仍先进行拱部初次支护，以防止局部应力集中而造成的围岩松动剥落。

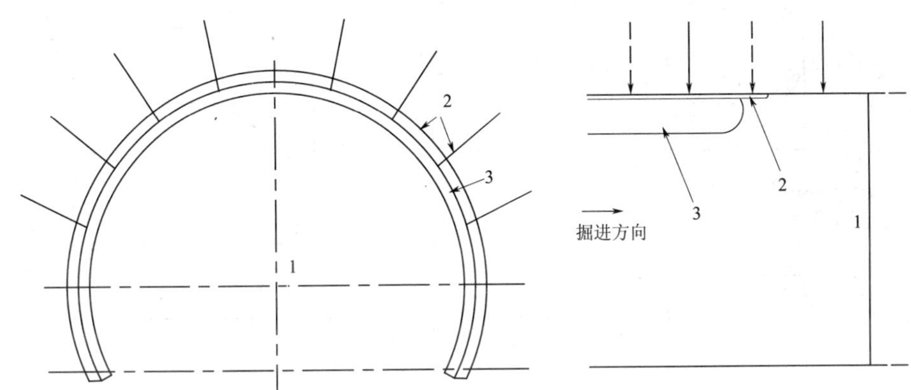

图 5-18　全断面开挖法

1-全断面开挖法；2-锚喷支护；　模筑混凝土衬砌

②适用条件

全断面法适用于岩层覆盖条件简单、岩质较均匀的硬岩中；使用大型施工机械；隧道长度或施工区段长度不宜太短（不应小于 1km）。否则采用大型机械化施工的经济性差。

（2）台阶开挖法

台阶开挖法将设计断面分上半断面和下半断面两次开挖成形。台阶法包括长台阶法、短台阶法和超短台阶法 3 种形式，长短台阶划分如图 5-19 所示。

开挖方式选择应根据以下两个条件确定：

a. 满足初次支护形成闭合断面的时间要求，围岩越差，闭合时间要求越短。

b. 满足上断面施工所用的开挖、支护、出渣等机械设备施工场地大小的要求。在软弱围岩中应以第一条件为主，兼顾第二条，确保施工安全。

①长台阶法作业顺序

对于上半断面开挖，其作业顺序为：

a. 用钻孔台车或气腿式风钻钻眼、装药爆破，地层较软时亦可用挖掘机开挖。

b. 安设锚杆和钢筋网，必要时加设钢支撑、喷射混凝土。

c. 用挖掘机将石渣推运到台阶下，再由装载机装入车内运至洞外。

d. 根据支护结构形成闭合断面的时间要求，必要时在开挖上半断面后，可施作临时底拱，形成上半断面的临时闭合结构，然后在开挖下半断面时再将临时底拱挖掉。但从经济观点来看，最好改用短台阶法。

对于下半断面开挖，其作业顺序为：

a. 用钻孔台车或气腿式风钻钻眼、装药爆破；装渣直接运至洞外。

b. 安设边墙锚杆(必要时)和喷混凝土。

c. 用反铲挖掘机开挖水沟;喷底部混凝土。

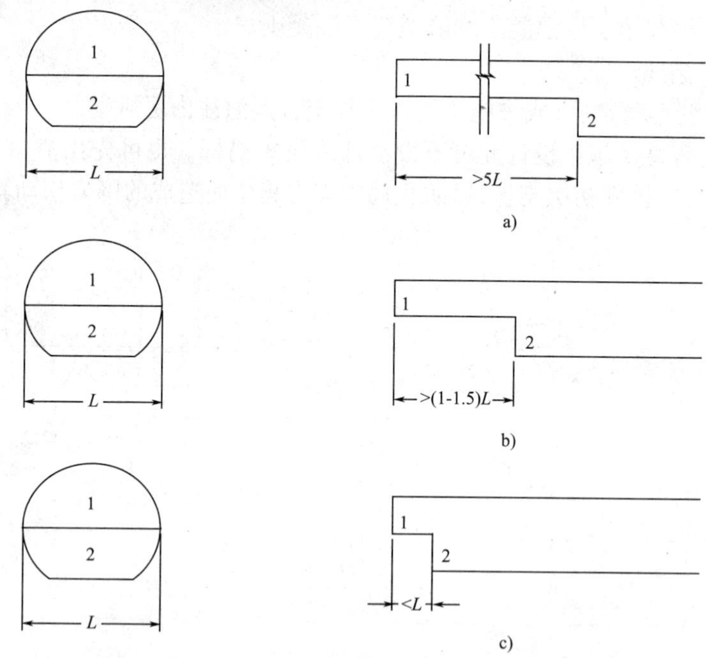

图 5-19　台阶法施工形式

a)长台阶法;b)短台阶法;c)超短台阶法

长台阶法有足够的工作空间和相当的施工速度,上部开挖支护后,下部作业就较为安全,但上下部作业有一定的干扰。相对于全断面法来说,长台阶法一次开挖的断面和高度都比较小,只需配备中型钻孔台车或气腿式风钻即可施工;对维持开挖面的稳定也十分有利。其适用范围较全断面法广泛,凡是在全断面法中开挖面不能自稳,但围岩坚硬不要用底拱封闭断面的情况,都可采用长台阶法。

②短台阶法作业顺序

短台阶法的作业顺序和长台阶相同。

短台阶法可缩短支护结构闭合的时间,改善初次支护的受力条件,有利于控制隧道收敛速度和量值,所以适用范围很广,在Ⅰ~Ⅴ级围岩中都能采用,尤其运用于Ⅳ、Ⅴ级围岩,是新奥法施工中经常采用的方法。缺点是上台阶出渣时对下半断面施工的干扰较大,不能全部平行作业。为解决这种干扰可采用长皮带机运输上台阶的石渣;或设置由上半断面过渡到下半断面的坡道。将上台阶的石渣直接装车运出。过渡坡道的位置可设在中间,也可交替地设在两侧。过渡坡道法通用于断面较大的双线隧道中。

③超短台阶法

台阶仅超前 3 ~5m,只能采用交替作业。

超短台阶法初次支护全断面闭合时间更短,更有利于控制围岩变形。在城市隧道施工中,能更有效的控制地表沉陷。超短台阶法适用于膨胀性围岩和土质围岩,要求及早闭合断面的场合。也适用于机械化程度不高的各类围岩地段。缺点是上下断面相距较近,机械设备集中,作业时相互干扰较大生产效率较低,施工速度较慢。在软弱围岩中施工时,应特别注意开挖工作面的稳定性,必要时可对开挖面进行预加固或预支护。

(3)分部开挖法

分部开挖法是将隧道断面分部开挖逐步成形，且一般将某部超前开挖，故也可称为导坑超前开挖法。分部开挖法可分为台阶分部开挖法、单侧壁导坑法、双侧壁导坑法3种方案，如图5-20所示。

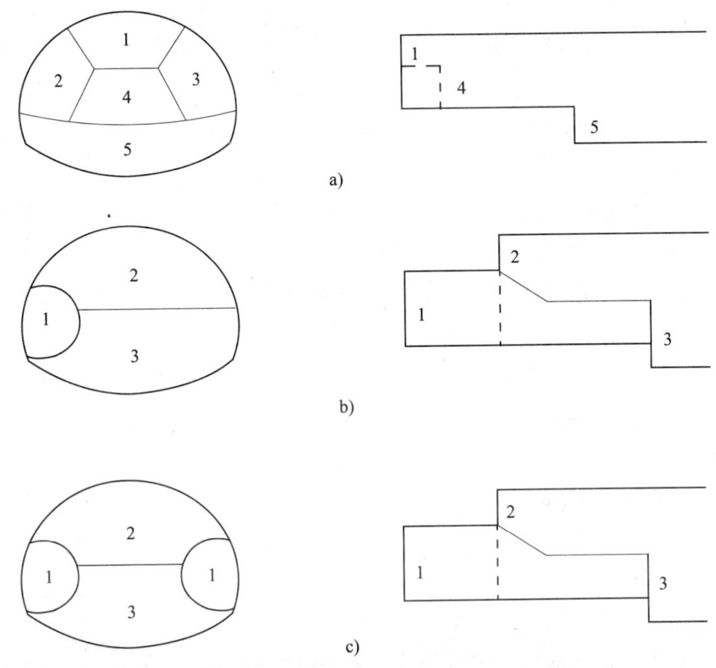

图5-20 分部开挖形式

a)台阶分部开挖法；b)单侧壁导坑法；c)双侧壁导坑法

①台阶分部开挖法

该法又称环形开挖留核心土法，开挖面分部形式为：一般将断面分成为环形拱部（图5-20a）中的1、2、3）、上部核心土4、下部台阶5三部分。

施工作业顺序为：

a.用人工或挖掘机开挖环形拱部。根据断面的大小，环形拱部又可分成几块交替开挖。

b.安设拱部锚杆、钢筋网或钢支撑、喷混凝土。

c.在拱部初次支护保护下，用挖掘机开挖核心土和下台阶，随时接长钢支撑和喷混凝土、封底。

d.根据初次支护变形情况或施工安排建造内层衬砌。

由于拱形开挖高度较小，或地层松软锚杆不易成形，所以施工中不设或少设锚杆。环形开挖进尺为0.5～1.0m，不宜过长。

在台阶分部开挖法中，因为上部留有核心土支挡着开挖面，而且能迅速及时地建造拱部初次支护，所以开挖工作面稳定性好；与台阶法一样，核心土和下部开挖都是在拱部初次支护保护下进行的，施工安全性好；适用于一般土质或易坍塌的软弱围岩中。与超短台阶法相比，台阶长度可以加长，减少上下台阶施工干扰；而与下述的侧壁导坑法相比，施工机械化程度较高，施工速度可加快。

虽然核心土增强了开挖面的稳定，但开挖中围岩要经受多次扰动，而且断面分块多，支护结构形成全断面封闭的时间长，这些都有可能使围岩变形增大。它常要结合辅助施工措施对开挖工作面及其前方岩体进行预支护或预加固。

②单侧壁导坑法

开挖面分部形式：一般将断面分成3块：侧壁导坑1、上台阶2、下台阶3，如图5-20b）所示。侧壁导坑尺寸应本着充分利用台阶的支撑作用，并考虑机械设备和施工条件而定。一般侧壁导坑宽度不宜超过0.5倍洞宽，高度以到起拱线为宜，这样导坑可分两次开挖和支护，不需要架设工作平台，人工架立钢支撑也较方便。导坑与台阶的距离应以导坑施工和台阶施工不发生干扰为原则，所以在短隧道中可先挖通导坑，而后再开挖台阶。上、下台阶的距离则视围岩情况参照短台阶法或超短台阶法拟定。

施工作业顺序为：

a. 开挖侧壁导坑，并进行初次支护（锚杆加钢筋网、或锚杆加钢支撑、或钢支撑和喷射混凝土等），应尽快使导坑的初次支护闭合。

b. 开挖上台阶，进行拱部初次支护，使其一侧支撑在导坑的初次支护上，另一侧支撑在下台阶上。

c. 开挖下台阶，进行另一侧边墙初次支护，并尽快建造底部初次支护，使全断面闭合。

d. 拆除导坑临空部分的初次支护。

e. 建造内层衬砌。

单侧壁导坑法是将断面横向分成3块或4块，每步开挖的宽度较小，而且封闭型的导坑初次支护承载能力大，所以，单侧壁导坑法适用于断面跨度大，地表沉陷难以控制的软弱松散围岩中。

③双侧壁导坑法

该法又称眼镜工法，开挖面分部形式为：一般将断面分成4块：左、右侧壁导坑1、上部核心土2、下台阶3，如图5-20c）所示。导坑尺寸拟定的原则同前，但宽度不宜超过断面最大跨度的1/3。左、右侧导坑错开的距离，应根据开挖一侧导坑所引起的围岩应力重分布的影响，不致波及另一侧已成导坑的原则确定。

施工作业顺序为：

a. 开挖一侧导坑，并及时地将其初次支护闭合。

b. 相隔适当距离后开挖另一侧导坑，并建造初次支护。

c. 开挖上部核心土，建造拱部初次支护，拱脚支撑在两侧壁导坑的初次支护上。

d. 开挖下台阶，建造底部的初次支护，使初次支护全断面闭合。

e. 拆除导坑临空部分的初次支护。

f. 建造内层衬砌。

当隧道跨度很大、地表沉陷要求严格、围岩条件特别差、单侧壁导坑法难以控制围岩变形时，可采用双侧壁导坑法。现场实测表明，双侧壁导坑法所引起的地表沉陷仅为短台阶法的1/2。双侧壁导坑法虽然开挖断面分块多，扰动大，初次支护全断面闭合的时间长，但每个分块都是在开挖后立即各自闭合的，所以在施工中间变形几乎不发展。

三、洞身开挖辅助施工措施

当隧道通过浅埋、严重偏压、岩溶流泥地段、软弱破碎地层、断层破碎带以及大面积淋水或涌水地段时，应采取必要的辅助施工措施。辅助施工措施有管棚、超前小导管、超前锚杆、地表砂浆锚杆、地表注浆加固、护拱、井点降水、深井排水等，可归纳为地层稳定措施和涌水处理措施两类。

1. 管棚

管棚支护如图5-21所示。管棚导管环向间距一般为30~50cm,两组管棚间纵向应有不小于3.0m的水平搭接长度。导管外径80~180mm,长度10~45m,分段长4~6m。注浆孔孔径10~16mm,呈梅花形布置,间距15~20cm。

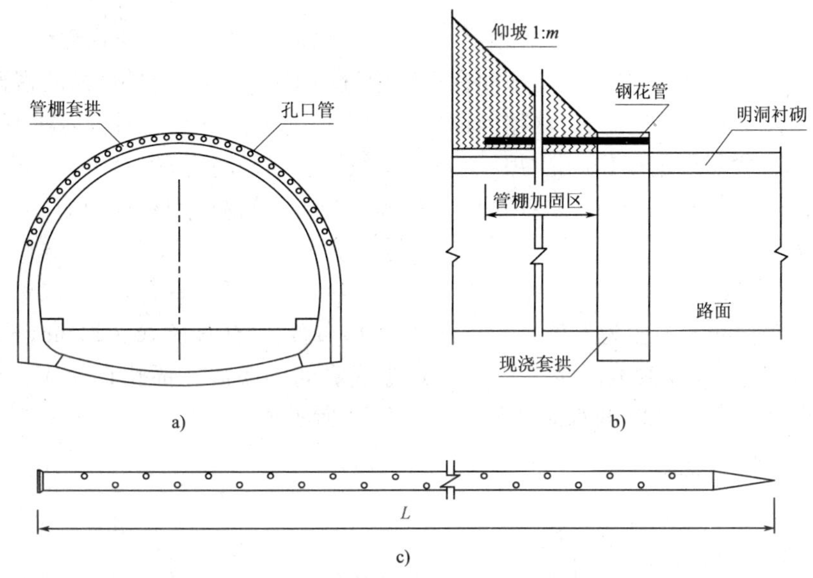

图5-21 管棚支护

a)正面;b)侧面;c)钢花管

2. 超前小导管

超前小导管环向间距一般为20~50cm,两组小导管间纵向应有不小于1.0m的水平搭接长度。小导管直径为42~50mm,长度3~5m。注浆孔径6~8mm,呈梅花形布置,间距10~20cm。小导管支护方法如图5-22所示。

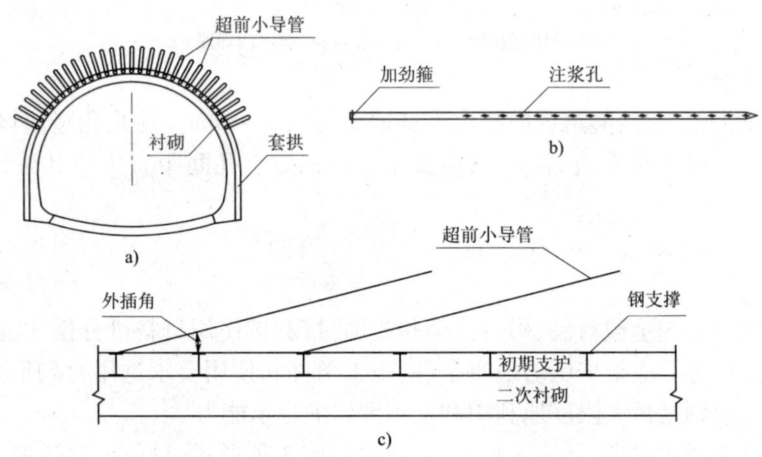

图5-22 超前小导管支护

3. 超前钻孔注浆

把具有充填和凝胶性能的浆液材料,通过配套的注浆机具设备压入所需加固的地层中,经过凝胶硬化作用后充填和堵塞地层中缝隙,起到减小注浆区地层渗水系数及隧道开挖时的渗漏水量和固结软弱和松散岩体,提高围岩强度和自稳功能力作用。

注浆孔应根据注浆范围、注浆长度、浆液材料、扩散半径以及工程要求等条件布置,注浆孔径 70~110mm,注浆孔间距按 1.5~1.6 倍浆液扩散半径决定,一般为 2~3m。浆液扩散半径为 1~2m。注浆孔深一般为 15~30m,注浆范围为开挖轮廓线以外 1~3m。

4. 超前锚杆

超前锚杆适用于浅埋松散破碎的岩层,是沿隧道纵向在拱上部开挖轮廓线外一定范围内向前方倾斜一定外插角,或者沿隧道横向在拱脚附近向下方倾斜一定外插角的密排砂浆锚杆。前者称拱部超前锚杆,后者称为边墙超前锚杆。拱部超前锚杆设置范围宜为隧道拱部外弧全长的 1/6~1/2。Ⅳ级围岩锚杆间距 40~60cm,Ⅴ级围岩锚杆间距 30~50cm。锚杆直径 20~25mm,锚孔直径不应小于 40mm,锚杆长度 3~5m,两排超前锚杆间纵向应有不小于 1.0m 的水平搭接长度。

5. 地表砂浆锚杆

地表砂浆锚杆间距一般为 1.0~1.5m,呈梅花形布置,锚杆直径 16~22mm,长度可根据隧道覆盖层厚度确定,一般取地面至隧道拱部外缘线之间的距离。锚孔直径应大于杆体直径 30mm,孔内填充不低于 M20 的水泥砂浆。如图 5-23 所示。

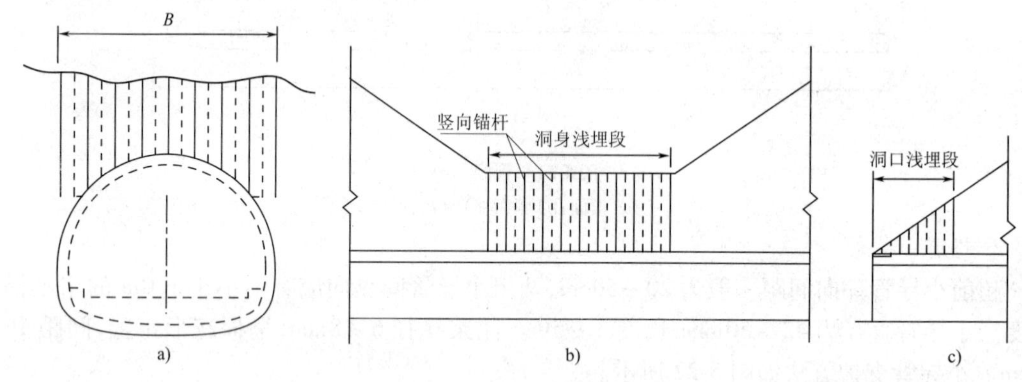

图 5-23 地表锚杆

a)锚杆长度;b)洞身浅埋段;c)洞口浅埋段

6. 地表注浆加固

地表注浆加固范围:沿隧道纵向超出不良地质地段 5~10m。注浆孔竖向设置,注浆孔径不小于 110mm,呈梅花形布置,深度根据实际情况确定。孔间距宜为单孔浆液扩散半径的 1.4~1.7 倍。

四、洞身衬砌

衬砌按功能可分为承载衬砌、构造衬砌和装饰衬砌;按使用材料可分模注混凝土、石料及混凝土预制块衬砌等。应根据围岩地质条件、施工条件和使用要求选用衬砌形式。隧道衬砌结构设计的基本原则是最大限度地利用和发挥围岩的自承能力。

隧道衬砌分喷锚式衬砌、整体式衬砌、复合式衬砌 3 种形式,目前公路隧道一般都采用复合式衬砌。

1. 喷锚式衬砌

喷锚式衬砌由喷射混凝土、锚杆、钢筋网组成。喷射混凝土厚度不应小于 50mm,不宜大于 300mm，单层钢筋网喷射混凝土厚度不得小于 80mm，双层钢筋网喷射混凝土厚度不得小于 150mm。钢筋网网格应按矩形布置，钢筋间距宜为 150～300mm。锚杆应按矩形排列或梅花形排列，锚杆间距不得大于 1.5m，间距较小时可采用长短锚杆交错布置，2 车道隧道系统锚杆长度一般不小于 2.0m，3 车道隧道系统锚杆长度一般不小于 2.5m。

2. 整体式衬砌

指一次性完成隧道衬砌。明洞衬砌在距洞口 5～12m 的位置应设沉降缝；在洞内软硬地层明显分界处宜设沉降缝；在连续Ⅴ、Ⅵ级围岩中每 30～80m 应设一道沉降缝。沉降缝、伸缩缝缝宽应大于 20mm，缝内可夹浸沥青木板或沥青麻絮。沉降缝、伸缩缝可兼作施工缝。

3. 复合式衬砌

将衬砌分为两次进行，即由内外两层复合而成。其外层（即与围岩面接触的部分）为初次柔性支护；内层为二次衬砌，采用现浇混凝土，又称为模注混凝土；在初期支护与二次衬砌之间设防水夹层。

五、施工辅助设施

隧道施工是一个复杂的系统工程，除洞口和洞门是在露天施工外，其余各项工程都是在地下并要不间断的进行施工作业，故在整个施工过程中必须备有良好的照明和通风条件，还要进行洒水除尘。因此需要照明发电设施和空气压缩机供应站，修建蓄水供水系统等临时工程设施。

1. 供电

隧道供电必须满足动力和照明的需要，并确保施工安全。供电线路应采用 400/230V 三相四线系统两端供电；动力设备应采用三相 380V。照明电压，成洞段和不作业地段可用 220V，瓦斯地段不得超过 110V，一般作业段不宜大于 36V，手提作业灯为 12～24V。施工作业地段每平方米应不小于 15W，已开挖成洞至弃渣处的运输地段都应设照明电灯，要求灯光充足均匀。若采用工业电力时，应修建由高压输电线路至工地变电站的电力线路。

2. 通风与防尘

隧道供风一是为风动工具提供原动力，二是为洞内施工人员送入新鲜空气或吸出污浊空气，常称为通风。除短隧道可采用自然通风外，其余各类隧道一般都采用管道通风，根据实践经验资料，每人约需新鲜空气 $3m^3/min$。空气压缩机站的生产能力，应能满足施工需要的风量，通风设备应有适当的备用数量，一般为计算能力的 50%。同时应使开挖面的风压不小于 0.5MPa。

施工过程中，作业环境每立方米空气的含 10% 以上游离二氧化硅（SiO_2）粉尘不得起过 $2mg/m^3$；含 10% 以下游离二氧化硅（SiO_2）粉尘不得起过 $4mg/m^3$。钻眼作业必须采用湿式凿岩法；凿岩机在钻眼时，必须先送水后送风；在放炮后、出渣前应喷雾、洒水淋湿全部灰、渣；施工人员应佩戴防尘面罩。

3. 供水

隧道的供水主要用于凿岩机钻孔、喷雾防尘、冲洗围岩面和石渣、混凝土拌和及养护。供水的水压应满足用水点的要求，应尽量利用高山水源筑池蓄水，水池应有一定的储水量和高程，以保证一般水风钻不小于 0.3MPa，喷射混凝土应不小于 0.5MPa。严寒地区要注意保温。

第七节　隧道工程计量规则

一、隧道工程计量规则说明

1. 本章内容

包括洞口与明洞工程、洞身开挖、洞身衬砌、防水与排水、洞内防火涂料和装饰工程、监控量测、地质预报等计量计价规则。

2. 有关问题的说明及提示

(1)场地布置,核对图纸、补充调查、编制施工组织设计,试验检测、施工测量、环境保护、安全措施、施工防排水、围岩类别划分及监控、通信、照明、通风、消防等设备、设施预埋构件设置与保护,所有准备工作和施工中应采取的措施均为各节、各细目工程的附属工作,不另行计量。

(2)风水电作业及通风、照明、防尘为不可缺少的附属设施和作业,均应包括在本章各节有关工程细目中,不另行计量。

(3)隧道名牌、模板装拆、钢筋除锈、拱盔、支架、脚手架搭拆、养护清场等工作均为各细目的附属工作,不另行计量。

(4)连接钢板、螺栓、螺帽、拉杆、垫圈等作为钢支护的附属构件,不另行计量。

(5)混凝土拌和场站、储料场的建设、拆除、恢复均包括在相应工程项目中,不另行计量。

(6)洞身开挖包括主洞、竖井、斜井。洞外路面、洞外消防系统土石开挖、洞外弃渣防护等计量规则见有关章节。

(7)材料的计量尺寸为设计净尺寸。

二、隧道工程计量规则

隧道工程量清单计量规则见表5-15所列。

工程量清单计量计价规则　　表5-15

细目号	细目名称	特征	单位	工程内容	工程量计算规则
第500章	隧道				
502	洞口与明洞工程		座		
502-1	洞口、明洞开挖				
-a	挖土方	(1)土壤类别; (2)施工方法; (3)断面尺寸	m^3	(1)施工排水;(2)零填及挖方路基挖松压实;(3)挖运、装卸;(4)整修路基和边坡	按设计横断面面积乘以长度,以天然密实方计算
-b	挖石方	(1)岩石类别; (2)施工方法; (3)爆破要求; (4)断面尺寸	m^3	(1)施工排水;(2)零填及挖方路基挖松压实;(3)爆破防护;(4)挖运、装卸;(5)整修路基和边坡	
502-2	防水与排水				

续上表

细　目　号	细 目 名 称	特　　征	单位	工 程 内 容	工程量计算规则
-a	浆砌片石边沟、截水沟、排水沟	(1)材料规格; (2)垫层厚度; (3)断面尺寸; (4)强度等级	m^3	(1)挖运土石方;(2)铺设垫层;(3)砌筑、勾缝;(4)伸缩缝填塞;(5)抹灰压顶、养生	按设计横断面面积乘以长度,以体积计算
-b	浆砌混凝土预制块水沟	(1)垫层厚度; (2)断面尺寸; (3)强度等级		(1)挖运土石方;(2)铺设垫层;(3)预制定装混凝土预制块;(4)伸缩缝填塞;(5)抹灰压顶、养生	
-c	现浇混凝土水沟			(1)挖运土石方;(2)铺设垫层;(3)现浇混凝土;(4)伸缩缝填塞;(5)养生	
-d	渗沟	(1)材料规格; (2)断面尺寸	m^3	(1)挖基整形;(2)混凝土垫层;(3)埋 PVC 管;(4)渗水土工布包碎砾石填充;(5)出水口砌筑;(6)试通水;(7)回填	
-e	暗沟	(1)材料规格; (2)断面尺寸; (3)强度等级	m^3	(1)挖基整形;(2)铺设垫层;(3)砌筑;(4)预制安装(钢筋)混凝土盖板;(5)铺砂砾反滤层;(6)回填	
-f	排水管	材料规格	m	(1)挖运土石方;(2)铺垫层;(3)安装排水管;(4)接头处理;(5)回填	按设计图示,以不同孔径以长度计算
-g	混凝土拦水块	(1)材料规格; (2)强度等级; (3)断面尺寸	m^3	(1)基础处理;(2)模板安装;(3)浇筑混凝土;(4)拆模养生	按设计横断面面积乘以长度,以体积计算
502-3	洞口坡面防护				
-a	浆砌片石	(1)材料规格; (2)断面尺寸; (3)强度等级	m^3	(1)整修边坡;(2)挖槽;(3)铺垫层、铺筑滤水层、制作安装泄水孔;(4)砌筑、勾缝	按设计图示,以体积计算
-b	浆砌混凝土预制块	(1)断面尺寸; (2)强度等级		(1)整修边坡;(2)挖槽;(3)铺垫层、铺筑滤水层、制作安装泄水孔;(4)预制安装预制块	
-c	现浇混凝土			(1)整修边坡;(2)浇筑混凝土;(3)养生	
-d	喷射混凝土	(1)厚度; (2)强度等级		(1)整修边坡;(2)喷射混凝土;(3)养生	
-e	锚杆	(1)材料规格; (2)抗拉强度	m	(1)钻孔、清孔;(2)锚杆制作安装;(3)注浆;(4)张拉;(5)抗拔力试验	按设计规格不同,以长度计算
-f	钢筋网	材料规格	kg	制作、挂网、搭接、锚固	按设计图示,以重量计算(不计入规定的搭接长度)
-g	植草	(1)草籽种类; (2)养护期	m^2	(1)修整边坡、铺设表土;(2)播草籽;(3)洒水覆盖;(4)养护	按设计图示和合同规定的成活率,以面积计算
-h	土工格室草皮	(1)格室尺寸; (2)植草种类; (3)养护期		(1)挖槽、清底、找平、混凝土浇筑;(2)格室安装、铺种植土、播草籽、拍实;(3)清理、养护	
-i	洞顶防落网	材料规格		设置、安装、固定	按设计图示,以面积计算

续上表

细目号	细目名称	特征	单位	工程内容	工程量计算规则
502-4	洞门建筑				
-a	浆砌片石	(1)材料规格； (2)断面尺寸； (3)强度等级	m^3	(1)挖基、基底处理； (2)砌筑、勾缝； (3)沉降缝、伸缩缝处理	按设计图示，以体积计算
-b	浆砌料(块)石				
-c	片石混凝土	(1)材料规格； (2)断面尺寸； (3)片石掺量； (4)强度等级	m^3	(1)挖基、基底处理； (2)拌和、运输、浇筑混凝土； (3)养生	按设计图示，以体积计算
-d	现浇混凝土	(1)材料规格； (2)断面尺寸； (3)强度等级			
-e	镶面	(1)材料规格； (2)强度等级； (3)厚度		(1)修补表面； (2)贴面； (3)抹平、养生	按设计图示和不同材料，以体积计算
-f	光圆钢筋	(1)材料规格； (2)抗拉强度	kg	(1)制作、安装； (2)搭接	按设计图示，各规格钢筋按有效长度(不计入规定的搭接长度)，以重量计算
-g	带肋钢筋				
-h	锚杆		m	(1)钻孔、清孔；(2)锚杆制作安装；(3)注浆；(4)张拉；(5)抗拔力试验	按设计图示和不同规格，以长度计算
502-5	明洞衬砌				
-a	浆砌料(块)石	(1)材料规格； (2)断面尺寸； (3)强度等级	m^3	(1)挖基、基底处理；(2)砌筑、勾缝；(3)沉降缝、伸缩缝处理	按设计图示，以体积计算
-b	现浇混凝土			(1)浇筑混凝土；(2)养生；(3)伸缩缝处理	
-c	光圆钢筋	(1)材料规格； (2)抗拉强度	kg	(1)制作、安装； (2)搭接	按设计图示，各规格钢筋按有效长度(不计入规定的搭接长度)以重量计算
-d	带肋钢筋				
502-6	遮光棚(板)				
-a	现浇混凝土	(1)材料规格； (2)断面尺寸； (3)强度等级	m^3	(1)浇筑混凝土； (2)养生； (3)伸缩缝处理	按设计图示，以体积计算
-b	光圆钢筋	(1)材料规格； (2)抗拉强度	kg	(1)制作、安装； (2)搭接	按设计图示，各规格钢筋按有效长度(不计入规定的搭接长度)，以重量计算
-c	带肋钢筋				
502-7	明洞回填		m^3		
-a	回填土石方	(1)土壤类别； (2)压实度	m^3	(1)挖运；(2)回填；(3)压实	按设计图示，以体积计算
503	洞身开挖				
503-1	洞身挖土石方				

续上表

细 目 号	细 目 名 称	特　征	单位	工 程 内 容	工程量计算规则
－a	洞身挖土方	(1)围岩类别; (2)施工方法; (3)断面尺寸	m^3	(1)防排水; (2)量测布点; (3)钻孔装药; (4)找顶; (5)出渣、修整; (6)施工观测	按设计横断面面积乘以长度,以天然密实方计算
－b	洞身挖石方	(1)围岩类别; (2)施工方法; (3)爆破要求; (4)断面尺寸			
503-2	超前支护				
－a	锚杆(规格)	(1)材料规格; (2)抗拉强度	m	(1)下料制作、运输;(2)钻孔;(3)安装锚杆	按设计图示,以长度计算
－b	小钢管(规格)	(1)材料规格; (2)强度等级		(1)下料制作、运输;(2)钻孔;(3)钢管顶入	
－c	管棚(规格)	(1)材料规格; (2)强度等级		(1)下料制作、运输;(2)钻孔、清孔;(3)安装管棚;(4)注早强水泥砂浆	
－d	注浆小导管(规格)	(1)材料规格; (2)强度等级		(1)下料制作、运输;(2)钻孔、钢管顶入;(3)预注早强水泥浆;(4)设置止浆塞	
－e	型钢(规格型号)	材料规格	kg	(1)设计制造、运输; (2)安装、焊接、维护	按设计图示,以重量计算
－f	光圆钢筋	(1)材料规格; (2)抗拉强度		(1)制作、安装; (2)搭接	按设计图示,各规格钢筋按有效长度(不计入规定的搭接长度),以重量计算
－g	带肋钢筋				
503-3	初期支护				
－a	C…喷射钢纤维混凝土	(1)材料规格; (2)钢纤维掺配比例; (3)厚度; (4)强度等级	m^3	(1)设喷射厚度标志;(2)喷射钢纤维混凝土;(3)回弹料回收;(4)养生	按设计喷射混凝土面积乘以厚度,以立方米计算
－b	C…喷射混凝土	(1)材料规格; (2)厚度; (3)强度等级		(1)设喷射厚度标志;(2)喷射混凝土;(3)回弹料回收;(4)养生	
－c	注浆锚杆(规格)	(1)材料规格; (2)强度等级	m	(1)钻孔;(2)加工安装锚杆;(3)注早强水泥浆	按设计图示,以长度计算
－d	锚杆(规格)	(1)材料规格; (2)强度等级	m	(1)钻孔; (2)加工安装锚杆	按设计图示,以长度计算
－e	钢筋网	材料规格	kg	(1)制作钢筋网; (2)布网、搭接、固定	按设计图示,以重量计算
503-4	木材	材料规格	m^3	(1)下料制作; (2)安装	按设计平均横断面面积乘以长度,以体积计算
504	洞身衬砌				
504-1	洞身衬砌				

续上表

细目号	细目名称	特征	单位	工程内容	工程量计算规则
-a	C…混凝土	(1)材料规格; (2)断面尺寸; (3)强度等级	m^3	(1)混凝土拌和运输; (2)混凝土浇筑; (3)养生	按设计图示,以体积计算
-b	C…防水混凝土				
-c	M…浆砌粗料石(块石)	(1)材料规格; (2)断面尺寸; (3)强度等级	m^3	(1)制备砖块; (2)砌砖墙、勾缝养生; (3)沉降缝、伸缩缝处理	
-d	光圆钢筋(HPB235)	(1)材料规格; (2)抗拉强度	kg	(1)制作、安装; (2)搭接	按设计图示,各规格钢筋按有效长度(不计入规定的搭接长度)以重量计算
-e	带肋钢筋(HRB335)				
504-2	C…仰拱、铺底混凝土				
-a	仰拱混凝土	强度等级	m^3	(1)排除积水; (2)浇筑混凝土、养生; (3)沉降缝、伸缩缝处理	按设计图示,以体积计算
-b	铺底混凝土				
-c	仰拱填充料	材料规格		(1)清除杂物、排除积水; (2)填充、养生; (3)沉降缝、伸缩缝处理	
504-3	C…管、沟混凝土				
-a	管沟现浇混凝土	(1)断面尺寸; (2)强度等级	m^3	(1)挖基;(2)现浇混凝土;(3)养生	按设计图示,以体积计算
-b	管沟预制混凝土			(1)挖基、铺垫层; (2)预制安装混凝土预制块	
-c	管沟(钢筋)混凝土盖板			预制安装(钢筋)混凝土盖板	
-d	管沟级配碎石	(1)材料规格; (2)级配要求		(1)运输; (2)铺设	
-e	管沟干砌片石	材料规格		干砌	
-f	管沟铸铁管	材料规格	m	安装	按设计图示,以长度计算
-g	管沟镀锌钢管				
-h	管沟铸铁盖板		套		按设计图示,以套计算
-i	管沟无缝钢管				
-j	管沟钢管		kg		按设计图示,以重量计算
-k	管沟角钢				
-l	管沟光圆钢筋	(1)材料规格; (2)抗拉强度	kg	(1)制作、安装; (2)搭接	按设计图示,各规格钢筋按有效长度(不计入规定的搭接长度及吊勾)以重量计算
-m	管沟带肋钢筋				
504-4	洞室门				
-a	卷帘门	(1)材料规格; (2)结构形式	个	安装	按设计图示,以个数表示
-b	检修门				
-c	双制铁门				
-d	格栅门				

续上表

细 目 号	细 目 名 称	特 征	单位	工 程 内 容	工程量计算规则
-h	铝合金骨架墙	材料规格	m^2	加工、安装	按设计图示，以面积计算
-i	无机材料吸音板				
504-5	洞内路面		m^2		
-a	水泥稳定碎石	(1)材料规格； (2)掺配量； (3)厚度； (4)强度等级	m^2	(1)清理下承层、洒水； (2)拌和、运输； (3)摊铺、整形； (4)碾压； (5)养护	按设计图示，以顶面面积计算
-b	贫混凝土基层	(1)材料规格； (2)厚度； (3)强度等级			
-c	沥青封层	(1)材料规格； (2)厚度； (3)沥青用量		(1)清理下承层； (2)拌和、运输； (3)摊铺、压实	按设计图示，以面积计算
-d	沥青黏层	(1)材料规格； (2)沥青用量		(1)清理下承层；(2)沥青加热、掺配运油；(3)洒油、撒矿料；(4)养护	
-e	沥青混凝土面层	(1)材料规格； (2)厚度； (3)配合比； (4)外掺剂； (5)强度等级		(1)清理下承层； (2)拌和、运输； (3)摊铺、整形； (4)碾压 (5)养护	
-f	水泥混凝土面层	(1)材料规格； (2)厚度； (3)配合比； (4)外掺剂； (5)强度等级		(1)清理下承层、湿润；(2)拌和、运输；(3)摊铺、抹平；(4)压(刻)纹；(5)胀缝制作安装；(6)切缝、灌缝；(7)养生	
-g	光圆钢筋	(1)材料规格； (2)抗拉强度	kg	(1)制作、安装； (2)搭接	按设计图示，各规格钢筋按有效长度(不计入规定的搭接长度)以重量计算
-h	带肋钢筋				
505	防水与排水				
505-1	防水板				
-a	复合防水板	材料规格	m^2	(1)基底处理；(2)铺设防水板；(3)接头处理；(4)防水试验	按设计图示，以面积计算
-b	复合土工防水层		m^2	(1)基底处理；(2)铺设防水层；(3)搭接、固定	
505-2	止水带、条				
-a	止水带	材料规格	m	(1)安装止水带；(2)接头处理	按设计图示，以长度计算
-b	止水条			(1)安装止水条；(2)接头处理	
505-3	压浆				
-a	压注水泥—水玻璃浆液(暂定工程量)	(1)材料规格； (2)强度等级； (3)浆液配比	m^3	(1)制备浆液； (2)压浆堵水	按实际完成数量，以体积计算
-b	压注水泥浆液(暂定工程量)				
-c	压浆钻孔(暂定工程量)	孔径孔深	m	钻孔	按实际完成长度计算

续上表

细目号	细目名称	特征	单位	工程内容	工程量计算规则
505-4	排水管				
-a	排水管	材料规格	m	安装	按实际完成长度计算
-b	镀锌铁皮		m^2	(1)基底处理;(2)铺设镀锌铁皮;(3)接头处理	按设计图示,以面积计算
506	洞内防火涂料和装饰工程				
506-1	喷涂防火涂料	(1)材料规格;(2)遍数	m^2	(1)基层表面处理;(2)拌料;(3)喷涂防火涂料;(4)养生	按设计图示,以面积计算
506-2	洞内装饰工程				
-a	镶贴瓷砖	(1)材料规格;(2)强度等级	m^2	(1)混凝土墙表面的处理;(2)砂浆找平;(3)镶贴瓷砖	按设计图示,以面积计算
-b	喷涂混凝土专用漆	材料规格		(1)基层表面处理;(2)喷涂混凝土专用漆	
508	监控量测				
508-1	监控量测				
-a	必测项目	(1)检测项目;(2)围岩类别;(3)检测手段、方法	总额	(1)加工、采备、标定、埋设测量元件;(2)检测仪器采备、标定、安装、保护;(3)实施观测;(4)数据处理反馈应用	按规定以总额计算
-b	选测项目				
509	特殊地质地段的施工与地质预报				
509-1	地质预报	(1)地质类型;(2)探测手段、方法	总额	(1)加工、采备、标定、埋设测量元件;(2)检测仪器采备、标定、安装、保护;(3)实施观测;(4)数据处理反馈应用	按规定以总额计算
510	洞内机电设施预埋件和消防设施				
510-1	预埋件	材料规格	kg	预埋件埋设	经监理验收合格,以重量计算
510-2	消防设施				
-a	供水钢管(铸铁管)(φ…m)	(1)材料规格;(2)管径	m	(1)管道连接;(2)管道敷设;(3)保温处理	按设计图示,以长度计算
-b	消防室洞门	(1)材料规格;(2)结构形式	个	安装	按设计图示,以个计算
-c	通道防火匝门				
-d	阀门井	(1)材料规格;(2)断面尺寸		(1)阀门井施工养生;(2)阀门安装	
-e	集水池	(1)材料规格;(2)强度等级;(3)结构形式	座	(1)集水池施工养生;(2)防渗处理;(3)水路安装	按设计图示,以座计算
-f	蓄水池			(1)蓄水池施工养生;(2)防渗处理;(3)水路安装	
-g	取水泵房			(1)取水泵房施工;(2)水泵及管路安装;(3)配电施工	
-h	滚水坝			(1)基础处理;(2)滚水坝施工;(3)养生	

续上表

细目号	细目名称	特征	单位	工程内容	工程量计算规则
511	通风设施		m		
511-1	通风机安装	(1)材料规格; (2)结构形式	台	安装	按设计图示,以台或个计算
511-2	风机启动柜洞门		个		
512	照明设施				
512-1	照明灯具	材料规格	m	(1)电缆支架和灯具架的加工;(2)脚手架安装、拆除、移动;(3)钻孔、锚固灯具架、敷设电线、安装灯具	按设计洞身长度计算
513	供电设施	材料规格	m	安装	按设计隧道长度计算

第六章　交通安全设施工程与计量

公路交通安全设施是公路工程的重要组成部分,包括护栏、道路交通标志、道路交通标线、隔离栅、防落网、防眩设施和通信和电力管道与预埋基础等项目内容。高速、一级公路安全设施布置如图6-1所示;二级以下公路安全设施布置如图6-2所示。

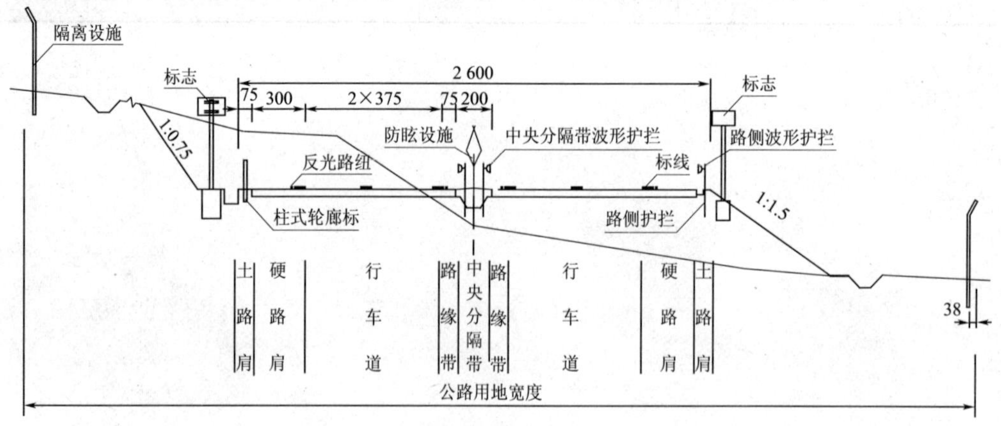

图6-1　高速、一级公路安全设施布置(尺寸单位:cm)

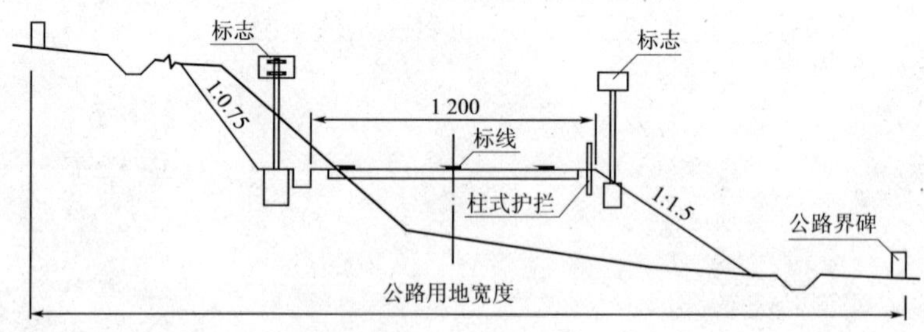

图6-2　二级以下公路安全设施布置(尺寸单位:cm)

交通安全设施对于排除交通干扰,减轻事故和降低发生率,提高公路营运能力等具有重要的作用。其设计应结合公路网与公路条件、交通条件、环境条件进行总体布置,应与公路主体工程和其他设施之间互相协调;应满足安全合理、技术先进、确保质量和经济实用。

本章主要介绍交通安全设施工程结构类型及其施工和工程量清单计量规则等内容。

第一节　护栏结构类型及其施工

一、护栏结构类型

护栏的作用是通过自体变形和车辆爬高来吸收碰撞能量,以改变车辆行驶方向、阻止车辆越出路外或进入对向车道,最大限度地减少事故对乘员的伤害。

护栏的类型按设置地段，分为路基护栏和桥梁护栏；按横断面设置位置，分为路侧护栏和中央分隔带护栏；按护栏刚性，分为刚性护栏、半刚性护栏和柔性护栏；按护栏材料，分为砌石护栏、混凝土护栏和波形梁护栏。

二、路基护栏

设置于路基上的护栏称为路基护栏。常用路侧护栏按防撞等级可分为 B、A、SB、SA、SS 五级；常用中央分隔带护栏按防撞等级可分为 Am、SBm、SAm3 级。常见的路基护栏按结构形式分缆索护栏、波形梁护栏、混凝土（墙式）护栏 3 种类型。

1. 缆索护栏

缆索护栏是柔性护栏的主要代表形式。由端部结构、中间端部结构、中间立柱、托架、缆索和索端锚具等组成。缆索护栏可设置在路侧、中央分隔带等位置。

（1）端部结构

端部是指缆索护栏的起终点锚固装置，包括端部立柱、斜撑、钢底板、索端锚固件和混凝土基础，端部立柱、斜撑、钢底板组成三角形支架。路侧 A 级端部结构如图 6-3 所示。

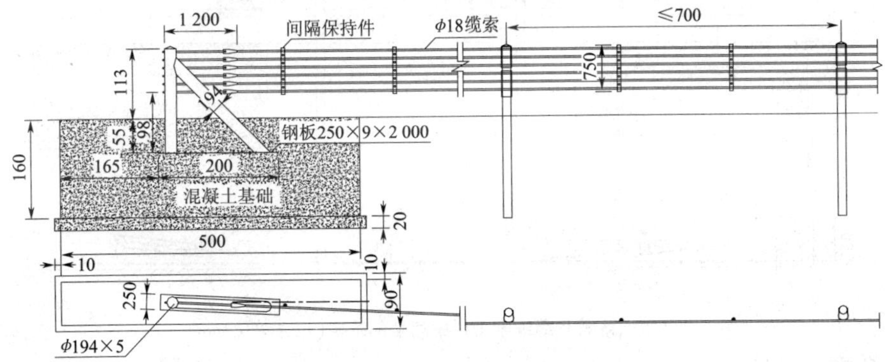

图 6-3　路侧 A 级缆索护栏端部结构（尺寸单位：cm，缆索部分为 mm）

（2）中间柱

如图 6-4 所示，中间柱是设置在端部之间的中间立柱。A 级、B 级缆索护栏中间柱外径均为 ϕ140mm×4.5mm，打入路基土中的深度 165cm，最大立柱间距 700cm。通过小桥中间立柱应埋入桥梁混凝土中。

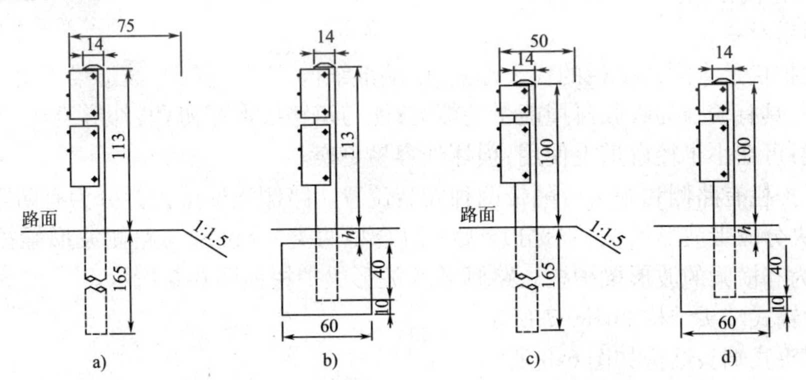

图 6-4　路侧缆索护栏中间立柱结构（尺寸单位：cm）

a）土中 A 级；b）混凝土中 A 级；c）土中 B 级；d）混凝土中 B 级

(3)中间端部结构

在连续设置缆索护栏一定长度范围内需要设置中间锚固装置，称为中间端部。采用机械施工方式，缆索护栏长度超过500m应设置一处中间端部；采用人工施工方式，缆索护栏长度超过300m应设置一处中间端部。

缆索护栏的中间端部立柱由一对三角形支架、底板和混凝土基础组成。端部立柱最大间距为400cm，中间立柱最大间距为700cm；当基础A级缆索护拦中间端部总长21m，B级缆索护栏中间端部总长12m，B级结构如图6-5所示。

设置于曲线路段的缆索护栏。应根据表6-1的规定调整立柱间距。

路基曲线部的立柱间距 表6-1

防撞等级	B级		
曲线半径 R(m)	$120 \leqslant R \leqslant 200$	$200 < R \leqslant 300$	$R > 300$
立柱间距(m)	4	5	6

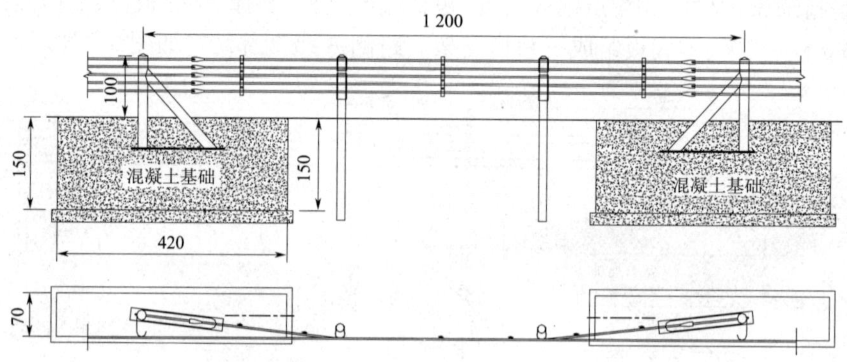

图6-5 路侧B级缆索护栏中间端部结构(尺寸单位:cm)

(4)缆索及锚具

缆索应采用具有优良耐腐蚀性的镀锌钢丝，构造为3mm×7mm右拧，外径ϕ18mm。缆索的外径是指横断面的外接圆直径。索端锚具是用于端部(或中间端部)立柱上锚定缆索的部件，包括锚头、拉杆、紧固件等。缆索在锚头中固定，选用的方法有铸入合金法和打入楔子法，再用拉杆及紧固件将缆索固定在端部立柱上。索端锚具采用45号优质碳素结构钢制造，螺栓、螺母、垫圈采用普通碳素结构钢。

2. 波形梁护栏

波形梁护栏是半刚性护栏的代表形式，由端部结构、立柱、托架、波形梁等组成。波形梁护栏刚柔相济，具有较强的吸收碰撞能量的能力；能与道路线形相协调，外形美观，具有较好的视线诱导功能；可在小半径弯道上使用，损坏处容易更换。

波形梁护栏有路侧和中央分隔带两种安装位置。路侧波形梁护拦分为有防阻块和无防阻块两种；中央分隔带波形梁护栏有分设型和组合型两类，分设型与路侧波形梁护栏的构造相同，组合型为有横梁的波形梁护栏。路侧B级波形梁护栏如图6-6所示。

外展地锚式端头结构如图6-7所示。

外展圆头式端头结构如图6-8所示。

三角地带护栏布置与新型上游端头如图6-9所示。

3. 钢筋混凝土防撞护栏

钢筋混凝土防撞护栏属于刚性护栏，其混凝土强度等级、配筋量和基础设置应通过设计计算确定。可设置在路侧和中央分隔带位置。

中央分隔带混凝土护栏分为整体式和分离式两种，整体式、分离式按构造又分为 F 型、单坡型两种，应根据中央分隔带的宽度、构造物和管线分布情况选用。如图 6-10 所示。

路侧混凝土护栏防撞等级可分为 A、SB、SA 和 SS 4 级，按构造可分为 F 型、单坡型、加固型 3 种，根据路侧危险情况选用。如图 6-11 所示。

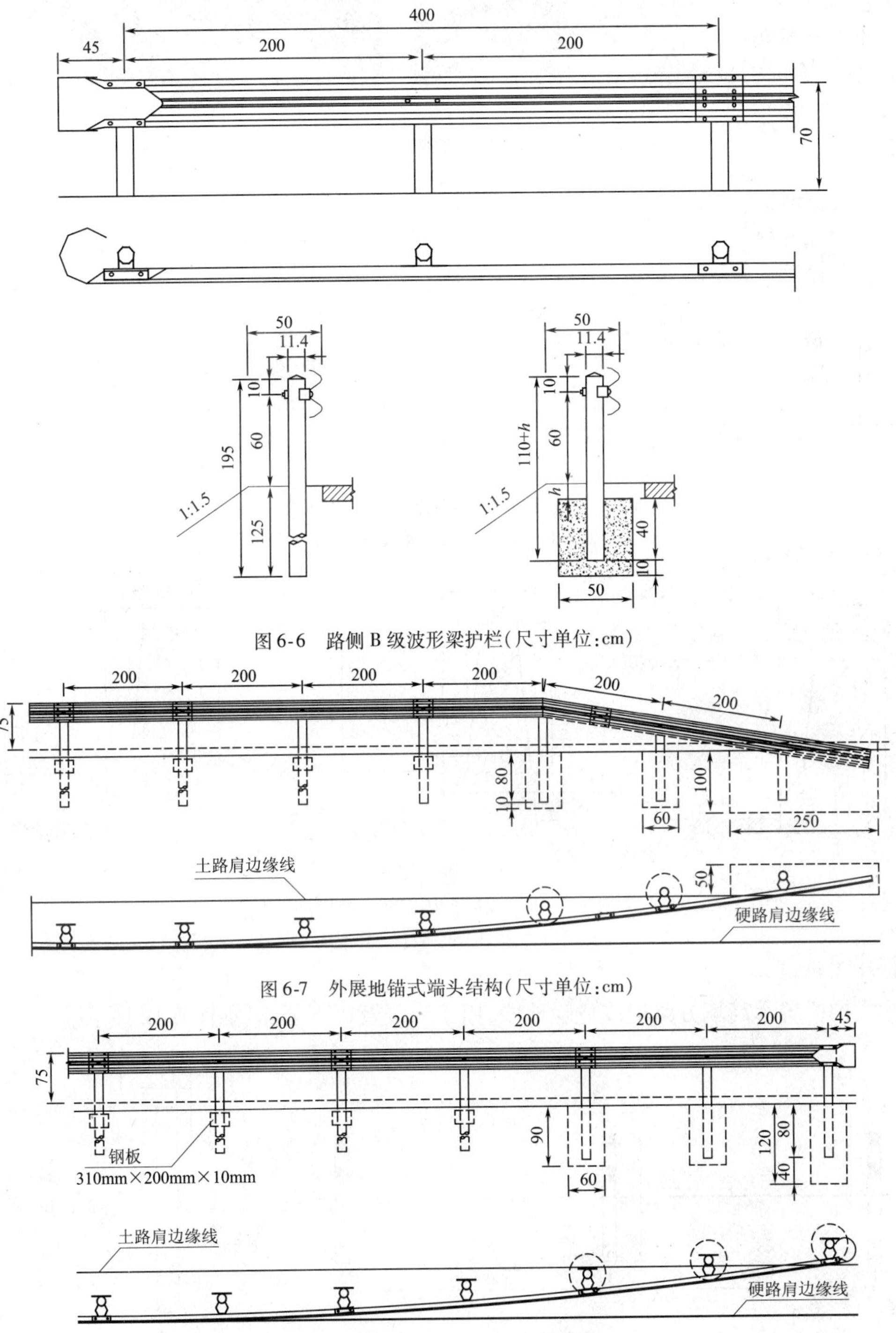

图 6-6 路侧 B 级波形梁护栏（尺寸单位：cm）

图 6-7 外展地锚式端头结构（尺寸单位：cm）

图 6-8 外展圆头式端头结构（尺寸单位：cm）

a)

b)

图 6-9　波形护栏布置

a）三角地带；b）上游端头

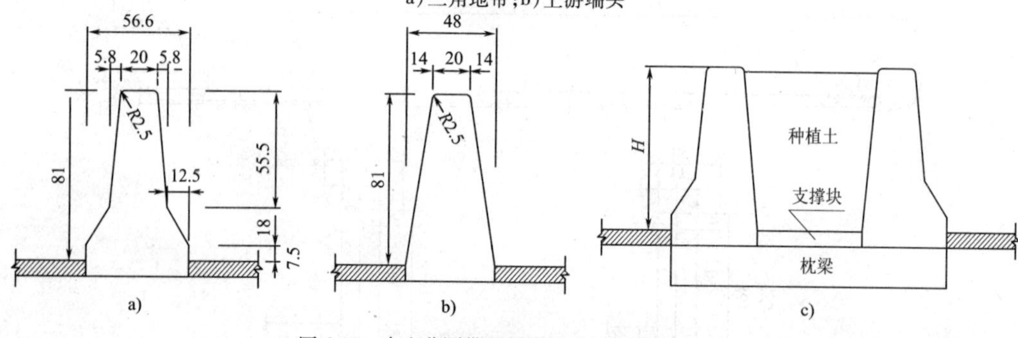

a)　b)　c)

图 6-10　中央分隔带混凝土护栏（尺寸单位：cm）

a）Am 级整体式 F 型；b）Am 级整体式单坡型；c）分离式 F 型

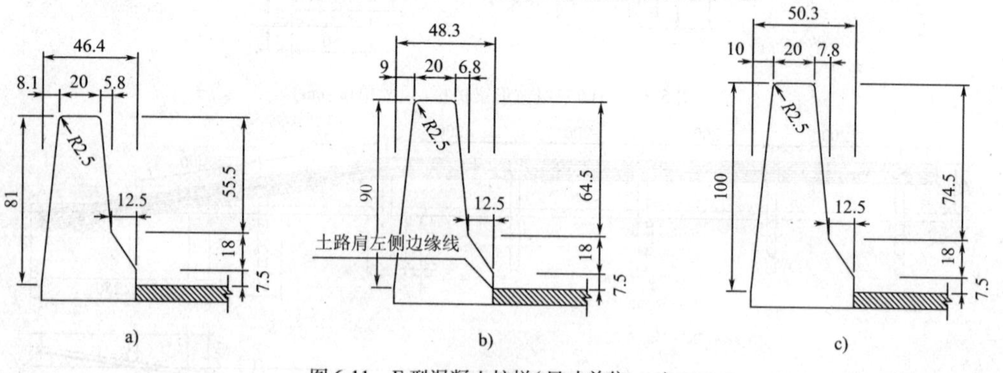

a)　b)　c)

图 6-11　F 型混凝土护栏（尺寸单位：cm）

a）A 级；b）SB 级；c）SA 级

4. 柱式护栏

柱式护栏警示高填方路堤或危险地段，用于二级及以下公路，如图 6-12 所示。

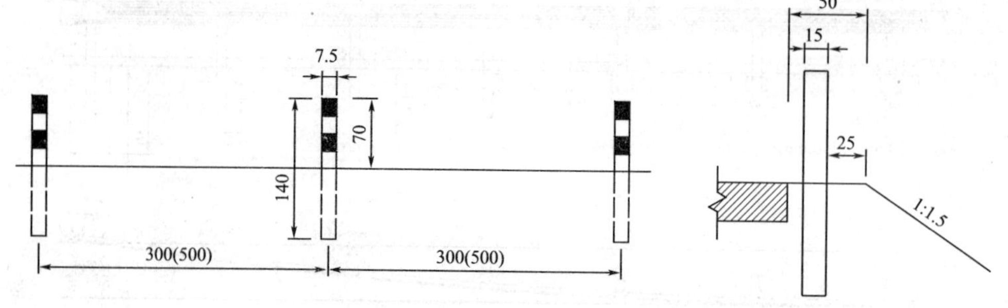

图 6-12　柱式护栏（尺寸单位：cm）

5. 砌石护栏(防撞墩)

砌石护栏是用砂浆和石块砌筑而成,为早期公路路侧护栏的一种形式,目前多用在山区村道上,警示悬崖、深谷、深沟等险情地段,依靠自重起防护安全作用,如图6-13所示。

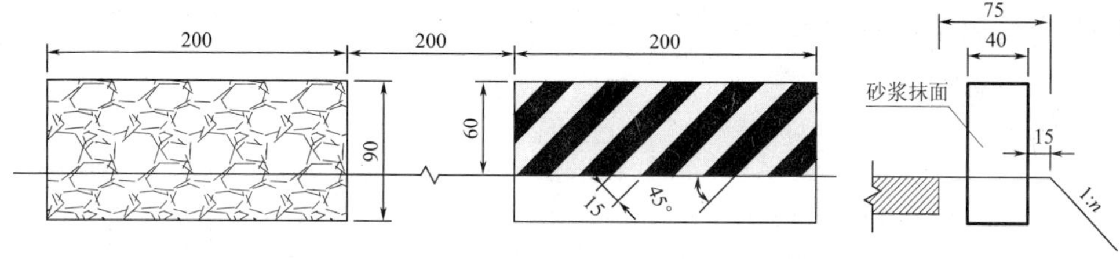

图6-13 砌石护栏(防撞墩)(尺寸单位:cm)

三、桥梁护栏

桥梁护栏类型及适用防撞级别见表6-2所列。高速、一级公路桥梁护栏的混凝土强度等级不应低于C30,其他公路桥梁护栏的混凝土强度等级不应低于C20。

桥梁护栏类型及适用防撞级别 表6-2

护栏类型及规格	护栏名称	高度(cm)	适用防撞级别
立柱间距≤2m	金属梁柱式护栏	$H≥90$、$H≥100$	B、A、Am
立柱间距≤1.5m		$H≥100$、$H≥125$、$H≥150$	SB、SA、SS、SBm、SAm
	缆索护栏	100、112	B、A
	波形梁护栏		
Ⅰ、Ⅱ型	混凝土梁柱式护栏	80	B、A、Am
F型	混凝土护栏	81、90、100	A、SB、SA、Am、SBm、SAm
单坡型		81、90、100	A、SB、SA
加强型		100	SA、SS
	组合式护栏	81、90、100	A、SB、SA、Am、SBm、SAm

注:钢筋混凝土梁柱式护栏立柱长度2m,立柱间净距2m。

1. 缆索护栏

桥梁缆索护栏分B级、A级两种,其端部结构、中间端部结构与路基缆索护栏形式完全相同,中间柱结构分别如图6-14所示。

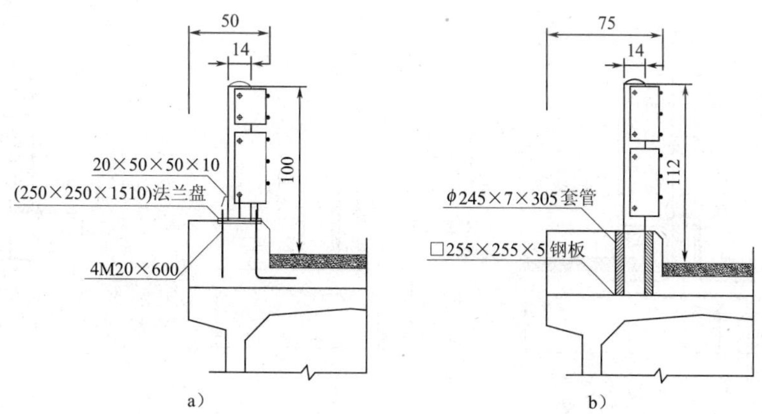

图6-14 桥梁缆索护栏B、A级中间立柱(尺寸单位:cm,钢结构部分为mm)

a)B级(螺栓连接);b)A级(埋入式)

2. 波形梁护栏

桥梁波形梁护栏分 B 级、A 级、SB 级、SA 级、SS 级、Am(分设型)级、Am(组合型)级、SBm 级、SAm 级共 9 种，其波形梁板、托架、防阻块等结构与路基波形梁护栏对应防撞等级的形式相同，各防撞等级立柱结构，如图 6-15 和图 6-16 所示。

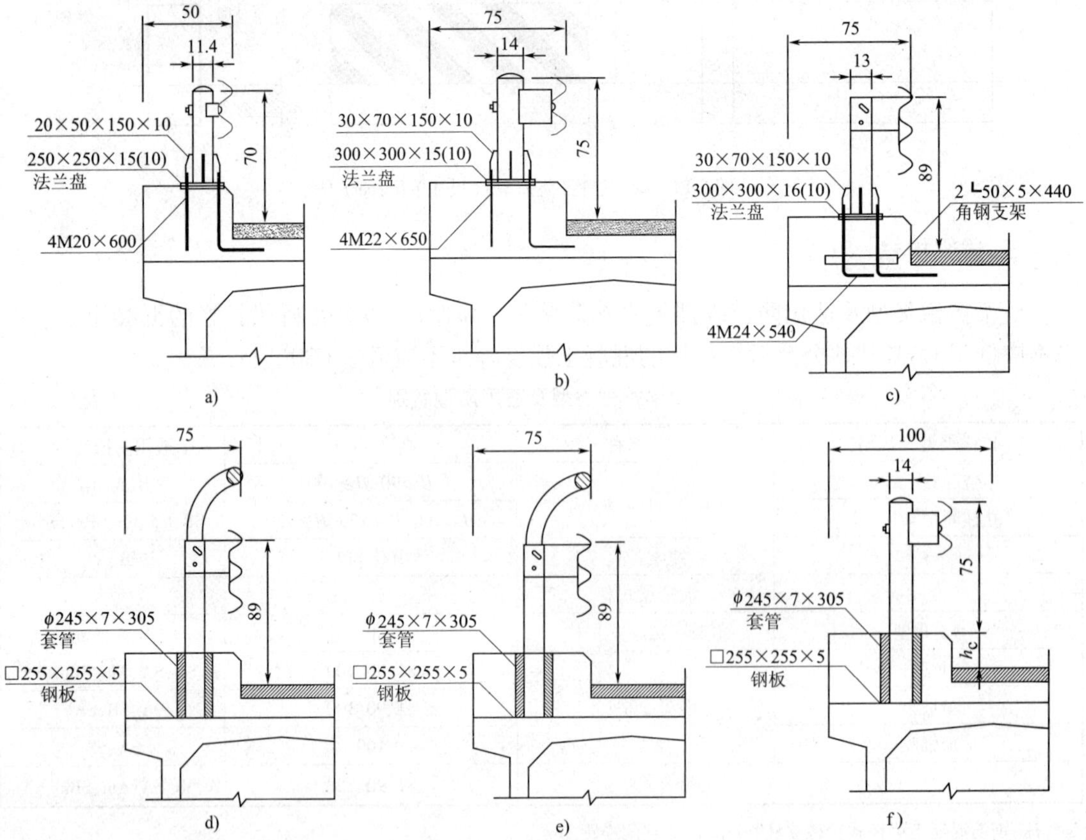

图 6-15　桥梁两侧波形梁护栏形式(尺寸单位:cm,钢结构部分为 mm)

a)B 级螺栓连接;b)A 级螺栓连接;c)SB 级螺栓连接;d)SA 级埋入式;e)SS 级埋入式;f)Am 级埋入式

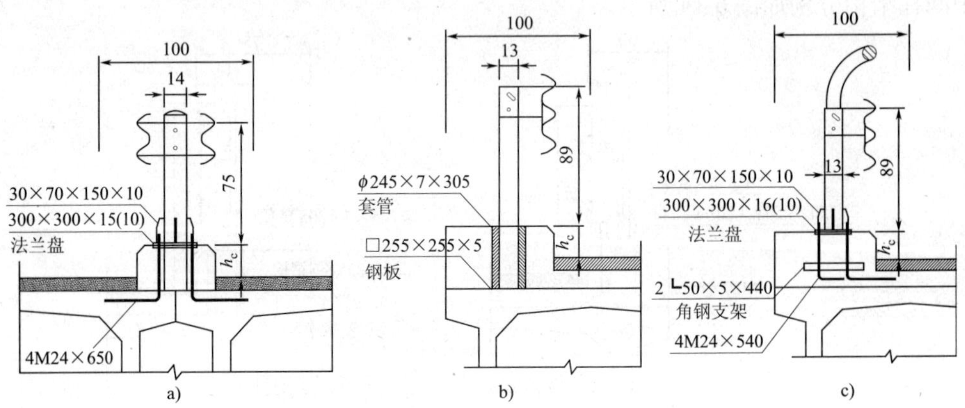

图 6-16　桥梁中央分隔波形梁护栏(尺寸单位:cm,钢结构部分为 mm)

a)Am 级螺栓连接(组合型);b)SBm 级埋入式;c)SAm 级螺栓连接

3. 混凝土护栏

桥梁混凝土护栏按构造可分为F型、单坡型、加强型3种形式。经试验验证,不得随意改变护栏迎撞面形状,但其背面可根据实际情况采用合适的形状。护栏迎撞面混凝土的钢筋保护层厚度不得小于4.0cm。如图6-17所示。

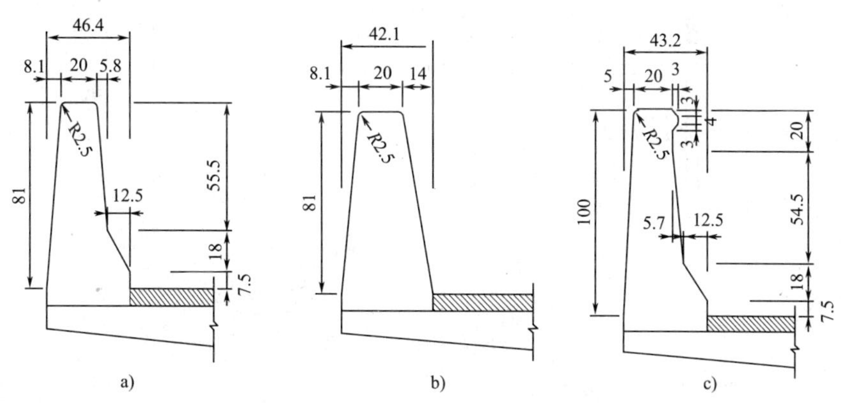

图6-17 桥梁混凝土护栏(尺寸单位:cm)

a)A、Am级F型;b)A级单坡型;c)加强型SA级

4. 组合式护栏

组合式护栏由下部混凝土护栏与上部金属横梁组合而成,不得随意改变其迎撞面的截面形状,但其背面可根据实际情况采用合适的形状,如图6-18所示。

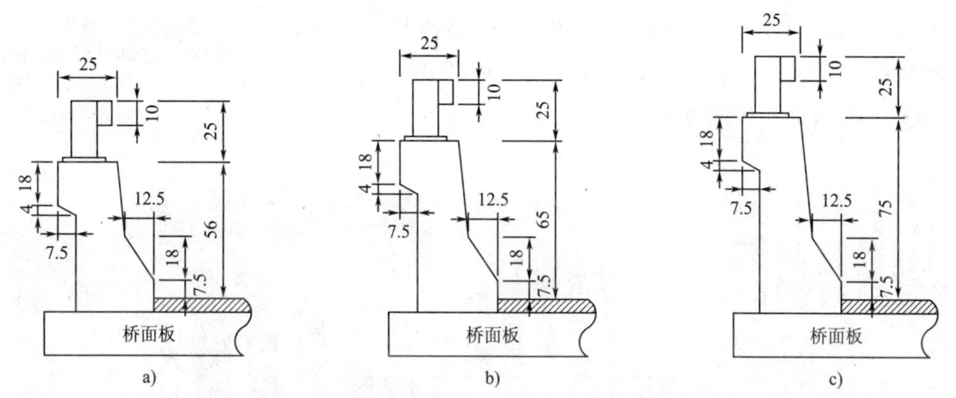

图6-18 组合式桥梁护栏构造(尺寸单位:cm)

a)A、Am级;b)SB、SBm级;c)SA、SAm级

四、活动护栏

高速、一级公路为了方便一些特种车辆,如救援车,养护作业车等在遇紧急情况下行驶需要,应在中央分隔带每隔一定距离安装可以自由活动的护栏。

1. 插板式活动护栏

插板式活动护栏由护栏片、反射体、预埋基础等组成,其中护栏片由直管、弯管、立柱等钢管构件焊接而成。每片长度应为2~2.5m之间。基础可采用预埋套管抽换式立柱基础,其强度等级不得低于C20。基础套管顶面高程应高出路面20mm左右,在套管周边可设置混凝土斜坡。

这种护栏的优点是可以最大程度地利用中央分隔带开口的长度，缺点是插拔操作不便、插拔孔易积土、不够美观等。如图6-19所示。

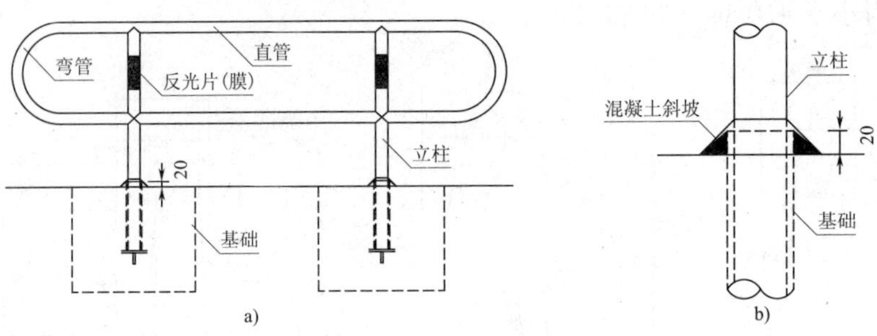

图6-19　插板式活动护栏(尺寸单位:cm)
a)构造;b)柱套管构造

2. 充填式活动护栏

由多块护栏预制块连接而成。护栏预制块可采用塑料或玻璃钢制作。断面形式可采用F型或单坡型混凝土护栏的断面形式，预制块中空，可以充填水或细砂。充填式活动护栏预制块的每块长度不应小于2m，在两端应设置便于护栏块连接的企口。如图6-20所示。

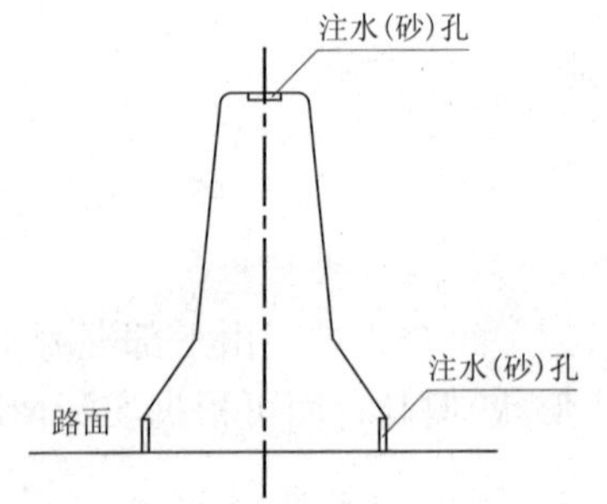

图6-20　充填式活动护栏构造

3. 伸缩式活动护栏

伸缩式活动护栏的优点是安装、操作简便，缺点是结构比较复杂、收拢后开口较小，被车辆碰撞后形成碎片，影响行车安全，且造价高、维修困难。如图6-21所示。

图6-21　伸缩式活动护栏构造

五、护栏施工

1. 材料要求

波形梁钢护栏及活动式钢护栏采用的钢材及防腐处理应符合《高速公路交通安全设施设计与施工技术规范》的技术条件要求；波形梁板、立柱、防阻块、横隔梁、端头、螺栓、螺母等构件应符合《公路波形梁钢护栏》(JT/T 281—2007)及《公路三波形梁钢护栏》(JT/T 457—2007)产品标准的规定。生产厂方在提供产品时,应同时提交产品质量合格证书。

护栏板、端头梁、立柱的长度和宽度方向不允许焊接,构件不应出现裂缝。

波形梁护栏、活动式钢护栏及螺栓、螺母、垫圈、垫片等所有部件均应按《高速公路交通工程钢构件防腐技术条件》(GB/T 18226—2000)的规定采用热浸镀锌(铝)进行金属表面处理。高强度螺栓进行热浸镀锌处理后,对高强度螺栓连接件表面要涂黄油,并进行磷化润滑处理,在出厂时应密封包装,以防运输、保存期间生锈或弄脏。

罩面漆应为符合专业标准及图纸防锈要求的各色醇酸瓷漆,或经批准的等效产品。含锌硅酸盐漆应是无机硅酸盐调漆液,内含锌金属粉末。

混凝土构件应按技术规范有关要求对预制构件进行检查。

2. 护栏施工要求

(1)混凝土护栏

施工前应根据现场条件确定并核对混凝土护栏的设置位置,确定控制点,检测基础承载力是否达到规范或图纸的要求。

①现浇水泥混凝土护栏。可采用固定模板法和滑动模板法施工。固定模板宜采用钢模板,厚度不应小于4mm。混凝土浇筑前温度应维持在10~32℃之间。滑模机的施工速度应根据旋转搅拌车、混凝土卸载速度以及成型断面的大小决定。两处伸缩缝之间的混凝土护栏必须一次浇筑完成,伸缩缝应与水平面垂直,宽度应符合图纸的规定,缝内不得连浆。混凝土初凝后,严禁振动模板,预埋钢筋不得承受外力。应根据气温和混凝土强度确定拆模时间,一般在混凝土终凝后3~5天拆除混凝土侧模。拆模后应按图纸要求的间距和规格进行假缝切割,并保证断面光滑、平整。

②预制混凝土护栏。预制场地应平整、坚实、排水良好、交通方便;宜采用固定规格的钢模板;每块预制混凝土护栏必须一次浇筑完成。拆模时混凝土强度不应低于设计强度的70%。混凝土护栏的安装应从一端逐步向前推进,护栏的线形应与公路的平、纵线形相协调。

(2)波形梁钢护栏施工要求

施工之前应根据设计图纸进行立柱放样,并以桥梁、涵洞、通道、立交、中央分隔带开口及紧急电话开口、互通式立体交叉等控制立柱的位置,进行测距定位。放样后应调查每根立柱下的地基状况,如遇地下管线、排水管等设施,或构造物顶部埋土深度不足的情况。根据情况改变立柱固定方式或调整立柱位置。立柱放样时可利用调节板段调节间距,利用分配方法处理间距零头数。

立柱安装应与图纸相符,并与公路线形相协调。施工可采用打入法、挖埋法和钻孔法施工。钢立柱打入时,应注意预埋管线不被破坏;采用挖埋法施工时,回填土应采用良好的材料并分层夯实,压实度不应小于规定值;当立柱埋入岩石时,应预先钻洞,立柱定位后应用与路基相同的材料填实。立柱在纵向和横向都应垂直竖立,间距应准确,使在架设护栏时无须为对孔或其他任何原因而移动立柱。

防阻块、托架应通过连接螺栓固定于护栏板和立柱之间,在拧紧连接螺栓前应调整防阻块、托架,使其准确就位。

设有横隔梁的中央分隔带护栏,应在立柱准定位后安装横隔梁。在护栏板安装前,横隔梁与立柱间的连接螺栓不应过早拧紧。

横梁安装应通过拼接螺栓相互连接成纵向横梁，并由连接螺栓固定于防阻块、托架或横隔梁上；护栏板拼接方向应与行车方向一致。立柱间距不规则时，可利用调节板、梁进行调节，不得现场切割护栏板；在所有的连接螺栓及拼接螺栓应在护栏的线形达到规定要求时才能拧紧，拼接螺栓必须采用高强螺栓。

已被磨损露出金属的镀锌表面、所有锚固件和扣件的螺纹部分及螺栓的切断端头都应涂刷两层锌漆。

第二节　隔离栅和防落网

隔离栅和防落网是阻止人畜或落物进入高速公路的隔离设施。它包括设置于公路路基两侧用地界限边缘上的隔离栅和设置于与上跨公路主线的分离式立交桥或人行天桥两侧的防落网。隔离栅和防落网应符合《隔离栅技术条件》(JT/T 374—1998)及《公路交通安全设施施工技术规范》(JTG F71—2006)的规定。

一、隔离栅

1. 钢板网

钢板网属于金属隔离栅，具有结构合理、美观大方的构造外形，适宜于地势平坦路段，但单位造价较高。钢板网片的材料应采用低碳薄钢板，并符合《碳素结构钢和低合金结构钢热轧薄钢板及钢带》(GB/T 912—2008)和《碳素结构钢冷轧薄钢板及钢带》(GB/T 11253—2007)的要求。钢板网隔离栅构造如图 6-22 所示。

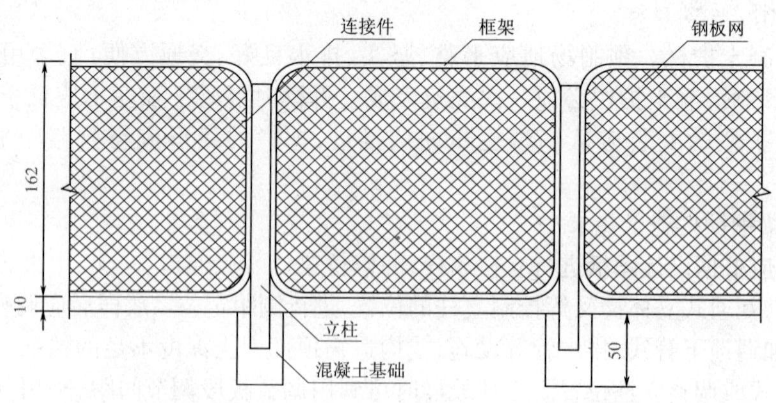

图 6-22　钢板网隔离栅

2. 电焊网

电焊网片的材料应采用低碳钢丝，并符合《一般用途低碳钢丝》(GB/T 343—1994)的要求。电焊网一般构造如图 6-23 所示。

3. 编织网(金属网型)

编织网隔离栅比较适宜于地势起伏不平的路段，材料要求同电焊网，一般构造如图 6-24 所示。

4. 刺铁丝网

刺铁丝网隔离栅是一种比较经济适用的结构形式，但美观性较差，故主要适用于临时隔离,材料要求同电焊网,一般构造如图6-25所示。

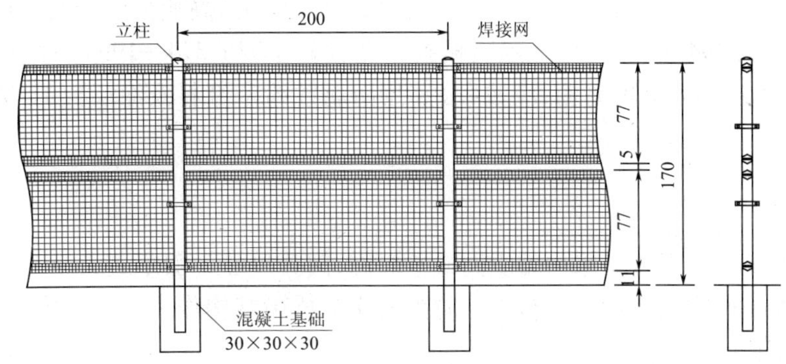

图6-23　圈状端头电焊网(尺寸单位:cm)

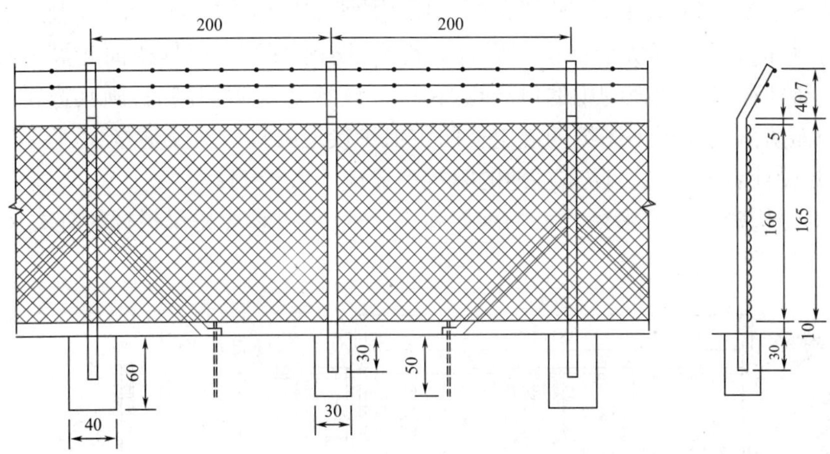

图6-24　编织网加刺钢丝隔离栅(尺寸单位:cm)

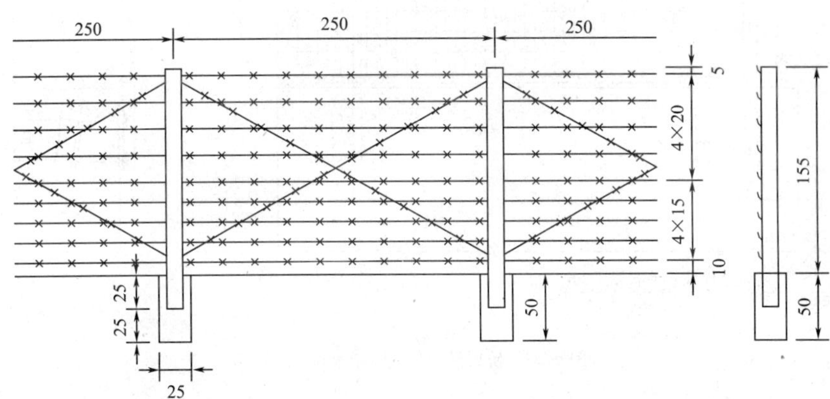

图6-25　刺钢丝隔离栅(尺寸单位:cm)

5. 立柱、螺栓与螺母

立柱常采用钢管、型钢或钢筋混凝土柱,钢管以钢带焊接或焊后冷加工制造,应符合《直缝电焊钢管》(GB/T 13793—2008)的要求;型钢应符合《碳素结构钢》(GB/T 700—2006)的要求。

螺栓与螺母采用普通紧固件,应符合《紧固件机械性能》(GB/T 3098—2000)的有关要求。

6. 防腐处理

隔离栅和防落网的所有金属件均应采用镀锌处理。应按《高速公路交通工程钢构件防腐技术条件》(YB/T 5294—2006)和《隔离栅技术条件》(JTJ/T 374—1998)对金属防腐处理。对于聚乙烯、聚氯乙烯涂层隔离栅,应按《公路用防腐蚀粉末涂料及涂层》(JT/T 600—2004)规定进行。

二、防落网

防落网的结构形式主要是采用编织网或电焊网,网孔尺寸一般不宜大于5cm×5cm,以防止危及车辆安全的较大的东西落到桥下。防落网应与桥梁结构作为一个整体统一考虑,注意与周围环境的协调。

防落网的设置高度为1.8~2.1m。在交通量大、行人密度高、临近城镇厂矿等地点可取上限,反之则取下限值。防落网宜与桥梁横断面比例协调,避免给人以憋闷压抑感。如桥梁两侧设置混凝土护栏时,网面可从护栏顶部设计。否则,防落网网面应从桥面起算。在空旷的原野,上跨立交桥往往是周围地物中的最高点,在桥上设置金属防护网后,则其遭雷击的危险性大大增强,因而防落网应根据图纸的规定作防雷保护接地处理。对交通量大、临近城镇厂矿的桥梁更应引起设计者的注意。防雷接地的阻抗一般应不大于1Ω。

防落网的结构验算主要考虑人畜的破坏和风荷载,可以参照桥梁栏杆的有关规定取值,一般构造如图6-26所示。

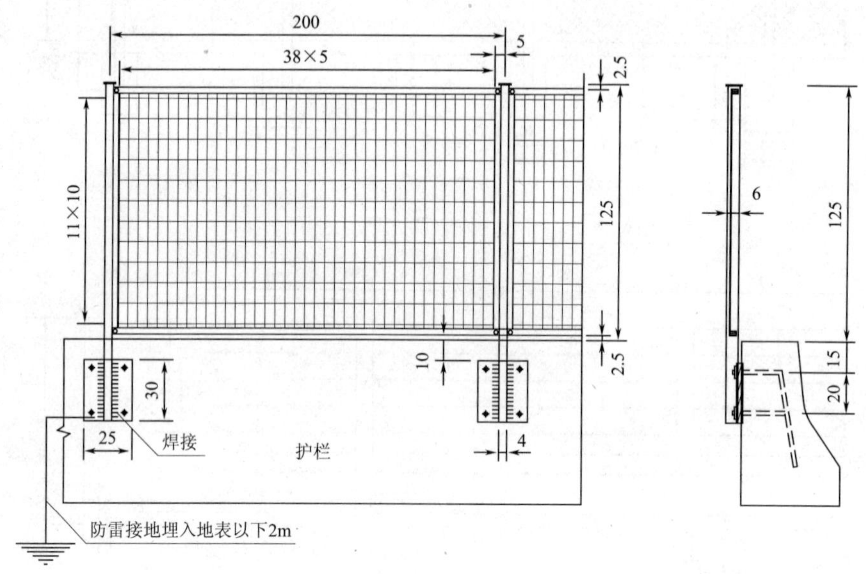

图6-26 桥梁防落网(尺寸单位:cm)

第三节 道路交通标志

一、交通标志类型

交通标志是指导驾驶员规范驾驶车辆,保证行车安全和道路畅通的交通管理设施。交通标志分为主标志和辅助标志。主标志分为指路标志、警告标志、禁令标志、指示标志。

1. 指路标志

指路标志主要有:道路编号、方位、收费站、交叉口方向、地点、服务区、出口预告及出口情报地点、方向、距离和交通指示等。

指路标志通常设计为矩形(除地点识别标志、里程碑、分合流标志外),一般道路采用蓝色底白色字符,高速道路采用绿色底白色字符。

指路标志用来指示市镇村的境界、目的地、方向、距离、高速公路的出入口、服务区、与之相交道路的编号、著名的名胜古迹、服务区等,如图6-27所示。

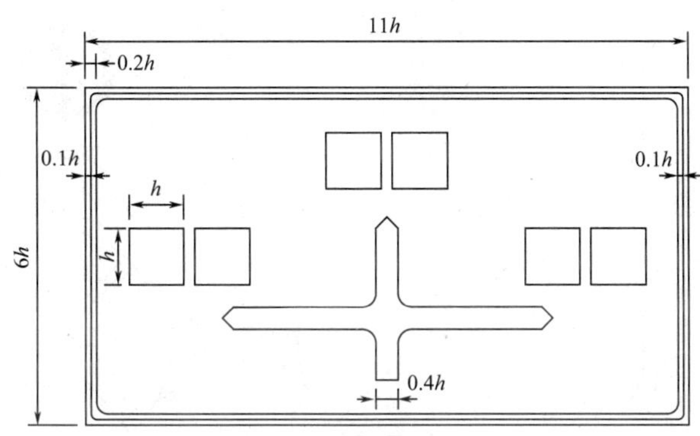

图6-27 指路标志(尺寸单位:cm)

2. 警告标志

警告标志如图6-28所示。警告标志通常为顶角朝上的等边三角形,颜色为黄底、黑边、黑图案。

用于警告驾驶人注意前方路段存在的危险及应采取的措施,主要有交叉路口、隧道、急弯路、渡口、反向弯路、驼峰桥、连续弯路、路面不平、陡坡、过水路面(漫水桥)、窄路、窄桥、铁路道口、双向交通、叉形、注意行人、儿童、牲畜、斜杆、注意信号灯、注意非机动车、注意落石、事故

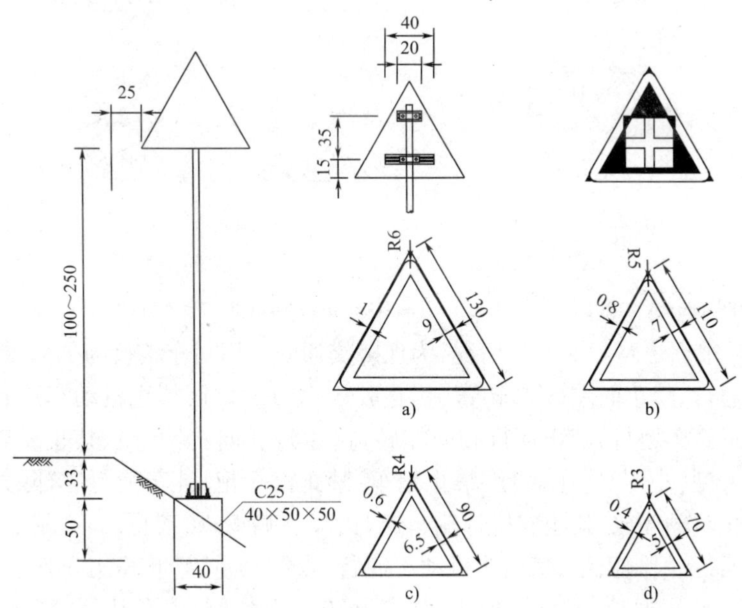

图6-28 警告标志(尺寸单位:cm)

a)100km/h≤V≤120km/h;b)99km/h≤V≤71km/h;c)40km/h≤V≤70km/h;d)V<40km/h

易发路段、注意横风、慢行、易滑、注意障碍物、傍山险路、施工、堤坝路、注意危险和村庄等。

警告标志到危险地点的距离，应根据计算行车速度确定。如受实际地形限制，可酌情变更。但其设置位置必须明显，并不得少于安全停车视距。

3. 禁令标志

禁令标志通常为圆形、八角形、顶角向下的等边三角形。其颜色除个别标志外，为白底，红圈，红杠，黑图案，图案压杠。如图 6-29 所示。

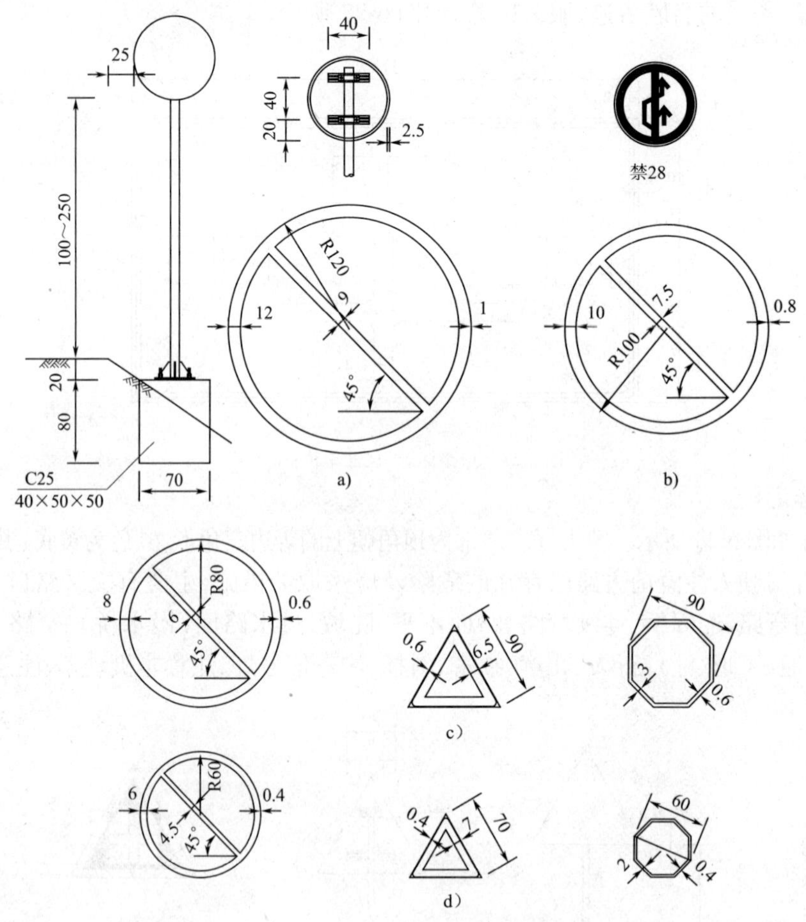

图 6-29　禁令标志(尺寸单位:cm)

a)100km/h≤V≤120km/h;b)99km/h≤V≤71km/h;c)40km/h≤V≤70km/h;d)V<40km/h

禁令标志是根据道路和交通量情况，为保障交通安全而对车辆行为加以禁止或限制的标志，主要有禁止通行、禁止向左(右)转弯、禁止驶入、禁止直行、禁止机动车通行、禁止向左向右转弯、禁止载货汽车通行、禁止直行和向左转弯(直行和向右转弯)、禁止三轮机动车通行、禁止掉头、禁止大型(小型)客车通行、禁止超车、禁止汽车拖、挂车通行、解除禁止超车、禁止拖拉机通行、禁止车辆停放、禁止农用运输车通行、禁止鸣喇叭、禁止二轮摩托车通行、限制高度、禁止某种车通行、限制质量、禁止非机动车通行、限制轴重、禁止畜力车通行、限制速度、禁止人力(客、货)三轮车通行、解除限制速度、禁止人力车通行、停车让行、禁止骑自行车下坡(上坡)、减速让行、禁止行人通行和会车让行等。

禁令标志必须严格遵守，应设于距禁制事项附近的适当地点，一般需设置在最醒目的地方。

4. 指示标志

指示标志通常为圆形、长方形和正方形，颜色为蓝底、白图案，如图 6-30 所示。指示车辆和行人按规定方向、地点行进的标志，主要有向左(向右)转弯、最低限速、直行和向左转弯(直行和向右转弯)、干路先行、向左和向右转弯、会车先行、靠左侧(靠右侧)道路行驶、人行横道、立交行驶路线、车行行驶方向、环岛行驶、专用车道、单行路、允许掉头和步行等。

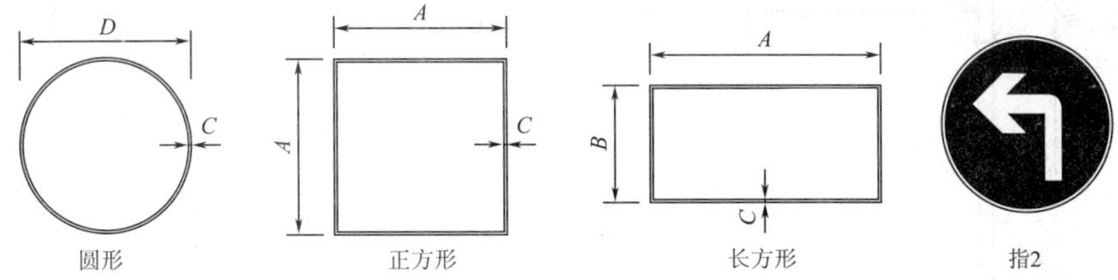

图 6-30　指示标志

指示标志指示行进的信息，主要用来指示准许行驶的方向，设于行车道的出入口处。

指示标志尺寸与计算行车速度的关系见表 6-3 所列。

指示标志尺寸与计算行车速度的关系　　表 6-3

计算行车速度(km/h)	100 ~ 200	71 ~ 99	40 ~ 70	<40
圆形直径 D(cm)	120	100	80	60
正方形边长 A(cm)	120	100	80	60
长方形边长 $A \times B$(cm)	190 × 140	160 × 120	140 × 100	—
单行线标志长方形 $A \times B$(cm)	120 × 60	100 × 50	80 × 40	60 × 30
会车先行标志正方形 A(cm)	—	—	80	60
衬边宽度 C(cm)	1.0	0.8	0.6	0.4

5. 柱式、悬臂式、门式标志牌支持方式

柱式标志不应侵入公路建筑限界以内，标志内边缘距路面和土路肩边缘不得小于 25cm；标志下边缘距路面的高度为 100 ~ 250cm。悬臂式、门式标志下缘离地面的高度，至少按道路规定的净空高度设置。双柱和单柱标志布置如图 6-31 所示。

a)

b)

图 6-31　柱式标志支架与基础

a) 双柱标志；b) 悬臂式标志

门式标志安装在门架上，如图 6-32 所示。

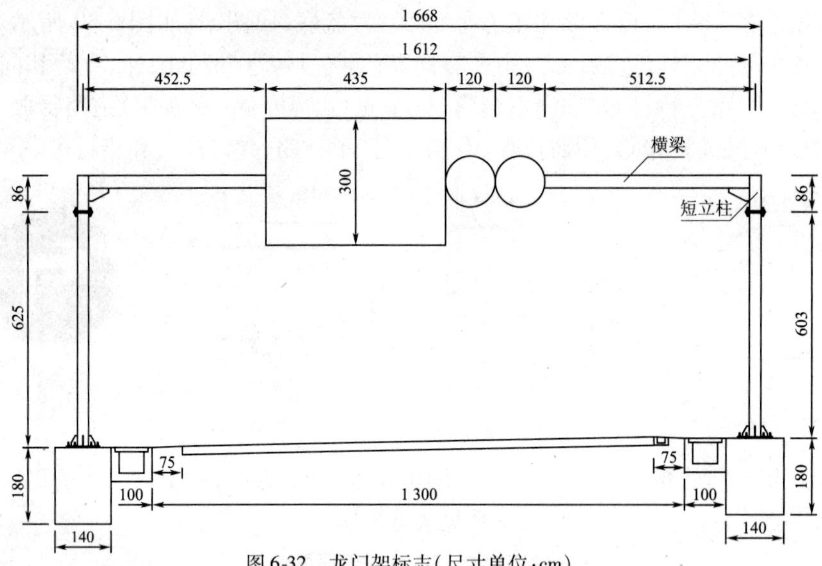

图 6-32　龙门架标志（尺寸单位：cm）

6. 百米桩、里程碑与公路界碑

（1）百米桩

百米桩柱体为白色，国道用红字、省道用蓝字、县道用黑字。设在公路右侧里程碑之间，每 100m 设一个。

（2）里程碑

用于指示公路之里程。国道里程数字超过 4 位数时，采用大的尺寸。里程碑柱体为白色。国道用红字，省道用蓝字，县道用黑字。设于公路前进方向的右侧，每隔 1km 设一块。

（3）公路界碑

设在公路两侧用地范围分界线上。界碑为白色，字用黑色。一般每隔 200 ~ 500m 设置一块，曲线段可适当加密。百米桩、里程碑、公路界碑如图 6-33 所示。

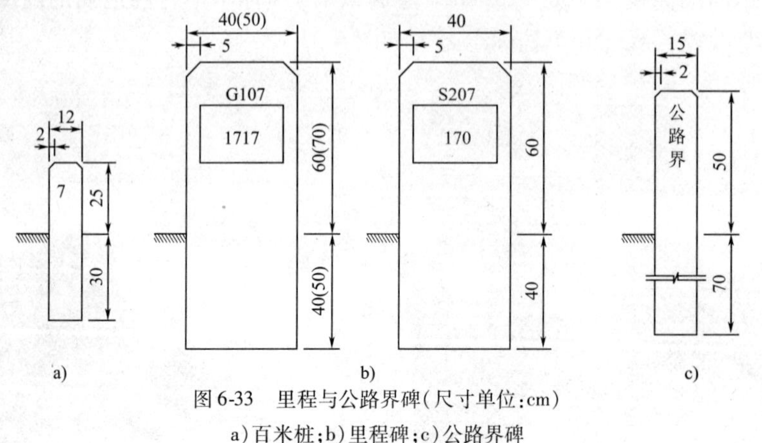

图 6-33　里程与公路界碑（尺寸单位：cm）

a）百米桩；b）里程碑；c）公路界碑

二、交通标志施工

1. 材料要求

（1）立柱

立柱所用的钢板、角钢及槽钢应符合技术规范所列标准。凡钢管外径在 152mm 以下（含

152mm)的立柱,采用普通碳素结构钢焊接钢管,并应符合《碳素结构钢》(GB/T 700—2006)的要求;凡钢管外径在152mm以上的立柱,采用一般常用热轧无缝钢管,并应符合《结构用无缝钢管》(GB/T 8162—1999)的规定。

所有标志柱应配有柱帽,柱帽可采用板厚为3mm的钢板焊接或其他方法紧固的立柱上,或采用监理人批准的其他形式的柱帽。

(2)标志板

标志板应符合《公路交通标志板》(JT/T 279—2004)规定;采用铝合金板制造时,应符合《一般工业用铝及铝合金板、带材》(GB/T 3883.3—2006)的规定;采用薄钢板制造时,应符合《冷轧钢板》(GB/T 708—2006)和《连续热镀锌薄钢板和钢带》(GB/T 2518—2004)的规定。标志板背面的滑动槽钢和三角钢可采用铝合金挤压型材制成,并符合《工业用铝及铝合金热挤压型材》(GB/T 6892—2000)的规定。标志板所用铝合金板其最小厚度应不小于2mm。

标志板面应无裂缝或其他表面缺陷;标志板边缘应整齐、光滑;标志板的外形尺寸偏差为±5mm,若外形尺寸大于1.2m^{2}时,其偏差为其外形尺寸的±0.5%;标志板应平整,表面无明显皱纹、凹痕或变形,每平方米范围内的平整度公差不应大于1.0mm。

大型指路标志最多只能分割成4块,并应尽可能减少分块数量,标志板的拼接应采用对接,接缝的最大间隙为1mm。所有接缝应用背衬加强,背衬与标志板用铆钉连接,铆钉的最大间距应小于200mm,背衬的最小宽度为50mm,背衬的材料与板面板材相同。除尺寸大的指路标志外,所有标志板应由单块铝合金板或薄钢板加工制成,不允许拼接。

标志板背面不应涂漆,但应采用适当的化学或物理方法,使其表面变成暗灰色和不反光。标志板背面应无刻痕或其他缺陷。

(3)标志面

标志面的逆反射材料有反光标志膜(反光膜)、反光涂料及反射器3类。

①逆反射性能。反光膜按其最小逆反射系数分为5级,高等级公路标志反光膜宜采用一、二、三级,各种标志采用反光膜的级别应符合图纸的规定。用作标志面的一级反光膜的逆反射系数值不应低于表6-4所列;用于标志面的反射器的发光强度系数值不应低于表6-5的规定。

一级反光膜

表6-4

观测角	入射角	最小逆反射系数(cd·lx^{-1}·m^{-2})					
		白色	黄色	红色	绿色	蓝色	棕色
0.2°	-4°	600	450	120	100	50	20
	15°	450	320	85	80	40	15
	30°	300	220	60	50	25	10
0.33°	-4°	360	250	60	60	25	15
	15°	260	180	40	40	18	10
	30°	160	110	25	25	10	6

反射器的反光性能

表6-5

反射器直径（mm）	颜色	观测角	发光强度系数（cd·lx⁻¹）入射角		反射器直径（mm）	颜色	观测角	发光强度系数（cd·lx⁻¹）入射角	
			-4°	15°				-4°	15°
13±1	白	0.2°	0.209	0.119	32±1	白	0.2°	0.820	0.469
16±1	白	0.2°	0.236	0.135	41±1	白	0.2°	1.320	0.754
22±1	白	0.2°	0.392	0.224	—	—	—	—	—

②色度性能。标志面的普通材料色和逆反射材料色的色品坐标和亮度因素应在表6-6所列范围之内。

标 志 面 的 颜 色

表6-6

颜色 \ 色品坐标		色品坐标（光源为标准照明体 D_{65}，观测条件为45/0）1		2		3		4		亮度因数
		χ	y	χ	y	χ	y	χ	y	
普通材料色	白	0.350	0.360	0.300	0.310	0.290	0.320	0.340	0.370	≥0.75
	黄	0.519	0.480	0.468	0.442	0.427	0.483	0.465	0.534	≥0.45
	红	0.690	0.310	0.595	0.315	0.569	0.341	0.655	0.345	≥0.07
	绿	0.230	0.754	0.291	0.438	0.248	0.409	0.007	0.703	≥0.12
	蓝	0.078	0.171	0.150	0.220	0.210	0.160	0.137	0.038	≥0.05
	黑	0.385	0.355	0.300	0.270	0.260	0.310	0.345	0.395	≤0.03
逆反射材料色	白	0.350	0.360	0.300	0.310	0.285	0.325	0.335	0.375	≥0.27
	黄	0.545	0.454	0.464	0.534	0.427	0.483	0.487	0.423	0.16~0.40
	红	0.690	0.310	0.658	0.342	0.569	0.341	0.595	0.315	0.03~0.10
	绿	0.007	0.703	0.026	0.399	0.177	0.362	0.248	0.409	0.03~0.10
	蓝	0.078	0.170	0.137	0.038	0.210	0.160	0.150	0.220	0.01~0.10
	棕	0.430	0.340	0.430	0.390	0.550	0.450	0.610	0.390	0.01~0.06

③耐候性能。反光膜应按《公路交通标志板技术条件》(JT/T 279—2004)的规定进行连续自然暴露或人工气候加速老化试验。在试验完成后，试样应无裂缝、刻痕、凹陷、气泡、侵蚀、剥离、粉化、变形等破坏，从任何一边均不应出现超过0.8mm的收缩，也不应出现反光膜从标志底板边缘翘曲或脱离现象。试样各种颜色的色品坐标及亮度因数应保持在表6-6规定的范围内。各种材料的逆反射系数值不应低于规定值允许的折扣率。

④附着性能。反光膜和反光涂料应按《公路交通标志板技术条件》(JT/T 279—2004)的规定进行附着性能的试验。反光膜在5min后的剥离的长度不应大于20mm。

(4)预制里程和公路界碑

所用的水泥、钢筋等材料，应符合技术规范钢筋混凝土部分的要求。

(5)立柱、横梁扣件、结合件和连接件等配件

采用符合图纸要求的材料，并应采用热浸镀锌进行金属表面处理。当接触的金属材料不同时，应铺设绝缘材料，以防止电解腐蚀。

2. 施工要求

(1)标志定位与位置

所有交通标志都应按图纸的要求定位和设置。安装的标志应与交通流方向几乎成直角,在曲线路段,标志的设置角度应由交通流的行近方向来确定。为了消除路侧标志表面产生的眩光,标志应向后旋转约5°,以避开车前灯光束的直射;门架标志的垂直轴应向后倾成一角度;对于路侧标志,标志板内缘距土路肩边缘不得小于250mm。

(2)基础

标志基础可根据技术规范的规定就地浇筑或预制后再埋置。基础位置的确定、开挖以及浇筑混凝土立模和锚固螺栓的设置等,都应经监理人批准后方可施工。

(3)标志支撑结构

钻孔、冲孔和车间焊接,应在钢材电镀之前完成。

标志支撑结构的架设应在基础混凝土强度达到要求;标志板安装期间,应适当支撑和加固,其表面应采取防止损坏的保护措施。

门架标志结构整个安装过程应以高空吊车为工具,不允许施工人员在门架的横梁上作业。在横梁安装之前,应先预拱,横梁中间处的预拱度一般为50mm。悬臂标志的预拱度为40mm。

门架和悬臂式标志支撑结构安装完毕后,应按图纸要求,用高强级反光膜贴在立柱的迎交通流面,作为立面标记。

(4)标志板制作安装

①标志面的制作。交通标志的形状、图案和颜色应严格按照《道路交通标志和标线》(GB 5768—1999)及图纸的规定执行。所有标志上的汉字、汉语拼音字母、英文字、阿拉伯数字应符合《道路交通标志和标线》(GB 5768—1999)的规定,不得采用其他字体。

当用反光膜拼接标志图案时,拼接处应有3~6mm的重叠部分;如果监理人同意采用对接,则接缝间隙不得大于1mm,距标志板边缘50mm之内,不得有拼接。反光膜粘贴在挤压型材板面上,伸出上、下边缘的最小长度为8mm,且应紧密地粘贴在上、下边缘上。

②标志板切割。应在车间剪裁或切割,以产生整齐、方正的边缘,不应有毛刺,并按《道路交通标志和标线》(GB 5768—1999)的规定进行加固。所有标志板的槽钢应在粘贴定向反光膜之前焊接好。

③标志板的运输。储存和搬运方式应按制造厂商的要求进行,两块标志邻接面之间应用适合的衬垫材料分隔,以免在运输、搬运过程中磨损标志板面。标志板应储存在干净、干燥的室内。

④安装。安装标志板时,标志的紧固方法应符合图纸的要求。标志安装完毕后,承包人应根据标志制造厂商建议的方法,清扫所有标志板。在清扫过程中,不应损坏标志面或产生其他缺陷。

(5)里程标、百米桩与公路界碑

里程标、公路界碑、测量标志碑、安全标、固定物标志及其他标志应根据《道路交通标志和标线》(GB 5768—1999)及图纸的规定制作和设置,并应按图纸所示准确定位。

里程标、公路界碑等混凝土构件的预制及强度要求等应符合图纸及技术规范的规定。

除图纸另有示出或监理人另有指示外,各预制件应按《道路交通标志和标线》(GB 5768—1999)的要求进行油漆。

第四节　道路交通标线

交通标线是引导驾驶员视线、管制驾驶员驾车行为的重要设施。由标画于路面上的各种线条、箭头、文字、立面标记、突出路标和轮廓标等构成。

一、标线型式

1. 纵向标线

纵向标线如图6-34、图6-35所示。

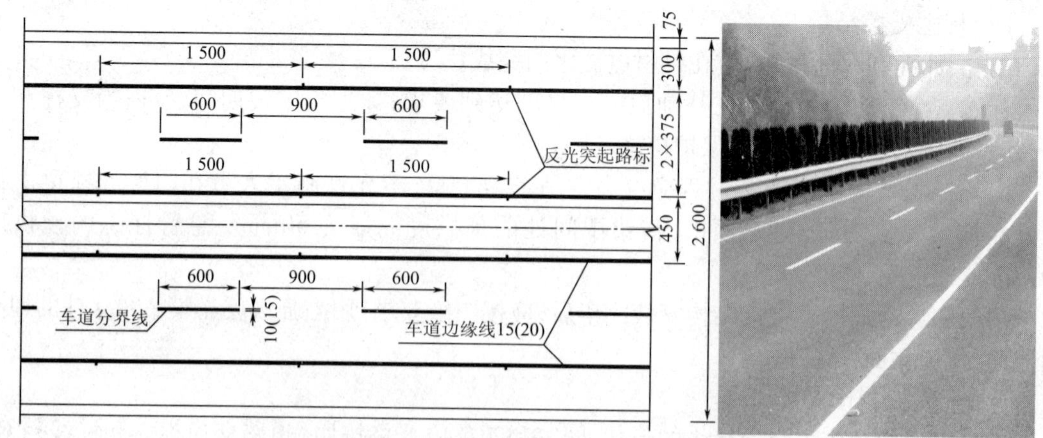

图6-34　高速、一级公路标线(尺寸单位:cm)

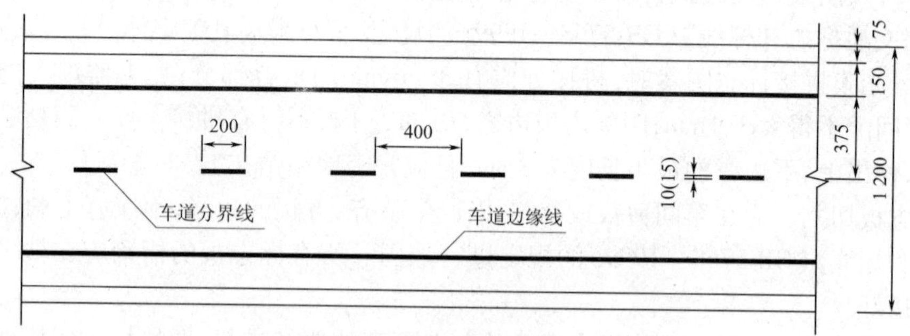

图6-35　二级及二级以下公路标线(尺寸单位:cm)

如表6-7所列,纵向标线分为以下14种:

(1)车行道中心线。白色或黄色,作用是分隔对向行驶的交通流。

(2)车道分界线。白色虚线,用来分隔同向行驶的交通流。

(3)车行道边缘线。白色,用来表明车行道边线。

(4)停止线。白色,表示车辆等候放行信号,或停车让行的停车位置。

(5)减速让行线。白色,表示车辆必须减速让行。

(6)导流线。白色,表示车辆需按规定的路线行驶,不得轧线越线。

(7)车行道宽度渐变段标线。与中心线一致。

(8)接近路面障碍物标线。颜色与中心线一致,表示车辆须绕过路面障碍物行驶。

(9)停车标线。白色实线,表示车辆停放位置。

(10)港湾式停靠站标线。白色,表示车辆通向专门的分离引道和停靠位置。

(11)出入口标线。白色,是为驶入或驶出匝道车辆提供安全交汇,减少突出部位碰撞的标线。

(12)导向箭头。白色箭头实线,用以引导行车方向。

(13)导向道线。黄色实线,画在路口停车线以外,用以标明导向车道。

(14)导流带。白色条纹带,画在畸形路口或路面,用来分导车流。

标线与图例

表6-7

一、车道中心线 用来分隔对向行驶的交通流中心虚线 白色或黄色虚线。表示准许车辆越线超车或向或转弯	三、车道边缘线 白色实线或虚线。表示车道的边线
	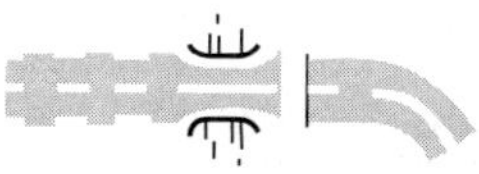
中心单实线 白色或黄色实线。表示不准车辆越线超车或向左转弯	四、停止线 线为白色、表示车辆等候放行信号的停车位置
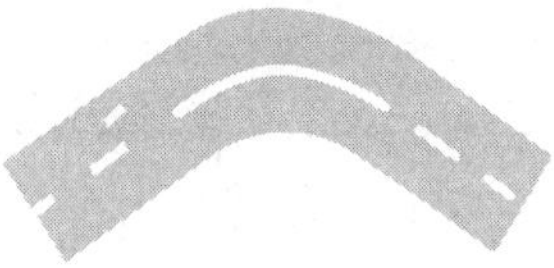	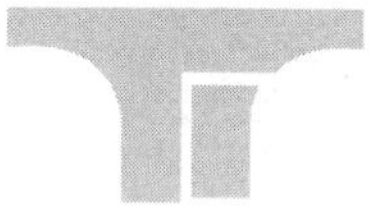
中心虚实线 白色或黄色虚线。表示实线一侧禁止车辆越线超车或向左转弯,虚线一侧准许车辆越线超车或向左转弯	五、停止让行线 线为白色、表示车辆停止让行的停车位置
	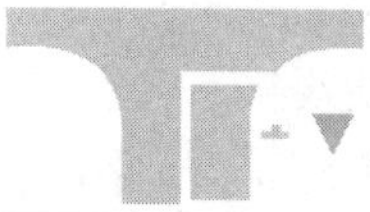
中心双实线 白色或黄色双实线。表示严格禁止越线超车或左转弯	六、减速让行线 白色双虚线。表示车辆让干路先行的让行位置
	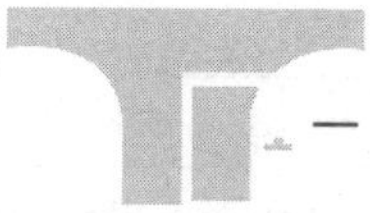
二、车道分界线 用来同向行驶的交通流车道分界线 白色虚线。表示车辆跨越超车或变更车道行驶	七、人行横道线 线为白色(俗称斑马线)。表示准许行人横穿车行道的标准
	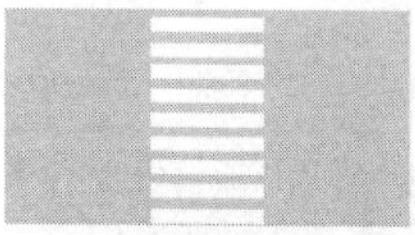
导向车道线 白色或黄色单实线。表示不准车车辆变更车道行驶线	八、导流线线为白色、表示车辆按规定的线路行驶,不得压线或越线行驶中心圈,区分车辆大小、小转弯
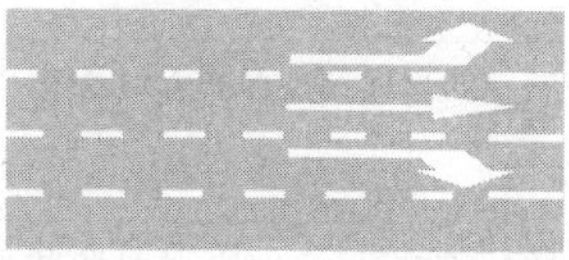	

2. 横向标线

横向标线分为以下两种:

(1)人行横道线。白色条纹。

(2)禁停线。黄色网状条纹,一般用于重要单位、部门前,禁止车辆在内停放。

3. 字符标线

标画于路面上的文字、数字及各种图形符号,用以指示或限制车辆行驶的标记。路面文字标记的高度应根据计算行车速度确定。计算行车速度≤40km/h 时,字高为 3m;计算行车速度为 60 ~ 80km/h,字高为 6m,计算行车速度≥100km/h 时,字高为 9m。

4. 标线宽度

标线宽度规定见表 6-8 所列。

交通标线宽度　　表 6-8

设计速度(km/s)		车行道边缘线(cm)	车行道分界线(cm)	路面中心线(cm)
120、100		20	15	—
80、60	高速、一级公路	20	15	—
	二级公路	15	10	15
40、30		15	10	15
20	双车道	—	—	10
	单车道	—	—	—

二、标线施工

1. 材料要求

(1)路面标线涂料

①路面标线规格

所用的材料应符合《路面标线涂料》(JT/T 280—2004)的规定。无论采用哪一种标线材料,应能满足在沥青混凝土、水泥混凝土路面上耐久使用的要求,且均应有合适的机械与之配套。路面标线涂料的分类见表 6-9 所列。

路面标线涂料分类　　表 6-9

种类		玻璃珠含量和使用方法	状态
溶剂型	普通型	涂料中不含玻璃珠,施工时也不撒玻璃珠	液态
	反光型	涂料中不含玻璃珠,施工时涂布涂层后立即将玻璃珠撒布在其表面	
热熔型	普通型	涂料中不含玻璃珠,施工时也不撒玻璃珠	固态
	反光型	涂料中含 18% ~25% 的玻璃珠,施工时涂布涂层后立即将玻璃珠撒布在其表面	
	突起型	涂料中含 18% ~25% 的玻璃珠,施工时涂布涂层后立即将玻璃珠撒布在其表面	
双组分	普通型	涂料中不含玻璃珠,施工时也不撒玻璃珠	液态
	反光型	涂料中不含(或含 18% ~25%)的玻璃珠,施工时涂布涂层后立即将玻璃珠撒布在其表面	
	突起型	涂料中含 18% ~25% 的玻璃珠,施工时涂布涂层后立即将玻璃珠撒布在其表面	
水性	普通型	涂料中不含玻璃珠,施工时也不撒玻璃珠	液态
	反光型	涂料中不含(或含 18% ~25%)的玻璃珠,施工时涂布涂层后立即将玻璃珠撒布在其表面	

②材料的检验、包装、运输和储存

a. 材料检验。由生产厂的检验部门按《路面标线涂料》(JT/T 280—2004)的规定进行检验,并保证所有出厂产品都应符合规定的技术指标。产品应有合格证,另附有使用说明及注意事项。

b. 产品的包装。玻璃珠宜采用柔软耐磨的黄麻袋或其他编织袋包装,里面衬以衬垫,保证在运输过程中不被污染或包装破损。每包应含有不少于25kg净重的玻璃珠。所有包装应明显标出玻璃珠的种类、质量(以千克计)、批数及制造商名称。存储在封闭包内一年的玻璃珠不应结块。涂料可用内衬密封塑料袋外加编织袋的双层包装袋包装,袋口应严密封闭。

c. 产品存放。产品应标明储存期,存放时应保持通风、干燥,防止日光直接照射,并应隔绝火源,夏季温度过高时应设法降温。

d. 产品运输。产品在运输时应防止雨淋、日晒,应采用集装箱运输,并符合运输部门的有关规定。

(2)突起路标和轮廓标

①反光突起路标

反光突起路标应符合图纸要求,一般为矩形、圆形或椭圆形。其面向行车方向的边长及平行于行车方向的边长或直径应符合《突起路标》(JT/T 390—1999)的规定。反光路标可用工程塑料、金属或强化玻璃及陶瓷等材料组成,其底面应粗糙以保证黏结剂将其与路面牢固黏结。

突起路标反射体应反射性能均匀,完整无缺角、缺口,突起路标壳体成型应完整,外表面不得有明显的划伤,颜色应均匀一致,无飞边。

突起路标应经抗压强度试验,抗压荷载应大于160kN。突起路标的色度性能、逆反射特性、机械性能、耐候性能、耐盐雾及腐蚀性能均应符合《突起路标》(JT/T 390—1999)的规定。

②附着式轮廓标

附着式轮廓标的后底板、支架,应按图纸要求采用铝合金板或钢板制造,连接件应采用钢材制造,并应符合《轮廓标技术条件》(JT/T 388—1999)的规定。铝合金板的性能应符合《一般工业用铝合金板、带材》(GB/T 3880.1—2006)的要求。用作支架及底板时,其最小实测厚度不应小于2.0mm。

钢板的性能应符合《连续热镀锌薄钢板和钢带》(GB/T 2518—2004)的要求。用作支架及底板时,其最小实测厚度不应小于1.5mm。连接件亦应经镀锌处理。

镀锌钢板或铝合金板的尺寸、形状和螺栓孔应按图纸所示的要求进行加工制作,板表面不得有砂眼、毛刺、飞边或其他缺陷。逆反射材料通过支架固定在护栏与连接螺栓中,或按图纸所示固定在其他构造物上。

③柱式轮廓标(路边线轮廓标)

柱式轮廓标柱体应由聚乙烯树脂、玻璃纤维增强塑料、聚碳酸脂树脂、氯乙烯树脂等加工成型方便的材料制成。其机械性能、耐候性能、耐盐雾腐蚀性能应符合《轮廓标技术条件》(JT/T 388—1999)的规定。上述合成树脂类板材的实测厚度不应小于3.0mm。柱式轮廓标柱体表面应平整光滑,无毛刺、裂缝或气泡等缺陷,无明显凹痕或变形。柱体表面公差不应大于1.0mm。

柱式轮廓标柱体白色和黑色的色品坐标和亮度因素及其对应的颜色的色品图应符合《轮廓标技术条件》(JT/T 388—1999)的规定。180mm × 40mm的逆反射材料应镶嵌在轮廓标柱体的表面,使不易脱落。

④逆反射材料

逆反射材料应采用反射器或反光膜。反射器有微棱镜型和玻璃珠型两种形式。微棱镜型反射器应颜色均匀一致,整个反光面逆反射性能均匀。玻璃珠型反射器的玻璃珠应颜色一致,不应有漏珠、破损或其他缺陷。反光膜在柱体上应粘贴平整,无皱纹、气泡、拼接缝或其他缺陷。

轮廓标的逆反射材料,其色度性能、光度性能、耐候性能、耐盐雾腐蚀性能、耐高低温性能、密封性能等均应符合《轮廓标技术条件》(JT/T 388—1999)的有关规定。其产品须按规定,随机抽样检验合格,方可进行安装和设置。

2. 标线施工

施工工艺流程为:路面清扫→施工放样→涂下底油→涂料加热→涂划标线→撒布玻璃珠→交通管制。施工现场如图6-36所示。

图6-36　路面标线施工

设置标线的路面表面应清洁干燥,无松散颗粒、灰尘、沥青、油污或其他有害物质。标线宽度、虚线长及间隔、点线长及间隔、双标线的间隔,特殊标线的图案、标记,如箭头及字母等的尺寸应按图纸要求进行放样。在水泥路面或旧的沥青路面施加标线,应先喷涂热熔底油下涂剂,按试验决定的间隔时间喷涂热熔涂料,以提高其黏结力。

涂料在容器内加热时,温度应控制在涂料生产商的使用说明规定值内,不得超过最高限制温度。烃树脂类材料,保持在熔融状态的时间不大于6h;树胶树脂类材料,保持在熔融状态的时间不大于4h。

涂料喷涂于路面时的温度,应符合涂料生产商提供的使用说明的要求,否则会影响喷涂使用寿命。标线喷涂机具应使用自行式机械标划,所有标线应具有顺直、平顺、光洁、均匀及精美外观;湿膜厚度符合图纸要求。

撒布玻璃珠应在涂料喷涂后立即进行,以0.3kg/m^2 的用量加压撒布在所有标线上。喷涂施工应在白天进行,雨天、尘埃大、风大、温度低于10℃时应暂时停止施工。对有缺陷的、施工不当、尺寸不正确或位置错误的标线均应清除,路面应修补,材料应更换。

喷涂标线时,应有交通安全措施,设置适当警告标志,阻止车辆及行人在作业区内通行,防止将涂料带出或形成车辙,直至标线充分干燥。确认涂料充分冷却、固化后,方可开放车辆通行。

三、突起路标和轮廓标

1. 突起路标

突起路标设置间距及其它规定应按图纸要求进行,尺寸应符合《突起路标》(JT/T 390—

1999)的规定。设置时路面面层应干燥清洁、无杂屑,此时将环氧树脂均匀涂覆于突起路标的底部,涂覆厚度约为 8mm。将突起路标压在路面的正确位置上,轻微转动,直到四周出现挤浆并及时清除其溢出部分,在凝固前突起路标不得扰动。

在水泥混凝土路面设置突起路标时,先用硬刷和 10% 盐酸溶液洗刷混凝土表面,然后用清水洗干净,待路面清洁干燥后安装突起路标。

突起路标的反光玻璃球有白色、红色或黄色,白色设在一般路段,红色或黄色设在危险路段。突起路标顶部不得高出路面 25mm。

在降雨、风速过大或温度过高过低时,不宜进行突起路标设置。

2. 柱式轮廓标

柱式轮廓标应在预制的基础中埋入标柱套管,按图纸要求进行施工。

设置于土中的柱式轮廓标,由柱体、反射体和基础组成。柱体为三角形,顶面斜向车行道,柱体为白色,反射体可由反光片、反光膜制作,反光体等级应为二级以上,在距路面 55cm 以上的部分有 25cm 的黑色标志,斜线倾角为 45°,在黑色标志的中间设 18cm × 4cm 的反射体。如图 6-37 所示。

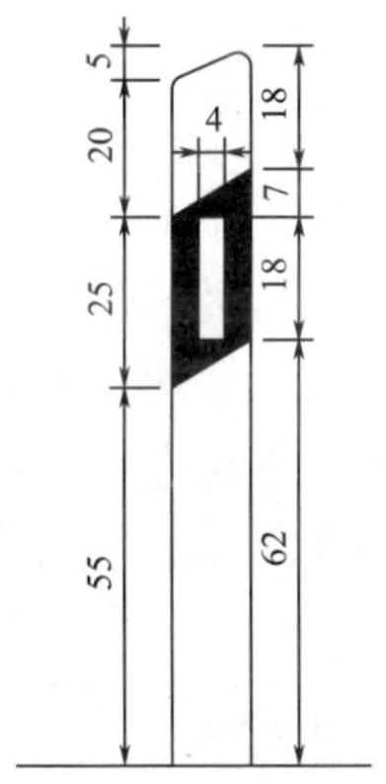

图 6-37　轮廓标(尺寸单位:cm)

3. 附着式轮廓标

如图 6-38 所示。附着式轮廓标由反射体、支架和连接件组成。反射体可由反光片、反光膜制作,反光等级应为二级以上。

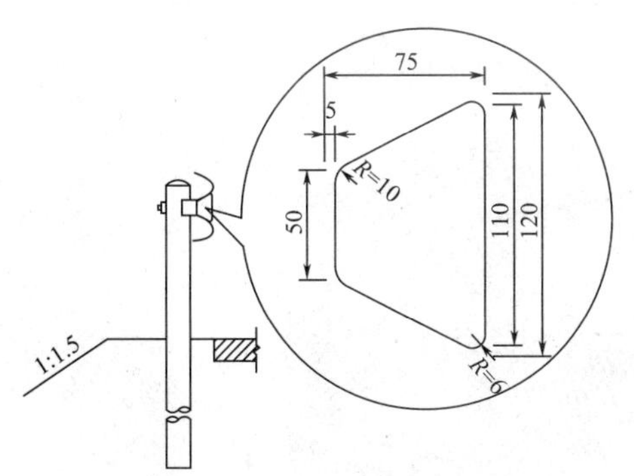

图 6-38　附着式梯形、圆形轮廓标(尺寸单位:cm)

附着式轮廓标安装在钢护栏托架连接螺栓上,或用胀锚螺栓固定在护栏上;安装就位无误后再将定向反光材料(膜)用不剥落的热活性胶黏剂粘贴,防止在表面上产生任何气泡和污损，并注意反光膜色块粘贴正确。

第五节　防 眩 设 施

防眩设施应有效地遮挡对向车辆前照灯的眩光，同时也应满足横向通视好、能看到斜前方，以减少对驾驶员心理影响。防眩板设置如图 6-39 所示。

图 6-39　高速公路防眩板

一、防眩板和防眩网

防眩板、防眩网所用材料应符合《公路防眩设施技术条件》（JT/T 333—1997）、《塑料防眩板》（JT/T 598—2004）和《公路用玻璃纤维增强塑料产品》（JT/T599—2004）的规定。

为方便更换维修，防眩板设计时应每隔一定距离使前后相互分离，使各段互不相连，这样做既有利于加工制作和运输安装，而且能防止温度应力破坏。一般选择 4m、6m、8m、12m 或稍长一些都是可以的。设置在混凝土护栏上的防眩板如图 6-40 所示。设置在中央分隔带的防眩网如图 6-41 所示。

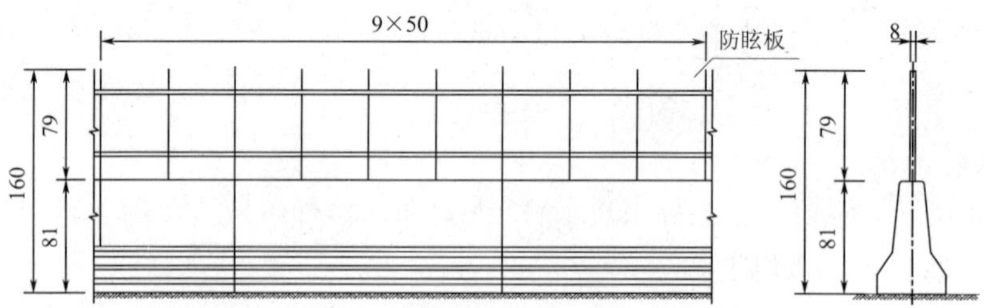

图 6-40　设置在混凝土护栏上的防眩板（尺寸单位：cm）

图 6-41　设置在中央分隔带的防眩网

二、植树防眩

如图6-42所示，在中央分隔带上植树是最先试验采用的防眩措施，它具有防眩、美化路容、降低噪声和诱导交通等多种功能。植树防眩特别适用于较宽的中央分隔带，作为道路总体景观的一部分，与自然环境相协调，给驾驶员提供了绿茵连绵、幽美舒适的行车环境。

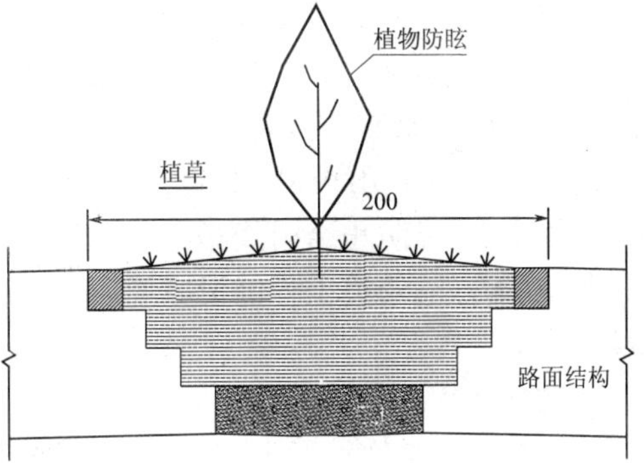

图6-42　植物防眩

第六节　通信和电力管道与预埋基础施工

通信和电力管道与预埋基础包括通信、监控、照明、供配电等的预埋管道和基础工程，人(手)孔、紧急电话设施基础，接地系统的施工作业等。

一、材料要求

通信和电力管道与预埋基础所用钢筋、混凝土、砂浆、预制构件、机制砖和混凝土拌制材料应符技术规范要求。预埋通信系统管道和监控、供电电缆管道材料应符合图纸要求，并符合国家有关标准和规定。回填材料、填缝料、接地系统所用材料应符合图纸的要求。

二、施工要求

1. 人(手)孔

钢筋混凝土人(手)孔及井盖的施工应符合图纸及技术规范有关要求。混凝土强度未达到设计等级以前不许回填。所有接缝封闭防水处理应符合《通信管道工程施工及验收技术规范》(YDJ 39—1990)标准的要求。

人(手)孔壁上预留管道(多孔管块或钢管)口子的大小尺寸应符合邮电部门的有关规范和规定。

2. 紧急电话平台

紧急电话平台基础的开挖与回填应按技术规范的规定进行。混凝土底座的成型、锚固螺栓的安装和管道的设置等，应在浇筑混凝土前取得监理人的批准。混凝土拌和、浇筑、抹面和养护应技术规范要求进行。

大桥(结构物)上钢质紧急电话平台的设置和施工，应按图纸的规定执行。

3. 管道工程

除图纸另有规定者外，管道工程应根据《通信管道工程施工及验收技术规范》(YDJ 39—1990)

和《长途通信光缆塑料管道工程验收暂行规定(YD 5043—2005)的要求进行修建。

中央分隔带的纵向主管道埋设时,按图纸要求进行,且每一段落应具有形成一个单元所需的管孔数。其他纵向和横向的管道应符合图纸要求。

管道铺设的线形应顺适,检查井之间的管道应无低凹处,管节之间的连接角度应不大于5°。封闭接缝防水按《通信管道工程施工及验收技术规范》(YDJ 39—90)标准执行。管道铺设后,其端口应用封头堵塞,防止异物进入管孔。

当管道工程、人(手)孔将修建在路面底基层内时,管道工程应铺设在底基层的下面,并应在路面底基层开始摊铺前完成。

横穿路基的牵引线应按监理人批准的方法装入每一条管孔中,并牢牢地固定在每条管道的终点或坑内,以防止牵引线被拉入管道内,牵引线应采用具有一定强度的尼龙线或镀锌钢丝。除硅芯管外,管道工程铺设完成后,应按邮电部门的规定作拉棒检验,以保证管道的施工质量。

4. 接地系统

接地系统应按图纸要求,配合土建施工同时进行,隐蔽部分应在覆盖前及时作好中间测试、检查与验收。施工中技术要求应符合《电气装置安装工程接地装置施工及验收规范》(GB 50169—2006)的有关规定。

独立的接地系统与变电所接地网按图纸施工,不得任意连接或断开。接地引线数量不得任意改变及减少。接地系统的所有焊接必须牢固,无虚焊,接地引线应防止发生机械损伤和化学腐蚀。接地引线和接地电极均应进行镀锌处理,接地电阻应符合图纸要求。

第七节　安全设施及预埋管线工程计量规则

一、安全设施及预埋管线工程计量规则说明

1. 本章内容

包括护栏、隔离设施、道路交通标志、道路诱导设施、防眩设施、通信管道及电力管道、预埋(预留)基础、收费设施和地下通道工程。

2. 有关问题的说明及提示

(1)护栏的地基填筑、垫层材料、砌筑砂浆、嵌缝材料、油漆以及混凝土中的钢筋、钢缆索护栏的封头混凝土等均不另行计量。

(2)隔离设施工程所需的清场、挖根、土地平整和设置地线等工程均为安装工程的附属工作,不另行计量。

(3)交通标志工程所有支撑结构、底座、硬件和为完成组装而需要的附件,均不另行计量。

(4)道路诱导设施中路面标线玻璃珠包含在涂敷面积内,附着式轮廓标的后底座、支架连接件,均不另行计量。

(5)防眩设施所需的预埋件、连接件、立柱基础混凝土及钢构件的焊接,均作为附属工作,不另行计量。

(6)管线预埋工程的挖基及回填、压实及接地系统、所有封缝料和牵引线及拉棒检验等作为相关工程的附属工作,不另行计量。

(7)收费设施及地下通道工程

①挖基、挖槽及回填、压实等作为相关工程的附属工作,不另行计量。

②收费设施的预埋件为各相关工程项目的附属工作,不另行计量。

③凡未列入计量项目的零星工程,均含在相关工程项目内,不另行计量。

二、安全设施及预埋管线工程计量规则

安全设施及预埋管线工程量计算规则见表 6-10 所列。

工程量清单计量规则　　表 6-10

<table>
<tr><th>细目号</th><th>细目名称</th><th>特征</th><th>单位</th><th colspan="2">工程内容</th><th>工程量计算规则</th></tr>
<tr><td>600 章</td><td>安全设施及预埋管线工程</td><td></td><td></td><td colspan="2"></td><td></td></tr>
<tr><td>602</td><td>护栏</td><td></td><td></td><td colspan="2"></td><td></td></tr>
<tr><td>602-1</td><td>柱式护栏</td><td>(1)材料规格;
(2)断面尺寸;
(3)强度等级</td><td>根</td><td colspan="2">(1)挖基;(2)制作、运输构件;(3)安装;(4)油漆</td><td>按设计图示,以根数计算</td></tr>
<tr><td>602-2</td><td>墙式护栏</td><td></td><td></td><td colspan="2"></td><td></td></tr>
<tr><td>-a</td><td>石砌护栏</td><td rowspan="2">(1)材料规格;
(2)断面尺寸;
(3)强度等级</td><td>m^3</td><td colspan="2">(1)挖基;(2)基底填筑、铺垫层;(3)砌筑、养生</td><td>按设计图示,以体积计算</td></tr>
<tr><td>-b</td><td>钢筋混凝土防撞护栏</td><td>m</td><td colspan="2">(1)挖基;(2)基底填筑、铺垫层;(3)预制安装或现浇;(4)涂装</td><td>按设计图示,沿栏杆面(不包括起终端段)量测,以长度(含立柱)计算</td></tr>
<tr><td>602-3</td><td>波形钢板护栏</td><td></td><td></td><td colspan="2"></td><td></td></tr>
<tr><td>-a</td><td>单面波形梁钢护栏</td><td rowspan="3">(1)材料规格;
(2)断面尺寸</td><td rowspan="3">m</td><td colspan="2" rowspan="3">(1)打桩机打桩;
(2)安装波形钢板的全部工序</td><td rowspan="3">按设计图示,以长度计算</td></tr>
<tr><td>-b</td><td>双面波形梁钢护栏</td></tr>
<tr><td>-c</td><td>活动式钢护栏</td></tr>
<tr><td>602-4</td><td>波形梁钢护栏起、终端头</td><td></td><td></td><td colspan="2"></td><td></td></tr>
<tr><td>-a</td><td>分设型圆头式</td><td rowspan="4">材料规格</td><td rowspan="3">个</td><td colspan="2" rowspan="4">安装</td><td rowspan="3">按设计图示,以累计个数计算</td></tr>
<tr><td>-b</td><td>分设型地锚式</td></tr>
<tr><td>-c</td><td>组合型圆头式</td></tr>
<tr><td>602-5</td><td>钢缆索护栏</td><td>m</td><td>按设计图示,以长度(含立柱)计算</td></tr>
<tr><td>602-6</td><td>混凝土基础</td><td>(1)断面尺寸;
(2)强度等级</td><td>m^3</td><td colspan="2">(1)挖基;
(2)钢筋制作、安装;
(3)混凝土浇筑、养护</td><td>按设计图示,以体积计算</td></tr>
<tr><td>603</td><td>隔离栅和防护网</td><td></td><td></td><td colspan="2"></td><td></td></tr>
<tr><td>603-1</td><td>铁丝编织网隔离栅</td><td rowspan="5">材料规格</td><td rowspan="5">m</td><td rowspan="4">(1)开挖土方;(2)浇筑基础;(3)混凝土立柱预制及构件运输;(4)安装立柱</td><td>(5)安装编织网的全部工序</td><td rowspan="5">按设计图示,从端部外侧沿隔离栅中部丈量,以长度计算</td></tr>
<tr><td>603-2</td><td>刺铁丝隔离栅</td><td>(5)刺铁丝网安装的全部工序</td></tr>
<tr><td>603-3</td><td>钢板网隔离栅</td><td>(5)钢板网裁网,点焊及安装</td></tr>
<tr><td>603-4</td><td>电焊网隔离栅</td><td>(5)电焊网安装</td></tr>
<tr><td>603-5</td><td>防护网</td><td colspan="2">(1)安装防护网(含网片的支架、预埋件、紧固件等)</td></tr>
</table>

续上表

细目号	细目名称	特征	单位	工程内容	工程量计算规则
603-6	钢筋混凝土立柱	(1)材料规格；(2)强度等级	根	(1)挖基；(2)现浇或预制安装(含钢筋及立柱斜撑)	按设计图示，以根数计算
603-7	钢立柱	材料规格		安装(含钢筋及立柱斜撑)	
604	道路交通标志				
604-1	单柱式交通标志	材料规格	处	(1)基础开挖、回填；(2)混凝土及钢筋的全部工序；(3)预埋法兰底座；(4)安装的全部工序(包括立柱和门架)	按设计图示，按不同规格以累计处数计算
604-2	双柱式交通标志				
604-3	三柱式交通标志				
604-4	门架式交通标志				
604-5	单悬臂式交通标志				
604-6	双悬臂式交通标志				
604-7	悬挂式交通标志				
604-8	附着式交通标志				
604-9	里程碑		个	(1)基础开挖；(2)预制、安装	按设计图示，以累计个或根数计算
604-10	公路界碑				
604-11	百米桩				
604-12	示警桩		根	(1)基础开挖；(2)预制、安装；(3)油漆	
604-13	防撞桶		个	(1)制作、安装；(2)喷洒涂料	
605	道路交通标线				
605-1	热熔型涂料路面标线	(1)材料规格；(2)形式；(3)厚度	m^2	(1)路面清洗；(2)喷洒下涂剂；(3)标线	按设计图示及涂敷厚度，以实际面积计算
605-2	溶剂常温涂料路面标线				
605-3	溶剂加热涂料路面标线				
605-4	水性涂料路面标线				
605-5	突起路标	材料规格	个	安装	按设计图，以累计个数计算
605-6	轮廓标				
-a	柱式轮廓标	(1)材料规格；(2)涂料品种；(3)式样	个	(1)挖基；(2)安装	按设计图，以累计个数计算
-b	附着式轮廓标			安装	
605-7	立面标记	材料规格	处	安装	按设计图所示，以累计处或个数计算
605-8	锥形路标		个		
606	防眩设施				
606-1	防眩板	(1)材料规格；(2)间隔高度	块	(1)基础开挖及浇筑；(2)立柱；(3)预埋件的设置；(4)安装的全部工序	按设计图示，以块计算
606-2	防眩网		m		按设计图示，以延米计算
607	通信系统设施				
607-1	人(手)孔	(1)断面尺寸；(2)强度等级	个	(1)开挖、清理；(2)人(手)孔浇制	按设计图及不同断面尺寸，以累计个数计算
607-2	紧急电话平台			(1)开挖、清理；(2)平台浇制	

续上表

细目号	细目名称	特征	单位	工程内容	工程量计算规则
607-3	管道工程	(1)材料规格; (2)结构; (3)管径; (4)强度等级	m	安装	按设计图示及按不同结构沿铺筑就位的管道中线量测,以累计长度计算
607-4	设备安装	设备型号规格	套	(1)安装;(2)调试	按设计要求以套数计算
608	收费设施及地下通道				
608-1	收费亭	(1)材料规格; (2)结构形式	个	安装	按设计图示的形式组装或修建,以累计个数计算
608-2	收费天棚	(1)材料规格; (2)结构形式	m^2	安装	按设计图示的形式组装架设,以面积计算
608-3	收费岛	(1)断面尺寸; (2)强度等级	个	混凝土浇筑	按设计图示,以累计个数计算
608-4	通道	(1)断面尺寸; (2)强度等级	m	(1)挖基、基底处理; (2)混凝土浇筑; (3)装饰贴面及防、排水处理等	按设计图示,分不同断面尺寸量测洞口间距离,以长度计算
608-5	预埋管线	材料规格	m	(1)安装;(2)封缝料和牵引线及拉棒检验	按设计图示,以累计长度计算
608-6	架设管线		m	安装	
608-7	设备安装	设备型号规格	套	(1)安装; (2)调试	按设计要求,以套数计算
609	监控系统设施				
609-1	设备安装	设备型号规格	套	(1)安装; (2)调试	按设计要求,以套数计算
609-2	光(电)缆敷设	材料规格	m	(1)挖基及基底处理; (2)敷设的全部工序	按设计图示,以累计长度计算
610	供电、照明系统设施				
610-1	设备安装	设备型号规格	套	(1)安装;(2)调试	按设计要求,以套数计算

第七章　绿化及环境保护工程施工与计量

公路绿化与环境保护是公路工程施工重要组成部分。绿化是指按设计图纸要求，在有利于种植季节进行植物的种植和管理。环境保护是指承包人在施工期间应遵守国家和地方有关环境保护、控制环境污染的规定，采取必要的措施防止施工中的燃料、油、沥青、污水、废料和垃圾等有害物质对河流、湖泊、池塘和水库的污染，防治扬尘、汽油等物质对环境空气的污染，防治噪声对环境的污染，把施工对环境、空气和居民生活的影响减少到法规允许的范围内。

本章主要介绍绿化与环境保护工程材料及技术要求、施工方法与本章工程量清单计量规则等内容。

第一节　铺设表土施工

在公路绿化工作开始前，应在公路绿化区域（含路堤、中央分隔带及互通立交范围内和服务区的绿化种植区）内按照图纸布置和要求，进行保持地表面的平整、翻松、铺设表土等施工作业。在路堤边坡经修整、铺设表土后植草，如图7-1所示。

图7-1　路堤边坡植草绿化

一、表土材料要求

表土应为松散的、具有透水作用并含有有机物质的土壤，能助长植物生长，不应含有盐、碱土，且无有害物质以及大于25mm的石块、棍棒、垃圾等；应采集有茂盛农作物、草或其他植物生长的表土，或利用在清理场地表土或挖方开挖存放的适用材料。

二、铺设表土施工要求

铺设表土施工工艺流程：采集表土→地表准备→表土运输→铺设→碾压→排水处理。

1. 表土的提供

采集表土应就近选择符合种植要求，并经监理人认可的良好表土；采集地在用地界外应经有关机构批准；挖取表土的范围必须加以恢复。

2. 地表面的准备

在覆盖表土前，应对其范围的地表面进行深翻，将土块打碎使成为均匀的种植土；通过翻松、加填或挖除以保持地表面的平整；不能打碎的土块，大于25mm的砾石、树根、树桩和其他垃圾应清除并运到规定的废弃地点。

3. 铺设

地表准备完毕经检查认可后，应即铺设表土，铺设厚度应符合表7-1所列的要求。当表土过分潮湿或不利于铺设时，应经晾晒后再行铺设。

植物生长的最小土厚度 表7-1

植物种类	植物生长的最小土层厚度(m)	植物种类	植物生长的最小土层厚度(m)
草本花卉	0.30	浅根乔木	0.90
小灌木	0.45	深根乔木	1.50
大灌木	0.60	—	—

除非另有规定，表土铺设完成后，其表面高程应比路缘石、集水井、人行道、车行道或其他类似结构低25mm。

表土铺设达到要求厚度后，其完成的工程应符合所要求的线形、坡度、边坡。在铺设好的表土上，应用机具将表土滚压，并形成至少深50mm的纵向沟槽。全部铺设面积应具有均匀间隔的沟槽，其方向宜垂直于天然水流，以利于排水。

第二节　撒播草种和铺植草皮施工

本节介绍在公路绿化区域内铺设表土的层面上撒播草种或铺植草皮和施肥、布设喷灌设施等绿化工程施工。

一、植草材料要求

1. 草种

应选择适合于当地气候条件、易于生长的草种或其他混合草种。混合草种应试验其萌芽情况，其纯度和萌发率均应达到90%以上。

2. 草皮

种植草皮应具有耐旱、耐涝、容易生长、蔓面大、根部发达、茎低矮强壮和多年生长的特性。铺栽草坪用的草块及草卷应规格一致，边缘平直，基本无杂草。草块土层厚度为30~50mm，草卷土层厚度宜为10~30mm。播种用的草坪、草花地被植物种子均应注明品种、品系、产地、生产单位、采收年份、纯净度及发芽率，不得有病虫害。自外地引进种子应有检疫合格证，发芽率达90%以上方可使用。

3. 肥料

应优先使用经过沤制的农家肥。如使用化肥时，应为标准农田化肥并按袋装提供。化学肥料中氮、磷、钾的含量应根据施工季节和土壤肥力状况选定。

混合肥料由10%的有机肥、20%的化肥、70%的表土，均匀拌和而成。有效营养成分符合要求的液体化肥也可使用。

4.水

种植或养护植物用水应无油、酸、碱、盐或其他对植物生长有害的物质，并应符合《农田灌溉水质标准》(GB 5084—2005)的要求。

二、植草施工方法

植草包括种草和铺草皮，适用于不浸水或短期浸水但地面径流速度不超过0.6m/s的边坡，一般要求坡高在6.0m以内。

1.撒播草种

种草是一种施工简单、经济实用有效的坡面防护方法，适用于草类生长的土质边坡上。对于不利于草类生长的土质，应在坡面上先铺一层不小于10cm的种植土再栽植或播种。播种应选择在当地生长季节进行，在刮风天不应播种，也不应在过湿或未经耕作的土地上播种。

播种方法有人工播种草籽、机械喷播草籽(分湿法喷播和客土喷播)和三维植被网种草。暴雨强度较大的地区，可在坡面上铺设植生袋，将草籽、肥料和土均匀拌和并裹于土工织物内。对采用的机具和播种方法在工程开始前作工艺的野外试验。

在播种前应先浇水浸地，保持土壤湿润，稍干后将表层土耙细耙平，进行撒播，均匀覆土3~5mm后轻压，然后喷水，浸透土层80~100mm。除降雨天气，喷水不得间断；亦可用草帘覆盖保持湿润，至发芽时撤除。

草籽播种量一般情况下每1 000 m^2平地面不少于6kg，坡地面不少于9kg。也可将采用的草籽和混合肥拌和，均匀地撒播到已准备好的表土区内。

(1)干播

干播法应采用机动播种机、条播机或其他机械设备。对于机械设备不能进入的地区可以用人工播种。播种后的地面应用小型具在24h内轻轻压实，随即浇水。

(2)喷播植草

喷播植草分湿法喷播和客土喷播。喷播前需先整理坡面，清除坡面的浮根、浮石，根据坡面情况的需要设置坡顶排水沟。喷播采用专门的喷播机施工，要求各种材料混合均匀、喷播材料用量适中，喷播后要及时铺盖无纺布养生。

①湿法喷播

湿法喷播是一种以水为载体的机械化植被种植技术，喷播的种子在较短的时间内萌芽、生长，覆盖坡面，达到迅速绿化，稳固边坡的目的。该方法适用于土质边坡、土夹石边坡、严重风化岩石且坡率缓于1:0.5的路堑和路堤边坡及平地，以及中央分隔带、立交区、服务区及弃土堆的绿化防护。

②客土喷播

客土喷播是将客土(指外来基质材料)、纤维(基质辅助材料)、侵蚀防止剂、缓效肥料和种子按一定比例，加入专用设备中充分混合后，喷射到坡面，使植物获得生长基础，达到快速绿化的目的。客土喷播适用于风化岩石、土壤较少的软质岩石、养分较少的土壤、硬质土壤、植物立地条件差的高大陡坡面和受侵蚀显著的坡面。当坡率陡于1:1时，宜设置挂网或混凝土框架。

挂网喷混植草护坡适用于砂性土、土夹石及风化岩石，且坡率缓于1:0.75的边坡防护。

如图 7-2 所示。

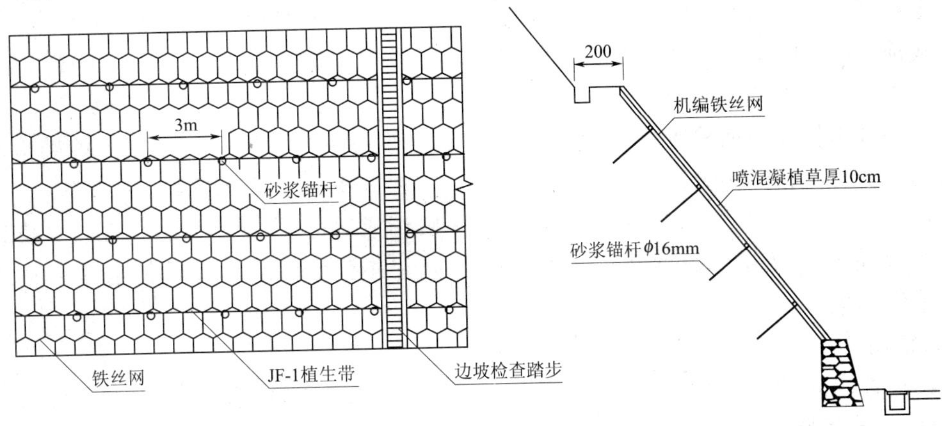

图 7-2　挂网喷混植草护坡(尺寸单位:cm)

施工工序为:坡面处理→打桩挂网→喷混客土→铺盖无纺布养生。

其工艺流程如图 7-3 所示。

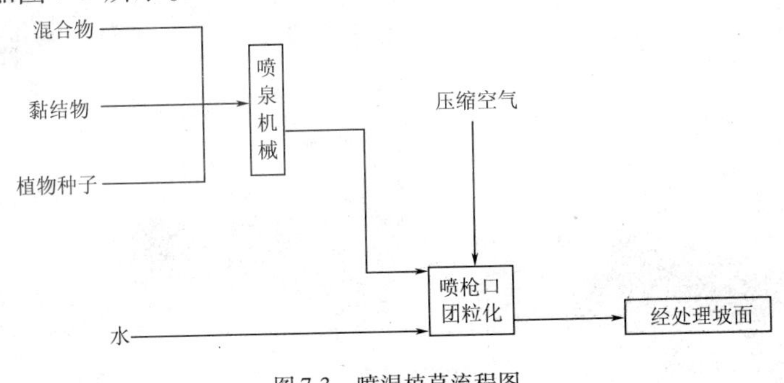

图 7-3　喷混植草流程图

(3)三维植被网

三维植被网护坡以热塑料树脂为原料制成,网中回填土采用客土或本土,肥料及含腐殖质土的混合料。其适用于砂质土、土夹石及风化岩石,且坡率缓于 1:0.75 的边坡防护。如图7-4所示。

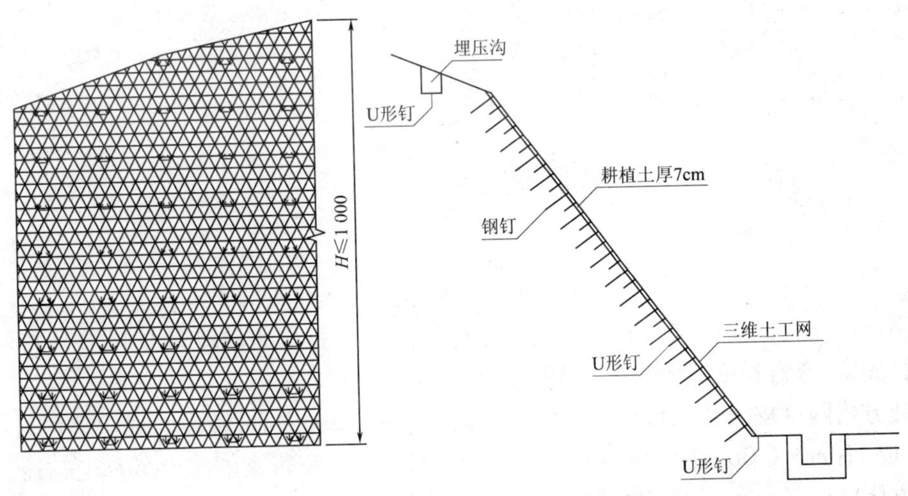

图 7-4　三维植被网护坡(尺寸单位:cm)

2. 铺植草皮

铺草皮适用于需要快速绿化，且坡率缓于 1∶1 的土质边坡和严重风化的软质岩石边坡。铺植草皮应根据不同草皮在当地最适宜的季节进行铺植；土壤条件不适合种植时不应铺植。

(1)提供草皮、检查及运送

在采集场地挖移以前检查草皮，所有草皮应符合现行关于植物病害及昆虫传染检疫的法规，承包人应在铺植前 14 天，向监理人提交有关草皮供应来源的全部资料。

草皮通常切制成 20 ~ 30cm 的矩形块，边缘一般切成斜边，以便于压缝搭接。草皮运输时宜采用木板置放 2 ~ 3 层，保护好根系。移植发育充分并有足够根系的草皮时，装卸中应防止破碎。采集草皮如图 7-5 所示。

(2)铺植草皮

在铺植地表的准备工作完成以后，即可铺植草皮。铺草皮时，除平铺外，在边坡较高较陡之处铺植，应自坡脚处向上钉铺，用小尖木桩或竹签将草皮钉固于边坡上。铺植的形式应按图纸要求或根据具体情况，主要有平(满)铺草皮、铺方格网草皮、方格网植草等形式。铺植后应进行滚压、喷灌浇水。满铺草皮如图 7-6 所示，铺方格网草皮和方格网植草如图 7-7 所示。

图 7-5　采集草皮

图 7-6　满铺草皮

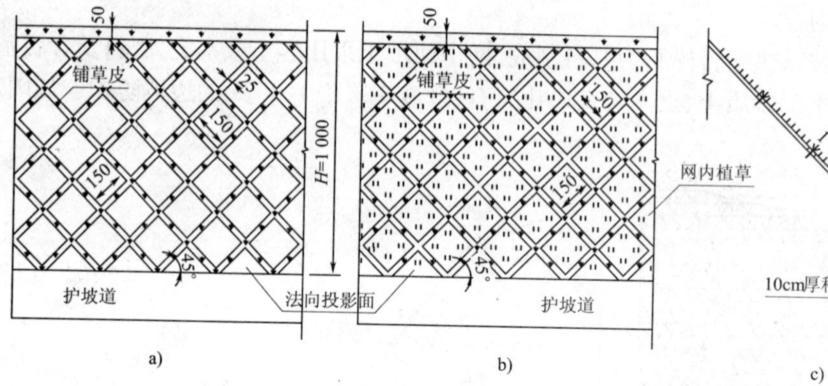

图 7-7　植草(尺寸单位：cm)

a)铺方格网；b)方格网植草；c)侧面

①满铺草皮。是在整个坡面底边自下而上平铺草皮，根据边坡坡率大小，每块草皮钉一至两个竹钉固定，竹钉长度一般为 20 ~ 30cm。

②铺方格网草皮。是在坡面底边间隔距离 1.0 ~ 1.5m 左右，铺设与底边夹角为 45°的草皮带，形成 1.0m × 1.0m 或 1.5m × 1.5m 的草皮方格网，草皮带宽度约为 50cm 左右。

③方格网植草。在草皮带做成的方格网内种草。

第三节　种植乔木、灌木与攀缘植物

植物覆盖对于地表径流和水土冲刷有极大的减缓作用，枝叶繁茂的树冠能够截留一部分降水量，庞大的根系能直接吸收和含蓄一部分水分，稳定地表土层。

一、种植材料要求

1. 表土、肥料及水

应符合本章节二节的有关规定。

2. 植物品种

所有植物应考虑地区特点，选择适合于当地气候条件易于生长的、并有丰满干枝体系和茁壮的根系。植物应无缺损树节、擦破树皮、受风冻伤害或其他损伤，植物外观应显示出正常健康状态，能承受上部及根部适当的修剪。无特殊规定或图纸标明，所有植物应在苗圃采集。

运到现场的乔木高度应符合图纸要求，其胸径（树高出地面 1.3m 处）应不小于 30mm，种在坡脚或沿边沟的灌木高度应不小于 1.0m；具有挺直的树干、良好发育的枝杈，根据其自然习性对称生长；不应有大于直径 20mm 未愈合的伤痕。

3. 种植乔木、灌木、攀缘植物品种

公路常用种植的乔木、灌木、攀缘植物品种见表 7-2 所列。

乔木、灌木、攀缘植物品种图例　　表 7-2

序号	名　称	图　例	序号	名　称	图　例
植　草					
1	马尼拉草皮		3	麦冬草草皮	
2	美国二号草皮		4	台湾青草皮	
栽植绿篱					
1	夹竹桃		3	春杜鹃	
2	木芙蓉		4	月季	

续上表

序号	名　　称	图　　例	序号	名　　称	图　　例
5	小叶女贞	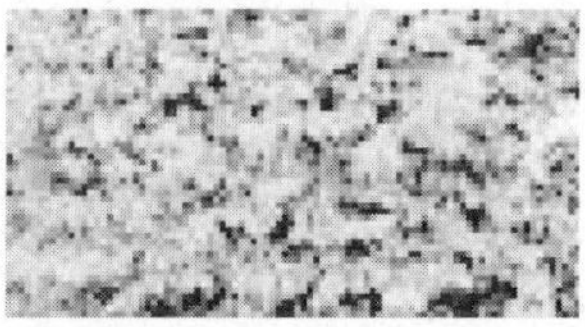	9	法国冬青	
6	红继木		10	海桐	
7	大叶黄杨		11	凤尾兰	
8	龙柏球				
人工种植竹类					
1	楠竹		4	凤尾竹	
2	早园竹		5	青皮竹	
3	慈孝竹		6	凤尾竹球	

续上表

序号	名　　称	图　　例	序号	名　　称	图　　例
人工栽植棕榈类					
1	蒲葵		4	爬山虎	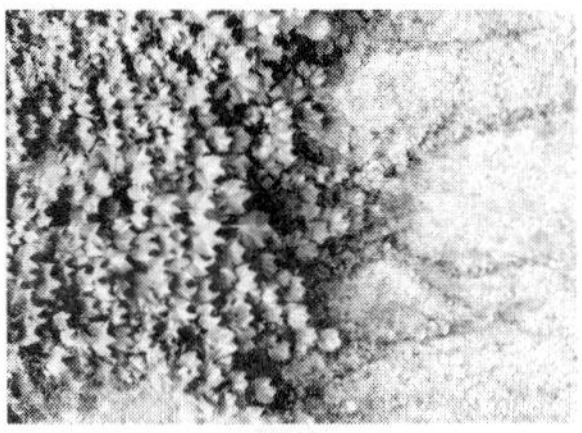
2	棕榈		5	鸡血藤	
3	五福棕榈		6	五叶地锦	
植　　树					
1	香樟		4	圆柏	
2	大叶樟		5	广玉兰	
3	杜英		6	桂花	

续上表

序号	名　　称	图　　例	序号	名　　称	图　　例
7	栾树		8	意大利杨树	

二、种植施工要求

植树适用于坡率缓于1∶1.5的边坡，或在边坡以外的河岸及漫滩外。树种应选用能迅速生长且根深枝密的树种。各类植物应在当地最适宜的季节进行种植；土壤条件不适合种植时不应种植。

1. 植物检查及运送

所有种植物应符合现行关于植物病害及昆虫传染检疫的法规，承包人应在种植前14天，向监理人提供必要的全部检疫资料。监理人在苗圃或采集场地挖移以前检查所有种植物。

在运出植物前，应由园艺人员按起苗、调运等技术要求负责将植物挖出、包扎、打捆，以备运输；任何时候，植物根系应保持潮湿、防冻、防止过热。落叶树在裸根情况下运输时，必须将根部包涂黏土浆，使根的全部带有泥土，然后包装在稻草袋内。所有常青树及灌木的根部，均应连同掘出的土球用草袋包装；运到工地及种植前，这些土球应结实，草包应完好，树冠应仔细捆扎以防止枝杈折断。

植物以单株、成捆、大包或容器内装有一株或多株植物运到工地时，均应分别系有清楚的标签，标明植物名称、尺寸、树龄或其他详细资料，这对鉴别植物是否符合规定是必要的。当不能对各单株植物分别标明时，标签内应说明成捆、成包以及容器内的各种规格植物的数量。

2. 储存和保护

运到工地后1天内种不完的植物，应存放在阴凉潮湿处，以防日晒风吹，或暂进行假植。裸根树种应将包打开，放在沟内，根部暂盖壅土，并保持湿润。带有土球及草袋包装的植物，应用土、稻草或其他适当材料加以保护，并保持土、稻草等潮湿，以防根系干燥。

3. 种植准备

应按绿化布置的图纸标出种植地段、种植位置及品种的轮廓，并进行放样。在种植地段应修整线形和坡度，并具有舒顺的外形。在种植中所有大土块、石块、硬土及其他杂物和不适于种植的材料，均应移走。

在种植时，处理好的表土和底土应分开，并在坑底松填约150mm厚的表土。

4. 刨坑

(1)刨坑、刨槽的规格要求

刨坑、刨槽位置要准确，坑径应根据根系、土球大小及土质情况而定，刨坑、刨槽要直上直下成桶形，不得上大下小或上小下大，以免造成窝根或填土不实。

坑径应可比植物的根系或土球直径大0.2～0.3m，具体规定见表7-3～表7-5所列。如遇土质过黏、过硬或含有有害物质如石灰、沥青等，则应适当加大坑径。

乔、灌木干径或树高相对应的树坑规格 表 7-3

乔木干径	mm	—	—	30～50	50～70	70～100	—
灌木高度	m	—	1.2～1.5	1.5～1.8	1.8～2.0	2.0～2.5	—
常绿树高度	m	1.0～1.2	1.2～1.5	1.5～2.0	2.0～2.5	2.5～3.0	3.0×3.5
坑径	m	0.5×0.3	0.6×0.4	0.7×0.5	0.8×0.6	1.0×0.7	1.2×0.8

绿篱高度与相对应的坑槽规格 表 7-4

绿篱高度	m	1.0～1.2	1.2～1.5	1.5～2.0
单行	(槽:宽×深)m	0.5×0.3	0.6×0.4	0.7×0.4
双行	(槽:宽×深)m	0.3×0.4	1.0×0.4	1.2×0.5

花灌木类种植穴规格(单位:m) 表 7-5

冠　　径	种植穴深度	种植穴直径
2.0	0.7～0.9	0.9～1.1
1.0	0.6～0.7	0.7～0.9

(2)刨坑的操作

刨坑时应以所定位置为中心按规定坑径划一圆圈作为刨坑的范围。在斜坡处挖坑应先做成平台,平台大小应以坑径最低规格为依据,做成后在平台上再挖坑。

挖坑时应将表土与底土分别置放,不同的土质亦应分开堆放。堆放位置以不影响栽植为宜。挖坑的坑壁要随挖随修使其成直上直下形状,不要成锅底形。刨坑到规定深度后在坑底垫底土。在干燥地区应于种植前浸穴,并施入腐熟的有机肥作为基肥。

5. 栽植

(1)栽植前修剪

修剪工作对高大乔木应在散苗前后和栽植前进行。高度 3m 以下无明显主尖的乔木和灌木为了保证栽后高矮一致、整齐美观,可在栽植后修剪,剪口应与树干平齐不留枯橛以免影响愈合。短截时注意留外芽,一般距离芽 10 ㎜左右,剪口稍斜成马蹄形。修剪 20 ㎜以上的大枝剪口应涂防腐剂,可促进愈合和防止病虫、雨水侵害。

栽植前对露根苗的根系要进行修剪,将断根、劈裂根、感染病虫害根,过长的根剪去,剪口要平滑,带土球的苗和灌木应将围拢树冠的草绳剪断。

(2)苗木移运

植物应掌握随掘、随运、随散苗、随栽植,尽量缩短根部暴露时间,以利成活。散苗时要轻拿、轻放,行道树散苗要顺路的方向放树苗,不得横放于路上影响交通;散带土球树木,要注意保护土球完整,搬运土球时不得只搬树干,尽量少滚动土球。

(3)栽植操作步骤

对裸根植物,先将表土放在坑底,其松散厚度约 150 ㎜,随即撒布适量(视表土性质而定)有机肥,在肥料上覆盖 50～100 ㎜回填土层,使根系不接触肥料。随后将裸根植物放在树坑中央,以自然形态散开根系,促使根部生长良好。根部带有土球的植物,土球上部的麻(草)袋应割开并移去,将土球上部的土松开并摊平。栽种深度应比此植物在苗圃时深 25 ㎜。

在树坑四周及其上部回填土后捣固并适当压紧,当回填到根系一半深度时,将植物稍提起,随即再按每层厚 150 ㎜回填土并压实;植物四周应由土围成与树坑大小相同的浇盆形凹穴

(浅土盆)的蓄水池,深约150 mm,如图7-8所示。

图7-8　机械挖坑和植树落水

栽植较大规格的常绿树和高大乔木时应在栽植的同时埋上支柱,支柱应埋深在0.3m以下,支柱要捆牢,并注意不要使支柱与树干直接接触以免磨伤树皮。立支柱方向应在下风口。

在种植后应对乔木或灌木落水,并要浇透,半月之内,再浇透水2~3次。

对于在中央隔带栽植起防眩作用的树木,其高度和株距应符合图纸要求。

第四节　植物养护与管理

公路绿化工作从开始种植到工程交工验收,应对所有的种植物进行管理与养护。

一、植物养护用材料

1. 一般要求

应符合本章第二节、第三节对播种草种和种植的植物品种以及肥料、水等的规定。

2. 化学物品

农药、除草剂及其他农用化学物品应按园艺要求的方法、季节及当地气候和所用物品的有关性质来选用。并获得监理人批准。

二、植物养护与管理基本要求

1. 工作内容

对植物经常除草、施加除草剂;按园艺方法进行修剪、栽培;需要时经常浇水;每年施肥应不少于2次;经常施加农药及防治病虫害;采取措施防范人为的破坏和牲畜的践踏、啃咬;枯死、损坏或丢失的树木花草应随时补植;经常清扫及清除垃圾、保护表土。

2. 具体措施

在适宜的季节,对枯树、坏灌木以及其他不发芽或死去的植物和草均应予以更换。对于更换枯树或草的再种植,应从再种植时起至少养护一年的生长期,随时进行检查并及时补植。

修建必要的拉牵或桩木等临时栅栏,保护种植物不受损害,在不需要时可拆除。

3. 植物成活率标准

植物栽植的成活率在规定的时间内应符合下述标准:公路处于平原区时应达90%以上;

处于山区时应达85%以上；处于寒冷草原区及沙、碱、干旱区时应达75%以上。

第五节 声屏障施工

在公路通过居民集中区、学校教学区、医院病房区等附近的位置，应设置声屏障等隔声设施。声屏障主要有砌块体声屏障、金属结构声屏障两类。砌块体声屏障分吸声砖和砖墙声屏障。

一、声屏障材料要求

钢材、钢筋、混凝土以及砂浆应符合技术规范的规定。砖采用普通黏土砖，应符合图纸要求及《烧结普通砖》(GB/T 5101—2003)的规定。吸声砖以及消声板的规格、尺寸以及质量要求应符合图纸规定。

二、声屏障施工要求

1. 吸声砖声屏障

在规定的位置预埋钢管(钢筋混凝土柱)加强柱，并在柱顶浇筑混凝土底板以及在柱间浇筑混凝土承台。底板和承台混凝土强度达到强度等级后，即可在其上砌筑预制吸声砖。钢管加强柱如果不是镀锌钢管，应在预埋前加以防锈处理。

2. 砖墙声屏障

砌筑砖墙声屏障砌筑前，所有用砖应用干净水浸润，使在砌筑时具有足够的湿度。墙体过长时，应按图纸规定设置沉降缝。砖墙的基础达到图纸规定的高程后，应对地基应加夯实至符合图纸要求，方可砌筑基础。基础砌筑完成并经检验合格，方可进行墙身砌筑。

墙身砌筑应上下错缝，内外搭砌，砌缝宽度以10mm为宜。墙身横竖砌缝应填满砂浆，勾缝的外露面所留缝槽深度宜为10～15mm。墙身应挂线砌筑，以保证墙身平整和顺直。

砌筑工作中断时，应将砌完不久的部位覆盖并洒水养生。恢复砌筑时，应先将已砌部位表面清理干净并洒水润湿，然后再行砌筑。

3. 金属结构声屏障

在规定的位置浇筑钢筋混凝土柱桩基础，并在柱桩顶部预埋钢板和螺栓。在柱桩间浇筑混凝土联结梁。钢管立柱与柱顶部预埋钢板联结应牢固，立柱两侧焊接的嵌口槽钢，其焊接位置应准确。在立柱间插装吸、隔声板元件，应用压紧件使元件插装牢固。钢管立柱及嵌口槽钢应进行防锈处理。如图7-9所示。

图7-9 插装消声板声屏障施工

4. 声屏障施工质量要求

声屏障的施工质量检查项目见表 7-6、表 7-7 所列。

砌块体声屏障检查项目

表 7-6

项次	检 查 项 目	规定值或允许偏差	检 查 方 法
1	降噪效果	符合设计要求	按环保复查方法
2	与路肩边线位置偏移(mm)	±20	尺量:检查 30%
3	墙体高度(mm)	±20	水准仪:检查 30%
4	墙面体竖直度(mm/m)	3	经纬仪、尺量:检查 30%
5	墙体厚度(mm)	不小于设计	尺量:抽查 15%
6	顺直度(mm/10m)	10	10m 拉线:每 100m 测 2 处,总数不少于 5 处
7	水平灰缝平直度(mm)	7	拉 10m 线和尺量:每 100m 测 2 处,总数不少于 5 处
8	表面平整度(mm)	8	2m 靠尺和楔形尺:每 100m 测 10 尺

金属结构声屏障检查项目

表 7-7

项次	检 查 项 目	规定值或允许偏差	检 查 方 法
1	降噪效果	符合设计要求	按环保复查方法
2	与路肩边线位置偏移(mm)	±20	尺量:检查 30%
3	顶面高程(mm)	±20	水准仪:检查 30%
4	金属立柱中距(mm)	10	尺量:检查 30%
5	金属立柱竖直度(mm/m)	3	垂线、尺量:检查 30%
6	镀(涂)层厚度	不小于规定值	测厚仪:检查 20%
7	屏体厚度(mm)	±2	游标卡尺:检查 15%
8	屏体宽度、高度(mm)	±10	尺量:检查 15%

第六节 绿化及环境保护计量规则

一、绿化及环境保护计量规则说明

1. 主要内容

内容包括撒播草种和铺植草皮、人工种乔木、灌木、声屏障工程等。

2. 有关问题的说明及提示

(1)本章绿化工程为植树及中央分隔带及互通立交范围内和服务区、管养工区、收费站、停车场的绿化种植区。

(2)除按图纸施工的永久性环境保护工程外,其他采取的环境保护措施已包含在相应的工程项目中,不另行计量。

(3)由于承包人的过失、疏忽、或者未及时按设计图纸做好永久性的环境保护工程,导致需要另外采取环境保护措施,这部分额外增加的费用应由承包人负担。

(4)在公路施工及缺陷责任期间,绿化工程的管理与养护以及任何缺陷的修正与弥补,是承包人完成绿化工程的附属工作,均由承包人负责,不另行计量。

二、绿化及环境保护计量规则

绿化及环境保护工程计量规则见表 7-8 所列。

工程量清单计量规则 表 7-8

细目号	细目名称	特征	单位	工程内容	工程量计算规则
700 章	绿化及环境保护				
702	铺设表土				
702-1	开挖并铺设表土	(1)土的类别; (2)铺设方式	m^3	(1)表土采集;(2)地表准备;(3)铺设表土;(4)表土滚压	按铺设面积,以体积计算
702-2	铺设利用的表土			(1)地表准备;(2)铺设表土;(3)表土滚压	
703	撒播草种和铺植草皮				
703-1	撒播草种	(1)草籽种类; (2)养护期	m^2	(1)修整边坡、铺设表土; (2)播草籽;(3)洒水覆盖	按设计图示,以面积计算
703-2	铺(植)草皮				
-a	马尼拉草皮	(1)草皮种类; (2)铺设方式; (3)养护期	m^2	(1)修整边坡、铺设表土; (2)铺设草皮; (3)洒水; (4)养护	按设计图示,以面积计算
-b	美国二号草皮				
-c	麦冬草草皮				
-d	台湾青草皮				
703-3	绿地喷灌管道	(1)土石类别; (2)材料规格	m	(1)开挖;(2)阀门井砌筑;(3)管道铺设(含闸阀、水表、洒水栓等);(4)油漆防护;(5)回填、清理	按设计图示,以长度计算
703-4	栽植绿篱	(1)种类;(2)篱高;(3)行数	m	(1)挖沟槽;(2)种植;(3)清理、养护	按设计图示,以长度计算
704	种植乔木、灌木和攀缘植物				
704-1	人工种植乔木				
-a	香樟	(1)胸径(离地1.2m处树干直径); (2)高度	棵	(1)挖坑; (2)苗木运输; (3)铺设表土、施肥; (4)栽植; (5)清理、养护	按设计图示,以棵数计算
-b	大叶樟				
-c	杜英				
-d	圆柏				
-e	广玉兰				
-f	桂花				
-g	栾树				
-h	意大利杨树				
704-2	人工种植灌木				
-a	夹竹桃	冠丛高	棵	(1)挖坑; (2)苗木运输; (3)铺设表土、施肥; (4)栽植; (5)清理、养护	按设计图示,以棵数计算
-b	木芙蓉				
-c	春杜鹃				
-d	月季				
-e	小叶女贞				
-f	红继木				
-g	大叶黄杨				
-h	龙柏球				
-i	法国冬青				
-j	海桐				
-k	风尾兰				

续上表

<table>
<tr><th>细 目 号</th><th>细目名称</th><th>特 征</th><th>单位</th><th>工 程 内 容</th><th>工程量计算规则</th></tr>
<tr><td>704-3</td><td>人工种植竹类</td><td></td><td></td><td></td><td></td></tr>
<tr><td>-a</td><td>楠竹</td><td rowspan="6">(1)胸径;
(2)冠幅</td><td rowspan="6">丛</td><td rowspan="6">(1)挖坑;
(2)苗木运输;
(3)栽植;
(4)清理、养护</td><td rowspan="6">按冠幅垂直投影确定冠幅宽度,以丛数计算</td></tr>
<tr><td>-b</td><td>早园竹</td></tr>
<tr><td>-c</td><td>孝须竹</td></tr>
<tr><td>-d</td><td>凤尾竹</td></tr>
<tr><td>-e</td><td>青皮竹</td></tr>
<tr><td>-f</td><td>凤尾竹球</td></tr>
<tr><td>704-4</td><td>人工栽植棕榈类</td><td></td><td></td><td></td><td></td></tr>
<tr><td>-a</td><td>蒲葵</td><td rowspan="3">(1)胸径;
(2)株高</td><td rowspan="6">棵</td><td rowspan="6">(1)挖坑;
(2)苗木运输;
(3)栽植;
(4)清理、养护</td><td rowspan="3">按离栽植苗木地1.2m处棕榈干直径为胸径,以棵数计算</td></tr>
<tr><td>-b</td><td>棕榈</td></tr>
<tr><td>-c</td><td>五福棕榈</td></tr>
<tr><td>-d</td><td>爬山虎</td><td rowspan="3">高度</td><td rowspan="3">离地自然垂直高度为高度,以累计棵数计算</td></tr>
<tr><td>-e</td><td>鸡血藤</td></tr>
<tr><td>-f</td><td>五叶地锦</td></tr>
<tr><td>704-5</td><td>栽植绿色带</td><td>种类</td><td>m²</td><td>(1)挖松地面;(2)种植;(3)养护</td><td>按设计图示,以面积计算</td></tr>
<tr><td>704-6</td><td>栽植攀缘植物</td><td>(1)种类;
(2)高度</td><td>棵</td><td>(1)挖坑;(2)苗木运输;(3)铺设表土、施肥;(4)栽植;(5)清理、养护</td><td>按设计图示,以棵数计算</td></tr>
<tr><td>706</td><td>声屏障</td><td></td><td></td><td></td><td></td></tr>
<tr><td>706-1</td><td>消声板声屏障</td><td></td><td></td><td></td><td></td></tr>
<tr><td>-a</td><td>H2.5m玻璃钢消声板</td><td rowspan="2">材料规格</td><td rowspan="2">m</td><td rowspan="2">(1)开挖;(2)浇注混凝土基础;(3)安装钢立柱;(4)焊接;(5)插装消声板;(6)防锈</td><td rowspan="2">按设计图示,以长度计算</td></tr>
<tr><td>-b</td><td>H3.0m玻璃钢消声板</td></tr>
<tr><td>706-2</td><td>吸音砖声屏障</td><td rowspan="2">(1)材料规格;
(2)断面尺寸;
(3)强度等级</td><td rowspan="2">m³</td><td rowspan="2">(1)开挖;(2)砖浸水;(3)砌筑、勾缝;(4)填塞沉降缝;(5)洒水养生</td><td rowspan="2">按设计图示,以体积计算</td></tr>
<tr><td>706-3</td><td>砖墙声屏障</td></tr>
</table>

参 考 文 献

[1] 中华人民共和国行业标准. JTG B01—2003 公路工程技术标准[S]. 北京:人民交通出版社,2004.

[2] 中华人民共和国行业标准. JTG D20—2006 公路路线设计规范[S]. 北京:人民交通出版社,2006.

[3] 中华人民共和国行业标准. JTG D30—2004 公路路基设计规范[S]. 北京:人民交通出版社,2004.

[4] 中华人民共和国行业标准. JTG F10—2006 公路路基施工技术规范[S]. 北京:人民交通出版社,2006.

[5] 中华人民共和国行业标准. JTG D40—2002 公路水泥混凝土路面设计规范[S]. 北京:人民交通出版社, 2002.

[6] 中华人民共和国行业标准. JTG F30—2003 公路水泥混凝土路面施工技术规范[S]. 北京:人民交通出版社,2003.

[7] 中华人民共和国行业标准. JTG D50—2006 公路沥青路面设计规范[S]. 北京:人民交通出版社,2006.

[8] 中华人民共和国行业标准. JTG F40—2004 公路沥青路面施工技术规范[S]. 北京:人民交通出版社,2004.

[9] 中华人民共和国行业标准. JTG D60—2004 公路桥涵设计通用规范[S]. 北京:人民交通出版社,2004.

[10] 中华人民共和国行业标准. JTJ 041—2000 公路桥涵施工技术规范[S]. 北京:人民交通出版社,2000.

[11] 中华人民共和国行业标准. JTG D70—2004 公路隧道设计规范[S]. 北京:人民交通出版社,2004.

[12] 中华人民共和国行业标准. JTJ 042—1994 公路隧道施工技术规范[S]. 北京:人民交通出版社,1994.

[13] 中华人民共和国行业标准. JTG D81—2006 公路交通安全设施设计规范[S]. 北京:人民交通出版社,2006.

[14] 中华人民共和国行业标准. JTG F71—2006 公路交通安全设施施工技术规范[S]. 北京:人民交通出版社,2006.

[15] 中华人民共和国行业标准. JTG D80—2006 高速公路交通工程及沿线设施设计通用规范[S]. 北京:人民交通出版社,2006.

[16] 中华人民共和国行业标准. JTJ 074—1994 高速公路交通安全设施设计及施工技术规范[S]. 北京:人民交通出版社,1994.

[17] 中华人民共和国行业标准. JTG B03—2006 公路建设项目环境影响评价规范[S]. 北京:人民交通出版社,2006.

[18] 中华人民共和国行业标准. JT/T 281—2007 公路波形梁钢护栏[S]. 北京:人民交通出版社,2007.

[19] 中华人民共和国行业标准. JT/T 457—2007 公路三波形梁钢护栏[S]. 北京:人民交通出

版社,2007.
[20] 中华人民共和国国家标准. GB/T 700—2006 碳素结构钢[S]. 北京:中国标准出版社,2006.
[21] 中华人民共和国国家标准. GB 5768—1999 道路标志和标线[S]. 北京:中国标准出版社,1999.
[22] 中华人民共和国行业标准. JT/T 280—2004 路面标线涂料[S]. 北京:人民交通出版社,2004.
[23] 中华人民共和国行业标准. JTG F71—2006 公路交通安全设施施工技术规范[S]. 北京:人民交通出版社,2006.
[24] 中华人民共和国行业标准. JTG T D81—2006 公路交通安全设施设计细则[S]. 北京:人民交通出版社,2006.
[25] 交通运输部. 公路工程标准施工招标文件[M]. 北京:人民交通出版社,2009.
[26] 陈明宪,李冠平. 公路工程与造价[M]. 北京:人民交通出版社,2008.
[27] 俞高明. 公路施工技术[M]. 北京:人民交通出版社,2002.
[28] 王常才. 桥涵施工技术[M]. 北京:人民交通出版社,2002.
[29] 李峻利. 交通工程设施设计[M]. 北京:人民交通出版社,2001.
[30] 刘天玉. 交通环境保护[M]. 北京:人民交通出版社,2004.
[31] 周德培,张俊云. 植被护坡工程技术[M]. 北京:人民交通出版社,2003 .
[32] 杨锡武. 特殊路基工程[M]. 北京:人民交通出版社,2006.
[33] 殷永高,屠筱北. 公路地基处理[M]. 北京:人民交通出版社,2002.
[34] 刘玉卓. 公路工程软基处理[M]. 北京:人民交通出版社,2002.
[35] 邵旭东. 桥梁工程[M]. 北京:人民交通出版社,2003.
[36] 黄晓明 朱湘. 沥青路面设计[M]. 北京:人民交通出版社,2002.
[37] 李嘉. 公路设计百问[M]. 北京:人民交通出版社,2003.
[38] 邓学钧、黄晓明. 路面设计原理与方法[M]. 北京:人民交通出版社,2001.
[39] 陈明宪. 斜拉桥建造技术[M]. 北京:人民交通出版社,2003.
[40] 周昌栋,谭永高,宋官保. 悬索桥上部结构施工[M]. 北京:人民交通出版社,2003.
[41] 邵旭东. 桥梁设计百问[M]. 北京:人民交通出版社,2003.
[42] 关宝树. 隧道工程施工要点集[M]. 北京:人民交通出版社,2002.
[43] 交通部第一公路工程总公司. 公路施工手册(桥涵)[M]. 北京:人民交通出版社,1999.